HISTOIRE DES TECHNIQUES

sous la direction d'Anne-Françoise Garçon et André Grelon

17

Pour une histoire
de l'archéologie navale

Ouvrage publié avec le soutien du LaMOP
(UMR 8589, université Paris 1 Panthéon-Sorbonne, CNRS)

Éric Rieth

Pour une histoire de l'archéologie navale

Les bateaux et l'histoire

Préface de Patrice Pomey

PARIS
CLASSIQUES GARNIER
2019

Éric Rieth, directeur de recherche émérite au CNRS depuis 2015, poursuit ses recherches au LaMOP (UMR 8589 CNRS) et enseigne l'archéologique nautique médiévale et moderne à l'université Paris 1 Panthéon-Sorbonne (UFR 03). Il est responsable du département d'archéologie navale du musée national de la Marine de Paris. *Navires et construction navale au Moyen Âge* (Paris, 2016) est son dernier livre publié.

ISBN 978-2-406-08847-9 (livre broché)
ISBN 978-2-406-08848-6 (livre relié)
ISSN 2118-8181

À la mémoire de mes parents et de ma sœur Kathy.
À Bénédicte, Anne-Sophie et Bruno.

PRÉFACE

La maturité d'une discipline se mesure à sa capacité à se pencher sur son passé pour retracer sa propre histoire. A son aptitude à suivre le cours de son cheminement depuis les circonstances qui l'on vu naître jusqu'au constat d'état actuel avec ses évolutions au gré des sources, ses changements de paradigmes, ses questionnements et ses problématiques, voire ses erreurs et ses impasses, et ses perspectives futures. Ce retour sur l'histoire passée ne répond pas simplement à un sentiment de nostalgie mais est une nécessité dans la mesure où on ne comprend bien les choses du présent qu'en sachant d'où elles viennent. Et il n'y a pas de réflexion possible sur les évolutions futures sans une conscience claire des origines et du chemin parcouru. Cette mise en perspective de l'histoire sur la longue durée conduit à une prise de conscience du temps qui passe et permet de s'inscrire en toute connaissance dans la longue chaine de nos prédécesseurs sans qui nous n'en serions pas là. En nous permettant de nous situer au sein de notre discipline, elle nous conduit à mieux jouer notre rôle dans la continuité de son développement. En somme, l'historiographie nous permet de répondre aux interrogations parfaitement exprimées par Paul Gauguin dans le titre de son célèbre tableau *D'où venons-nous ? Que sommes-nous ? Où allons-nous ?* (1897-1898, musée des beaux-arts de Boston, États-Unis). Dès lors, la démarche historiographique dont témoigne le présent ouvrage ne saurait surprendre. Elle répond à un réel besoin et témoigne de la maturité de l'archéologie navale en tant que discipline scientifique à part entière constituant une des principales branches de l'archéologie maritime et, tout simplement, de l'archéologie.

Pour de nombreux lecteurs, l'archéologie navale apparaît comme une discipline relativement jeune dont l'image est souvent associée au développement au cours de ces soixante dix dernières années de l'archéologie sous-marine. En réalité, comme le montre si bien Éric Rieth dans son ouvrage, il s'agit d'une vieille discipline remontant au XVIe siècle et qui ne cesse de s'affirmer, sans solution de continuité, tout au long des siècles suivants jusqu'à nos jours.

On ne sera donc pas surpris de trouver dans la bibliographie de l'archéologie navale de ces dernières années des études historiographiques. Sans chercher à être exhaustif, signalons néanmoins quelques travaux caractéristiques sur ce sujet. En 1972, Lucien Basch dans son article fondateur « Ancien wrecks and the archaeology of ships », publié dans le premier numéro de *The International Journal of Nautical Archaeology*, évoque en quelques pages le développement de l'archéologie navale depuis ses origines jusqu'aux fouilles d'épaves les plus récentes pour mieux situer son propos et le mettre en perspective[1]. Il récidive quelques années plus tard, en 1987, dans son monumental ouvrage *Le musée imaginaire de la marine antique* dans lequel il consacre le chapitre d'introduction à la même question en insistant plus particulièrement cette fois sur l'iconographie[2]. Sans oublier le chapitre sur la trière grecque de l'époque classique où les diverses reconstitutions proposées jusqu'alors sont soigneusement passées en revue. J'ai moi-même sacrifié au devoir de l'historiographie en publiant en 2001 une étude sur le renouveau de l'archéologie navale antique[3] et des études monographiques sur quelques grandes figures de l'histoire de l'archéologie navale et sur leurs œuvres comme le commandant Carlini[4], l'ouvrage de A. Cartault, *La trière athénienne*, publié à Paris en 1881[5], ou encore la vie d'Honor Frost[6]. Signalons aussi l'entreprise de bilan initiée par Harry Tzalas à l'occasion du *7th International Symposium on Ship*

1   L. Basch, « Ancient wrecks and the archaeology of ships », *The International Journal of Nautical Archaeology*, 1, 1972, p. 1-58.

2   L. Basch, *Le musée imaginaire de la marine antique*, Athènes, Institut Hellénique pour la préservation de la tradition nautique, 1987, p. 17-41 et 265-302.

3   P. Pomey, « Le renouveau d'une discipline : historiographie de l'archéologie navale antique », dans J.-P. Brun, Ph. Jockey (éd.), *Τέχναι. Techniques et sociétés en Méditerranée. Hommage à M.-Cl. Amouretti*, Paris, Aix-en-Provence, Éditions Maisonneuve et Larose, Maison Méditerranéenne des Sciences de l'Homme, 2001, p. 613-623.

4   P. Pomey, « Le commandant Carlini et les études d'archéologie navale », dans *Récit d'une aventure. Les graffiti marins de Délos*, Catalogue d'exposition, Musée d'Histoire de Marseille, Marseille, 1992, p. 24-43.

5   P. Pomey, « Préface » de la réédition de l'ouvrage de A. Cartault, *La trière athénienne. Étude d'archéologie navale*, Paris, Claude Tchou, Bibliothèque des Introuvables, 2000, p. 9-18.

6   P. Pomey, « Honor Frost : une vie *Under the Mediterranean* », (Archaeonautica 17, 2012), Paris, CNRS Éditions, p. 7-9.

Construction in Antiquity[7]. L'ensemble comporte les bilans d'une dizaine de pays avec une introduction de H. Tzalas et des comptes rendus de K. Porozhanov (Bulgarie), A. I. Darwish (Égypte), P. Pomey (France), C. Dellaporta (Grèce), N. Tsouhlos, Ch. Agouridis (Hellenic Institute of Marine Archaeology), E. Galili, A. Raban (Israël), C. Beltrame (Italie), H. Frost (Syrie, Liban), G. Bass (Turquie). Il est intéressant de noter qu'archéologie navale, archéologie marine et archéologie sous-marine sont encore souvent confondues chez certains auteurs.

L'auteur du présent livre n'a pas manqué à son tour de participer à ce mouvement historiographique, en publiant des études sur les ouvrages d'archéologie navale de la Renaissance[8], sur A. Jal[9], ou sur l'amiral Pâris[10]. Aussi était-il naturel que nous nous retrouvions pour analyser ensemble la reconstitution de la trirème antique par Napoléon III[11]. Mais tous ces travaux, aussi intéressant soient-ils, ne concernent que des aspects partiels de l'archéologie navale, le rôle des épaves ou de l'iconographie, quelques figures emblématiques ou des œuvres de référence. Il manquait jusqu'à présent un ouvrage d'ensemble portant à la fois sur le développement de l'archéologie navale dans le temps mais aussi sur les différents courants de pensée qui lui ont donné ses orientations et dont nous sommes les héritiers.

Une telle démarche implique une parfaite connaissance de la discipline qui relève de l'érudition. Elle suppose aussi une prise de recul et une lucidité qui sont indispensables pour jeter un regard analytique et

7   H. Tzalas, « A century of Underwater Archaeology in the Mediterranean », dans H. Tzalas (éd.), *Tropis VII, 7th International Symposium on Ship Construction in Antiquity, Pylos 1999*, Athènes, Institut Hellénique pour la Préservation de la Tradition Nautique, 2002 (vol. II-B, p. 875-995).

8   E. Rieth, « L'archéologie navale : des ouvrages de la Renaissance à l'archéologie expérimentale », *Neptunia*, 148, 1982, p. 5-16.

9   E. Rieth, « Augustin Jal : un archéologue du mot et de l'image », *Actes du 112ᵉ Congrès National des Sociétés savantes, Lyon 1987, Histoire des sciences et des techniques*, 1, Paris, CTHS, 1988, p. 251-258.

10   E. Rieth, « Observer, dessiner, décrire, comparer, analyser : une nouvelle méthode d'étude de l'architecture navale selon l'amiral Pâris (1806-1893) », dans J.-P. Brun, Ph. Jockey (éd.), *Τέχναι. Techniques et sociétés en Méditerranée. Hommage à M.-Cl. Amouretti*, Paris, Aix-en-Provence, Éditions Maisonneuve et Larose, Maison Méditerranéenne des Sciences de l'Homme, 2001, p. 663-674.

11   P. Pomey, E. Rieth, « La trirème antique de Napoléon III : un essai d'archéologie navale expérimentale sous le Second Empire », dans *Napoléon III et l'archéologie, Actes du colloque de Compiègne, 14-15 oct. 2000, Bulletin de la Société Historique de Compiègne*, XXXVII, 2001, p. 239-266.

critique sur une discipline qui a connu au cours des siècles un cheminement complexe au gré de la diversité des sources, d'influences multiples
et de fréquents changements de paradigmes.

C'est pourquoi on se réjouira que cette histoire de l'archéologie
navale, établissant comme le souligne le sous-titre, le rapport des bateaux
à l'histoire, soit due à la plume d'Éric Rieth. Directeur de recherche
émérite au CNRS, rattaché au Laboratoire de médiévistique occidentale
de Paris (Université Paris 1-Panthéon-Sorbonne, CNRS) et responsable
du département d'archéologie navale du Musée national de la Marine
à Paris, Éric Rieth est un spécialiste reconnu sur le plan international
de l'archéologie navale médiévale et moderne et de la batellerie. Sa
formation académique à la Sorbonne et à l'École pratique des hautes
études, auprès notamment du Professeur Michel Mollat du Jourdin à
qui l'on doit le renouveau des études d'histoire maritime en France, sa
profonde connaissance des collections du Musée national de la Marine
et de ses archives, et sa pratique archéologique du terrain l'ont conduit
à s'intéresser à toutes les sources de l'archéologie navale : archéologiques,
en premier lieu, à travers la fouille et l'étude de nombreuses épaves ;
historiques à partir notamment des anciens traités d'architecture navale ;
iconographiques par la longue fréquentation des collections et des modèles
du musée ; enfin, ethnographiques grâce à sa profonde connaissance de
l'œuvre de l'amiral Pâris, père de l'ethnographie navale. Enfin, nous avons
souligné son intérêt pour la démarche historiographique à laquelle il a
déjà consacré plusieurs travaux. Aussi, ne pouvait-on trouver d'auteur
plus qualifié pour aborder un tel sujet et écrire un tel ouvrage.

Comme il le rappelle lui-même, ce livre se nourrit des discussions
engendrées au cours des Journées d'Archéologie Navale organisées au
Musée national de la Marine à Paris entre 1982 et 1989. Réunissant
archéologues, historiens, ethnologues, architectes navals, ingénieurs,
praticiens et amateurs avertis dans un esprit de démarche comparative
pluridisciplinaire, ces journées jouèrent un rôle de laboratoire d'idées
d'une grande fécondité, contribuant à alimenter de ses réflexions les
nouvelles recherches en archéologie navale. C'est au cours de ces journées
qu'Éric Rieth présenta ses travaux d'historiographie sur les ouvrages
de la Renaissance et leur rôle sur les études d'archéologie navale. C'est
au cours de ces mêmes journées que furent élaborés et présentés les
concepts de « principe et méthode de construction » en tant que méthode

d'analyse[12]. Les discussions au sein d'un petit groupe d'amis réunissant le plus souvent, Éric, P. Adam, L. Basch, F. Beaudouin et moi-même, et qui se prolongeaient tard dans la nuit parisienne, n'y furent pas étrangères. Il en résulta un courant de pensées cherchant à analyser le sujet même de l'archéologie navale, en l'occurrence le rapport du navire à l'histoire et à l'homme, dans tous ses aspects pour mieux comprendre comment le traiter, et dont Éric Rieth se fait ici le porte parole privilégié. C'est ainsi en toute connaissance de cause qu'il nous propose dans ce livre une vision d'ensemble de l'historiographie de l'archéologie navale qui manquait jusqu'à présent. Une vision non seulement tournée vers l'analyse du passé et des différents courants qui ont conduit la discipline dans son état présent avec ses questionnements et ses problématiques mais aussi tournée vers ses perspectives futures et ses possibilités d'avenir.

L'archéologie navale est donc une vieille discipline et c'est dans la Venise du XVIe siècle avec ses arsenaux, ses chantiers navals et ses « livres de recettes techniques » que nous emmène Éric Rieth au début de son ouvrage. C'est en effet dans ce contexte que Lazare de Baïf, ambassadeur de François 1er à Venise, écrit son célèbre ouvrage *Lazari Baysii annotationnes... in quibus tractatur de re navali* publié à Paris en 1536. L'étude des galères de l'Antiquité gréco-romaine, à partir essentiellement des textes antiques illustrés par une iconographie encore limitée, et où domine la question de l'arrangement de leur système de rames, y sont le sujet central. Selon Éric Rieth, l'ouvrage reflète très vraisemblablement les préoccupations vénitiennes du moment où se confrontent plusieurs types de galères avec leurs différents systèmes de nage. Ainsi, dès la naissance du premier ouvrage d'archéologie navale, la question de l'arrangement des rames des galères antiques est posée. Question qui deviendra récurrente tout au long de l'histoire de l'archéologie navale jusqu'à l'expérience récente de la reconstitution de la trière *Olympias* en 1987. D'entrée de jeu, l'auteur affirme ainsi sa méthode d'analyse qui consiste à se plonger dans le contexte intellectuel et technique de l'époque pour mieux comprendre du point de vue historiographique les enjeux du moment et les influences intellectuelles ou techniques qui ont sous tendu les courants de pensés des travaux d'archéologie navale du moment.

---

12 P. Pomey, « Principes et méthodes de construction en architecture navale antique », dans *Navires et commerces de la Méditerranée antique. Hommage à Jean Rougé, Cahiers d'Histoire*, XXXIII, 3, 4, 1988, p. 397–412.

C'est dans cette même démarche et ce même esprit d'analyse qu'il nous entraîne tout au long des siècles suivants. Si les débats historiques des XVIIe et XVIIIe siècles sont dominés par la présence de marins et d'érudits, non sans originalités à l'exemple de J.-D. Le Roy, c'est bien la seconde moitié du XIXe siècle qui retient toute l'attention de l'auteur en raison des profondes évolutions de la pensée critique de l'archéologie navale qui se manifestent alors. Elles conduisent à élargir le champ d'étude de la discipline à de nouveaux domaines et à s'ouvrir à de nouvelles sources tout en renouvelant les sources traditionnelles. Ce renouveau est dominé par les figures d'Augustin Jal à qui l'on doit l'ouverture au monde médiéval, et de l'amiral Pâris qui fit prendre conscience de l'immense champ comparatif de l'ethnographie navale. En tant que spécialiste de ces deux éminents personnages, Éric Rieth nous en livre une analyse particulièrement approfondie et pertinente. Il nous permet ainsi de mieux mesurer l'importance de leur influence sur la profonde évolution de l'archéologie navale qui s'exprime encore de nos jours à travers leurs successeurs, y compris jusqu'à l'archéologie navale des temps modernes initiée par les travaux de Jean Boudriot.

Mais les sources traditionnelles ne sont pas pour autant oubliées et participent à leur tour à cette évolution. Il convient ainsi de rappeler le rôle joué par le renouveau des études de philologie qui conduisirent à une profonde analyse critique des textes anciens et qui leur redonnèrent un nouvel intérêt. C'est à ce courant qu'appartiennent notamment Augustin Cartault et *La trière athénienne*, déjà évoqués, mais aussi Bernhard Graser (*De veterum re navali*, Berlin, 1864), dont les reconstitutions des galères antiques sont malheureusement entachées d'un esprit de système poussé à l'extrême jusqu'à l'absurde, Arthur Breusing (*Die Nautik der Alten*, Brême, 1886), ou encore Jules Vars (*L'art nautique dans l'Antiquité*, Paris, 1887). La recension quasi exhaustive des textes intéressant les navires antiques est alors entreprise par Cecil Torr (*Ancient ships*, Cambridge, 1894) et atteindra son apogée avec l'ouvrage de référence de Lionel Casson, *Ships and Seamanship in the Ancient World* (Princeton, 1971) où l'iconographie vient à l'appui des textes et dont les rééditions successives (1986, 1995) accordent une place de plus en plus importante à l'archéologie.

Si l'iconographie fut longtemps déficiente, E. Rieth souligne à juste titre combien le recours à la photographie a permis de totalement renouveler, au début du XXe siècle, cette source fondamentale et de lui accorder toute sa valeur. Ses analyses des deux ouvrages de référence que sont le corpus de F. Moll, *Das Schiff in der bildenden Kunst...* (Bonn, 1929), riche de 4000 reproductions intéressant aussi bien l'Antiquité que le Moyen-Âge, et le livre d'analyse historique des marines antiques fondée sur l'iconographie de L. Basch, *Le musée imaginaire de la marine antique* (Athènes, 1987) sont à cet égard révélateurs. À ce mouvement de renouveau, on peut ajouter l'extension des sources iconographiques aux graffiti. L'intérêt de ces derniers, longtemps négligés en raison de leur caractère souvent jugé *a priori* rudimentaire et peu fiable, a été révélé par le Commandant Dominique Carlini[13], attaché militaire à l'ambassade de France à Athènes et inventeur des fameux graffiti de galères antiques de Délos. Intérêt largement repris depuis par de nombreux auteurs à l'exemple de L. Basch qui a su en tirer le plus grand parti.

Parallèlement à ces développements caractérisant une « école française d'archéologie navale » aux origines très anciennes, E. Rieth nous révèle l'importance du monde nordique et de « l'école scandinave d'archéologie navale » dont les principes et les méthodes ont profondément renouvelé l'histoire de l'architecture navale. En raison des problèmes posés par l'analyse des sources écrites et iconographiques peu abondantes, les sources archéologiques constituées par les épaves y occupent la première place à la suite des fouilles historiques de Nydam au Danemark (1859-1864), de Gokstad (1880) et d'Oseberg (1904) en Norvège. S'y ajoute une faculté d'analyse anatomique des épaves facilitée par la permanence d'une « tradition vivante » d'architecture navale se perpétuant jusqu'à nos jours contrairement à la rupture des traditions méditerranéennes de la fin de l'Antiquité. La démarche favorisant la restitution des navires d'origine a conduit aussi, à l'exemple de la réplique du navire de Gokstad (1892-1893), au développement de l'archéologie expérimentale à travers la construction de répliques navigantes dans le cadre d'un protocole expérimental précis dont les scandinaves sont les spécialistes incontestés.

Par sa profonde connaissance de ce monde nordique, trop souvent méconnu des archéologues et historiens de l'Antiquité au tropisme méditerranéen, mais plus familier aux médiévistes, E. Rieth nous livre un tableau d'une grande richesse qui permet de mieux apprécier à sa juste valeur le rôle et l'importance de ce courant de pensée

---

13 D. Carlini, « Les galères antiques », *Bulletin de l'Association Technique Maritime et Aéronautique*, 38, 1934, p. 49-89.

dominé par des personnalités de chercheurs formés à l'archéologie, à l'ethnologie et à l'architecture navale comme O. Hasslöf, Ch. Nielsen, A. E. Christensen, ou encore O. Crumlin-Pedersen qui par la fécondité de sa réflexion et de son œuvre – de la fouille des navires de Skuldelev à leur réplique navigante dans le cadre du Musée du bateau viking de Roskilde (Danemark), en passant par la création du Centre d'archéologie maritime – est considéré à juste titre comme l'un des maître à penser de l'archéologie navale moderne.

À partir du milieu du XXᵉ siècle, une nouvelle révolution, technique cette fois, avec le développement de l'archéologie sous-marine va finir par faire entrer l'archéologie navale dans l'ère moderne de la discipline. La Méditerranée, comme le montre E. Rieth, retrouve alors une place privilégiée, même si le cheminement fut au départ hésitant en raison du peu d'intérêt manifesté pour les rares épaves terrestres précédemment découvertes et de la focalisation sur les riches cargaisons d'objets d'art révélées par les premières épaves sous-marines comme Anticythère (1900-1901, Grèce) et Mahdia (1907-1913, Tunisie).

Si la fouille du Grand-Congloué (Marseille, France) menée par le Commandant J.-Y. Cousteau reste une réussite technique montrant que les instruments adaptés au travail archéologique sous-marin – scaphandre autonome et dévaseuse notamment – existaient bien, on sera plus sévère sur l'appréciation de la portée de la fouille. En l'absence de toute méthode et de contrôle archéologique *in situ*, elle fut malheureusement un fiasco sur le plan scientifique. De fait, les deux épaves, distantes de près d'un siècle, composant le site furent mélangées et réduites en une seule épave fictive. Néanmoins, on peut rappeler que la nécessité de recourir à une véritable méthode de travail, inspirée des fouilles terrestres mais adaptée au milieu sous-marin, a été ressentie par l'archéologue italien N. Lamboglia, l'un des pères de la fouille stratigraphique, qui a su tirer les leçons de ses propres erreurs sur l'épave d'Albenga en Italie. Cependant plus intéressé par les cargaisons d'amphores et leur intérêt pour l'histoire des échanges économiques, il faisait peu de cas du navire lui-même et de l'archéologie navale contrairement à F. Benoit son homologue français. Les fouilles du Titan (Île du Levant, France) et de la Chrétienne A (Agay-Anthéor, France) respectivement par le Commandant Ph. Tailliez et F. Dumas, à la fin des années cinquante et au début des années soixante, vont en revanche porter un intérêt véritable aux études d'archéologie navale, tant sur le plan méthodologique pour le premier que sur le plan de la théorie des épaves pour le second en liaison avec son amie, l'archéologue anglaise Honor Frost.

Mais si l'on doit définir des fouilles à portée historiques par leurs conséquences sur les études d'archéologie navale, à l'instar des fouilles scandinaves citées par E. Rieth, on évoquera, en outre, les fouilles des navires de Nemi, de Yassiada, de Kyrenia et de la Madrague de Giens.

Récupérés entre 1928 et 1932, après l'assèchement partiel du lac Nemi près de Rome (Italie), les deux navires de l'empereur Caligula (Ier siècle ap. J.-C.) aux dimensions imposantes (73 x 24 m et 71,30 x 20 m) ont fait l'objet d'une publication exhaustive, *Le navi di Nemi* (Rome, 1950), par G. Ucelli qui reste un modèle du genre avec ses nombreux plans détaillés (état des vestiges, structures, plans de forme), la description des structures, les nombreuses analyses (xylologiques, métallographiques, textiles…) et l'établissement des caractéristiques hydrostatiques des navires, sans compter des études de restitution de divers types de navires fondées sur l'iconographie. Et si la question du mode de construction propre aux navires antiques n'est pas abordée, les auteurs ne manquent pas d'en relever les particularités annonciatrices de futures interprétations.

L'importance de la fouille byzantine du VIIe siècle de Yassiada (1961-1964, Turquie) est en revanche bien soulignée dans le présent ouvrage. Dirigée par l'archéologue américain de l'Université de Pennsylvanie, G. F. Bass, la fouille peut être considérée comme la première opération sous-marine menée de façon exhaustive sur une épave et portant sur la cargaison aussi bien que sur les vestiges de la coque du navire. Fondateur de l'Institute of Nautical Archaeology, (Texas A&M University), G. F. Bass est considéré, à juste titre, comme le « père de l'archéologie sous-marine scientifique ». Dans la suite de la fouille précédente, celle de l'épave grecque de la fin du IVe siècle av. J.-C. de Kyrenia (1968-1969, Chypre) conduite par M. Katzev mérite d'être mentionnée du fait qu'il s'agit de la fouille complète d'une épave homogène, contrairement à la précédente, ayant donné lieu à la récupération de l'épave en vue de sa conservation et de sa présentation au public, et à une véritable réplique navigante. Cette dernière – la première pour une épave antique qui soit fondée sur des données archéologiques – fut réalisée par H. Tzalas, président de l'Institut Hellénique pour la préservation de la tradition nautique

(Athènes), sur des plans restitués par J. R. Steffy, professeur d'archéologie navale à la Texas A&M University, et l'un des plus grands spécialistes de la reconstitution des navires et de leur système de construction à qui l'on devait déjà celle du navire byzantin de Yassiada.

Enfin, la fouille de l'épave romaine de la première moitié du Ier siècle av. J.-C. de la Madrague de Giens (Hyères, France) reste à ce jour la plus importante fouille sous-marine jamais réalisée sur une épave antique. Menée de 1972 à 1982 par les équipes d'archéologie maritime et navale du Centre Camille Jullian (Aix-Marseille Université, CNRS), cette fouille, véritable laboratoire, a permis de définir les standards méthodologiques des fouilles sous-marines modernes et de mettre en place, à travers l'étude du navire et de sa cargaison, de nouvelles approches de l'architecture navale et de l'économie du commerce maritime du monde antique.

Une dernière étape importante dans l'élaboration de l'archéologie navale moderne est fortement soulignée par E. Rieth. Elle repose sur la formulation de la théorie de l'archéologie maritime par l'archéologue anglais K. Muckelroy, en 1978, à qui l'on doit une définition de l'archéologie navale reposant sur les trois dimensions fondamentales du navire : le bateau en tant que machine ; en tant qu'instrument adapté à une fonction ; et en tant que lieu de vie et de travail d'une micro société. Définition, aujourd'hui unanimement adoptée, qui sous-tend toutes les recherches actuelles sur les bateaux et navires de toutes sortes.

Avant de conclure, E. Rieth aborde dans la dernière partie de son ouvrage la question qu'il définit de façon pertinente comme étant celle de la « pensée technique du bateau » qui conduit à inscrire l'archéologie navale dans l'histoire des techniques et à aborder les problèmes de la conception et de la réalisation des navires. Ce faisant, il nous livre une réflexion particulièrement enrichissante et stimulante sur les enjeux actuels de l'archéologie navale, ses questionnements et ses problématiques.

Mais auparavant, il a fallu que la conjonction des deux courants de pensée, français et scandinave, et le développement de l'archéologie sous-marine, tant dans les domaines nordique, atlantique que méditerranéen, contribuent à la construction de la pensée moderne de l'archéologie navale marquant ainsi le début d'une nouvelle ère de l'histoire de la discipline. Pour cela, il a aussi fallu procéder à une autre révolution intellectuelle conduisant à un changement total de paradigmes qui toucha notamment le monde antique méditerranéen. Si la particularité de la construction navale antique fut longtemps ignorée, on doit à l'école scandinave d'avoir permis de prendre conscience de sa singularité et de la mettre en évidence à travers l'étude des épaves antiques. De même, les développements de l'iconographie et l'ouverture au monde de l'ethnographie navale, propre à l'école française, en mettant en évidence l'extraordinaire diversité des types d'embarcations, de bateaux et de navires de toutes sortes, ont conduit à l'abandon de l'idée de permanence des types dans le temps et dans l'espace dans le cadre d'une vision diffusionniste et conduit tout au contraire à mettre en évidence la diversité des types et de leurs origines selon une vision dorénavant évolutionniste.

Le foisonnement de concepts qui résulta de toutes ces influences et évolutions de la pensée en archéologie navale est impressionnant. Les analyses des caractéristiques architecturales du navire associant formes, structures et capacités nautiques (tonnage notamment) conduisent à définir plus précisément les notions de types d'embarcations, de familles et de traditions architecturales où les questions de transition technique occupent une place de plus en plus importante. S'y ajoute la notion d'espace de navigation qui introduit dans l'analyse les aspects environnementaux, économiques et culturels où l'homme retrouve une place prépondérante. Mais c'est certainement la question fondamentale de la conception et de la réalisation des navires, renvoyant aux notions de principe et de méthode de construction, érigées dans leur dialectique complexe en tant que système d'analyse, qui est au cœur des problématiques actuelles de l'archéologie navale. Manifestement, par la profondeur de ses analyses, E. Rieth témoigne pour ces questions d'un intérêt particulier qui ajoute autant de prix à sa démonstration.

Au terme de cet ouvrage, l'archéologie navale apparaît au terme d'une longue histoire comme une discipline mature, au champ disciplinaire bien défini au sein de l'archéologie maritime, mais indépendante de l'archéologie sous-marine avec laquelle elle a été parfois confondue avec l'émergence de cette dernière. Une discipline scientifique dotée de ses propres instruments de recherche, avec ses méthodes d'analyse, son corpus de définitions et ses paradigmes conduisant à une véritable théorie du navire sous-tendue par une pensée technique cohérente.

Les perspectives d'avenir ne sont pas pour autant oubliées et, ainsi que l'évoque E. Rieth, elles reposent essentiellement sur des progrès méthodologiques et techniques comme l'archéologie en eau profonde, la numérisation des méthodes de relevés et les logiciels de restitution informatique. Soit autant d'évolutions techniques ouvrant vers de nouveaux et vastes champs d'investigation, des méthodes d'acquisition des données toujours plus précises et des procédés de restitution des navires de plus en plus élaborés qui conduisent à développer les opérations d'archéologie expérimentale dont l'importance méthodologique a été bien soulignée. Ces dernières, élargies aujourd'hui au-delà du monde scandinave, sont de plus en plus fréquentes à l'exemple, pourrait-on ajouter, de la construction du *Gyptis* par le Centre Camille Jullian, réplique navigante d'un bateau grec archaïque du VIe siècle av. J.-C. assemblé par ligatures.

Et s'il existe aujourd'hui un débat sur un éventuel élargissement du champ disciplinaire de l'archéologie navale, ce dernier reste néanmoins bien délimité. Comme le souligne E. Rieth, il intéresse les seuls embarcations, bateaux et navires de toutes sortes et la question de son élargissement est celle de son ouverture à son « espace maritime » où, par sa dimension culturelle, l'homme reste omniprésent et est remis au milieu des recherches sur le navire.

Avec cet ouvrage, Éric Rieth nous offre pour la première fois une véritable historiographie de l'archéologie navale mettant en évidence la longue histoire de la discipline avec les profondes évolutions de ses champs de recherche selon la nature des sources, et ses changements de concepts et de paradigmes. Véritable travail d'érudition, l'ouvrage ne se limite pas à ce seul aspect et nous offre aussi une profonde réflexion historique sur la « pensée technique du bateau » qui reflète la culture personnelle de l'auteur et ses champs d'intérêts particuliers. Ouvrage complet mais empreint d'une vision très personnelle, ce livre nous rappelle qu'il n'y a pas de lecture univoque de l'histoire. C'est ce qui en fait tout le prix et l'intérêt.

Patrice POMEY
Directeur de recherche émérite
Aix Marseille Université,
CNRS Centre Camille Jullian
(AMU-CNRS)

INTRODUCTION

L'origine de ce livre date de 1982, plus précisément des 11 au 13 juin 1982 durant lesquels s'étaient déroulées les 1res Journées d'Archéologie Navale que nous avions organisées avec Jean Boudriot au Musée national de la Marine à Paris. Au cours de cette manifestation qui fut suivie de quatre autres Journées d'Archéologie Navale, nous avions présenté en guise d'introduction générale une communication intitulée « L'archéologie navale : des ouvrages de la Renaissance à l'archéologie expérimentale ». Cet exposé fût repris et développé dans un article[1] qui abordait cinq thèmes définis de la manière suivante : « l'ancienneté de la notion d'archéologie navale, l'archéologie navale d'après Jal, la découverte de la construction navale traditionnelle, l'apport des chercheurs scandinaves, quelques thèmes de l'archéologie navale antique ». Dans la conclusion provisoire, nous écrivions alors :

> Ces quelques remarques avaient pour unique fonction de montrer comment avait évolué le contenu de l'archéologie navale. à l'origine fondée sur des sources essentiellement écrites, elle n'était qu'une approche littéraire d'anecdotes historiques. Aujourd'hui, elle est devenue une discipline historique, appuyée sur une observation et une étude des vestiges matériels, relayée par un fonds documentaire aussi large que possible, des sources écrites aux enquêtes ethnographiques. Au demeurant, cette évolution a suivi sensiblement le même mouvement que celui parcouru par les autres secteurs de l'archéologie. Il est temps, d'ailleurs, de ne plus considérer l'archéologie navale comme un domaine exceptionnel et de le situer comme une des formes de l'archéologie, avec un objet et des méthodes propres, mais avec une même finalité historique[2].

Un peu plus de trente-cinq ans se sont écoulés depuis que ces lignes ont été rédigées au cours desquels cette réflexion sur l'histoire de l'archéologie navale s'est poursuivie en bénéficiant au fil des années de l'apport de

---

1 É. Rieth, « L'archéologie navale : des ouvrages de la Renaissance à l'archéologie expérimentale », *Neptunia*, 148, 1982, p. 5-16.
2 *Ibid.*, p. 16.

lectures, de recherches, d'expériences et de rencontres. À cet égard, il est certain que plusieurs personnalités françaises du monde de la recherche[3] ont eu, à n'en pas douter, une influence sur notre manière d'appréhender le contenu de l'archéologie navale. L'historien Michel Mollat du Jourdin, dont une partie des recherches a été consacrée à l'histoire maritime, mais qui n'était nullement un spécialiste de l'histoire de l'architecture navale, a joué cependant un rôle important en nous conduisant à toujours historiciser les faits techniques sans jamais les isoler de leurs contextes économiques, sociaux, culturels, environnementaux. Jean Boudriot, historien de l'architecture navale française de ce qu'il appelait « la période classique » comprise entre les années 1650 à 1850, et avec lequel nous avons animé pendant une trentaine d'années un séminaire hebdomadaire au sein du Musée national de la Marine et organisé au sein du musée cinq Journées d'Archéologie Navale entre 1982 et 1989, nous a montré la voie de la nécessaire très grande rigueur dans l'analyse technique de l'architecture navale. Il est certain que sa description de « l'anatomie architecturale » d'un vaisseau de 74 canons des années 1780 comprenant plusieurs centaines de pièces de charpente fait partie de ces leçons d'histoire des techniques, certes difficiles à apprendre, mais particulièrement formatrices et que l'on ne peut guère oublier. François Beaudouin a été très probablement, quant à lui, le chercheur dont l'influence fût et demeure encore aujourd'hui la plus forte. Son approche anthropologique des bateaux dits traditionnels comme « acteurs et témoins d'histoire », pour reprendre ses propres termes, a représenté une source d'inspiration unique pour définir une nouvelle lecture des vestiges archéologiques d'une épave. Par ailleurs F. Beaudouin, comme chercheur, a conduit une réflexion théorique sur sa pratique d'anthropologie des bateaux profondément originale qui n'a pas été sans conséquences sur notre propre approche théorique de l'archéologie navale.

---

3   Outre M. Mollat du Jourdin, J. Boudriot et F. Beaudouin aujourd'hui disparus, d'autres personnalités ont contribué et contribuent toujours à la construction de notre réflexion. La première d'entre elles est notre collègue et ami Patrice Pomey, directeur de recherche émérite au CNRS (AMU-CCJ), dont les études en archéologie navale ont profondément renouvelé l'histoire de l'architecture navale antique méditerranéenne. Au plan international, trois grandes personnalités de la communauté archéologique et amis ont exercé une influence certaine sur notre perception de l'archéologie navale, le belge Lucien Basch et le danois Ole Crumlin-Pedersen, tous deux malheureusement décédés, et le britannique Seàn McGrail.

Ce sont les résultats de notre réflexion, résultant pour une part de ces rencontres, sur l'histoire de l'archéologie navale que ce livre voudrait retracer. Le sujet central de l'étude est celui des différentes façons dont les bateaux, comme outils civils et militaires de travail, ont été envisagés en tant qu'objets d'histoire. Ce sont principalement les embarcations et les navires destinés à naviguer en mer qui ont été ici pris en compte dans la mesure où les bateaux de navigation intérieure, en fonction de leurs espaces nautiques et de leurs contextes techno-économiques de fonctionnement spécifiques, relèvent de problématiques historiques différentes impliquant, en particulier, d'articuler très étroitement l'approche technique des bateaux et de leur architecture à celle du paysage ou du territoire fluvial dans lequel ils s'inscrivent. L'histoire de l'archéologie de la batellerie mériterait en l'occurrence qu'un ouvrage lui soit consacré. Dans le cadre de ce livre, il s'est agi d'abord de s'interroger dans le temps long sur les processus d'apparition, de définition et de développement des thèmes, des problématiques, des sources, des méthodes d'étude des bateaux comme objets d'histoire. Le propos a été également de montrer comment ce sujet d'étude des bateaux, par rapport au contexte socio-culturel dans lequel il s'est développé, s'est inséré progressivement dans le champ de la science historique et de quelle façon les acteurs de la recherche sont passés du milieu des érudits et des praticiens de la mer, marins et constructeurs de navires notamment, à celui des historiens et des archéologues. En d'autres termes, le but n'a été en aucun cas de faire une histoire de l'architecture navale, ni une archéologie des bateaux[4], mais seulement de retracer l'histoire d'un champ d'étude désormais intégré aux sciences humaines.

Chronologiquement, cette étude s'étend du XVIᵉ siècle à nos jours. Le XVIᵉ siècle : c'est en effet dans le contexte de la Renaissance et de celui des humanistes vénitiens que le premier ouvrage consacré à des questions d'archéologie navale a été publié avec, comme nous aurons l'occasion de l'étudier, l'ambition de définir tout particulièrement la manière dont fonctionnaient les galères de l'Antiquité gréco-romaine en relation avec la position des différents niveaux de rameurs dans la coque. De nos jours :

---

4   Il existe des ouvrages sur l'archéologie navale antique et l'archéologie navale médiévale, sur l'histoire de l'archéologie sous-marine ou encore sur les méthodes et les problématiques de l'archéologie maritime dont on trouvera un certain nombre de références, parmi les plus importantes, dans les différentes parties de ce livre.

il existe effectivement au sein de la communauté scientifique un débat sur une éventuelle évolution du périmètre thématique de l'archéologie navale orientée vers un élargissement ou, au contraire, une réduction de son contenu. Comme nous l'examinerons en conclusion, la question principale qui est posée est celle d'une concentration du champ de la recherche sur le seul bateau ou d'une ouverture de ce champ au « paysage maritime » dont le bateau ne constitue qu'un élément, fondamental il est certain.

Dans cet ouvrage, nous avons souhaité donner la parole à un certain nombre de personnalités civiles et militaires issues de milieux professionnels divers, du monde de la diplomatie à celui des plongeurs, qui ont contribué par leurs écrits, et aussi par leurs actions sur le terrain de la recherche archéologique sous-marine et terrestre, à la construction de cette histoire de l'archéologie navale. Des extraits plus ou moins longs de leurs écrits viendront ainsi ponctuer régulièrement les pages de ce livre. Porteurs d'une pensée de la théorie ou/et de la pratique technique de l'archéologie navale, ces figures de la recherche ont été choisies en fonction de leur représentativité intellectuelle, un choix qui, faut-il le rappeler, résulte également de notre sensibilité à ce qu'ils ont écrit, à ce qu'ils ont fait, et aussi à ce qu'ils ont été en tant que personnes dans la société de leur temps.

PREMIÈRE PARTIE

UN ENVIRONNEMENT PARTICULIER

VENISE, « FOYER INTELLECTUEL » MÉDITERRANÉEN DE L'ARCHITECTURE NAVALE ET L'ORIGINE DE L'ARCHÉOLOGIE NAVALE

UN HAUT LIEU
DE CONSTRUCTION NAVALE

Depuis 1500, des centaines de vues de villes en perspective ont été réalisées, mais aucune n'a pu rivaliser avec l'ensemble presque illimité des aspects divers de la Vue de Venise en 1500 attribuée à Jacopo de Barbari. Cette Vue, objet de très nombreuses publications, a été utilisée, et le sera encore longtemps, pour l'histoire de la topographie, de l'urbanisme et de l'architecture de Venise. En outre, elle montre Venise dans toute sa gloire[1]…

C'est ainsi que Lucien Basch introduisait son étude des divers modèles de bateaux figurés sur cette vue gravée de Venise.

On ne peut que partager ce point de vue. Il ne fait aucun doute que le talent de graveur de J. de Barbari a exprimé d'une façon remarquable, sur le double plan artistique et documentaire, ce paysage urbain de l'île « Cité-État » vénitienne « dans toute sa gloire » sur cette vaste vue xylographiée s'étendant sur 2,81 m de longueur et 1,34 m de hauteur. Arrêtons-nous un instant sur le document. Les eaux saumâtres et tressées en larges chenaux de navigation de la lagune encerclent la ville parcourue par une multitude d'étroits canaux constituant autant de voies de circulation urbaine à d'innombrables embarcations fluviales de forme et de taille variées. Les nombreux navires à voiles qui sont mouillés à l'ancre au milieu du canal de Saint-Marc en particulier, s'agissant de caraques à trois-mâts et à gouvernail axial d'étambot ou de naves gréées de deux mâts à voile latine et dotées de gouvernails latéraux, ces derniers hérités de l'Antiquité classique, symbolisent à merveille la puissance maritime de Venise.

Dans la ville même, enserrés entre les édifices, sont présents plusieurs chantiers navals privés représentant à différents stades de construction des navires de moyens ou de gros tonnage pour les « *squeri da grosso* » et

---

1   L. Basch, *Les navires et bateaux de la Vue de Venise de Jacopo de Barbari (1500)*, édition hors commerce, à Bruxelles chez l'auteur, 2000, p. 3.

des embarcations vernaculaires de la lagune pour les « *squeri da sotil* ». Les aménagements de ces chantiers navals situés en bordure d'un chenal pour faciliter la mise à l'eau du bâtiment sont sommaires. Clos par une simple palissade en bois, le chantier se compose principalement d'un terrain aplani sur lequel est bâti à ciel ouvert le navire. Dans quelques cas, un atelier abritant sans doute l'outillage et servant de magasin est localisé dans le prolongement du terrain.

C'est l'arsenal, chantier naval d'état, qui constitue le cœur des activités de construction navale. À cette époque, l'arsenal de Venise se compose de l'*Arsenale Vecchio* bâti probablement au début du XIIIe siècle, de l'*Arsenale Nuovo* réalisé au cours des premières décennies du XIVe siècle et, enfin, de l'*Arsenale Novissimo* construit à partir des années 1473. La gravure de J. de Barbari illustre remarquablement l'ampleur architecturale de l'arsenal, « cité industrielle » à l'intérieur de la « Cité-état[2] », vaste lieu de construction entouré d'une enceinte, muni de bassins, d'une darse, et d'un ensemble de cales de construction recouvertes d'une toiture, les « *volti* ». Si des voiliers étaient construits à l'intérieur de l'arsenal comme le montre au demeurant la vue de J. de Barbari[3], ce sont pour l'essentiel des bâtiments de la famille des galères qui sont bâtis et réparés sous les cales de l'arsenal. Deux grandes familles architecturales de navires à rames sont alors présentes : celles des « *galie sottil perl'armata* » et des « *galie grosse per li viazi*[4] ». Les premières, d'une longueur d'une quarantaine

---

2   Si l'ouvrage de F. C. Lane, *Navires et constructeurs à Venise pendant la Renaissance*, Paris, SEVPEN, 1965, reste la référence de base, la bibliographie relative à l'histoire de la construction navale vénitienne et à celle de l'arsenal s'est très largement enrichie. Limitons-nous à citer deux titres, parmi beacoup d'autres, représentatifs de deux perspectives historiques différentes. La première est centrée sur l'arsenal lui-même comme espace architectural et technique (exemple : E. Concina, *L'arsenale della Republica di Venezia : techniche e istituzioni dal Medioevo all'eta moderna*, Milan, Mondadori Electa, 1984) ; la deuxième est orientée plus largement vers les activités maritimes (exemple : J.-C. Hocquet, *Le sel et la fortune de Venise*, Lille, Presses de l'Université de Lille, 2 vol., 1978-1979 ; *cf.* en particulier le volume 2 intitulé *Voiliers et commerce en Méditerranée 1200-1650*).

3   Il est à noter que le navire à voiles en construction, coque pratiquement achevée, est situé à l'intérieur de l'enceinte de l'arsenal, mais à l'extérieur des cales couvertes dont l'architecture est uniquement adaptée aux dimensions et aux proportions des différents modèles de galères.

4   Parmi de nombreuses études, *cf.* E. Concina, « Les galères de Venise et de l'Arsenal », dans *Quand voguaient les galères*, catalogue de l'exposition 4 octobre 1900-janvier 1991, Musée national de la Marine, Paris, Ouest France, 1990, p. 95-117 ; *id.*, « Humanism and the Sea », *Mediterranean Historical Review*, III, 1988, p. 159-166 ; *id.*, *Navis : l'umanismo sul mare (1470-1740)*, Turin, Enaudi, 1990.

de mètres pour une largeur maximum de 4 à 5 mètres, sont destinées aux opérations militaires qui demeurent, pour quelques temps encore, jusqu'au développement du proto-vaisseau à la fin du XVIe siècle, la base des flottes de guerre des puissances maritimes méditerranéennes. Ces bateaux se caractérisent par une structure, au niveau de la charpente transversale en particulier, relativement légère. Bien qu'équipées d'un gréement et d'une voilure de dimensions non négligeables faisant de ces « galères légères » de fins voiliers dans des conditions de mer très favorables uniquement[5], elles sont avant tout des « machines à ramer » conçues pour le combat rapproché au cours duquel les bâtiments, très bas sur l'eau, s'affrontent bord contre bord dans le but de provoquer le maximum de dégâts à la coque et aux rames des unités adverses avec, vers la fin du XVe siècle, un rôle de plus en plus important joué par l'artillerie concentrée principalement sur une plate-forme située sur l'avant et dont les canons tirent dans l'axe longitudinal. Le pont de ces galères de guerre est aménagé avec des bancs disposés de part et d'autre d'une étroite passerelle centrale (la coursie) allant d'une extrémité à l'autre de la coque. Chacun de ceux-ci constitue une sorte « d'unité mécanique humaine » comprenant, disposés sur un même niveau, plusieurs rameurs, trois dans le cas de la trirème qui est le modèle classique de l'époque. Chaque rameur manœuvre une rame selon la technique médiévale de vogue dite à la « *sensile* ».

Cette « unité mécanique humaine » que constitue tout type de galères est parfaitement définie en ces termes par un spécialiste de l'histoire de ces familles de bateaux qui, ce n'est sans doute pas un hasard, était ingénieur et ergonome : « Le système homme/machine particulier à ce type de propulsion comprend trois éléments : l'outil (la rame), le poste de travail (le banc au sens large), et l'opérateur (le rameur)[6] ». Il n'est pas aisé d'imaginer aujourd'hui la complexité technique de cette « unité mécanique humaine » lorsque deux ou trois cents hommes devaient ramer ensemble avec une synchronisation des mouvements au niveau de chaque

---

5   Les proportions des galères avec, notamment, leur coefficient d'allongement largeur/ longueur très important de l'ordre de 1/8, à 1/9, leur hauteur de coque réduite (avec en conséquence un faible tirant d'eau et un franc-bord peu élevé), répondent aux nécessités fonctionnelles d'une « machine à ramer » et non pas à celles d'un voilier. La manœuvrabilité et la stabilité latérale des galères sont limitées.

6   R. Burlet, *Les galères au Musée de la Marine. Voyage à travers le monde particulier des galères*, Paris, Presses de l'université de Paris-Sorbonne, 2001, p. 41.

banc et à celui de l'ensemble des vingt et quelques bancs disposés de part
et d'autre de la « coursie » centrale, synchronisation sans laquelle les rames
s'entrechoquaient, se brisaient et les rameurs se blessaient. Il faut ajouter
que cette complexité est d'autant plus grande que les hommes ne rament
pas assis sur leur banc mais « voguent » avec tout leurs corps. Chaque
coup de rame implique, en effet, de la part du rameur un mouvement en
trois temps principaux : se lever, avancer en faisant un pas, s'asseoir en se
laissant tomber en arrière. En reprenant l'image de la machine, chaque
rameur forme une sorte « d'engrenage » qui participe du mouvement
d'ensemble de « l'unité mécanique humaine » de la galère.

LES DIFFÉRENTES VOGUES

FIG. 1 – Cette analyse ergonomique par René Burlet, ingénieur ergonome,
des différents types de vogue « *a scaloccio* » permet d'observer la façon
dont l'ensemble du corps du rameur participe au mouvement
de la rame décomposé en six temps. La vogue dite « à toucher le banc »
est une variante de la vogue ordinaire. Le mouvement est identique ;
la seule différence se situe lors du deuxième temps, quand le rameur
vient frapper et fait résonner le banc disposé devant lui. C'est une vogue
de parade (R. Burlet, *Les galères au Musée de la Marine.*
Voyage à travers le monde particulier des galères, Paris,
Presses de l'université de Paris-Sorbonne, 2001, p. 48).

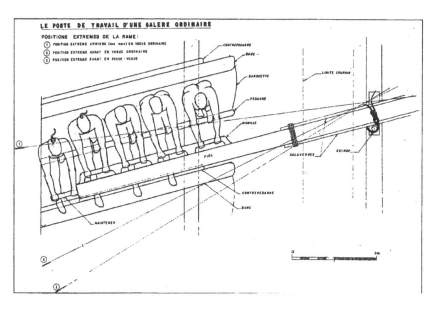

FIG. 2 – Cette étude ergonomique du « poste de travail »
d'une galère ordinaire du XVIIᵉ siècle a été réalisée par René Burlet
à partir d'une analyse des sources écrites (mémoires notamment),
des documents iconographiques et des modèles de galères conservés
au Musée national de la Marine de Paris. Dans ce type de vogue
« *a scaloccio* », cinq hommes assis sur un même banc de nage disposé
en oblique manœuvrent la même rame et doivent, d'une manière synchrone,
se lever, s'avancer, se pencher et se rasseoir. On imagine, l'entraînement
et la force qu'implique de la part du rameur un tel mouvement complexe
de la rame (R. Burlet, *Les galères au Musée de la Marine*, Voyage à travers
le monde particulier des galères, Paris, Presses de l'université
de Paris-Sorbonne, 2001, p. 46).

La seconde famille architecturale se compose de « grosses galères »
servant au transport de marchandises précieuses dont les soieries et les
épices. Bien que restant fondamentalement des « machines à ramer »,
limitées toutefois aux manœuvres d'entrée et de sortie des ports et aux
navigations côtières par mer plate et absence de vent, ces « *galie grosse* »
possèdent des proportions mieux adaptées à une propulsion à la voile.
C'est ainsi que les proportions d'une galère de Flandres, bâtiment de
transport d'un port, c'est-à-dire d'une capacité de charge, pouvant

atteindre 170 tonneaux, conçu pour affronter les conditions de navigation en Atlantique, Manche et mer du Nord, étaient dans la première
moitié du xve siècle de l'ordre de 41 m de long, 6 m de large, 2,75 m
de creux, c'est-à-dire de profondeur intérieure pour charger la cargaison, l'eau et les vivres. Dans les dernières décennies du xve siècle, une
galère de Flandres pouvait avoir une longueur de 45,25 m, une largeur
de 7 m et un creux de 3 m[7]. Marqueur architectural de cette meilleure
adaptation aux conditions de navigation particulières à la route vers les
Flandres et à un usage régulier de la voile : le coefficient d'allongement
évolue. Il se réduit et passe ainsi de 1/8 pour une galère légère de la fin
du xve siècle[8] à 1/6,5 dans le cas d'une galère de Flandres de la même
époque. Le creux se modifie également et, en augmentant, conduit à une
meilleure stabilité latérale sous voile de la galère. Comme dans le cas
des « *galie sottil perl'armata* », le système mécanique des rames reste celui
à la « *sensile* » caractérisé par la disposition à l'horizontal de plusieurs
hommes sur un même banc, chaque individu maniant une seule rame
de longueur différente.

L'une des questions posées par ces différents modèles des deux grandes
familles architecturales de galères vénitiennes construits dans le cadre
d'une production d'État[9] est celle de la présumée dimension « savante »,
de la culture technique[10] développée au sein de cet espace, clos et séparé
de la ville, de l'arsenal de Venise par rapport au caractère supposé
« traditionnel », relevant d'architectures navales vernaculaires, des
constructions des chantiers navals privés et artisanaux insérés dans le
tissu urbain vénitien. Deux éclairages représentatifs de cette présumée

---

7   N. Fourquin, « Les galères du Moyen Age », dans *Quand voguaient les galère*, catalogue
     de l'exposition 4 octobre 1990-janvier 1991, Musée national de la Marine, Paris, Ouest
     France, 1990, p. 66-87, p. 87.

8   Longueur de coque de 39,50 m, largeur de 4,80 m, creux de 1,91 m. N. Fourquin, *ibid.*,
     p. 87.

9   Outre les aspects purement techniques, bien d'autres sont à prendre en compte comme,
     au sein du personnel de l'arsenal, le rôle du contremaître constructeur, le « *proto* » dans
     les processus de définition du projet architectural, ou, dans le cadre organisationnel, la
     gestion de la production avec les problèmes complexes liés aux approvisionnements en
     matériaux et à leur stockage.

10   *Cf.* parmi de nombreuses publications celle, toujours très actuelle, de M. Aymard,
     « L'arsenal de Venise : science, expérience et technique dans la construction navale au
     xvie siècle », *Cultura, Scienze e Techniche Nella Venezia del Cinquecento*, Atti del Convegno
     Internazionale di Studio Giovani Battista Benedetti e il su Tempo, Venise, 1987,
     p. 408-418.

dimension « savante » de l'arsenal vénitien ont été choisis. Le premier concerne la littérature technique témoignant des activités des chantiers navals. La seconde porte sur les innovations et les expérimentations techniques relevant principalement de la mécanique des rames des divers types de galères.

DES « LIVRES DE RECETTES TECHNIQUES »
D'ARCHITECTURE NAVALE

C'est de l'espace de la cité de Venise que sont issus les premiers manuscrits connus en forme de proto-traités d'architecture navale datant, pour
les plus anciens, du début du XVe siècle. D'autres grandes cités maritimes
médiévales comme, par exemple, Gênes, Marseille ou Barcelone, cette
dernière ville dotée d'un majestueux arsenal, les *Reales Atanazares*, ont
connu des activités importantes de construction navale privée et d'État
dont les archives notariales, parmi d'autres sources, portent témoignages.
Pourtant, aucune de ces villes n'a fourni d'archives techniques comparables
à celles de Venise. La mémoire des savoir-faire et des savoirs techniques
des maîtres-charpentiers génois, marseillais et barcelonais semblerait avoir
ignoré les mots écrits et les images dessinées ou, tout au moins, aucune
trace archivistique ne semblerait en avoir été préservée. Cette mémoire
des chantiers navals génois, marseillais ou barcelonais paraîtrait devoir
principalement appartenir à une culture du « geste et de la parole » pour
reprendre le beau titre d'un passionnant ouvrage du préhistorien et historien des techniques André Leroi-Gourhan, une culture qui, au demeurant,
ne relève pas nécessairement d'une nature « traditionnelle ». Analyser le
contexte socio-culturel et économique de cette particularité vénitienne
que constituent les proto-traités d'architecture navale demanderait un
ouvrage entier qui serait hors sujet par rapport à l'objet de ce livre.

Comment caractériser en quelques phrases ces documents vénitiens ? Il
s'agit d'un corpus de manuscrits comprenant un texte et des illustrations
dont le plus connu est celui anonyme, dénommé depuis sa transcription
par l'historien de la marine Augustin Jal, *Fabrica di galere*[1], mais dont
le titre original est *Libro di marineria*[2]. La datation et la provenance

---

1   A. Jal, *Archéologie navale*, Paris, Arthus Bertrand, 1840, 2 t., t. 2, p. 6-30 pour la trans-
    cription et p. 31-106 pour l'édition française commentée.
2   Bibliothèque nationale, Florence, Magliabecchiano, ms D7, XIX.

de ce manuscrit rédigé en vénitien, copie supposée d'un manuscrit resté longtemps inconnu, a donné lieu à de nombreuses interprétations jusqu'à ce que récemment soit mis à la disposition des chercheurs un manuscrit conservé anonymement dans une collection privée[3]. Rédigé probablement entre 1435 et 1436 à partir de données pouvant dater du début du XVe siècle, l'auteur de ce recueil de notes est un certain Michele da Rodi, un homme originaire de l'île de Rhodes qui, en 1401, commença sa carrière de marin comme simple rameur libre, comme de nombreux rameurs à cette époque, à bord d'une galère vénitienne et l'acheva en 1442 au terme d'une brillante carrière qui le conduisit aux plus hautes fonctions au sein de la flotte des galères marchandes de Venise dont celle de « *armirario*[4] ». L'analyse du manuscrit de Michele da Rodi a montré qu'il a servi en toute vraisemblance de matrice non seulement à la célèbre *Fabrica di galere*, mais également à deux autres manuscrits datés du XVe siècle[5], chacune des copies du manuscrit source présentant des différences, plus ou moins importantes, tant au niveau du texte que des illustrations.

Il serait hors de propos ici d'analyser, même sommairement, le contenu de ces documents Limitons-nous à en souligner trois ensembles de caractéristiques importantes pour cerner le contexte vénitien dans lequel ont été conçues au cours du XVIe siècle les premières recherches d'archéologie navale.

Premièrement, la définition des différents modèles de voiliers semblerait reposer sur un ensemble de rapports de proportions et de fractions entre des dimensions de la carène qualifiables de « sensibles » qui composent une espèce d'esquisse dimensionnelle de la coque. Ces rapports, plus ou moins simples et plus ou moins nombreux, constituent une sorte de géométrie des proportions caractéristique des références

---

3   P. O. Long, D. McGee, A. Stahl (éd.), *The Book of Michael of Rhodes. A fifteenth-century maritime manuscript*, Cambridge, MA, MIT Press, 2009, 3 vol. *Cf.* en particulier le chapitre 8 rédigé par M. Bondioli, « Early Shipbuilding Records and the Book of Michael of Rhodes », vol. 3, p. 243-280.

4   Sur cette fonction, *cf.* par exemple, F. C. Lane, ouvr. cité, 1965, p. 145, note 3.

5   Il s'agit du *Libro* de Zorzi Timbotta de Modon, British Library, Londres, Cotton, ms Titus A26 dont une édition partielle a été publiée par R. C. Anderson, « Italian naval architecture about 1445 », *Mariner's Mirror*, 11, 1925, p. 135-163, et des *Ragioni antique spettanti all'arte del mare et fabriche de vasselli*, National Maritime Museum, Greenwich, ms NVT 19, manuscrit édité par G. Bonfiglio Dosio, P. van der Merwe, A. Chiggiato, D. A. Proctor, Venise, 1987.

théoriques et des savoir-faire pratiques des constructeurs. C'est à partir
de cette géométrie élémentaire de proportions et de fractions que le
projet architectural semblerait avoir été déterminé. S'agissant des voiliers à gréement carré comme de ceux à gréement latin, la définition de
« l'esquisse dimensionnelle » de leur coque paraîtrait prendre appui sur
un ensemble limité de rapports de proportions et de fractions tous basés
sur la longueur de la quille, la « *cholomba* » représentant la dimension de
référence à partir de laquelle seraient établies les principales dimensions
longitudinales et transversales du bâtiment dont celles de la maîtresse-
section, véritable « clef de voûte » géométrique des formes de la coque.
Cet ensemble limité de données fondées sur des règles de proportions
et de fractions semblerait pouvoir être facilement mémorisable par un
maître-charpentier ou un constructeur et, sans aucun doute, aussi par
un simple charpentier, dans le cadre d'une culture technique « du geste
et de la parole ».

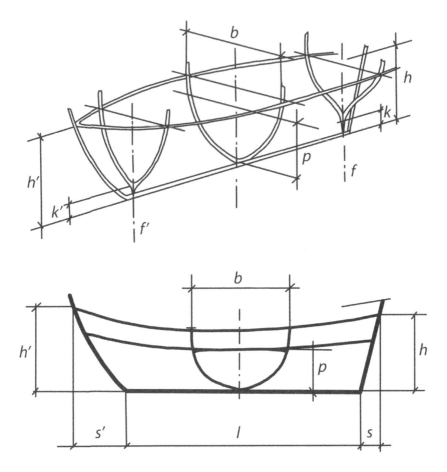

Fig. 3 – Restitution d'une esquisse des dimensions et des proportions
d'un voilier de transport à partir des proto-traités d'architecture navale
de tradition vénitienne de la fin du Moyen Âge. Sur le schéma du haut,
les trois sections transversales sur lesquelles repose la conception géométrique
de la coque sont figurées : au centre, la section du maître-couple ;
vers les extrémités, les sections des couples de balancement. Sur le schéma
du bas, seule est représentée la section centrale du maître-couple, clef
de voûte de la conception géométrique de la coque à partir de laquelle
les deux sections des couples de balancement sont définies (M. Marzari,
« Evolution of shipbuilding, technique and methodologies in Adriatic
and Thyrrhenian traditional shipyards », dans E. Rieth (dir.), *Concevoir
et construire les navires*, Ramonville Saint-Agne, 1998 (Technologies,
Idéologies, Pratiques, 13, 1), p. 181-215, p. 189.

Dans le cas des diverses familles de « *galie sottil perl'armata* » et des « *galie grosse per li viazi* », la définition « géométrique » du projet architectural semblerait suivre une autre logique basée non plus sur un groupe réduit de rapports de proportions et de fractions mais sur l'énumération, suivant plus ou moins l'ordre des séquences de la chaîne opératoire constructive, de nombreuses données dimensionnelles de la charpente axiale primaire (quille, étrave, étambot), des maîtresses-sections[6] (les « *chorbe de mezzo* »), des sections de balancement avant et arrière (« *chodiera chorbe* »), de membrures gabariées intermédiaires, de la préceinte supérieure, de la lisse du fort, des lisses, de deux sections transversales disposées entre les sections de balancement et les extrémités… La définition de la maîtresse-section est construite à partir d'une série de demi-largeurs ou de largeurs réparties sur un axe vertical dressé entre le plat de la varangue (le « *piano* » s'étendant jusqu'au bouchain) dans la partie inférieure et la largeur au fort (à la « *bocha* ») dans la partie supérieure, au niveau du pont. Ce nombre relativement important et de nature variée des données serait-il un obstacle à leur mémorisation directe entraînant leur nécessaire fixation par l'écrit ? L'énumération de ces données traduirait-elle des pratiques techniques de chantier ou ne pourrait-elle pas avoir été reconstituée pour signifier plus clairement les distinctions supposées opératoires entre culture technique « savante » spécifique à la construction d'État et celle considérée comme « traditionnelle » relevant des chantiers navals privés ?

---

6   Quatre ou cinq sections identiques forment le groupe des maîtresses-sections.

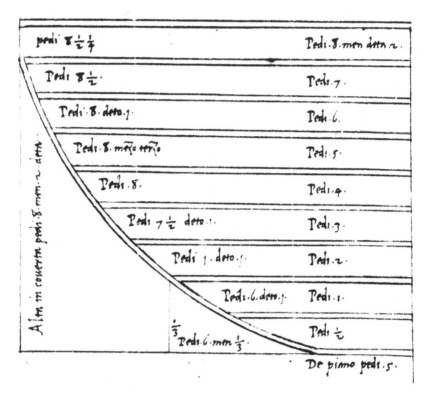

FIG. 4 – Construction géométrique de la demi-section du maître-couple
d'une galée de Flandres selon le principe des coordonnées cartésiennes.
En abscisse sont portées les valeurs des demi-largeurs et en ordonnée
la position des demi-largeurs de pied en pied vénitien. Cette illustration
de la *Fabrica di galere* soulève, entre autres questions, celle de sa réalité
technique et de sa fonctionnalité dans le cadre d'un processus de conception
géométrique des formes (d'après la *Fabrica di galere*, Bibliothèque nationale,
Florence, Magliabecchiano, ms D7, XIX, f° 6).

Deuxièmement, les diverses définitions des caractéristiques architecturales des galères et des voiliers évoquent d'une façon, certes implicite, incomplète avec parfois des erreurs ou, tout au moins, des approximations, les principes du système de conception des formes de carène des navires médiévaux méditerranéens[7]. Ces principes sont fondés sur l'emploi de la *« partisone »*, c'est-à-dire d'une méthode purement graphique, sans passage par le calcul, permettant de modifier un certain nombre de valeurs dimensionnelles selon une division progressive faisant appel à des constructions géométriques élémentaires dont la plus connue est la demi-lune. C'est ainsi qu'à propos de la galère de Flandres[8] sont mentionnées les principales valeurs dimensionnelles déterminant le contour de la maîtresse-section, puis la variation, en quelques points particuliers, de cette figure située entre les deux sections de balancement avant et arrière, la *« chodera chorba da proda »* sur l'avant et la *« chodera chorba da popa »* sur l'arrière. Le nombre de membrures gabariées, les quarante-deux *« chorbe di sesto »* situées de part et d'autre des quatre maîtresses-sections (*« in mezzo chorbe 4 »*), est également indiqué. « L'instrument de conception » de base du maître-charpentier vénitien est le *« sesto »*, ce maître-gabarit qui reproduit à l'échelle 1/1, en grandeur d'exécution, la figure géométrique du maître-couple. Combiné avec la tablette d'acculement et le trébuchet, le maître-gabarit, comme « instrument de conception », permet de prédéfinir une partie importante des membrures.

---

7   Sur cette question, nous nous permettons de renvoyer à notre ouvrage : *Le maître-gabarit, la tablette et le trébuchet. Essai sur la conception non-graphique des carènes du Moyen Age au XXᵉ siècle*, Paris, éditions du CTHS, 1996.

8   *Fabrica*, ms cit., fᵒ 1 à 13 vᵒ (p. 31-83 de l'édition de Jal, ouvr. cité).

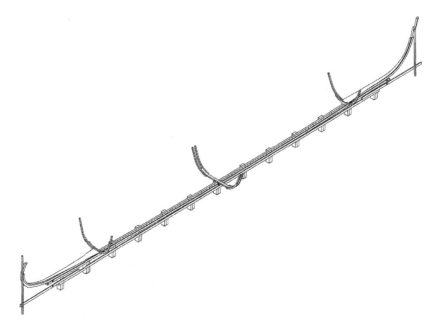

Fig. 5 – De la conception à la construction d'une galère vénitienne médiévale : le maître-couple et les deux couples de balancement prédéterminées sont établis sur la charpente longitudinale formée par l'ensemble quille, étrave, étambot (M. Bondioli, « The Art of Designing and building Venitian Galleys from the 15th to the 16th century », *Boats, Ships and Shipyards. Proceedings of the Ninth ISBSA Venice 2000*, Oxford, Oxbow Books, 2003, p. 222-227, p. 226).

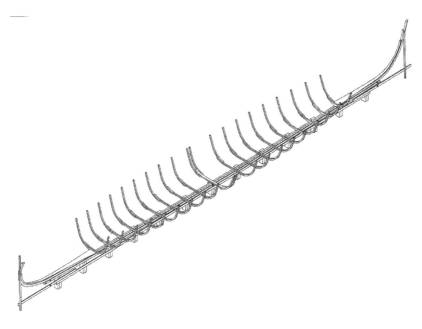

Fig. 6 – Les membrures dites gabariées sont disposées entre
les deux couples de balancement après avoir été prédéfinies à partir
de la figure géométrique du maître-couple. L'intervalle entre
ces membrures est ensuite comblé par d'autres membrures dites
de remplissage (M. Bondioli, « The Art of Designing and building
Venitian Galleys from the 15th to the 16th century », *Boats, Ships
and Shipyards. Proceedings of the Ninth ISBSA Venice 2000*, Oxford,
Oxbow Books, 2003, p. 222-227, p. 226.

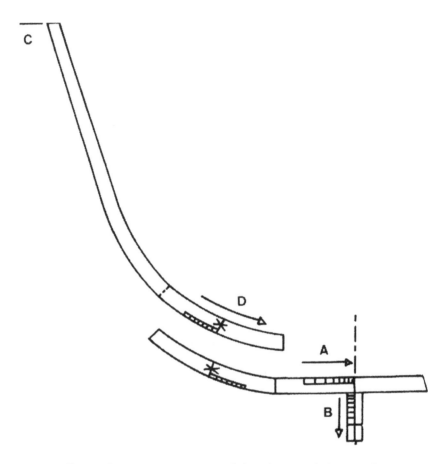

FIG. 7 – Les quatre mouvements de la mécanique de la méthode
du maître-gabarit, de la tablette et du trébuchet : en A, déplacement
latéral du gabarit de la varangue pour faire varier la longueur du plat
de la varangue ; en B, déplacement vertical pour modifier l'acculement
de la varangue au moyen de la tablette d'acculement ; en C,
basculement vers l'extérieur (le « trébuchement ») du gabarit
de l'allonge pour augmenter, par correction, la largeur supérieure ;
en D, « recalement » par glissement du gabarit de l'allonge sur celui
de la varangue pour corriger la courbure du bouchain (Dessin : E. Rieth).

Troisièmement, la lecture des données relatives à chaque modèle
architectural cité dans les différents « livres de recettes techniques »
d'architecture navale d'origine vénitienne doit être effectuée en regard

de documents postérieurs qui offrent des clefs de lecture permettant de restituer aux données toute leur cohérence. Comme le souligne avec justesse A. Chiggiato :

> *Il contenuto dei messaggi acquista un senso effetivo solo a condizione di conoscere una serie di regole e di convenzioni, necessarie per sviluppare le linee da un gruppo abbastanza piccolo di instruzioni-base*[9].

De ce point de vue, le premier document de tradition vénitienne faisant état d'une manière précise et complète de l'ensemble du système de conception des formes d'une carène est la *Visione* de Baldissera Drachio, manuscrit daté des années 1594[10]. Drachio, amiral de l'arsenal, décompose les principales phases de la conception d'une galère de vingt-six bancs et de vingt-cinq « pas vénitiens » de long dont les formes sont définies selon la méthode de la « *partisone* », c'est-à-dire celle du maître-gabarit, de la tablette et du trébuchet.

Les quatre modifications de base, au moyen du procédé de la « *partisone* », portent sur la longueur du plat de la varangue (« *partisone del fondo* »), de l'acculement (« *partisone de la stella* »), du trébuchement (« *partisone del ramo* ») et du recalement (« *partisone del scorrer del sesto* »). En référence à la démonstration de Drachio, le manuscrit de Michele da Rodi pourrait apparaître alors comme le plus ancien « proto-traité » d'architecture navale témoignant de l'usage en Méditerranée de la méthode du maître-gabarit, de la tablette et du trébuchet.

Le terme de « proto-traité » mérite un bref commentaire. Ce corpus de manuscrits vénitiens du xvᵉ siècle illustrés par différentes catégories de dessins[11] est-il comparable à celui, beaucoup plus important, des traités d'architecture navale de l'époque moderne qui associent souvent approches théoriques et pratiques avec une volonté de décrire,

---

9   A. Chiggiato, « Contenuti delle architetture navali antiche », *Ateneo Veneto*, CLXXVIII, 1991, p. 141-211, p. 146.

10   4. *La Visione di Drachio*, Archives d'État, Venise, fonds Contarini, ms19, arsenale b.1. Une excellente édition du manuscrit a été publiée par LTh. Lehmann, *Baldiserra Quinto Drachio, la Visione del Drachio*, Amsterdam, 1992.

11   *Cf.* : É. Rieth, « La Fabrica di galere », dans *Utilis est lapis in structura. Mélanges offerts à Léon Pressouyre*, Paris, Éditions du CTHS, 2000, p. 381-393 ; *id.*, « Les illustrations d'un livre de recettes techniques d'architecture navale du milieu du xvᵉ siècle : le *Libro* de Zorzi Trombetta de Modon », dans Ch. Villain-Gandossi, É. Rieth (dir.), *Pour une histoire du fait maritime. Sources et champ de recherche*, Paris, Éditions du CTHS, 2001, p. 83-104.

d'expliquer, de démontrer et de transmettre des pratiques techniques[12] ? Aucun indice d'une démarche théorique ni aucun signe d'un discours élaboré dans une perspective de description et d'explication n'apparaît dans les différents manuscrits vénitiens. Dans tous les cas, soit énoncé de rapports de proportions et de fractions, soit énumération de multiples dimensions, il s'agit toujours de données particulières à un type déterminé de bâtiment, galères ou voiliers, répondant parfaitement à la définition du « livre de recettes techniques » proposée par Bertrand Gille : « Il s'agit de l'accumulation d'observations concordantes dans un domaine donné, sans chercher pour autant les causes des faits observés. C'est un savoir de mémoire ». Et il ajoute : « Le désir d'accumuler le plus grand nombre possible d'observations explique qu'elles soient souvent incomplètes et superficielles[13] ». Le manuscrit de Michele da Rodi et ses diverses variantes appartiennent bien, nous semble-t-il, à cette catégorie des « livres de recettes techniques » propres au Moyen Age, fixant par l'écrit et, éventuellement par le dessin comme dans les documents vénitiens, des pratiques techniques relevant, en vérité, d'une culture « du geste et de la parole ».

L'une des interrogations suscitées par ce genre de littérature technique concerne sa destination. À ce sujet, B. Gille remarque : « La différence fondamentale, essentielle, avec le geste et la parole, c'est que la recette peut se transmettre par écrit[14] ». L'existence de plusieurs copies d'un même manuscrit matrice semblerait confirmer cette volonté de mémoriser, stabiliser et transmettre les règles architecturales contenues dans le « livre de recettes techniques » d'architecture navale de Michele da Rodi. Mais à quel type de milieu socio-culturel un tel « livre de recettes » pouvait-il être destiné ? à celui des responsables techniques et gestionnaires de l'arsenal ? à celui des sénateurs et autres dirigeants politiques de la Cité ? à celui des gens d'église ? à celui de la bourgeoisie marchande ? à celui des artistes et des intellectuels vénitiens formés à la culture humaniste ? Ou à celui des maîtres-charpentiers de marine ? De ces différents milieux vénitiens, il semblerait que le premier à devoir être

---

12 C'est le cas, par exemple, du premier traité d'architecture navale publié en France : Charles Dassié, *L'architecture navale contenant la manière de construire les navires, galères et chaloupes et la définition de plusieurs autres espèces de vaisseaux*, Paris, chez Laurent d'Houry, 1677.

13 B. Gille (dir.), *Histoire des techniques*, Paris, Encyclopédie de la Pléiade, Éditions Gallimard, 1978, p. 1428-1429.

14 *Ibid.*, p. 1429.

écarté serait, paradoxe apparent, celui des praticiens de la construction navale dont la culture technique faut-il le rappeler, loin d'être réduite à quelques règles sommaires, ne relevait pas cependant d'un savoir du « mot et de l'image » considéré, à l'extérieur du milieu professionnel, comme synonyme d'une culture « savante ». Pour autant, le langage technique du « geste et de la parole » des constructeurs de bateaux, perçu à l'extérieur de leur univers professionnel comme « traditionnel », était tout aussi « savant », mais sous une autre forme que celui du « mot et de l'image » de ces « proto-traités » d'architecture navale.

On peut supposer que ces « livres de recettes techniques » d'architecture navale étaient avant tout destinés aux membres, civils, religieux, militaires, des classes dirigeantes de la société vénitienne. En toute probabilité, quelques-uns de leurs représentants pouvaient être effectivement intéressés par les questions proprement techniques d'architecture navale à des fins professionnelles. D'autres, sans doute les plus nombreux, devaient l'être avant tout par curiosité intellectuelle, l'architecture navale constituant un thème intéressant au même titre que la musique ou l'astrologie à la construction de leur culture humaniste.

UN MILIEU TECHNIQUE NOVATEUR

L'une des innovations d'origine vénitienne, aux conséquences techniques et humaines importantes, concerne les modifications du système de nage avec l'abandon de la vogue à la « *sensile* » et le passage à la vogue à « *scaloccio* ». En d'autres termes, il s'agissait de passer d'un « système homme/machine » basé sur deux (dans la birème[1]) et trois (dans la trirème[2]) rameurs par banc, chaque homme manœuvrant une rame, à un « système homme/machine » caractérisé par plusieurs rameurs disposés sur un même banc et maniant ensemble une seule rame. C'est là où se situe cette innovation majeure qui va à la fois simplifier la « mécanique des rames » et en augmenter notablement sa puissance et son efficacité[3]. La vogue à « *scaloccio* » se généralisera progressivement dans toutes les marines européennes au cours du XVI* siècle et demeurera jusqu'à la disparition de l'emploi des galères en mer Baltique au début du *XIX* siècle comme le seul système de vogue employé. Les premières expérimentations de la vogue à « *scaloccio* » sembleraient dater des années 1530. Selon l'historien Ennio Concina, spécialiste de l'architecture maritime de Venise, celle de l'arsenal en particulier, un décret vénitien de 1534 envisageait à titre expérimental à bord d'une trirème de la famille des « *galie sottil* » l'emploi d'une grande rame par banc manœuvrée par trois hommes[4]. Toujours selon E. Concina, un document vénitien du 7 mai 1537 rend compte de l'adoption à bord des galères, sans pour autant encore se généraliser, de ce nouveau système de vogue au vu des résultats positifs des expérimentations. Dans le domaine de l'architecture navale, comme dans d'autres domaines d'ailleurs, les innovations s'inscrivent

---

1   La birème semblerait être une innovation d'origine pisane du Xe-XIe siècle nécessitant la modification de l'orientation du banc de nage et sa position oblique.

2   La trirème apparaît à Venise dans les années 1290.

3   *Cf.* en particulier R. Burlet, ouvr. cité, 2001 ; R. Burlet, J. Carrière, A. Zysberg, « Mais comment ramait-on sur les galères du Roi-Soleil ? », *Histoire et Mesure*, I, 3/4, 1986, p. 147-208.

4   E. Concina, art. cité, 1984, p. 111.

rarement dans un temps court, toute modification importante étant associée, en effet, à une période de risques, d'hésitations et de critiques du « nouveau » par rapport à « l'ancien » ralentissant le passage de l'expérimentation à celle de l'adoption.

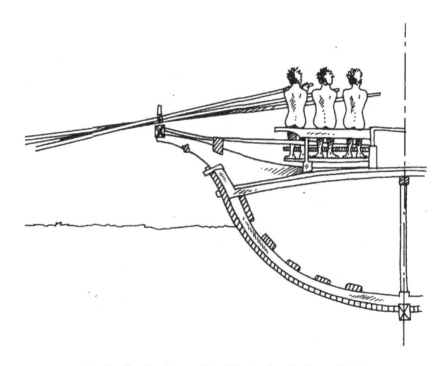

FIG. 8 – Restitution par René Burlet du principe médiéval de la nage « *a sensile* » dans laquelle chaque rameur assis sur un même banc manœuvre une rame. On imagine aisément la difficulté de coordination de l'ensemble « mécanique » des rameurs d'une galère dans le cas d'un alignement à bâbord et à tribord de vingt bancs de nage, voire beaucoup plus (R. Burlet, « Les trois vogues », *Quand voguaient les galères*, catalogue de l'exposition 4 octobre 1900- janvier 1991, Musée national de la Marine, Paris, Ouest France, 1990, 140-151, p. 148).

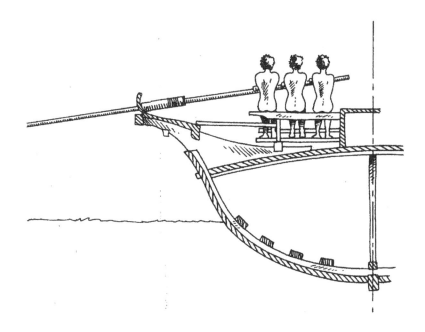

FIG. 9 – Restitution par René Burlet du principe moderne
de la nage « *a scaloccio* » dans laquelle chaque rameur assis
sur un même banc manœuvre la même rame. Il est certain que
cette nouvelle disposition réduit les difficultés
de coordination de la vogue et augmente l'efficacité
du « système mécanique » de la galère (R. Burlet,
Quand voguaient les galères, catalogue de l'exposition
4 octobre 1900 – janvier 1991, Musée national de la Marine,
Paris, Ouest France, 1990, 140-151, p. 148).

C'est à ce même contexte d'innovations des premières décennies du
XVIe siècle que se rattache le fameux épisode de la quinquérème de Vettor
Fausto[5]. D'origine vénitienne, Fausto (1490-1546) incarne parfaitement

---

5   Sur Fausto, *cf.* L. Th. Lehmann, *The polyeric quest. Renaissance and baroque theories about
     ancient men-of-war*, Amsterdam, 1995, p. 29-36. Cette publication à compte d'auteur de la
     thèse de Louis Th. Lehmann (Université d'Amsterdam, 1995) demeure malheureusement
     trop peu connue. À l'érudition de L. Th. Lehmann s'ajoute son sens de l'humour. Un
     master et un Ph. D ont enrichi récemment la connaissance du sujet : L. Campana, *Vettor
     Fausto (1490-1546), professor of greek and a naval architect : a newlight on the 16th century
     manuscript Misure di Vascelli… proto dell'Arsenale di Venetia*, M. A. in Nautical Archaeology,

le type de l'intellectuel humaniste de la Renaissance italienne pour qui la connaissance approfondie des auteurs de l'antiquité gréco-romaine représente l'assise d'une culture humaniste. érudit, formé à l'école de Saint Marc à Venise où il enseigna lui-même les lettres grecques, auteur d'une traduction critique des *Mécaniques* attribuées à Aristote[6], l'une des idées de Fausto était de faire de la « *marina architectura* » une « *scientia* » prenant appui principalement sur les règles des mathématiciens grecs et de théoriser, en le formulant en termes supposés scientifiques, le savoir considéré comme « traditionnel » basé sur la pratique des maîtres-charpentiers vénitiens. à sa connaissance de la littérature classique et de lettré fréquentant les bibliothèques, se greffe, dit-il, une expérience pratique « d'homme de terrain » ayant voyagé, observant les divers types de bateaux, rencontrant des marins catalans, provençaux, génois mais aussi basques ou normands, discutant avec des constructeurs de navires napolitains, pisans, génois. Ce parcours laisserait supposer l'acquisition d'une certaine culture technique et connaissance générale des bateaux sur les plans architecturaux et fonctionnels. Pour autant, aucun document ne permet de confondre l'humaniste et fin connaisseur, voire érudit de l'architecture navale, qu'était Fausto, avec un praticien de la construction navale et de la mer.

Dans le cadre, diplomatiquement complexe des tensions politiques en Méditerranée orientale résultant de la prise de Constantinople en 1453 par les troupes ottomanes de Mehmed II, Fausto se rapproche des dirigeants vénitiens pour proposer en 1526 un nouveau type de galère de guerre particulièrement puissant, celui d'une quinquérème à la « *sensile* » constituée d'une « mécanique humaine » formée de cinq rameurs par banc de nage sur le modèle et suivant les dimensions et proportions des quinquérèmes de l'Antiquité classique. Sa proposition reçut un avis favorable à la majorité des membres du Sénat. L'une des cales couvertes de l'arsenal est alors mise à sa disposition. Curieusement, Fausto ne conçoit pas son projet architectural de quinquérème en définissant une géométrie des dimensions, des proportions et des formes

---

College Station, TX, Texas A&M University Press, 2010 ; *id., The Immortal Fausto : The Life, Works and Ships of the Venitian Humanist and Naval Architect Vettore Fausto (1490-1546)*, Ph. D. in Nautical Archaeology, College Station, TX, Texas A&M University, 2014. *Cf.* aussi F. Lane, ouvr. cité, 1965, p. 59-65.

6   V. Fausto, *Aristotelis Mechanica*, Paris, Jodocius Badius, 1517.

originales de coque répondant aux normes architecturales nouvelles et particulières imposées par la disposition de cinq rameurs dotés chacun d'une rame de longueur différente. Il utilise la coque préexistante d'une « *galea bastarda* », un modèle de galère situé entre la « *galea sottil* » et la « *galea grossa* », pour concevoir et construire une plateforme de travail adaptée à des bancs de nage disposés en oblique et sur lesquels vont devoir travailler dans un même mouvement de vogue, sans se gêner, deux cent soixante-quinze à deux cent quatre-vingt rameurs. Un élément particulièrement important et compliqué à réaliser est à cet égard la structure latérale, la « caisse à rames », sur laquelle des rames de longueur différente vont prendre appui et devoir fonctionner sans s'entrechoquer au risque de se briser. C'est sans doute là le problème de « mécanique » le plus difficile que Fausto devra résoudre. Le chantier d'aménagement ou de refonte, plus que de construction, de la quinquérème s'étend entre 1526 et 1529. Le 24 avril 1529 la nouvelle galère est mise à l'eau et le 23 mai de la même année a lieu le « grand événement » auquel assiste le Doge en personne entouré de nombreuses personnalités : l'expérimentation de la vogue à cinq rameurs par banc de la quinquérème de Fausto sous la forme d'une régate sur la lagune avec une classique trirème placée sous le commandement d'un certain Marco Corner. Le départ de la régate a lieu à Malamocco et l'arrivée à proximité de la place Saint Marc, le centre symbolique de la puissance de Venise[7]. La quinquérème de Fausto remporta la victoire prouvant ainsi par la pratique expérimentale qu'une galère propulsée par cinq rameurs et cinq rames par banc ne relevait pas de l'utopie architecturale. Malgré la célébrité désormais acquise par Fausto, sa quinquérème demeura à l'état de prototype[8]. En revanche, sa victoire lui ouvrit les portes des chantiers navals de l'arsenal où il construisit notamment des trirèmes. De l'expérience de la quinquérème, Fausto tira la conclusion suivante dans une lettre écrite en 1530 au grand humaniste et géographe Giovanni Battista Ramusio :

---

7 *Cf.* par exemple la description de la régate par le mémorialiste vénitien Marino Sanuto qui fût témoin de l'événement dans : F. Lane, ouvr. cité, 1965, p. 61.

8 *Ibid.*, p. 64, a des paroles assez sévères sur l'œuvre de constructeur de Fausto : « Si on la mesure à ses propres ambitions, la carrière de ce constructeur humaniste doit être considérée comme une faillite. Fausto rêvait de conquérir la gloire, d'être un second Archimède et de réformer l'art de la construction navale par l'étude de la science grecque et romaine, par les mathématiques et par la mécanique. Il y échoua ».

Il n'y a rien qui ne demande plus de connaissances de toutes les notions dérivant des études que la profession d'architecte ; à son sujet, Vitruve souligne, sans hésitation, combien est minime la part de l'habilité pratique des artisans, et Archimède l'évoque comme pourvue de tant de multiples capacités qu'il considère que personne ne puisse écrire d'une façon définitive à son propos… Et si la connaissance de l'architecture des bâtiments terrestres est vraiment difficile, que devrais-je dire de l'architecture navale dans laquelle rien n'est construit avec des lignes droites, dont les règles sont en général simples, mais avec des lignes courbes continuellement variables[9] ?

Ce défi architectural des « lignes courbes continuellement variables » est aussi partagé, comme nous le verrons ultérieurement, avec les archéologues dans leur étude de restitution de la coque d'un bateau à partir des données d'une épave… bien des siècles après l'expérimentation conduite par Fausto ! N'anticipons donc pas.

---

9   E. Concina, art. cité 1990, p. 112-114.

LAZARE DE BAÏF ET LA NAISSANCE DE L'ARCHÉOLOGIE NAVALE

C'est dans cet environnement intellectuel et technique que s'inscrit l'arrivée à Venise en 1529 de Lazare de Baïf, ambassadeur de François 1er. Lazare de Baïf est né en 1496 dans une famille de la petite noblesse angevine[1]. Élève des humanistes Jean Lascaris et Guillaume Budé, il reçoit une excellente formation classique. Professeur de droit et de lettres classiques à Angers, il est nommé ambassadeur de France à Venise en 1529 et y demeure jusqu'en 1534. C'est durant son ambassade qu'est né en 1532 son fils Jean-Antoine, poète, ami de Ronsard et membre de la Pléiade. À son retour en France, Baïf publie en 1536 à Paris, chez Robert Estienne, son ouvrage le plus célèbre[2] au titre, quelque peu long et compliqué, de *Lazari Baysii annotationnes in L. II de Captivis et postliminio reversis, in quibus tractatur de re navali. Ejusdem annotationes in tractatum de auro et argento leg. Quibus vestimentorum et vasculorum genera explicantur; Antonii Thylesii de coloribus libellus, à coloribus vestium non alienus.* Des trois études de Baïf, seule la première[3] est consacrée aux navires antiques, les deux autres l'étant aux costumes et vêtements antiques d'une part et aux vases et urnes également antiques d'autre part. Le dernier essai est une étude d'Antonio Telesio sur les usages des couleurs dans l'Antiquité. Le livre eut un certain succès et donna lieu à des éditions à Lyon et à Bâle entre 1537 et 1553.

Si Baïf est arrivé trop tard à Venise pour assister à la régate entre la quinquérème de Fausto et la trirème de Corner, les deux hommes, appartenant au même milieu humaniste, réunis par un intérêt similaire pour les auteurs de l'Antiquité et pour l'univers architectural des

---

1   L'essentiel des informations biographiques provient de l'ouvrage de L. Pinvert, *Lazare de Baïf (1496 ?-1547)*, Paris, Éditions Fontemoing, 1900. Sur le séjour de L. de Baïf à Venise, *cf.* principalement les chapitres II (p. 18-41) et III (p. 42-61).

2   Baïf est aussi l'auteur de la traduction versifiée de tragédies d'Euripide et de Sophocle.

3   L'étude, illustrée, comporte 152 pages.

galères, semblent s'être rencontrés. C'est ainsi que Baïf remercie Fausto de lui avoir permis d'étudier le livre 16 de Polybe dont aucune édition n'existait alors à Venise[4].

Le sujet central du *De re navali*, dont la documentation a sans doute été réunie en grande partie à Venise, est celui des navires à rames de l'Antiquité gréco-romaine et, plus spécifiquement, de la « mécanique des rames » et de ce « système homme/machine » des divers types de galères antiques[5]. Baïf ne paraît pas s'interroger sur l'architecture proprement dite de ces navires longs et de bas-bord que sont les galères. Quelles étaient leurs proportions ? Quelles étaient leurs techniques de construction au niveau de leur matériau, de leur structure, de leur assemblage ? Ces interrogations ne semblent pas l'avoir intéressé comme si, en un certain sens, l'architecture des navires de l'Antiquité gréco-romaine, c'est-à-dire leur principe de conception (forme et structure) et leur méthode de construction, relevait pour lui de la même tradition technique de principe « sur membrure » faisant appel à la méthode du « *sesto* » que celle des birèmes ou trirèmes vénitiennes du XVIe siècle. C'est la plate-forme bâtie sur la partie supérieure de la coque et ses aménagements adaptés aux différents rangs de rames qui sont les enjeux majeurs, pour ne pas dire exclusifs, de l'étude. À travers ses choix de questionnements, Baïf apparaît essentiellement comme un historien de la « mécanique des rames », une « mécanique » qui, en l'occurrence, est totalement déstructurée par rapport à l'ensemble du complexe technique du bateau et associée à une architecture navale désincarnée.

On retrouve ici certains aspects d'un mode de pensée déjà présent chez Fausto, dans une perspective non pas historique, bien évidemment, mais technique lorsque celui-ci avait mis au point son système de vogue à la « *sensile* » de la quinquérème en modifiant la « mécanique des rames » et en utilisant, sans grands changements, la coque d'une « galère bastarde » nullement conçue à l'origine pour une vogue à cinq rames par banc. Lors de l'expérimentation sur les eaux de la lagune, les résultats avaient certes été positifs, mais la quinquérème de Fausto demeura cependant sans lendemain. Il n'est peut-être pas inutile de rappeler à

---

4   L. de Baïf, ouvr. cité, 1536, p. 47. La pagination correspond à l'édition première que nous avons utilisée.
5   Pour une analyse du *De re navali*, *cf.* L. Th. Lehmann, ouvr. cité, 1995, p. 37-48.

ce sujet qu'un bateau n'est jamais composé de la superposition et de l'accumulation, plus ou moins importante, d'un ensemble d'éléments architecturaux isolés les uns des autres, mais forme une structure organique dont chaque ensemble d'éléments participe de la constitution de la structure générale. Cette perspective architecturale globale s'avère tout aussi nécessaire, de la part du constructeur de bateaux, dans le cas de l'élaboration d'un projet architectural que du point de vue d'un historien, ou d'un archéologue naval, dans le cadre de l'étude d'une question d'architecture navale.

Pour étudier son sujet, Baïf, homme de culture humaniste connaisseur de la littérature grecque et latine, fait appel à deux types de sources : les auteurs classiques et, dans une bien moindre mesure, l'iconographie antique.

Au fil des pages du *De re navali* sont cités, souvent avec de larges extraits en latin et en grec, pour les lettres latines, Caton, César, Cicéron, Pline l'Ancien, Sidoine Apollinaire ou encore Virgile et, pour la littérature grecque, Appien, Aristophane, Aristote, Diodore de Sicile, Hérodote, Lucien de Samosate, Polybe, Plutarque, Thucydide ou encore Xénophon. En toute logique, Baïf, comme historien de l'architecture navale antique, fait appel principalement à des historiens de l'Antiquité.

La seconde catégorie de sources est celle des documents figurés. Dans le *De re navali*, les illustrations, sous forme de gravures sur bois publiées généralement en demi ou parfois en pleine page, sont au nombre de vingt dans l'édition de 1536. Les dessins illustrent les différents types de galères antiques décrits par Baïf avec une certaine inégalité. Les illustrations de birèmes sont ainsi beaucoup plus nombreuses que les autres modèles de galères. L'essentiel des documents proviennent des sculptures de la colonne Trajane. Des copies de toutes les sculptures à sujet nautique ont été envoyées à Baïf à sa demande par l'ambassadeur de France à Rome François de Dinteville, évêque d'Auxerre. Cette documentation iconographique, très partielle s'agissant d'illustrer les diverses catégories de galères antiques grecques et romaines[6], soulève la question de leur réalisme architectural. À cet égard, Baïf, avec une

---

6   Au total, une dizaine de navires de guerre est figurée. Pour une analyse de ces représentations, *cf. Le Musée imaginaire de la marine antique*, Athènes, Institut Hellénique pour la Préservation de la Tradition Nautique, 1987, p. 445-452

connaissance approfondie de ses sources et de leurs limites, manifeste une certaine réserve vis-à-vis de sa documentation. Dans l'adresse aux lecteurs suivant la dédicace à François 1er, Charles Estienne, l'éditeur de l'ouvrage, souligne le caractère inexact des documents. Avec un enthousiasme sans doute un peu excessif pour le sujet de sa biographie, L. Pinvert n'hésite pas à écrire que

> ... En véritables archéologues, Baïf et Estienne (son porte-parole) ne se contentent pas de remonter aux sources ; celles-ci une fois découvertes, ils les critiquent... Aussi Baïf, en accusant des dessins à Dinteville, déclarait-il s'en rapporter plutôt à ses lectures qu'aux témoignages de la statuaire antique, quelques fois décevante[7].

Sans évoquer à ce propos la mise en pratique d'une méthode critique historique, la réserve manifestée par Baïf dénote toutefois un certain sens du traitement de la documentation historique.

---

7   L. Pinvert, ouvr. cité, 1900, p. 96.

Fɪɢ. 10 – Pont de bateaux sculpté sur la colonne Trajane.
Outre le gouvernail latéral bâbord, la gravure souligne
le bordé à clin de la superstructure arrière dont les bordages,
avec les ronds symbolisant les clous assemblant à clin
(par recouvrement partiel) les bordages, s'oppose aux trois virures
à franc-bord de la coque dépourvues de tout indice d'assemblage
(L. de Baïf, *Lazari Baysii annotationnes in L. II de Captivis
et post liminio reversis, in quibus tractatur de re navali.
Ejusdem annotationes in tractatum de auro et argento leg.
Quibus vestimentorum et vasculorum genera explicantur ;
Antonii Thylesii de coloribus libellus, à coloribus vestium non alienus*,
Paris, chez Robert Estienne, 1536, p. 110).

Deux autres observations relatives aux illustrations sont à mentionner.
Baïf analyse, commente et interprète sa documentation. En revanche,
il ne va pas au-delà du strict commentaire écrit de ses illustrations. Il
aurait eu la possibilité, on peut le supposer, de faire dessiner, les peintres
ne manquaient pas à Venise, des restitutions suivant son analyse des
sculptures de la colonne Trajane des galères antiques. En particulier,
alors que les galères sont pour l'essentiel représentées en vue latérale, il
aurait pu, par exemple, restituer une section transversale d'une birème
ou d'une trirème de manière à mieux visualiser la disposition des rangs

de rames dans le cas de rangs superposés[8]. Il se contente de reproduire le document apparaissant essentiellement comme un « archéologue du mot ». Son choix de privilégier les sources écrites ne fait que confirmer la « méthode historique » de Baïf et sa confiance apportée aux mots par rapport aux images. Cette relation aux mots et, plus précisément à la terminologie nautique, se traduit, et c'est là une nouveauté, par des reproductions de documents sur lesquels sont ajoutés des lettres identifiant des parties du navire (coque, gréement, rames, accastillage) renvoyant à des termes latins avec parfois l'équivalence grecque. Un des exemples les plus complets est celui de l'heptère[9] dont le vocabulaire descriptif ne comporte pas moins de vingt-cinq termes latins de « *corbis* » (A) pour la hune de tête de mât à « *clavus* » (Z) pour la barre ou le timon du gouvernail latéral. Curieusement d'ailleurs, le « *clavus* » semble relier les deux mèches des gouvernails latéraux entraînant en toute logique un mouvement simultané des gouvernails[10]. Un autre exemple est celui d'une monorème[11] dont trois des cinq termes retenus sont mentionnés en latin et en grec. Il et intéressant de souligner le fait que les trois mots désignés par les lettres A, B et C renvoient à trois fonctions au sein de l'équipage : celles du timonier (« *gubernator* »), des rameurs (« *remiges/nautae* ») et du rameur de proue (« *Latinis proreta, qui prora regit* ») qui coordonne la vogue.

---

8   L. de Baïf, ouvr. cité, 1536, p. 12-16, 19 pour les birèmes, p. 24 pour une trirème.
9   *Ibid.*, p. 164 pour l'illustration et 165 pour le vocabulaire.
10   *Cf.* le commentaire de L. Th Lehmann sur cet aspect, ouvr. cité, 1995, p. 46.
11   L. de Baîf, ouvr. cité, 1536, p. 167.

Sed fortaffe ftudiofis non iniucundum fuerit,fi in cal-
ce huius operis, hîc nobis aliquot natibus propofi-
tis, partium earum nomenclaturam Latinis voca-
bulis indicauerimus . Quæ fiquis Græce fcire velit,
confulat ea quæ fuprà fcripfimus. Nihil enim eorũ
quæ ad vtriufque linguæ cognitionem attinêt,quan
tum in nobis fuit,omifimus.

LIBER.   165

A   Corbis,vnde Corbita.
B   Cornua,mali extremæ partes.
C   Antennæ.
D   Malus,*isòs.*
E   Carchefium,fumma pars mali.
F   Trachelus,media pars mali.
G   Pterna,inferior pars mali.
H   Opiferi funes.
I   Calos.
K   Rudêtes.Quanquã etiã à Plauto
    accipiatur rudês pro eo fune, quo
    nauis ad terrã religari folet: oram
    Latini, Græci prymnefia vocant.
L   Parafemon.
M   Puppis.
N   Turres.
O   Prora.
P   Oculus.
Q   Roftrum.
R   Roftrum tridens.
S   Epotides.
T   Cataftromata.
V   Remi.
X   Carina,alueus.
Y   Comba,Dryochos.
Z   Clauus.
&   Gubernacula.

M.iii.

FIG. 11a et 11b – Terminologie latine de l'architecture, du gréement,
de l'accastillage et de la vogue d'une heptère, une galère à sept rangs
de rames selon Lazare de Baïf. L'architecture de cette extraordinaire
polyrème relève beaucoup plus d'un projet de demeure princière que
de celui d'un bateau destiné à naviguer! (L. de Baïf, *Lazari
Baysii annotationnes in L. II de Captivis et post liminio reversis, in quibus
tractatur de re navali. Ejusdem annotationes in tractatum de auro
et argento leg. Quibus vestimentorum et vasculorum genera explicantur;
Antonii Thylesii de coloribus libellus, à coloribus vestium non alienus,*
Paris, chez Robert Estienne, 1536, p. 164-165).

FIG. 12 – Trirème selon Lazare de Baïf qui privilégie ici l'option
« verticaliste » de trois rangs de rames superposées et décalées
(L. de Baïf, *Lazari Baysii annotationnes in L. II de Captivis et post liminio
reversis, in quibus tractatur de re navali. Ejusdem annotationes in tractatum
de auro et argento leg. Quibus vestimentorum et vasculorum genera explicantur ;
Antonii Thylesii de coloribu slibellus, à coloribus vestium non alienus,*
Paris, chez Robert Estienne, 1536, p. 24).

Les pages du *De re navali* sont quasi exclusivement[12] consacrées aux
galères antiques, de la liburne à l'héptère. Le sujet qui est au centre des
interrogations de Baïf est toujours celle de la disposition des rames en
fonction des types de galères. S'agissant des trières grecques et trirèmes
romaines, il fait appel, entre autres auteurs, à Aristophane[13], que bien
d'autres historiens et archéologues navals après lui, jusqu'à aujourd'hui,
vont commenter en reprenant toujours les mêmes questions que celles de
formulées par Baïf sur la position dans le plan vertical des thranites, des
zygites, des thalamites, sur l'intervalle (l'interscalme) entre chaque banc
de vogue, sur le nombre des rames, sur leur longueur… Baïf rappelle

---

12   Parmi les exceptions, il y a quelques pages portant sur les bateaux fluviaux et les ponts de
     bateaux illustrés par cinq dessins de sculptures de la colonne Trajane : *Ibid.*, p. 108-110.
13   *Ibid.*, p. 158.

la disposition classique des trois rangs de rameurs superposés, thranites au rang supérieur, zygites au rang intermédiaire et thalamites au rang inférieur. Après une analyse argumentée, il en vient à la conclusion[14] que les rameurs sont tous disposés sur un même niveau en trois groupes : les thalamites au tiers avant vers la proue (« ... *remiges sunt in prima parte ad proram, vocantur thalamitae...* »), les zygites au milieu du navire au niveau du grand-mât (« ...*in medio supra arbor zygitae...* »), et les thranites au tiers arrière vers la poupe (« ... *in tertia ad puppim thranitae dicantur...* »). En restituant les trois catégories de rameurs sur un même niveau, Baïf se livre en quelque sorte à une lecture à la vénitienne des auteurs antiques, en l'occurrence ici Aristophane. C'est à travers le filtre technique des divers modèles de galères de son temps voguant à la « sensile » qu'il a vus durant son séjour à Venise que Baïf a relu les textes antiques et à proposer sa vision architecturale d'historien et d'archéologue naval des galères antiques.

Une autre illustration très révélatrice de cette méthode de lecture historique de Baïf est celle relative aux birèmes. À propos du type « *emiolia* », il fait explicitement référence à la famille des fustes vénitiennes dont la vogue est composée d'un rameur par banc de la proue au grand-mât et de deux rameurs par banc du grand-mât à la poupe. Il écrit :

> ... *essent biremes quidem sed quae a puppi ad malu usque binis remis a malo ad propram unico tantum agerentur : quoque videre est in nonnulis eaum, quos fustas Veneti vocant*[15].

Si cette interprétation, comme pratiquement toutes celles de Baïf, est erronée au regard de la recherche actuelle, il n'en demeure pas moins vrai que le *De re navali* marque, dans le contexte intellectuel de Venise, la naissance de l'archéologie navale en tant que domaine d'étude de l'histoire de l'architecture navale. Certes, cette archéologie navale est essentiellement une archéologie « du mot » basée sur les sources écrites des auteurs grecs et latins. C'est également une archéologie qui ne prend en compte qu'une dimension du bateau, celle de sa mécanique de propulsion et, plus spécifiquement, celle de sa « mécanique des rames » s'agissant d'étudier d'une façon quasi exclusive les galères de l'Antiquité gréco-romaine. De la sorte, l'objet d'étude, la « mécanique des rames »,

---

14   *Ibid.*, p. 160-161.
15   *Ibid.*, p. 46.

tend à apparaître comme une sorte d'exercice d'érudition humaniste, de construction intellectuelle où le bateau dans sa réalité de complexe technique doté d'une structure architecturale, d'organes mécaniques de propulsion et de direction d'une part, de lieu de travail et de vie d'autre part, répondant à des fonctions particulières, à un milieu nautique déterminé et à un contexte socio-économique défini, est historiquement, en effet, désincarné. L'étude de la « mécanique des rames » de la trirème ou de la quadrirème selon Baïf semble plus participer de l'élaboration d'une espèce de philosophie des techniques nautiques que de celle d'une histoire des techniques et de l'architecture navale. Ce n'est peut-être pas un hasard si, de ce point de vue, c'est précisément à Venise, avec son arsenal, lieu d'innovations et d'expérimentations techniques, au sein d'un milieu humaniste où l'univers de la technique peut apparaître comme un objet susceptible d'érudition à côté des arts et de la littérature, qu'a été pensé par un intellectuel humaniste, ambassadeur de François 1er, un ouvrage qui, avec toutes les limites qui ont été mentionnées, marque bel et bien cependant l'acte de naissance de l'archéologie navale ou, plus précisément d'une école d'archéologie navale.

DEUXIÈME PARTIE

ENCORE ET TOUJOURS LES GALÈRES ANTIQUES

L'INTRODUCTION DES MARINS
DANS LE DÉBAT HISTORIQUE

Au milieu du XVIIe siècle, les galères constituaient encore en France une force autonome au sein de la marine du Levant même si, à cette époque, leur rôle dans la guerre sur mer était devenu en réalité très secondaire en raison du développement de la puissance de l'artillerie en batterie des vaisseaux. Les galères étaient alors surtout des bâtiments de prestige au service du pouvoir royal. Un des officiers, parmi les plus célèbres et sans doute les plus brillants du corps des galères de France est Jean Antoine Barras de la Penne, « commandeur de l'ordre royal et militaire de Saint Louis, premier chef d'escadre des galeres du roy, inspecteur des constructions[1] ». Barras de la Penne, né en 1674 à Arles, reçut une éducation des plus classiques au collège de Clermont, à Paris, sous l'autorité des jésuites. Ses navigations à bord d'une galère commencent à l'âge de dix-neuf ans comme garde de l'étendard. Rapidement, sa position évolue. En 1674, il devient sous-lieutenant de la galère la *Galante* puis lieutenant sur la *Forte* (1678) et sur la *Patronne* (1684), capitaine lieutenant de la *Réale* (1685), capitaine de l'*Héroïne* (1688). En 1691, il commande deux galères garde-côtes toujours en Méditerranée où il effectue toute sa carrière. En 1719, il est nommé chef d'escadre. Après le commandement des galères la *Valeur* (1719) et la *Ferme* (1720), il est promu premier chef d'escadre et commandant des galères en 1720. Outre

---

1   J. Fennis, *L'œuvre de Barras de la Penne*. X. *L'homme et ses écrits*, Ubergen (Pays-Bas), Tandem Felix Publishers, 2013, p. 23. L'œuvre de Barras de la Penne a été étudiée d'une façon magistrale par Jan Fennis en dix volumes publiés de 1998 à 2013 qui constituent une somme d'érudition de plus de 2500 pages. Toutes les informations sur la carrière de Barras sont extraites du tome X. J. Fennis, *L'œuvre de Barras de la Penne*, Ubergen (Pays-Bas), Tandem Felix Publishers, I. *Les galères en* campagne, 1998, II. *La lexicographie des galères*, 1999, III. *L'apologie des galères*, 2000, IV. *La description des galères, 1*, 2001, V. *La description des galères, 2*, 2002, VI. *Les galères des Anciens, 1*, 2003, VII. *Les galères des Anciens, 2*, 2004, VIII. *Les phénomènes et le Portulan*, 2006, IX. *Sujets divers*, 2009, X. *L'homme et ses écrits*, 2010.

ces commandements à la mer, Barras de la Penne occupe à diverses reprises des postes à terre. En 1683, il commande ainsi une compagnie de grenadiers. En 1685, tout en étant capitaine lieutenant de la galère la *Réale*, il est nommé sous-inspecteur pour les écoles de formation des sous-officiers aux techniques de la construction navale. En 1686, il est nommé commandant des canonniers du port de Marseille. Il meurt en 1730 après une brillante et riche carrière d'officier général des galères et d'inspecteur des constructions.

Barras de la Penne est donc un praticien des galères de son temps. Il a navigué en Méditerranée à bord de plusieurs modèles de galères. Par ailleurs, sans avoir été un authentique praticien de la construction des galères, il en avait en toute vraisemblance une certaine expérience acquise « sur le terrain » en tant que sous-inspecteur puis inspecteur des constructions. Sa carrière professionnelle apparaît donc totalement différente de celle d'un homme comme Lazare de Baïf. En revanche, leur formation toute baignée de culture classique et de connaissance des auteurs de l'antiquité présente certaines similitudes.

Homme d'action (Barras participa par exemple en 1684 au bombardement de Gênes), il était aussi un homme d'écriture qui laissa une œuvre importante même si, comme le rappelle J. Fennis,

> … il ne se voit ni savant ni auteur et qu'il ne vise qu'à mettre sur le papier les résultats de ses propres recherches sur sa profession afin d'instruire les personnages hauts placés, les gens du métier et les lexicographes, et qu'il ne se pique nullement d'écrire avec ordre et style[2].

L'œuvre écrite de Barras de la Penne, manuscrite à quelques exceptions près, est abondante. Consacrée presque uniquement aux galères, elle se décompose en une série de thèmes : lexicographie, navigation, construction, fonctionnement, « galère des Anciens », origine des galères, cartes et dessins[3]. C'est bien évidemment sur le thème des « galères des Anciens » que nous nous arrêterons[4]. Selon J. Fennis, les premières études de Barras de la Penne sur la question de la disposition des rames

---

2   *Ibid.*, 2013, p. 87.
3   *Ibid.*, p. 96-101.
4   Ce thème a donné lieu à deux volumes de l'édition critique des œuvres de Barras de la Penne par J. Fennis : *L'œuvre de Barras de la Penne. VI. Les galères des Anciens, 1*, Ubergen (Pays-Bas), Tandem Felix Publishers, 2003 ; *L'œuvre de Barras de la Penne. VII. Les galères des Anciens, 2*, Ubergen (Pays-Bas), Tandem Felix Publishers, 2004.

des galères antiques ont débuté dès les années 1689 à l'invitation du duc du Maine devenu général des galères en 1688. Barras était alors capitaine de la galère l'*Héroïne*.

Vingt-cinq versions de son étude sur la « mécanique des rames » des galères antiques sont connues dont vingt-deux ont été rédigées par Barras de la Penne lui-même en un peu moins d'une quarantaine d'années.

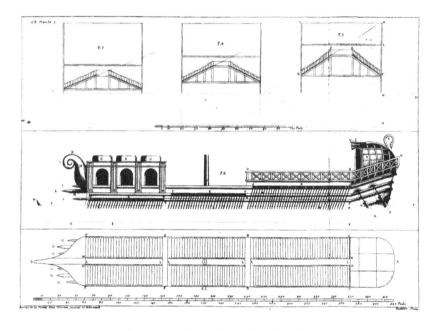

FIG. 13 – Coupes, profil et plan de la galère de Philopator
selon une première interprétation de Barras de la Penne basée
« sur la description d'Athénée, livre 5, du premier livre de Callixene ».
Cette trirème supposée longue de 420 pieds, soit 136,50 m, longueur
en toute cohérence technique absolument impossible à obtenir avec
une coque en bois, aurait comporté 40 rames au niveau des thranites,
30 au niveau des zygites et 30 au niveau des thalamites. Au total,
la polyrème aurait nécessité un équipage de 4000 rameurs !
Nous sommes là dans un imaginaire architectural, au cœur
d'une fascination pour une « mécanique extraordinaire »
de la rame antique (J. Fennis, *L'œuvre de Barras de la Penne.
Les galères des Anciens*, 2, VII, Ubergen (Pays-Bas),
Tandem Felix Publishers, 1998, p. 202).

Comme il l'indique dans l'une de ses introductions à la *Dissertation critique sur les divers ordres de rames dans les galères des Anciens*, titre de son *opus magnum* sur les galères antiques,

> Toute la dispute des sçavants au sujet des divers ordres de rames dans les biremes, triremes, etc peut se réduire à deux opinions principales. La premiere est celle de ceux qui pretendent qu'on doit entendre que ces ordres estoient mis de haut en bas, depuis le bord superieur du navire jusqu'auprés de la surface de l'eau. La seconde est celle des autres, qui veulent que ces ordres soient pris en long de poupe à proüe[5].

Le propos est clair. Il s'agit d'étudier la position des rames des birèmes, trirèmes, quadrirèmes et autres bâtiments de guerre antiques. C'est toujours le « système homme/machine » tel qu'il a été défini par R. Burlet en termes ergonomiques autour de ses trois composantes, l'outil-rame, le poste de travail, c'est-à-dire le banc de nage, et l'opérateur-rameur, qui est au cœur de l'étude. La problématique, quant à elle, peut se résumer autour de deux options. Première option dite « verticaliste » : les rames, selon les types de galères, birèmes, trirèmes... sont réparties en plusieurs niveaux superposés ; deuxième option dite « horizontaliste » : toutes les rames sont disposées sur un même niveau s'étendant sur la longueur de la coque. Dans les deux options possibles, chaque rame associée à un banc est maniée par plusieurs hommes selon la technique de vogue à « *scaloccio* » pratiquée du temps de Barras de la Penne avec une rame par banc, chaque rame étant manœuvrée par un nombre variable de rameurs suivant le type de galères considéré[6].

---

5   *Ibid.*, p. 17.
6   Pour une synthèse de l'analyse de Barras, *cf.* : L. Lehmann, ouvr. cité, 1995, p. 115-119.

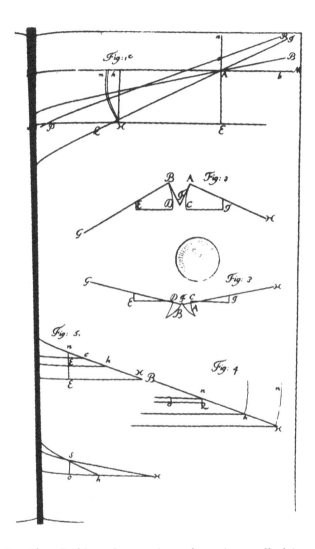

FIG. 14 – « Probleme de mecanique : determiner quelle doit estre
l'inclinaison des rames d'une galere » : Barras de la Penne
se livre à une longue discussion sous forme d'hypothèses,
de propositions, de démonstrations aboutissant à une synthèse
géométrique sous la forme d'une série de croquis (J. Fennis, *L'œuvre
de Barras de la Penne. Les galères des Anciens*, 1, VI,
Ubergen (Pays-Bas), Tandem Felix Publishers, 1998,
p. 225-234 pour le texte, p. 234 pour la figure).

La source principale utilisée par Barras de la Penne est le cinquième chapitre du livre de Raffaello Fabretti publié à Rome en 1683 et intitulé *Raphaelis Fabretti Gasparis F. Urbanitatis, De Columna Trajani Syntagma*. L'argumentation principale de Fabretti repose sur les différents types de navires à rames figurant sur la colonne Trajane qu'il considère comme réalistes et dont il admet, de ce fait, la disposition des rames contrairement à Barras de la Penne. D'une façon très méthodique, celui-ci présente sur une colonne le texte original en latin de Fabretti et sur l'autre sa traduction. Chaque passage donne lieu, par ailleurs, à une analyse critique, argumentée et précise qui montre la rigueur avec laquelle Barras de la Penne conduit son étude érudite, faisant appel à maints auteurs classiques pour appuyer ses arguments et réfuter ceux de Fabretti. Ainsi apparaissent au fil des pages Aristophane, Virgile, Lucain, Thucydide, Dion Cassius, Appien, Polybe, Pausanias, Végèce, Aristote ou encore Pline l'Ancien, Athénée, Diodore, Plutarque, Strabon... autant d'auteurs, parmi d'autres, déjà présents pour l'essentiel chez Lazare de Baïf.

à la proposition de Fabretti de restituer les différents rangs de rames sur plusieurs niveaux, Barras de la Penne oppose une vision « horizontaliste », celle qu'au demeurant il connaît et a vu fonctionner en ayant commandé à la mer des galères, vision qui reprend, par maints aspects, le point de vue défendu dès 1536 par Lazare de Baïf dans son *De re navali*. S'il serait hors de propos dans le cadre de ce livre d'examiner les arguments documentaires justifiant le choix « horizontaliste » de Barras, il est important d'en considérer, par contre, la manière dont il se positionne en tant qu'auteur sur ses sources. Il écrit ainsi :

> Joseph Scaliger, Saumaise, Riccioli, Isaac Vossius, Boreli, Schefferus, Morisot, Meibomius, Fabretti et le plus grand nombre des sçavants sont de la premiere opinion ; Baysius, Steuvechius et quelques autres sont de la seconde. Les premiers fondent leur sentiment sur les passages des poëtes, des historiens et de divers auteurs anciens, sur quelques médailles, bas-reliefs et antiques où l'on voit, à ce qu'ils pretendent, des galeres representées avec plusieurs ordres de rames. Les seconds ont pour eux la raison et la pratique, la science de l'architecture navale et celle de la navigation ; ils ont aussi une infinité de medailles anciennes sur le[s]quelles on ne voit point ces ordres pretendus et où au contraire toutes les rames sont posées sur une mesme ligne. Ils montrent enfin clairement qu'on explique mal les passages des Anciens, et ils font voir

que parmi tous ceux qui ont esté citez par leurs adversaires il n'y en a pas un qui soit contraire à leur opinion, tres facile à concevoir et à metre en pratique, au lieu que la premiere est assurement absurde et impraticable[7].

C'est donc en praticien de la mer et des galères, c'est-à-dire comme technicien de la « mécanique des rames » doté d'une culture technique à la fois pratique et théorique qu'il se définit principalement. à la différence de Fabretti, de Scheffer ou de Meibomius[8] dont l'érudition est coupée de toute pratique, Barras de la Penne se rattache

... [aux] gens du metier, qui connoissent les galeres par pratique et par theorie, [et] ne pourront voir sans mépris la trirème et les birèmes qui sont sur la colonne de Trajan[9].

Et pour bien affirmer sa position d'homme de mer, il ajoute à propos de la traduction de quelques vers de Virgile extraits de l'*Énéide* que ses observations

devroient suffire pour convaincre les sçavans du besoin qu'ils ont d'avoir une connoissance pratique de la construction, de la navigation et de la manœuvre des galeres pour traduire fidelement et exactement les endroits des auteurs qui en parlent[10].

Avec fermeté, et aussi avec un certain mépris il faut le constater, Barras de la Penne oppose d'un côté les « gens de metier », sensés détenir le savoir technique et l'expérience pratique indispensables à la critique des sources antiques et, de l'autre, les « savants », au savoir purement littéraire et sans pratique, qui les rend incapable de faire une lecture critique des sources sous un aspect technique. On retrouve là, en l'occurrence, une opposition entre deux milieux scientifiques et des arguments qui sont parfois encore présents au sein de la communauté scientifique des archéologues navals et des historiens des techniques de la construction navale.

Bien que semblant se distinguer du milieu des « savants », Barras de la Penne, par sa parfaite connaissance des auteurs classiques et sa

---

7   J. Fennis, ouvr. cité, 2003, p. 17-18.
8   Il s'agit de la latinisation du nom d'un érudit danois, Marcus Meibom (vers 1630-1710/1711), auteur notamment de *De fabrica triretrium liber*, Amsterdam, 1671.
9   J. Fennis, ouvr. cité, 2003, p. 35.
10   *Ibid.*, p. 51.

méthode historique, appartient bien, en réalité, à ce milieu intellectuel des « savants ». Par ailleurs, sa culture de praticien des galères et de la « mécanique des rames » ne l'a pas empêché de se diriger vers des conclusions erronées en privilégiant l'option « horizontale » alors que les recherches historiques et archéologiques les plus récentes ont montré que l'option « verticale » était en réalité la bonne.

BOUREAU-DESLANDES

Un désir de méthode de critique historique

Barras de la Penne avait déjà esquissé un certain désir de méthode de critique historique lors de son analyse du texte de Fabretti. Cette volonté d'affirmer sous une forme méthodique un regard critique sur les sources se retrouve d'une façon encore plus élaborée dans l'ouvrage d'André François Boureau-Deslandes, *Essai sur la Marine des Anciens, et particulièrement sur leurs Vaisseaux de Guerre*, Paris, Chez David l'Aîné, Ganeau, 1748[1]. Boureau-Deslandes (1690-1757) était un officier de plume qui termina sa carrière comme commissaire général de la Marine, affecté à Rochefort et à Brest[2]. Bien qu'appartenant au corps des officiers généraux de marine, il n'était pas un praticien de la mer, n'ayant pas commandé de bâtiment de guerre. Cependant, de par sa profession et le milieu social auquel il se rattachait, c'était un homme de culture maritime dont on peut supposer qu'il avait une certaine connaissance, principalement théorique, des navires et de l'architecture navale qu'il tient en l'occurrence à rappeler, marquant ainsi sa différence, dit-il, avec les

> … Sçavans de profession, sans avoir presque quitté leur cabinet … Pour moi, j'ai eu l'avantage de passer plusieurs années de suite dans des Ports de mer ; et par-là même, quoiqu'avec moins de lumière et d'érudition, je crois avoir plus de droit de porter mon jugement[3].

Le sujet central de l'ouvrage demeure toujours celui de la « mécanique des rames des galères grecques et romaines principalement. Au-delà de cette discussion, Boureau-Deslandes définit une nouvelle méthode de critique historique de cette question que, d'une manière plus générale,

---

1   Nous avons utilisé la seconde édition de 1768.
2   C. Laurent, « Le commissaire général de la Marine, André François Boureau-Deslandes », dans J. Balcou (dir.), *La mer au siècle des Encyclopédistes*, Paris-Genève, 1987, Champion-Slatkine, p. 195-207.
3   A. F. Boureau-Deslandes, ouvr. cité, 1748, p. 3.

il faut replacer dans le contexte scientifique du XVIIIᵉ siècle et des Encyclopédistes, « … avec la mise en ordre des savoirs et la construction d'une chronologie des progrès de l'esprit humain[4] ». Fait important et nouveau : Boureau-Deslandes veut inscrire le problème particulier de la « mécanique des rames » dans le cadre architectural global de la galère. De la sorte, le système de propulsion, qui participe de la définition générale de la galère comme complexe technique, n'est désormais plus isolé ni coupé des autres composants majeurs de ce complexe technique constitué par un navire. Il écrit :

> … puisque les Anciens bâtissoient des Navires, il y a apparence qu'ils avoient des règles et des principes qui les guidoient à peu près dans leurs constructions. Ces règles en général, ces principes ne doivent pas être fort différents des nôtres : ce n'est que sur le détail, sur les avantages d'une Méchanique abrégée, sur les applications fines et ingénieuses que nous avons enchéri… Je ne prétens point donner ici de Traité sur la construction des Vaisseaux… Il me suffira donc de le ramener à deux principes essentiels, parfaitement connus des Modernes, et qui, sans doute, l'étoient aussi des Anciens[5].

Les termes de « règles » et de « principes » utilisés ici sont révélateurs de cette nouvelle approche architecturale d'ensemble que Boureau-Deslandes souhaite introduire dans la discussion. Les deux principes fondamentaux qui sont rappelés sont les suivants. D'une part, toute structure d'un navire repose sur un ensemble de pièces, de taille, de forme, de nature, de fonctions différentes qui sont assemblées entre elles pour former un tout. D'autre part, tous les composants structuraux d'un bâtiment, quel que soit son type, sont organisés et équilibrés autour de son centre de gravité défini comme

> … le point de réunion de tous les poids d'un Vaisseau, le point où vient aboutir l'action de toutes ses parties, soit qu'elles agissent les unes contre les autres, soit plutôt qu'elles agissent les unes par rapport aux autres[6].

Pour Boureau-Deslandes, ces deux principes renvoient à la notion, effectivement très importante du point de vue de la conception architecturale,

---

4 S. Llinares, « Marine et anticomanie au XVIIIᵉ siècle : les avatars de l'archéologie expérimentale en vraie grandeur », *Annales de Bretagne et des Pays de l'Ouest*, 115, 2, 2008, p. 67-84, p. 69.

5 A. F. Boureau-Deslandes, ouvr. cité, 1748, p. 70-71.

6 *Ibid.*, p. 71.

de rapports de proportions entre les trois dimensions supposées cano-
niques définissant la géométrie des carènes à savoir les rapports entre
longueur, largeur et creux[7].

En deuxième lieu, Boureau-Deslandes considère qu'au regard de
l'ambigüité des textes des auteurs de l'Antiquité, tels Vitruve, Lucien ou
Athénée parmi bien d'autres auteurs grecs et romains, sur ce sujet des
rapports de proportions, la méthode comparative lui apparaît comme celle
qui permet de mieux répondre aux incertitudes des sources antiques. C'est
en se fondant sur les rapports de proportions propres aux galères de son
époque qu'il construit donc son étude de la vogue des galères antiques
en examinant les problèmes de longueur des rames, de l'interscalme, de
la place des rameurs sur un même banc, du rapport entre la partie de
la rame extérieure à la coque et celle intérieure. Assimilant la rame à
un levier, c'est sous l'angle du « Mechanicien », souligne-t-il à diverses
reprises, qu'il entreprend l'analyse du système de vogue des galères
antiques, trirèmes notamment. Mentionnons aussi le fait que Boureau-
Deslandes ne situe pas la question de la « mécanique des rames » dans
un environnement théorique comme une sorte de pure construction
intellectuelle mais, comme le ferait tout marin ayant une pratique de
la mer, s'interroge par rapport à un milieu nautique. Il note ainsi :

> *Silius Italicus* fait mention d'un Navire qui avoit 200 rames de chaque côté,
> et qui par une suite nécessaire, devoit avoir plus de 600 pieds de long. Dans
> quelles mers, auprès de quelles côtes pouvoit naviguer un pareil Navire[8] ?

En troisième lieu, Boureau-Deslandes, à la suite de cette analyse
préalable du contexte architectural des galères antiques, étudie les
divers points de vue des auteurs antiques sur les galères de leur époque
en adoptant ce qui apparaît comme une première méthode de critique
historique. C'est ainsi, par exemple, qu'il procède à une lecture interne
des sources en suivant la forme adoptée dans toute cette première partie
de son argumentaire à savoir celle d'une question (une « objection »)

---

7   Cette question du centre de gravité du navire, qui renvoie implicitement à celle de sa
     stabilité, est à replacer dans le contexte du développement, en France notamment, des
     recherches d'hydrostatiques appliquées à l'architecture navale dont l'ouvrage du physicien
     Pierre Bouguer, *Traité du navire, de sa construction et de ses mouvemens*, chez Jombert, Paris,
     1746, dans lequel est définie pour la première fois la notion de métacentre, constitue
     l'une des premières attestations.
8   A. F. Boureau-Deslandes, ouvr. cité, 1748, p. 100.

et d'une réponse. C'est le cas, par exemple, des troisième et quatrième
« objections » relatives aux sculptures de la colonne Trajane et à certaines
médailles antiques[9]. D'une manière assez originale et présente tout
au long de son ouvrage, il élargit sa réflexion à son époque, évoquant
de la sorte les «…tableaux et estampes qui ont la Marine pour objet,
qui représentent des combats, des naufrages, des débris de Vaisseaux
et de Galères… », en soulignant leurs représentations erronées, même
lorsqu'il s'agit d'œuvres d'artistes renommés de son temps comme celles
des peintres hollandais spécialistes reconnus de la peinture de marine.
Boureau-Deslandes démontre en quelques phrases le processus de création
artistique de ces peintres contemporains de son époque et l'applique,
avec le même point de vue critique, aux artistes de l'Antiquité dont
les sculpteurs des bas-reliefs de la colonne Trajane ou les graveurs des
médailles et monnaies antiques. Dans une deuxième partie, jusqu'à la
page 167 tout au moins, il se livre à une longue analyse, faisant appel
aux auteurs classiques, de la question des trirèmes selon l'option « verticale » en « trois ponts ou trois étages ». Il faut souligner, d'ailleurs, que
Boureau-Deslandes s'avère souvent très sévère dans sa lecture critique
des auteurs antiques à l'exception de quelques-uns.

Notre propos n'est nullement d'examiner ici la valeur des arguments
avancés par Boureau-Deslandes pour critiquer tel ou tel auteur de
l'Antiquité sur le sujet des trirèmes[10]. Il est avant tout de faire apparaître la façon dont un homme appartenant au milieu de la marine,
qui, sans être un authentique praticien professionnel de la mer comme
Barras de la Penne, avait cependant une certaine connaissance des
pratiques techniques de l'architecture navale et de la navigation de
son temps, appréhendait la question de la « mécanique des rames » des
galères antiques. Notre objectif est également de montrer comment ce
commissaire général de la marine, officier de plume à l'érudition classique, avait, explicitement ou implicitement, élaboré une méthode de
critique historique. Une remarque de Boureau-Deslandes résume d'une
manière très significative, nous semble-t-il, un des points de sa méthode.
Pour montrer la complexité de l'interprétation des sources, anciennes,
s'agissant des trirèmes grecques et romaines ou d'ailleurs de tout autre
modèle de galères antiques, il fait appel à la méthode de l'architecture

---

9   *Ibid.*, p. 121-128.
10   Sur cet aspect, *cf.* : L. Th. Lehmann, ouvr. cité, p. 121-125.

navale comparée. Recourant à la typologie des vaisseaux de la marine royale de son époque en cinq rangs en fonction de la puissance de leur artillerie en batteries superposées, il écrit avec pertinence :

> Supposons... Que dans huit ou neuf siècles il ne restât plus en France aucune trace de Marine, quelle idée auroit-on alors de nos Vaisseaux de guerre ? Comment pourroit-on démêler et leurs divers rangs et leurs divers ordres ? De quel fil se servoit-on pour sortir de ce labyrinthe ? J'entrevois par avance les raisoinnemens vagues et peu solides, que seroient des Sçavans sédentaires et accoutumés à la sécheresse de leur cabinet. La moindre erreur qu'on pourroit leur reprocher seroit de commencer par le premier rang et de s'élever jusqu'au cinquième, qu'ils regarderoient sans doute comme le plus considérable. Cependant, c'est tout le contraire[11]...

Outre le fait que, critiquant les « savants de cabinet », Boureau-Deslandes considère que la compréhension des faits nautiques du passé à caractère technique demande une nécessaire expérience pratique de la mer[12] ou tout au moins, une familiarité avec le monde maritime[13], ce passage de son livre fait état de la difficulté bien réelle à critiquer et à interpréter des sources écrites ambigües, indirectes ou encore partielles en l'absence de données archéologiques qui, elles-mêmes, suivant l'état de conservation plus ou moins complet des vestiges, sont loin d'être toujours faciles à analyser.

Cette même position vis-à-vis des « savants de cabinet » est partagée par un certain nombre de « savants de la pratique », professionnels de la mer issus quasi exclusivement du corps de la marine militaire. C'est le cas très emblématique du contre-amiral Serre (1818-1900). Après une brillante carrière dans la Marine, il quitte le service actif en avril 1880 et se consacre à l'histoire de l'architecture navale antique et, spécialement, des navires à rames. Dans les premières pages de son ouvrage[14], Serre décrit la « méthode suivie dans ses études » selon ses propres termes qui repose sur deux « piliers méthodologiques ». Le premier est constitué par l'étude des sources : « On débute toujours, dans les

---

11 A. F. Boureau-Deslandes, ouvr. cité, 1748, p. 151.
12 C'est une critique que l'on entend encore dans le milieu des historiens travaillant sur des thématiques maritimes ainsi que dans celui des archéologues navals et des ethnologues. On reviendra au cours du livre sur ce sujet.
13 Ce qui est plus en accord avec ses fonctions d'officier de plume.
14 P. Serre, *Les marines de guerre de l'Antiquité et du Moyen Age*, Paris, Librairie militaire de L. Baudoin et Cie, t. 1, 1885, p. 3-4.

recherches archéologiques, par l'étude des textes, des inscriptions et des monuments figurés ». À partir de l'analyse des documents, les archéologues construisent leurs hypothèses et interprétations. Mais, rappelle, Serre, « … Ce ne sont là que les matériaux de l'édifice ; étant donnée leur origine, il faut en vérifier la valeur ». Il poursuit :

> Pour l'apprécier [la valeur de l'analyse], le marin a un critérium infaillible : il construit le bâtiment, il l'arme, il le fait naviguer ; il cherche si, eu égard aux lieux, aux saisons, aux parages, à la destination connue, à l'état de l'industrie, ce bâtiment a les qualités possibles, et s'il remplit les conditions nécessaires … En poursuivant son examen… il est souvent forcé de revenir en arrière, de remettre en question des points déjà acceptés,… d'éliminer des témoignages contradictoires.

C'est à ce niveau que se situe le second « pilier méthodologique » de Serre : une analyse critique des sources, des hypothèses, des interprétations passée au filtre de l'expérience professionnelle du marin car, note-t-il,

> … on rencontre dans les auteurs anciens des passages qu'aucune recherche archéologique n'a pu faire comprendre, et dont le sens émerge à la lumière pendant une visite au chantier ou pendant un quart à la mer.

Si le contre-amiral Serre milite en faveur d'une critique méthodique des sources antiques, il n'oppose pas pour autant la méthode historique des « savants de cabinet » à celle des « savants de la pratique ». Au contraire, il affirme que « … les deux études [de l'archéologue et du marin] doivent marcher de front, les deux méthodes se prêter un mutuel appui » et plaide pour une collaboration scientifique. Il écrit ainsi :

> Il faut que la critique moderne… proclame que le problème des restitutions est un problème scientifique à la solution duquel doivent concourir, dans une juste mesure, les informations acquises par le labeur patient des archéologues, et les déductions tirées de faits historiques que nous connaissons assez exactement pour en calculer les conséquences. Le but sera atteint le jour où, par une collaboration intelligente, la sagacité du marin et l'érudition de l'historien philologue se prêteront un mutuel appui[15].

S'agissant de l'étude des systèmes de vogue des différents modèles de galères grecques, ioniennes, égyptiennes ou encore romaines, Serre décrit

---

15   P. Serre, *Les marines de guerre de l'Antiquité et du Moyen Age*, Paris, Librairie militaire de L. Baudoin et Cie, t. 2, 1891, p. 8.

d'abord le « système homme-machine » de la rame en s'attachant, pour reprendre les titres de certains des chapitres de son premier volume, à la « Production du travail par le rameur », à la « Distribution du travail du rameur », à « [l'] utilisation du travail des rameurs ». C'est la notion ergonomique du travail de la rame qui apparaît ici. Interviennent ensuite les questionnements historiques sur la typologie des galères, les discussions sur les options « verticaliste » et « horizontaliste » de l'organisation de la vogue selon Jal, Vossius ou Graser.

Malgré le choix du contre-amiral Serre d'apparaître, sans bien évidemment le définir explicitement, comme un « savant de la pratique » ayant une connaissance directe et professionnelle de la construction navale, il continue à considérer comme tous ses prédécesseurs, depuis Lazare de Baïf, qu'il existe une sorte de *continuum* architectural au niveau du principe de construction des navires en bois entre l'Antiquité et le XIXe siècle quand il note, à propos de la construction des « barques homériques », que « … Étant admis que les barques primitives étaient à franc-bord, leur construction ne pouvait guère différer de celle que nous pratiquons aujourd'hui pour nos chaloupes[16] ». Plus précisément, Serre semblerait établir à travers son propos une comparaison entre l'architecture navale d'époque homérique de nature présupposée « primitive » et les chaloupes françaises du milieu du XIXe siècle qui, par leur taille et leur principe et méthode de construction, sembleraient relever d'une architecture dite traditionnelle.

Un dernier aspect de l'œuvre de Serre doit être souligné. Sur la base de ces études historiques, trois modèles réduits de galères antiques grecques baptisées *Sophia* et *Argos* ont été réalisés dans les années 1880 et intégrés aux collections du Musée naval du Louvre, ancêtre du Musée national de la Marine d'aujourd'hui. L'une d'entre elles, destinée à illustrer en trois dimensions le système de vogue tel que le contre-amiral Serre l'a restitué, représente la « section transversale de la trière athénienne *Sophia* montrant les différentes manières de ramer[17] ». Peut-être n'était-ce pas un hasard si ces maquettes ont rejoint le Musée naval du Louvre à une époque où cet établissement était dirigé depuis 1871 par un autre

---

16 *Ibid.*, p. 132.
17 J. Destrem, G. Clerc-Rampal, *Catalogue raisonné du Musée de Marine*, Paris, Imprimerie française, 1909, p. 216-217. La longue notice consacrée à cette maquette décrit les quatre modes de vogue dits « vogue thranite, vogue zygite, vogue thalamite et vogue simultanée ».

« savant de la pratique » qui jouera un rôle important dans l'histoire de l'archéologie navale, le vice-amiral François-Edmond Pâris auquel un chapitre sera en grande partie consacré.

Ajoutons que le XIXᵉ siècle a été particulièrement riche en études sur les galères antiques publiées par des marins français. C'est le cas, notamment, du lieutenant de vaisseau P.-F. Glotin[18] et du vice-amiral Jurien de La Gravière[19], ce dernier ayant eu une reconnaissance officielle dépassant le cercle de la marine militaire à travers son élection à l'Académie des Sciences en 1886 et à l'Académie Française en 1888.

Une dernière remarque à propos de ces « savants de la pratique » issus du monde de la marine militaire : ils avaient effectivement une expérience authentique des bateaux et de la navigation à la différence des savants provenant des milieux civils dont les connaissances nautiques, souvent, théoriques, reposaient sur des « bateaux de papier ». Ces différences de « vécu nautique » ont parfois conduit les premiers à considérer, souvent à tort, quelquefois à juste titre, les seconds comme peu crédibles sur le plan scientifique en raison de leur manque de savoirs pratiques.

---

18 P.-F. Glotin, *Essai sur les navires à rangs de rames des anciens*, Bordeaux, Imprimerie et librairie maison Lafargue, 1862. Remarquons que Glotin semble revendiquer son appartenance au corps des officiers de marine en ajoutant à son nom la mention « ex-lieutenant de vaisseau ».

19 E. Jurien de La Gravière, *La marine des Ptolémées et la Marine des Romains*, Paris, Éditions Plon Nourrit et Cie, 1885.

DE NOUVEAUX ACTEURS
DE LA RECHERCHE

L'arrivée des archéologues et des historiens

Si, dès le XVIIe siècle, des érudits appartenant au milieu de la marine de guerre dont certains, comme Barras de la Penne, provenaient du corps des galères, se sont intéressés à l'histoire des galères antiques avec toujours une certaine attirance, à l'origine tout au moins, pour la « mécanique des rames » suivant l'approche initiée par Lazare de Baïf d'une « archéologie navale du mot », des érudits issus d'autres milieux professionnels se sont également orientés vers l'étude des navires à rames de l'Antiquité en modifiant progressivement la manière d'aborder le sujet.

Une figure représentative et pionnière en ce domaine est celle de Julien-David Le Roy (1724-1803)[1]. Le Roy, qui appartient à une famille proche du pouvoir royal et dont un des frères a collaboré à l'*Encyclopédie* de Diderot et d'Alembert, est un architecte renommé et reconnu, grand prix d'architecture en 1750, auteur d'un remarquable relevé des plans du palais Farnèse à Rome, membre de l'Académie royale d'architecture en 1758, historiographe de la même académie en 1762, il fût aussi le conseiller artistique du marquis de Voyer entre 1764 et 1770. Prenant la suite du grand architecte Jacques-François Blondel après le décès de ce dernier, il devient professeur à l'Académie d'architecture en 1774. Couronnement de sa carrière d'architecte mais également de théoricien et d'historien de l'architecture, il intègre en 1786 la prestigieuse Académie des inscriptions et belles-lettres rejoignant ainsi le cercle étroit des savants et hommes de lettres de son temps.

Le Roy a consacré une part de sa formation à l'étude de l'architecture de la Grèce antique dans le cadre d'une archéologie monumentale que l'on considèrerait de nos jours comme une archéologie du bâti monumental.

---

1   S. Llinares, art. cité, 2008, p. 69 et *sq.*

« Architecte-archéologue », sa recherche l'a mené à voyager en Grèce en 1755. Guidé par sa connaissance des auteurs grecs ayant décrit les monuments célèbres comme l'Acropole ou le temple de Jupiter l'Olympien, il entreprend une recherche suivant les méthodes de l'archéologie monumentale en effectuant des relevés, en dressant des plans, en dessinant des détails de chapiteaux ou de sculptures, en décrivant les caractéristiques architecturales des principaux édifices antiques. À son retour de Grèce, il publie à Paris en 1756 chez Guérin et Delatour, une première version de son travail sous le titre de *Les Ruines des plus beaux monuments de desseins et de vue de ces monuments avec leur histoire et des réflexions sur les progrès de l'architecture par M. Le Roy*. En 1770, il publiera en deux tomes une seconde version corrigée et augmentée.

Praticien, théoricien et historien de l'architecture antique de la Grèce, Le Roy va rapidement orienter ses recherches vers l'architecture navale antique en s'appuyant sur sa culture d'archéologue du bâti monumental et sa connaissance des auteurs de l'Antiquité grecque et romaine. Attentif à la notion de progrès en architecture terrestre, il va également intégrer cette dimension dans sa problématique d'étude de l'architecture navale antique, thème auquel il va consacrer plus de la moitié de ses ouvrages connus[2].

Le premier livre que Le Roy dédia aux navires antiques date de 1777[3]. Il est intitulé *La Marine des Anciens peuples expliquée et considérée par rapport aux lumieres qu'on en peut tirer pour perfectionner la Marine moderne ; avec des figures représentant les Vaisseaux de guerre de ces Peuples*. Comme ses prédécesseurs, Le Roy, en référence aux auteurs que Lazare de Baïf avait déjà sollicité deux siècles auparavant, va s'attacher à l'étude des navires à rames de l'Antiquité, mais dans une perspective historique nouvelle.

L'une des idées originales de Le Roy est d'inscrire l'étude des galères antiques dans le cadre d'un évolutionnisme techno-architectural en suivant « ... un plan qui tient de plus près à la marche de l'histoire[4] ». Et il ajoute en précisant son propos que

> ... le but prncipal que je me suis proposé dans mes recherches sur la Marine, étant d'observer, autant qu'il m'a été possible, les degrés insensibles par

---

2   *Ibid.*, p. 72.

3   J. D. Le Roy, *La Marine des Anciens peuples expliquée et considérée par rapport aux lumieres qu'on en peut tirer pour perfectionner la Marine moderne ; avec des figures représentant les Vaisseaux de guerre de ces Peuples*, Paris, chez Nyon aîné et Stoupe, 1777.

4   J. D. Le Roy, *ibid.*, p. x.

lesquels les hommes ont passé des idées les plus simples qu'ils ont eues sur les corps flottans, à la composition des plus grands navires[5].

Dans cette optique évolutionniste, il privilégie le radeau en bois composé dans sa structure la plus simple d'un certain nombre de troncs juxtaposés qui constituent autant de flotteurs naturels. C'est cette « architecture navale première », selon notre dénomination, qui pour Le Roy serait à l'origine des navires destinés à s'aventurer au loin. Il considère ainsi que les autres formes « d'architecturale navale première » que sont

> … l'arbre creusé qu'ils appeloient monoxyle… les barques faites avec des bois plians recouverts de cuir ou de papyrus… celles qui étoient découvertes et formées de planches réunies… ces esquifs… ces frêles barques [ne servent] que pour faire de courts trajets, pendant le calme, sur la mer ou sur les fleuves[6].

D'une façon très méthodique, Le Roy développe son argumentation. à propos, par exemple, de « l'architecture navale première » phénicienne, il rappelle que les phéniciens, auxquels il accorde une importance toute particulière sur le plan de l'histoire de l'architecture navale, ont modifié la « … structure primitive [de leurs radeaux] qui n'offroit qu'une masse pleine et pesante, à l'état de vaisseau, qui a la propriété contraire d'être un corps creux et léger, qu'on rend, autant que possible, impénétrable à l'eau[7] ». Selon la terminologie archéologique actuelle, c'est la transition d'une flottabilité naturelle à une flottabilité artificielle par le biais d'un processus de construction qui est évoquée.

---

5 *Ibid.*, p. XXI.
6 *Ibid.*, p. 22. On retrouve là certaines des grandes catégories de la classification traditionnelle des moyens de transport par eau en flotteur, radeau, bateau : le flotteur ayant une flottabilité naturelle et étant limité à un élément ; le radeau, relevant d'une technique « colligative » par juxtaposition de flotteurs naturels ; le bateau, résultant soit d'une technique « soustractive » (l'architecture monoxyle), soit d'une technique « constructive » (de l'architecture monoxyle-assemblée à l'architecture intégralement assemblée). *Cf.* par exemple le titre révélateur de l'ouvrage de W. Rudolph, *Bateaux, radeaux, navires*, Zurich, Éditions Stauffacher, 1975.
7 J. D. Le Roy, ouvr. cité, 1777, p. 25.

Fɪɢ. 15 – Les « architectures navales premières » : du radeau
de roseaux des « Érythréens et des Indiens » (1-2) à la pirogue
monoxyle (5-6). Hypothèse d'évolutionnisme techno-architectural
selon Le Roy (J. D. Le Roy, La Marine des Anciens peuples expliquée
et considérée par rapport aux lumieres qu'on en peut tirer pour perfectionner
la Marine moderne ; avec des figures représentant les Vaisseaux de guerre
de ces Peuples, Paris, chez Nyon aîné et Stoupe, 1777, pl. II).

Quittant les rivages du Levant pour ceux de la Mer Rouge et de l'Inde, Le Roy, se référant à Diodore de Sicile et à Pline l'Ancien, avance l'hypothèse, dans une perspective évolutionniste, de « l'invention » de l'architecture monoxyle par les peuples de l'Inde. C'est ainsi qu'il considère que

> … Si ce que [disent] ces auteurs [Diodore et Pline] est véritable, si les Indiens ont fait, pendant les siecles que nous parcourons, des esquifs avec une canne coupée, capables de porter un ou plusieurs navigateurs, il semble qu'on ne peut leur refuser la gloire d'avoir inventé le Monoxyle : l'arbre creusé par la main des hommes n'étant que l'imitation de la canne ou du roseau, creusés par la main de la nature[8].

Une fois ce contexte des origines présenté, Le Roy s'engage à partir du livre III[9], chapitre premier au titre évocateur de « De l'invention des trières », dans l'étude des galères antiques[10]. Suivant les mêmes thématiques et les mêmes sources, pour l'essentiel, que ces prédécesseurs de la Renaissance et des Lumières, il s'interroge toujours et encore sur « …l'arrangement des rames et des Rameurs des Trirèmes… » (livre III, chap. II, p. 86-99), sur la disposition des rames et des rameurs dans les pentécontores et les trières (livre I, chap. III, p. 100-107) ou encore sur le cas des « premières trières » (livre III, chap. IV, p. 107-110). À l'égard de cette famille de galères, se référant à Thucydide, « cet historien célèbre » selon ses propres termes, il propose, suivant l'option « verticaliste », une disposition de la vogue en trois rangs superposés avec des rameurs, « … rangés en trois files sur leurs gradins », maniant des rames de longueur différente.

L'élément nouveau, bien qu'encore très timide, apporté par Le Roy est d'ordre graphique. Architecte de formation, archéologue du bâti monumental par intérêt personnel, le dessin fait partie de sa culture au même titre que l'écriture. Il accompagne donc son étude de la trière équipée de trois rangs de rames superposées d'une coupe longitudinale et de deux coupes transversales, l'une figurant une trière non pontée, et l'autre une trière similaire mais pontée. Ces vues complémentaires permettent de visualiser d'un seul regard, et sans l'ambiguïté toujours

---

8   *Ibid.*, p. 41.
9   *Ibid.*, p. 80-110.
10   Pour une analyse critique de ces chapitres, *cf.* L. Th. Lehmann, ouvr. cité, p. 1995, 127-134.

possible que l'on trouve dans les mots, la configuration de la vogue. Ceci dit, les dessins de Le Roy ne sont pas sans susciter des critiques ou, tout au moins, des interrogations. Malgré ses arguments en faveur du fond plat et du faible tirant d'eau, la forme trapézoïdale des sections transversales est pour le moins curieuse, voire caricaturale et, en réalité, aberrante sur le plan architectural. Avec son humour bien connu dans la communauté archéologique, Louis Lehmann évoquait à propos des restitutions de Le Roy des sections transversales de la trière, entre autres figures, un jeu de construction pour enfant du type Lego[11] !

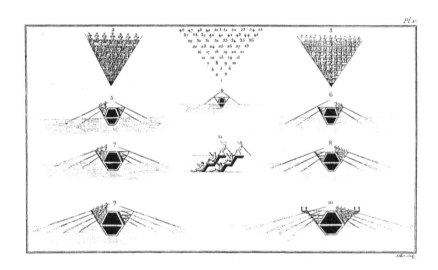

FIG. 16 – Essai de disposition des rames à bord des galères antiques.
La forme géométrique et développable de la section de la coque
des différents modèles de galères relève d'un pur imaginaire architectural.
La manière dont les rameurs sont superposés et entassés dans le triangle
des différents postes de nage laisse supposer que Le Roy, en dépit
de son érudition, n'avait sans doute jamais embarqué dans un bateau,
et ne pouvait pas imaginer qu'un rameur a besoin d'un minimum
d'espace vital pour ramer sans s'étouffer ! (J. D. Le Roy, *Marine
des Anciens peuples expliquée et considérée par rapport aux lumieres
qu'on en peut tirer pour perfectionner la Marine moderne ; avec des figures
représentant les Vaisseaux de guerre de ces Peuples*, Paris,
chez Nyon aîné et Stoupe, 1777, pl. V).

11   L. Th. Lehmann, ouvr. cité, 1995, p. 130.

Outre le dessin, Le Roy fait parfois appel au langage mathématique pour appuyer son analyse de la question des rames. Une illustration de cette autre façon, en apparence plus scientifique, de penser la technique et l'architecture navale est fournie par l'étude des « ... navires du genre des Trières... imaginés par les Syracusains[12] ». Il évoque ainsi la disposition des rameurs selon deux progressions arithmétiques différentes et accompagne son texte d'un croquis (pl. V, fig. 4) à base de chiffres organisés suivant les deux progressions arithmétiques. Toutefois, Le Roy reste relativement prudent vis-à-vis de la présumée dimension scientifique apportée au discours historique par l'importance accordée aux mathématiques ou à la physique de son temps au détriment de l'étude approfondie des sources historiques, celles des auteurs grecs et romains. Les propos critiques qu'il tient sur l'étude des navires antiques faite par Pierre Bouguer sont révélateurs de sa position :

> C'est avec peine que je me crois forcé de relever ici quelques fautes de ce genre, commises par M. Bouguer, ce Géometre célèbre qui a tant contribué aux progrès de la Marine moderne. Les reproches qu'il fait aux Anciens, sur l'imperfection de leurs très-grands Navires, quand ils alloient à la rame, sont trop généraux : les *Deca-Penteres* et les *Déca-Exeres de Démétrius* (dit Plutarque) *se manoeuvroient avec facilité*, et cependant elles avoient plus de rameurs que les Vénitiens n'en mis en général sur leurs Galéasses. Il s'est mépris d'une maniere encore plus frappante, en considérant les Navires des Anciens sous un autre rapport : *ils construisirent toujours*, dit-il, (je rapporte ses termes même) *d'une maniere trop grossiere, en ajoutant à cette faute celle de n'en pas augmenter assez les voiles...* Ces idées, que M. Bouguer nous donne de la marine des Anciens, sont beaucoup trop défavorables : il auroit dû rendre plus de justice à leurs lumieres sur cette science, et au plus grand Géometre de l'Antiquité. Dans le Navire de Hieron, construit sous la direction d'Archimede, il *y avoit trois mâts...* Ils [les constructeurs antiques] n'ignorerent donc pas, comme l'avance M. Bouguer, l'usage de la pluralité des mâts et des voiles[13].

Enfin, et c'est peut-être une autre originalité notable de la pensée de Le Roy, il se réfère aussi à son expérience de la mer et de la navigation à bord de bateaux à rames non pas comme un praticien de la mer, à l'image d'un Barras de la Penne ou d'un amiral Serre, mais comme un

---

12 J. D. Le Roy, ouvr. cité, 1777, p. 121 et *sq.* (livre IV, chapitre II).
13 J. D. Le Roy, *Les Navires des anciens considérés par rapport à leurs voiles et à l'usage qu'on pourroit en faire dans notre marine*, Paris, chez Nyon aîné, 1783, préface, p. XXV-XXVIII.

voyageur qui observe avec attention les techniques vernaculaires de son époque. Il note ainsi que

> … le temps que j'ai employé à voyager dans les mers du Levant, sur des bâtimens à rames de toute espece, et d'autres circonstances particulières, m'ayant mis d'ailleurs à portée d'acquérir sur cette matière des connaissances assez variée par leur nature[14].

Cette part de connaissances acquises par l'observation des pratiques techniques annonce le rôle qu'occuperont ultérieurement les recherches en ethnographie nautique dans le cadre des études d'archéologie navale.

Un dernier aspect de l'œuvre de Le Roy mérite d'être brièvement mentionné : c'est celui, totalement utopique, de l'application des gréements méditerranéens de l'Antiquité, gréements latins principalement[15], aux navires à voile de son temps naviguant au Ponant. De 1763 à 1787, il réalise des expérimentations à la mer d'abord sur une corvette de la marine royale puis ensuite sur un voilier, le *Naupotame*, dont il a conçu lui-même les plans suivant une forme de carène adaptée à des navigations fluvio-maritimes qu'il considère être celle des navires de l'Antiquité. Ces expérimentations demeurèrent sans lendemain sur le plan de l'architecture navale et de la propulsion à la voile. Elles témoignent en revanche de l'ingéniosité et de l'attirance pour les innovations techniques d'un « architecte-archéologue » fasciné par les cultures d'Athènes et de Rome et passionné par l'histoire de l'architecture navale antique.

L'abondante œuvre écrite de Jean-David Le Roy est annonciatrice d'un mouvement scientifique dans lequel la part des archéologues et des historiens deviendra de plus en plus importante. Plusieurs figures

---

14   J. D. Le Roy, ouvr. cité, 1777, p. xx-xxi.
15   Durant la plus grande partie de l'Antiquité gréco-romaine, le gréement principal est basé sur la voile carrée. L'une des plus anciennes attestations de l'emploi d'un gréement latin pourrait remonter au Iᵉʳ siècle ap. J.-C. (graffito d'Anfouchi, Alexandrie). Les plus anciennes attestations de gréement latin élaboré remontent au Vᵉ siècle ap. J.-C. *Cf.* P. Pomey, « À propos de la voile latine : la mosaïque de Kelenderis et les *Stereometrica* (II, 48-49) d'Héron d'Alexandrie », *Archaeonautica*, 2017, 19, Paris, CNRS Éditions, p. 9-26. *Cf.* aussi l'article de synthèse de L. Basch, « La voile latine, son origine, son évolution et ses parentés arabes », dans H. Tzalas (ed.), *Tropis*, VI, Athènes, Hellenic Institute for the Preservation of Nautical Tradition, 1997, p. 55-85. Au regard des sources iconographiques antiques, la voile carrée demeure cependant généralisée jusqu'à la fin de l'Empire. L'usage de la voile latine ne semble se développer, au détriment de la voile carrée selon les sources iconographiques notamment, qu'à partir de la période proto-byzantine. Elle devient ensuite exclusive, dans l'iconographie tout au moins, pendant tout le haut Moyen Age.

du XIXe siècle, choisies parmi bien d'autres, illustrent ce mouvement scientifique. C'est le cas, bien sûr, d'Augustin Jal, qui sera évoqué dans le prochain chapitre en raison de l'orientation plus médiévale qu'antiquisante de ses recherches, et d'Augustin Cartault, auteur d'un ouvrage[16] intitulé *La trière athénienne. Étude d'archéologie navale* qui a marqué la pensée historique de son époque. Cartault (1847-1922), agrégé de Lettres classiques, intégra comme élève titulaire l'École française d'Athènes en 1869. Au cours de son séjour, il consacra une large partie de ses recherches à la marine grecque ancienne et plus spécifiquement à la trière athénienne. À son retour de l'École française d'Athènes, il publia son étude dans la collection de la Bibliothèque des Écoles françaises d'Athènes et de Rome. Nommé professeur de rhétorique au Lycée Charlemagne, il fût ensuite élu à la Sorbonne professeur de littérature ancienne et poursuivit une brillante carrière de spécialiste de philologique grecque et latine qui l'éloigna cependant de ses premières recherches sur la trière grecque de l'époque classique des Ve-IVe siècles av. J.-C.

C'est donc essentiellement en tant qu'archéologue, formé aux méthodes et aux problématiques de l'archéologie classique, à l'analyse critique d'un corpus aussi complet que possible des sources, que Cartault aborde l'étude de la trière athénienne. En outre, comme le souligne très justement P. Pomey dans sa préface[17],

> L'intention de Cartault est… d'étudier le navire dans son ensemble sans se limiter comme l'ont fait avant lui la plupart de ses prédécesseurs, à certains aspects particuliers. À cet égard, il est significatif de noter que l'éternel problème de la disposition des rameurs à bord du navire n'occupe qu'un dixième de l'ouvrage.

En d'autres termes, Cartault a inscrit son étude de la « mécanique des rames » dans le complexe technique du bateau en prenant en compte la plus grande partie des composants relatifs à la coque de la trière, à sa forme et à ses dimensions, à sa mécanique de direction et de propulsion, à son équipage… Comme tout archéologue, il n'isole pas son sujet particulier d'étude de son contexte s'agissant aussi bien des aspects purement architecturaux et techniques que des aspects historiques tels

---

16 A. Cartault, *La trière athénienne. Étude d'archéologie navale*, Paris, Ernest Thorin Éditeur, 1881. L'ouvrage a donné lieu à une réédition, Paris, Claude Tchou pour la Bibliothèque des Introuvables, 2000, avec une préface de Patrice Pomey (p. 9-18).

17 P. Pomey, *ibid.*, p. 13-14.

ceux des relations entretenues entre Athènes et la mer ou encore de la place de la trière dans la politique maritime de la Cité. Cette perspective historique globale du sujet, fondée sur une approche des sources au diapason de la méthode archéologique de son époque, marque bien une nouvelle étape des recherches en archéologie navale. Avec Cartault comme avec Jal, l'archéologie navale antique méditerranéenne fait désormais une entrée officielle dans l'univers académique de l'archéologie et de l'histoire classique[18].

---

18 Pour une première approche, *cf.* : P. Pomey, « Le renouveau d'une discipline : historiographie de l'archéologie navale antique », dans J.-P. Brun, Ph. Jockey (éd.), *Τέχναι. Techniques et sociétés en Méditerranée. Hommages à Marie-Claire Amouretti*, Paris, Éditions Maisonneuve et Larose, Maison Méditerranéenne des Sciences de l'Homme, 2001, p. 613-623.

DE NOUVELLES SOURCES ET MÉTHODES

De nouvelles sources : dans son *De re navali*, Lazare de Baïf, nous l'avons noté, avait fait appel, bien timidement, aux sources iconographiques et, plus spécialement aux sculptures de la colonne Trajane, non sans critiquer au demeurant cette documentation. Dès le XVIᵉ siècle était donc posée la triple question de la critique interne de cette catégorie de documents renvoyant, d'une part, au problème du réalisme même de la figuration des bateaux, transposition artistique ou reproduction documentée, d'autre part, à leur enregistrement par le seul moyen du dessin ou du relevé manuel et, enfin, à celui de leur reproduction imprimée par le biais de la gravure. Sans doute est-ce là l'une des raisons du moindre recours aux sources iconographiques par rapport aux sources écrites. À cette raison d'ordre technique s'en est peut-être ajoutée une autre de caractère idéologique dans le sens où la communauté scientifique a quelquefois jugé avec une certaine réserve, non sans motif justifié parfois, l'apport des sources iconographiques à la construction d'un discours historique, les mots l'emportant sur les images. C'est ainsi que Lucien Basch[1] rappelle le peu de fiabilité accordée par l'helléniste britannique Sir William W. Tarn aux documents iconographiques pour l'étude des navires de guerre antiques « ... même dans le cas des meilleurs documents ».

Effectivement, cette relative distance par rapport aux sources iconographiques antiques, comme d'ailleurs pour celles du Moyen Age et de l'époque moderne, est à relier à la nature fréquente d'œuvres artistiques de nombre des documents qui implique une évidente critique interne. À cet égard, l'historien de la marine Augustin Jal a été sans nul doute l'un des premiers à insister sur le nécessaire examen critique systématique des documents considérant notamment « ... le temps, le lieu, l'auteur, les

---

1   L. Basch, *Le Musée imaginaire de la marine antique*, Athènes, Institut hellénique pour la Préservation de la Tradition Nautique, 1987, p. 37.

circonstances dans lesquelles l'artiste se trouvait pour produire[2] ». Nous retrouvons là des termes qui ne sont pas sans rappeler ceux employés par les historiens des techniques pour désigner une méthode d'analyse des sources iconographiques[3]. Jal opère notamment une distinction entre l'iconographie antique de celle du Moyen Age. Tout en soulignant avec justesse l'importance du rôle tenu par les modèles iconographiques dans la composition des œuvres artistiques de l'Antiquité, Jal a toutefois des propos assez durs et sans réelle nuance quand il affirme que

> ... le raisonnement de Baïf et de tous ceux qui ont disserté sur la colonne Trajane... comme sur la plupart des textes maritimes anciens, est aussi juste que celui des antiquaires[4]...

Ces derniers étant bien peu considérés sur le plan de la rigueur historique dans l'esprit de Jal ! Sur l'iconographie médiévale, nous aurons l'occasion d'y revenir, ses observations sont assez pertinentes. En quelques phrases, il indique par exemple avec quelle prudence doivent être acceptées les figurations de navires dans les miniatures[5], catégorie de documents iconographiques majoritaire au Moyen Age. C'est encore le problème du modèle iconographique et du processus de réalisation de l'iconographie médiévale, et plus particulièrement de celui des miniatures, qui est ici rappelé par Jal. Par ailleurs, il mentionne l'apport documentaire des sceaux anglais, qu'il a étudiés plus particulièrement, en tant que représentations miniatures de navires bien datées, mais aussi en fonction de leur mode de réalisation. Il note à ce sujet :

> Ce ne sont point des représentations plus ou moins lourdes de nefs imaginaires, mais des portraits faits par des artistes consciencieux qui, travaillant pour des amiraux ou des villes où la marine était connue de tous, ne pouvaient espérer de voir agréer leur travail s'il n'avait le caractère de la vérité[6].

Si, en effet, les navires figurés sur les sceaux des villes maritimes anglaises ou germaniques de la Hanse sont souvent techniquement

---

2   A. Jal, ouvr. cité, 1840, t. 1, p. 34.
3   *Cf.* par exemple les remarques de B. Gille relatives au contenu technique de l'iconographie et aux méthodes d'analyse de cette catégorie de sources : B. Gille, ouvr. cité, 1978, p. 92-97 en particulier.
4   *Ibid.*, p. 38.
5   *Ibid.*, p. 39.
6   *Ibid.*, p. 41.

cohérents, ils n'échappent pas cependant à une inévitable schématisation et déformation en relation avec la forme circulaire et la taille réduite du support. Souvenir de son voyage d'étude en Italie en 1834-1835, Jal n'oublie pas de rappeler l'intérêt des grands peintres italiens tels que Carpaccio ou Le Tintoret à la connaissance de l'architecture navale médiévale.

Outre ces questions d'analyse critique des sources, un autre problème est celui de la méthode d'enregistrement et de reproduction des documents. Un changement notable de point de vue vis-à-vis de la documentation iconographique est intervenu à l'évidence avec l'introduction de la photographie qui a permis à la fois de multiplier les possibilités d'enregistrer rapidement la documentation iconographique, qu'elle soit située à l'extérieur sur des monuments ou conservée dans des musées, des bibliothèques ou des réserves archéologiques, et d'éviter toute interprétation durant la phase d'enregistrement, la neutralité de l'objectif de l'appareil photographique se substituant à la subjectivité de la main du dessinateur, du peintre et du graveur.

Un exemple révélateur de cette ouverture à l'iconographie comme source grâce à la reproduction photographique est l'ouvrage de F. Moll publié en 1929[7] qui contient près de 4000 reproductions de documents iconographiques datant principalement de l'Antiquité et du Moyen Age, avec une extension vers la Renaissance. En dépit d'une qualité très moyenne de reproduction rendant parfois les documents peu lisibles et de la taille trop réduite des images en forme de vignettes, « le Moll » comme il est fréquent de le désigner, demeure encore un document de référence en raison de la quantité des documents recensés.

À la différence de l'ouvrage de Moll qui est essentiellement un corpus de sources iconographiques référencées mais sans commentaires, celui de Lucien Basch au titre très évocateur, *Le Musée imaginaire de la marine antique*[8], est avant tout une publication scientifique consacrée à l'étude des navires de l'Antiquité, bâtiments de guerre à rames bien évidemment, mais aussi navires de commerce à voile. Ce livre d'archéologie navale antique qui, à l'image de l'ouvrage de Moll, est souvent appelé « le Basch » tant il est devenu une référence classique, repose sur une exceptionnelle

---

7   F. Moll, *Das Schiff in der bildenden Kunst vom Altertum bis zum Ausgang desMittelalters*, Bonn, K. Schroeder, 1929.
8   L. Basch, ouvr. cité, 1987.

documentation iconographique de plus de 1100 documents. Comme L. Basch l'a défini dans les dernières lignes de l'introduction[9], son livre est à la fois « … un essai sur l'architecture navale dans la Méditerranée antique, des origines à la fin de l'Empire romain », et aussi « … un essai d'analyse critique appliquée à des images de navires antiques ». C'est bien, en effet, à partir d'une analyse des documents iconographiques de toutes sortes, sculptures, peintures sur vases, fresques, mosaïques, monnaies, graffiti, sceaux… que L. Basch, en tant qu'historien[10], a composé une histoire ordonnée chronologiquement de l'architecture navale gréco-romaine. à cet égard, le *Musée imaginaire de la marine antique* n'est en aucun cas une histoire de navires imaginaires. Comme nous le verrons, le sens donné par L. Basch au qualificatif « d'imaginaire » renvoie à une signification bien précise. Les divers modèles de navires à rames et à voiles étudiés par L. Basch sous l'angle de l'histoire des techniques et portant sur les formes de coque, la disposition des rames, la composition du gréement, les aménagements des œuvres mortes, les ornementations des proues et des poupes s'inscrivent toujours dans un contexte méditerranéen géographiquement et historiquement déterminé. Dans cette histoire, en suivant une tradition séculaire, l'étude de la « mécanique des rames » des trières et autres navires de guerre à rames est en toute logique bien présente sans pour autant envahir le livre. Par ailleurs, tout en privilégiant les images, L. Basch n'exclut pas les sources écrites de ses analyses, ni les sources ethnographiques, ces dernières étant envisagées dans une perspective d'architecture navale comparée en s'attachant, en particulier, aux phénomènes de permanences techniques[11].

Ce choix de faire appel prioritairement à la documentation iconographique s'accompagne d'une analyse critique systématique de chaque document, quel qu'il soit. Ce n'est pas un hasard si L. Basch a cité en exergue de son introduction ces lignes d'A. Jal sur les sources iconographiques, publiées en 1840 :

---

9   *Ibid.*, p. 39.

10   Internationalement reconnu comme l'un des meilleurs spécialistes de l'iconographie navale antique et de l'histoire de l'architecture navale gréco-romaine, L. Basch, magistrat de formation et de profession, s'est toujours voulu « un amateur » même si son œuvre scientifique apparaît bien plus riche que celle d'un certain nombre de chercheurs « professionnels » !

11   Exemple d'étude d'architecture navale comparée : L. Basch, « De la survivance des traditions navales phéniciennes dans la Méditerranée de nos jours », *Mariner's Mirror*, 61, 1975, p. 229-253.

… Sur toute représentation navale peinte et sculptée à quelque époque qu'elle puisse se reporter, il est nécessaire de faire un travail de critique analogue à celui qu'on applique à la phrase d'un historien ou d'un poète qui décrit et raconte[12].

Comme nous l'avons noté auparavant, Jal, en historien conscient de la nécessaire approche critique des sources, a identifié précisément l'un des problèmes principaux de l'étude des documents iconographiques qui est celui du modèle, plus fréquemment produit d'une construction culturelle plutôt que miroir d'une stricte réalité technique. Il écrit ainsi à propos de l'iconographie antique, qui est au centre de l'ouvrage de L. Basch, que « … le navire qu'ils dessinaient dans un bas-relief ou une médaille était moins la représentation d'une chose matérielle que le signe convenu de l'idée : galère, combat ou triomphe naval[13] ». Si le message de Jal, relatif au nécessaire regard critique à avoir face à une image en deux ou trois dimensions, est toujours à prendre en compte et garde toute sa pertinence, il ne doit pas conduire toutefois à réduire *a priori* l'intérêt des sources iconographiques. Celles-ci, en effet, apparaissent souvent comme déterminantes lors de la restitution architecturale des œuvres mortes d'une épave et, plus encore, de son gréement, de son accastillage…

Cette question du sens à donner à l'image d'un bateau – traduction graphique d'une réalité ou au contraire idéalisation ou reconstitution graphique d'une réalité – n'est pas sans rapport avec le titre du livre de L. Basch. Quelle signification, effectivement, peut-elle être donnée au mot imaginaire ? On ne peut s'empêcher de trouver dans le long titre choisi par L. Basch, *Le Musée imaginaire de la marine antique*, un écho à un autre *Musée imaginaire*, celui du premier volume de la *Psychologie de l'art* publié par André Malraux en 1947 à Genève chez l'éditeur d'art Skira[14]. Les deux *Musées imaginaires* se rejoignent, à notre avis, de plusieurs points de vue qui concourent à mettre en évidence l'apport des images dans l'élaboration d'un discours historique, que celui-ci soit orienté vers l'art (peinture, sculpture…) ou vers l'architecture navale. Pour A. Malraux, un ensemble de livres d'art ne semble pas reproduire, selon ses propres mots,

---

12 A. Jal, ouvr. cité, 1840, t. 1, p. 34.
13 *Ibid.*, p. 38.
14 L. Basch avait demandé à A. Malraux l'autorisation d'utiliser l'expression de « musée imaginaire » dans le titre de son livre, autorisation qui avait été accordée avec les encouragements du ministre des Affaires culturelles.

… un musée qui n'existe pas, il le suggère, et plus rigoureusement, le constitue.
Il n'est pas le témoignage ou le souvenir d'un lieu… il crée un lieu imaginaire.

Ce « lieu-musée imaginaire » composé par L. Basch est le « lieu intellectuel » d'une histoire de l'architecture navale antique méditerranéenne basée sur les sources iconographiques. Un autre écho au titre du livre de Malraux renvoie à la notion de « métamorphose » qui est créée par un rapprochement, à des fins d'analyse historique, entre deux images. Exemple d'une « métamorphose » destinée à enrichir la connaissance d'un type d'architecture navale de l'Antiquité grecque archaïque : celle que L. Basch établit entre la reproduction photographique d'un modèle réduit en plomb d'une pirogue de Naxos du IIIᵉ millénaire av. J.-C. et celle, sur la même page et à un format identique, d'une gravure du XIXᵉ siècle représentant un « patamar », voilier vernaculaire indien de la côte de Malabar. La compréhension de la maquette antique apparaît alors en quelque sorte « métamorphosée » par l'image réaliste du « patamar ». Une autre relation entre les deux *Musées imaginaires* est fournie par les progrès de la photographie et l'emploi de différentes focales qui permettent de diversifier les échelles de prises de vues. Celles-ci aboutissent à créer autant de « métamorphoses » que de clichés et à fournir à l'historien de l'architecture navale et à l'archéologue naval une documentation porteuse de nouveaux questionnements.

Le recours nouveau à l'image ne se confond donc nullement avec le souci d'illustrer harmonieusement une analyse historique. Il va bien au-delà et traduit le choix de « faire de l'histoire » à partir des images.

De nouvelles méthodes : l'idée de tester en grandeur nature, c'est-à-dire à l'échelle 1/1, un système de vogue avait donné lieu dès le XVIᵉ siècle dans le contexte bien particulier de Venise, à des expérimentations réalisées de 1526 à 1529 sous la direction de Vettor Fausto. Il s'agissait, comme nous l'avons examiné dans la première partie de ce livre, d'expérimenter un nouveau système de vogue à la « *sensile* » à bord d'une quinquérème dans une perspective avant tout opérationnelle en rapport avec la situation en Méditerranée orientale et les tensions avec la puissance ottomane. Dans ce cas précis, l'expérimentation s'apparentait à ce que l'on définirait aujourd'hui comme des essais techniques tels qu'ils sont habituellement pratiqués par les chantiers navals civils et militaires pour évaluer les caractéristiques de stabilité, de résistance, de vitesse… d'un nouveau navire venant d'être lancé, pour mesurer plus ponctuellement les capacités d'un nouveau modèle de propulsion ou celles d'un système d'armes. D'autres types d'expérimentations en grandeur d'exécution ont jalonné l'histoire de l'architecture navale. C'est le cas, comme nous l'avons rappelé dans le précédent chapitre, des deux programmes d'expérimentations de nouveaux modèles de gréement menés par Le Roy entre 1763 et 1787 dans une optique de tester à la mer ce que Le Roy considérait comme des innovations techniques susceptibles d'améliorer les capacités propulsives des navires de guerre de son époque et qui s'avérèrent dans la réalité des échecs complets.

Le programme expérimental d'archéologie navale menée en France sous le Second Empire est d'une toute autre nature. C'est à l'historien Jal[15], personnalité sur laquelle nous reviendrons, que l'on doit l'essentiel des informations relatives à ce programme consacré à la reconstitution d'une trirème antique[16] et qui s'inscrit dans le cadre des recherches inspirées par Napoléon III sur l'histoire et l'archéologie antique[17]. L'objectif du programme conduit en l'espace de quelques mois était, selon les termes de Jal, « … de faire construire une trirème à l'antique pour… bien rendre compte du système mis en pratique par les constructeurs grecs et romains ». En réalité, l'objectif recherché était de reconstruire plus précisément une trirème romaine.

Les deux principaux acteurs de cette reconstitution furent Henri Dupuy de Lôme et Augustin Jal. Le premier (1816-1885), polytechnicien, ingénieur du génie maritime, avait été nommé en 1857 directeur des constructions navales et du matériel de la Marine. Jal (1795-1873), après une très courte carrière d'officier de marine, fut attaché en 1831 à la section historique de la Marine, nommé historiographe officiel de la Marine en 1852 puis conservateur des archives de la Marine. Le rôle des deux hommes était clairement défini. À Dupuy de Lôme, le technicien et praticien de la construction navale, étaient confiées la conception

---

15   A. Jal, *La flotte de César ; le Xuston naumachon d'Homère ; "Virgilius Nauticus", études sur la marine antique*, Paris, Firmin Didot Frères, Fils et Cie, 1861.

16   *Cf.* P. Pomey, É. Rieth, « La trirème antique de Napoléon III : un essai d'archéologie navale expérimentale sous le Second Empire », *Napoléon III et l'archéologie, Actes du colloque de Compiègne, 14-15 oct. 2000, Bulletin de la Société Historique de Compiègne*, 37, 2001, p. 239-266 ; *cf.* également L. Th. Lehmann, « A trireme's tragedy », *The International Journal of Nautical Archaeology*, 11, 1982, p. 145-151 ; *id.*, ouvr. cité, 1995, p. 145-157.

17   *Cf.* par exemple le colloque intitulé « Napoléon III et l'archéologie, une politique archéologique nationale sous le Second Empire », Compiègne, 14-15 octobre 2000, dont les actes ont été publiés dans le *Bulletin de la Société Historique de Compiègne*, 37, 200.

générale du navire et la responsabilité du projet architectural. A Jal, l'historien de la marine, revenait l'étude historique dont le sujet majeur était celui de la définition de la position des trois rangs de rames des trirèmes antiques.

L'argumentation de Jal[18], reposant principalement sur l'étude de textes d'auteurs grecs (Appien) et romains (César, Silius Italicus) ainsi que sur l'analyse de documents byzantins (Léon VI), aboutit à la conclusion que les rameurs des trirèmes romaines étaient disposés sur trois niveaux. Selon cette option « verticaliste », les rameurs du rang inférieur (thalamites) se trouvaient sur un faux-pont localisé au niveau de la flottaison, ceux du rang intermédiaire (zygites) et ceux du rang supérieur (thranites) étaient disposés, sur deux niveaux, sur un même pont établi au-dessus du faux-pont des thalamites. Au total, la trirème de Jal comportait 130 rames se répartissant sur chaque bord en 22 rames au niveau du rang inférieur et de celui du milieu, et 21 au niveau du rang supérieur. Chaque rame de longueur différente suivant le rang[19] était manœuvrée par un seul homme.

---

18   A. Jal, ouvr. cité, 1861, p. 143-189.
19   Soit 4,50 m pour le rang inférieur, 5,70 m pour le rang du milieu et 7,40 m pour le rang supérieur.

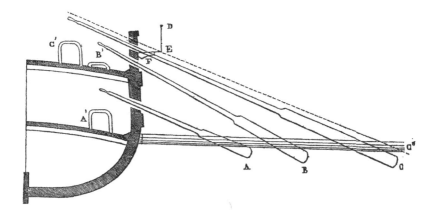

Fig. 17 – Demi-section d'une trirème antique selon Jal.
Dans cette première hypothèse, les rameurs sont disposés
sur deux niveaux avec des rames de longueur différente.
La rame supérieure prend appui sur un porte-nage (E, F)
qui décale vers l'extérieur son point de pivotement de celui
de la rame du rang intermédiaire qui passe à travers un sabord
de nage aménagé dans le pavois (A. Jal, *La flotte de César,
Virgilius Nauticus. Études sur la marine antique*, Paris,
Firmin Didot Frères, Fils et Cie, 1861, p. 156).

La « mécanique des rames » étant définie suivant une méthode
historique similaire dans son principe à celle adoptée par Lazare de
Baïf, la conception architecturale de son support, à savoir la coque de
la trirème, revient à Dupuy de Lôme, l'homme de l'art. En référence
aux données dimensionnelles fournies par Jal, trois critères principaux
sembleraient avoir été retenus par Dupuy de Lôme pour concevoir le
plan de forme de la trirème : le fait que la trirème était une reconstitution expérimentale, que le bâtiment devait naviguer sur la Seine et
qu'il devait passer sous les ponts situés entre Asnières, lieu du lance-
ment, et l'Institut. Le caractère expérimental impliquait de concevoir
une coque de longueur raisonnable afin de ne pas multiplier les difficultés techniques durant la phase de construction. La navigation sur la
Seine nécessitait un tirant d'eau réduit en raison de la profondeur peu
importante du fleuve et une faible largeur en rapport avec les dimensions des arches marinières des ponts. En fonction de ces contraintes,

la trirème avait une longueur entre perpendiculaires de 39,25 m, une largeur au maître-couple de 5,50 m, un creux de 2,18 m. Le coefficient d'allongement (longueur/largeur) était de 1/7,5 soit un coefficient en cohérence avec celui des galères.

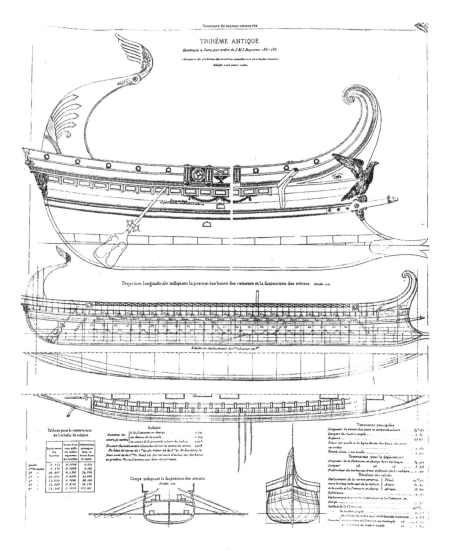

FIG. 18 – Plans de « l'hypothèse flottante » de la trirème antique
de Jal /Dupuy de Lôme. Dans cette hypothèse de restitution,
les deux rames supérieures passent par des sabords de nage percés
dans le pavois. C'est cette seconde hypothèse qui a été finalement retenue
(F.-E. Pâris, *Souvenirs de marine conservés, Collection de plans ou dessins
de navires et de bateaux anciens et modernes existants ou disparus, avec les éléments
numériques nécessaires à leur construction*, Paris,
Éditions Gauthier-Villars, vol. 6, 1908, pl. 302).

La construction de la trirème débuta à Asnières dans le courant de l'année 1860. Le 9 mars 1861, le bâtiment fût lancé et les expérimentations de vogue des trois rangs superposés eurent lieu sur la Seine les 24 et 25 mars. Au terme des deux jours d'essais, le lieutenant de vaisseau Lefèbvre, commandant la trirème, considéra que la propulsion à la rame semblait efficace avec un tirant d'eau en différence de 1,12 m à l'avant et 1,30 m à l'arrière. Cette courte phase d'expérimentation, en dépit de tous les commentaires officiels très favorables sur les résultats obtenus, n'eut pas de suite. Dès le mois de juin 1861, la trirème fut remorquée jusqu'à Cherbourg et désarmée. Le 26 avril 1878, la décision de démolir la trirème fut prise.

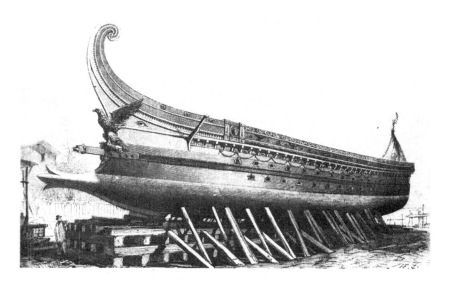

Fig. 19 – La trirème antique du binôme Jal, l'historien
et archéologue naval, et Dupuy de Lôme, le spécialiste
de la construction navale, en fin de chantier prête à être lancée.
L'aigle impérial déployant ses ailes vient rappeler que
ce projet d'archéologie navale expérimentale a été suscité
par l'empereur Napoléon III (*Le Monde Illustré*, 1861).

Très vite, apparurent des critiques. Dés 1881, en effet, A. Cartault jugeait très sévèrement ce programme en faisant porter la responsabilité des erreurs accumulées sur Jal dont il considérait notamment les connaissances du grec et du latin trop lacunaires[20]. Un même point de vue critique se retrouva dix ans plus tard sous la plume du contre-amiral Serre qui estimait lui aussi que Jal avait pris en compte les données provenant de sources antiques sans les soumettre à une analyse critique dont, pourtant, il recommandait lui-même la pratique[21].

Au-delà des critiques formulées par les historiens et les archéologues navals sur les sources utilisées, la méthode d'analyse et les interprétations des documents, ce programme de reconstitution expérimentale d'une trirème antique, dans son principe, est intéressant à plusieurs titres. Il y a d'abord l'association entre deux personnalités issues de milieux différents, celui de la recherche historique avec Jal et de la construction navale militaire avec Dupuy de Lôme. Un binôme de même essence est celui constitué cent trente et quelques années plus tard par l'helléniste John S. Morrison (1913-2000), professeur de grec ancien et premier président du Wolfson College de Cambridge et de l'architecte naval en chef de l'Amirauté britannique John S. Coates (1922-2010). Les deux hommes furent à l'origine du programme de reconstitution d'une trière athénienne des Ve-IVe siècles av. J.-C., l'*Olympias*[22]. Ce programme d'archéologie navale expérimentale présente un certain nombre de similitudes avec celui de la trirème de Jal-Dupuy de Lôme. D'une part, l'objectif scientifique central a été dans les deux cas celui de tester en grandeur réelle le système de vogue à l'antique basée sur trois rangs superposés de rameurs. D'autre part, l'absence de tous vestiges archéologiques d'une épave de l'une ou de l'autre classe de ces navires de guerre antiques a conduit les responsables des programmes, à plus d'un siècle d'intervalle, à construire non pas une réplique archéologique, au sens strict du terme, mais une « hypothèse flottante » reposant essentiellement sur les sources écrites et iconographiques[23]. Alors que la réplique

20 A. Cartault, ouvr. cité, 1881, p. 6.
21 P. Serre, ouvr. cité, t. 2, 1891, p. 12.
22 L'*Olympias*, construite en Grèce en 1987 au Pirée, a donné lieu à six campagnes d'expérimentations entre 1987 et 1994. *Cf.* : J. S. Morrison, J. S. Coates, N. B. Rankov, *The Athenian Trireme : The History and Reconstruction of the Ancient Greek Warship*, Cambridge, Cambridge University Press, 2000 (2^d edition). *Cf.* aussi : J. S. Coates, « Hypothetical reconstructions and the Naval Architect », dans S. McGrail (ed.), *Sources and Techniques in Boat Archaeology*, Oxford, British Archaeological Reports 29, 1977, p. 215-226.
23 La bibliographique sur ce sujet est importante. *Cf.* parmi les références récentes : J. S. Coates *et alii*, « Experimental Boat and Ship Archaeology : Principles and Methods », *The*

archéologique[24] est une reproduction, avec une restitution des parties non conservées, des vestiges d'une épave, « l'hypothèse flottante », celle de Jal-Dupuy de Lôme comme celle de Morrison-Coates, est une reconstitution basée sur l'interprétation des sources écrites et iconographiques qui, dans le cas de l'*Olympias*, a fait appel, il est important de le souligner, aux méthodes les plus modernes de l'analyse critique historique par l'helléniste J. S. Morrison. Une caractéristique importante sépare les deux « hypothèses flottantes ». Alors que celle de Jal-Dupuy de Lôme a été réalisée selon les méthodes « membrure première » de la construction navale en bois en usage au milieu du XIXe siècle en France dans une perspective de *continuum* architectural depuis l'Antiquité, « l'hypothèse flottante » de Morrison-Coates, par contre, a été bâtie, sur la base des données archéologiques fournies par les nombreuses épaves antiques de navires de transport, en respectant les méthodes de construction « bordé premier » propres à l'Antiquité gréco-romaine, avec l'assemblage des bordages à franc-bord par le système classique des clés/mortaises/chevilles. Est-il besoin de rappeler que ces données archéologiques acquises grâce au développement de l'archéologie sous-marine depuis les années 1960 n'existaient pas sous le Second Empire. Une dernière convergence entre les deux programmes d'archéologie navale expérimentale concerne le rôle important tenu par la marine militaire au niveau de la collaboration technique et de l'appui logistique notamment. Sans doute, cette participation officielle de la marine et de l'État impérial dans un cas, et de la république hellénique dans l'autre, n'était-elle pas totalement coupée de toute dimension politique renvoyant à un « glorieux passé antique maritime ».

International Journal of Nautical Archaeology, 24, 1995, p. 293-301 ; S. McGrail, « Replicas, reconstructions and floating hypothesis », *The International Journal of Nautical Archaeology*, 22, 1992, p. 353-355 ; *id.*, « Experimental Archaeology : Replicas and Reconstructions », dans J. Bennet. (ed.), *Sailing into the Past. Learning from Replicas Ships*, Barnsley, Seaforth Publishing, 2009, p. 16-23 ; O. Crumlin-Pedersen, « Experimental archaeology and ships – bridging the past and the sciences », *The International Journal of Nautical Archaeology*, 24, 1995, p. 303-306. *Cf.* pour l'étude des sources : J. S. Morrison, R. T. Williams, *Greek Oared Ships, 900-322 BC*, Cambridge, Cambridge University Press, 1968. Rappelons que Jal, à la différence de Morrison, n'était pas un spécialiste des sources écrites antiques.

24   Nous reviendrons sur cette notion de réplique archéologique lors de l'étude des méthodes de l'archéologie navale expérimentale.

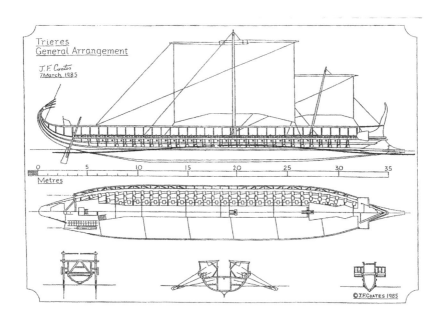

FIG. 20 – Restitution par l'architecte naval John S.
Coates du plan d'une trière grecque du VIᵉ siècle av. J.-C.
L'*Olympias*, comme la trirème romaine de Napoléon III,
est une « hypothèse flottante » ayant associé un architecte naval,
J. S. Coates, et un spécialiste de l'histoire grecque antique,
le professeur J. S. Morrison (Dessin : J. S. Coates).

Si l'expérience de « l'hypothèse flottante » que fût la trirème du
couple Jal-Dupuy de Lôme fût particulièrement brève et s'acheva prématurément en Normandie, il n'en reste pas moins qu'elle ouvrit la
voie à une authentique méthode de recherche en archéologie navale qui,
de nos jours, est l'objet de programmes scientifiques d'intérêt majeur
comme nous le verrons.

TROISIÈME PARTIE

LE MOYEN AGE

UNE PREMIÈRE APPROCHE
DU MOYEN ÂGE

Lazare de Baïf publie en 1536 son *De re navali*, le temps du Moyen Age est encore très proche. Sans doute les méthodes et les pratiques de l'architecture navale de cette période se rattachaient-elles à un passé encore trop récent pour faire l'objet d'une réflexion historique. Mais, surtout, le contexte culturel de la Renaissance et les liens intellectuels entretenus par L. de Baïf avec les milieux humanistes français et vénitiens l'ont conduit à s'attacher avant tout à l'histoire de l'architecture navale gréco-romaine et, plus spécifiquement, à celle des « navires longs[1] » à rames.

Si les bateaux du Moyen Age sont parfois évoqués par certains auteurs des XVIe et XVIIe siècles, ils le sont avant tout comme navires à rames et pour la nature de leur « mécanique des rames ». C'est le cas tout spécialement du « dromon » byzantin dont l'architecture et le système de vogue sont envisagés comme des descendants architecturaux des galères gréco-romaines.

Parmi les premiers auteurs à avoir consacré quelques pages à l'histoire de l'architecture navale médiévale, l'un des plus intéressants est le hollandais Nicolaes Witsen (1641-1717). Outre l'ouverture de son horizon d'étude au Moyen Age, Witsen est une personnalité également importante pour l'intérêt qu'il a porté à l'architecture navale extra-néerlandaise, comme nous l'examinerons dans la quatrième partie du livre.

Certains aspects de la vie professionnelle de Witsen présentent des similitudes avec ceux de l'existence de Lazare de Baïf. Juriste de

---

1   Cette expression traduit bien l'idée d'une géométrie générale de la coque des galères dotée d'un coefficient d'allongement particulièrement élevé de l'ordre de 1/8 à 1/9. Elle est habituellement opposée à celle de « navires ronds » qui est supposée désigner des voiliers de transport dont le coefficient d'allongement est beaucoup plus réduit et se situe en moyenne entre 1/2,5 et 1/3. Si l'expression, jamais employée, de « navires courts » pourrait effectivement symboliser ce coefficient d'allongement, celle de « navires ronds », en revanche, n'a guère de sens d'un point de vue architectural.

formation, Witsen eut une activité de diplomate comme membre d'une délégation officielle à Moscou en 1664-1665. En 1697-1698, il fût aussi l'organisateur et le conseiller du Tsar de Russie Pierre le Grand durant sa visite en Hollande. Il exerça par ailleurs des responsabilités de direction au sein de la Compagnie Néerlandaise des Indes Orientales et fût bourgmestre d'Amsterdam de 1682 à 1706. Witsen était également un érudit, historien, connaisseur des auteurs de l'Antiquité, intéressé par la cartographie et auteur de plusieurs cartes de la partie septentrionale et orientale de l'Europe et de l'Asie. Mais c'est principalement en tant qu'auteur du plus ancien ouvrage consacré à l'architecture navale hollandaise qu'il est connu. Publié à Amsterdam en 1671[2], et intitulé (titre abrégé) *Aeloude en hedendaegsche scheeps-bouw en bestier* (Ancienne et nouvelle manière de construire les navires et de les exploiter), son livre à la composition complexe[3], d'une lecture difficile même pour un lecteur d'origine néerlandaise spécialiste de l'architecture navale de cette période comme l'est Ab Hoving, constitue la source majeure pour l'étude de l'architecture navale hollandaise de la région d'Amsterdam au XVIIe siècle. Cet ouvrage d'érudition ne se confond certes pas avec un traité théorique et/ou pratique d'architecture navale, destiné à former des maîtres-constructeurs. Il s'agit d'un ouvrage à caractère historique dont la part centrale porte sur les méthodes de construction navale pratiquées en Hollande du Nord. Il est fort probable, à cet égard, que Witsen avait personnellement observé les techniques en usage dans les chantiers navals et qu'il avait recueilli par ailleurs des témoignages directs auprès des constructeurs de la région d'Amsterdam. L'importance du livre tient à la nature particulière des procédés de construction de type « bordé premier » en usage en Hollande du Nord[4] qui, d'une part,

---

2   C'est cette édition première qui a été utilisée : Nicolaes Witsen, *Aeloude en hedendaegsche scheeps-bouw en bestier*, C. Commelin, Amsterdam, 1671. Une seconde édition revue a été publiée à Amsterdam sous le titre de *Architectura navalis et regimen nauticum ofte Aeloude en hedendaegsches Scheeps-bouw en bestier* Amsterdam, Pietr en Jan Blaeu, 1690.

3   *Cf.* sur cet aspect l'introduction de l'édition critique de la partie de l'ouvrage portant sur les méthodes de construction en usage à l'époque de Witsen dans les chantiers navals de Hollande du Nord : A. J. Hoving, *Nicolaes Witsen and Shipbuilding in the Dutch Golden Age*, College Station, TX, Texas A&M University Press, 2012, p. 35-201.

4   Il est intéressant de noter qu'en 1670, un an avant la publication de l'ouvrage de Witsen, une mission officielle avait été effectuée aux Pays Bas et en Angleterre à la demande de Colbert, secrétaire d'État à la Marine, pour observer les méthodes de construction navale alors pratiquées dans ces deux pays. Le mémoire du missionnaire, Pierre Arnoul,

étaient différents de ceux pratiquées en Hollande du Sud et, d'autre part, l'étaient également de ceux mis en œuvre dans les autres nations maritimes européennes et, notamment, en France. C'est ainsi que dans les années 1670, les méthodes de construction pratiquées dans les chantiers navals français d'État comme ceux, civils du privé, étaient de type « membrure première » et relevaient, par conséquent, d'une « philosophie de la construction navale[5] » sur le plan de la conception comme sur celui de la réalisation, profondément différente de celle décrite par Witsen.

C'est donc dans la perspective d'une histoire de la construction navale à dimension technique[6] ou, tout au moins, se définissant comme telle, que Witsen, se voulant implicitement historien, va notamment s'attacher assez longuement à l'étude de la construction navale antique, plus spécialement à celle des navires à rames romains[7] et, d'autre part, à celle de la construction navale du Moyen Age. Il ne fait aucun doute[8] qu'il a bénéficié de la riche bibliothèque[9] constitué par son compatriote Issac Vossius (1618-1689), humaniste et bibliophile néerlandais, auteur notamment d'une étude sur les galères antiques intitulée « *De Triremium et Liburnarum Constructione*[10] » dans laquelle Vossius discute, en particulier, de la valeur de l'interscalme. Outre le support de

---

constitue une source de grand intérêt venant compléter le texte de Witsen. Sur l'apport de la mission d'Arnoul, *cf*. É. Rieth, « Principe de construction charpente première et procédés de construction bordé premier au XVIIe siècle », *Neptunia*, 153, 1984, p. 21-31.

5   Selon la juste expression de R. J. Steffy qui a été reprise dans le titre du livre d'hommages : F. M. Hocker, C. A. Ward, (éd.), *The Philosophy of Shipbuilding : Conceptual Approaches to the Study of Wooden Ships*, College Station, TX, Texas A&M University Press, 2004. J. R. Steffy utilise aussi l'expression de « *structural philosophies* ». *Cf.* J. R. Steffy, « Ancient scantling. The Protection and Control of Mediterranean Hull Shapes », *Tropis*, III, 1995, Athènes, Hellenic Institute for the Preservation of Nautical Tradition, p. 417-428, p. 419.

6   Preuve de cette dimension technique : c'est à partir du texte de Witsen décrivant la description d'une « *pinas* » que A. B. J. Hoving a réussi à construire un modèle réduit du navire. A. J. Hoving, « A 17th-Century Dutch 134-Foot Pinas : A reconstruction after *Aeloude en hedendaegsche scheeps-bouw en bestier* by Nicolaes Witsen, 1671 », *International Journal of Nautical Archaeology*, 17, 3, 1988, p. 211-222 et 17, 4, 1988, p. 331-338.

7   N. Witsen, ouvr. cité, 1671, p. 1-84.

8   Witsen fait explicitement référence (p. 94) à Vossius dans le chapitre qu'il consacre à la description d'une série de dessins copiés d'un manuscrit du portugais Fernando Oliveira.

9   Aujourd'hui conservée à la bibliothèque universitaire de Leyde (Pays-Bas), la collection de Vossius comprenait près de 4000 livres et environ 730 manuscrits en latin, grec ancien et allemand.

10 L. Th. Lehmann, ouvr. cité, 1995, p. 109-114. L'étude constitue l'un des chapitres (p. 95-141) du livre de I. Vossius, *Variarum, Observationum Liber*, Londres, Robert Scott, 1685.

la bibliothèque de Vossius, Witsen avait aussi à sa disposition la riche collection de monnaies anciennes et de médailles de son frère Johan et celle de gravures et de dessins de son compatriote Johan Uitenbogaert.

Pour les premiers chapitres de son livre sur les birèmes, trirèmes, quinquérèmes et autres classes de galères antiques, Witsen semblerait avoir fait appel à une source supplémentaire, si l'on croit tout au moins une note de l'ouvrage du R. P. Niceron[11] dans laquelle celui-ci précise :

> *De militia Navali veterum libri, IV*, Upsaliae, 1654. Scheffer avoit préparé une nouvelle édition de cet Ouvrage et en avoit envoyé le manuscrit en Hollande, mais elle n'a point paru. *Nicolas Witsen* qui a eu communication du manuscrit en a tiré plusieurs choses qu'il a fait entrer dans son *Architecture Navale...* comme Scheffer s'en est plaint à D. G. Morhof.

Doit-on croire la parole de Jean Scheffer et de Daniel Georg Mohrof ? Il faudrait se livrer à une étude minutieuse, que nous n'avons pas menée, pour pouvoir éventuellement répondre à cette question qui, au demeurant, correspond à des pratiques de travail et d'écriture non exceptionnelles à l'époque, et n'ôte en rien de l'intérêt au livre de Witsen.

S'agissant de la manière dont l'histoire de la construction navale médiévale est traitée brièvement en vérité par Witsen[12], mais il s'agit là d'une première approche, plusieurs aspects sont à souligner. Tout d'abord, il n'est peut-être pas inutile de rappeler que cette ouverture novatrice à l'univers historique des navires du Moyen Age apparaît dans le contexte précis des Provinces-Unies qui, au XVIIe siècle, sont devenues l'une des grandes puissances maritimes européennes dont les chantiers navals, renommés pour la qualité, la rapidité de construction et le coût avantageux de leurs productions, exportaient des navires à l'étranger, notamment en direction de la France. Outre des bâtiments de commerce, caractérisés par leur poupe ronde à la manière des flûtes, et issus des provinces de Hollande et de Zélande tout spécialement, navires que l'on retrouvait par exemple dans les armements au commerce nantais ou rochelais, ce sont également des spécialistes en charpente navale originaires des Provinces-Unies et aux compétences techniques reconnues dans les milieux maritimes de la France qui ont été recrutés

---

11 R. P. Niceron, *Mémoires pour servir à l'histoire des hommes illustres dans la république des lettres avec un catalogue raisonné de leurs ouvrages*. T. XXXIX, Paris, chez Briasson, 1738, p. 223, note 9.
12 Des pages 439 à 443 principalement.

pour venir travailler, par exemple, à l'arsenal de Rochefort qui, dans les années de publication du livre de Witsen, n'avait que quelques années d'existence. Par ailleurs, alors qu'en Méditerranée les modèles architecturaux de référence des historiens de l'architecture navale et les sujets d'étude sont quasi exclusivement ceux des galères de l'Antiquité gréco-romaine et de la question de la « mécanique des rames », en mer du Nord le problème se pose en des termes différents en raison de facteurs multiples d'ordre environnemental, économique, social, culturel, technique. Dans le contexte des Provinces-Unies, et plus largement d'ailleurs de toute cette partie septentrionale de l'Europe, la mémoire de l'histoire maritime ne renvoie pas, en effet, prioritairement à l'Antiquité mais au Moyen Age et, très fréquemment à la période considérée comme particulièrement dynamique sur le plan de l'économie des transports maritimes, celle de la Ligue Hanséatique qui, à partir de la fin du XIIIᵉ siècle, a exercé un monopole sur le commerce maritime des grains, du sel, du vin, du poisson, du bois, des métaux, des laines... en mer du Nord et en Baltique. Ce n'est de ce fait pas un hasard si l'un des types architecturaux du Moyen Age qui semblerait avoir été privilégié par Witsen est celui des cogues[13], navires de commerce emblématique des grandes villes portuaires hanséatiques de la mer du Nord et de la Baltique. Dans les pages qu'il consacre à l'architecture navale médiévale, il fait ainsi référence, parmi d'autres exemples, au cas de la petite ville portuaire hanséatique de Harderwijk (Pays-Bas) située à l'origine sur le littoral du Zuiderzee, en citant explicitement le modèle architectural de la cogue – « *Kogge-schip* » – qu'il illustre par le sceau de la ville figuré sur une planche publiée en regard du texte[14]. Le dessin, inversé par rapport au sceau original dont la matrice est datée de 1280, tend à simplifier et à déformer le modèle original. C'est ainsi que le dessin reproduit dans le livre de Witsen ne comporte pas de bout-dehors et que l'étambot vertical, caractéristique de la silhouette des cogues, est représenté courbe. Il est à noter, par ailleurs, que l'une des caractéristiques architecturales des cogues, qu'au demeurant les sceaux permettent d'identifier[15], est leur bordé à clin des flancs. Or Witsen ne semblerait

---

13   Forme française du néerlandais « *kogge* » (sing.), « *koggen* » (pl.).

14   N. Witsen, ouvr. cité, 1671, p. 440 pour le texte et figure 1 pour le sceau.

15   C'est le cas de l'étude de Paul Heinsius basée pour une part importante sur une analyse approfondie des sceaux. *Cf.* P. Heinsius, *Das Schiff der hansischen Frühzeit*, Weimar, Verlag Hermann Böhlaus Nachfolger, 1956.

guère avoir commenté cette authentique « signature architecturale » des cogues et, plus largement d'ailleurs, des divers modèles de navires appartenant à la « famille architecturale des cogues » pour reprendre la distinction opérée par l'archéologue danois Ole Crumlin-Pedersen[16] entre le modèle de la « *cog* », au sens strict du terme, et celui de la famille « *cog like vessel* ». Alors qu'il semblerait bien se situer en tant qu'historien des techniques quand il décrit dans le détail les méthodes de construction employées à son époque dans les chantiers navals de sa province, Witsen apparaît beaucoup moins précis sur le plan des techniques lorsqu'il étudie les cogues hanséatiques comme famille architecturale propre aux derniers siècles du Moyen Age. Il faut préciser toutefois que, jusqu'à la découverte en 1962 en Allemagne, dans le fleuve Weser, de l'épave de la cogue de Brême datée des années 1380, la principale source d'étude des cogues était les sceaux qui ne fournissent, bien évidemment, qu'une vision purement externe des navires et aucune donnée sur le principe de conception architecturale « sur sole évolutive et partielle » des cogues, ni sur les procédés de construction particuliers à cette famille architecturale. Seule la confrontation documentaire avec les vestiges archéologiques est susceptible de conduire à ce type d'analyse architecturale qui renvoie aux questions de pensée et de culture technique, d'enjeux de savoirs et de savoir-faire. Sans pouvoir effectivement aborder ces sujets, faute de sources suffisantes, Witsen aurait pu, par contre, esquisser, à titre d'hypothèse, la question des relations éventuelles entre la méthode de construction des cogues et celle en usage dans les chantiers navals de Hollande du Nord qu'il a étudiée et décrite dans son livre. Deux raisons au moins pourraient l'avoir amené à ce type d'interrogation. D'une part, son livre contient des pages relativement bien documentées sur plusieurs traditions architecturales européennes et extra-européennes qui dénotent de sa part un intérêt et une nécessaire perception de la notion de diversité des techniques de construction navale. D'autre part, il évoque, d'une façon certes très superficielle et rapide, un sujet important, et toujours très discuté en archéologie navale médiévale qui est celui de l'origine et du développement de la construction navale « à carvel » (« *karviel-scheepen* ») au sein des foyers architecturaux traditionnels à clin des espaces nautiques de la mer du Nord et de la Baltique.

---

16   3. O. Crumlin-Pedersen, « To be or not to be a Cog : the Bremen cog in perspective », *International Journal of Nautical Archaeology*, 29, 2, 2000, p. 230-246.

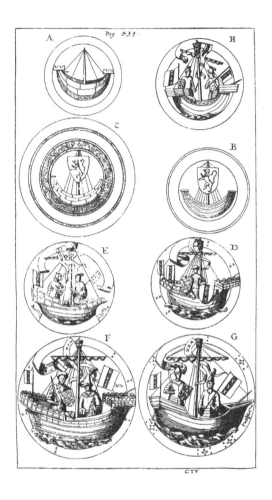

FIG. 21 – Planche de sceaux médiévaux. Selon le commentaire
de N. Witsen, le sceau D daté de 1432 représente un « *Kogge-schip* ».
Le sceau E de la ville d'Amsterdam, daté de 1487, figure
lui aussi, selon Witsen, un « *koggen* ». Les deux navires considérés
comme des cogues présentent cependant des caractéristiques
assez éloignées de celles des cogues de la grande période
de la Hanse, des XIIIᵉ et XIVᵉ siècles. Un détail significatif :
aucun indice iconographique du bordé à clin des flancs
n'est identifiable (N. Witsen, A*eloude en hedendaegsche
scheeps-bouw en bestier*, Amsterdam, C. Commelijn,
J. Appelaer, 1671, pl. CIV, texte p. 439-440).

Fig. 22 – Sceau, non daté, de Harderwijk représentant
un « *Kogge-schip* ». La matrice du sceau d'origine
de cette ville portuaire des Pays-Bas est datée de 1280 (N. Witsen,
Aeloude en hedendaegsche scheeps-bouw en bestier, Amsterdam,
C. Commelijn, J. Appelaer, 1671, pl. CV, texte p. 440).

C'est ainsi qu'il cite dans une notice[17] le célèbre passage de la *Chronique de la ville de Horn* publiée en 1617 à Horn par Theodore Velius indiquant que « …Dans l'année 1460 fut fait à Hoorn le premier navire à carvel (« *Karviel-Scheepen* ») … », ce nouveau type architectural prenant place parmi les types traditionnels de la région des « *Hulken, Raazeilen… Krajers* » construits à clin en toute vraisemblance. Witsen, dans la même notice et à la suite de la citation de Velius, fait référence à la *Chronique de Zélande* de Johan Reygersbergen publiée à Anvers en 1551. Il paraphrase en fait un extrait du texte de Reygersbergen qui mentionne que

> … aux environs de 1459, pour la première fois à Zierikzee, suivant l'exemple d'un Breton nommé Julian, des navires à carvel ont commencé à être construits à la place des hulques et des craiers seulement utilisés jusqu'à présent[18].

Selon une étude récente[19], il semblerait que les faits relatés dans la *Chronique de Zélande* soient quelque peu différents et que le rôle supposé du Breton dénommé Julian relèverait de la légende. L'épisode remonterait en réalité au 24 juillet 1477 et concernerait un marchand breton appelé Moyse ou Moysan qui, en compagnie de deux autres marchands bretons, aurait été condamné par la cour de Hollande pour des faits de violence. Ce marchand aurait alors expliqué devant les autorités de Bergen-op-Zoom comment il avait proposé, en échange d'une annulation ou d'une réduction de sa peine, de céder aux trésoriers de Zierikzee son navire, une « carvelle » dénommée *La Juliana*. Si l'on en croit cette autre version de l'épisode relaté par la *Chronique de Zélande*, ce serait donc à partir du modèle d'un caboteur breton construit « à carvel », c'est-à-dire doté d'un bordé disposé à franc-bord en place du traditionnel bordé à clin des familles architecturales régionales des « *Hulken, Raazeilen, Krajers* », que cette nouvelle forme d'architecture navale aurait été introduite en Hollande par reproduction du modèle de la « carvelle » du dénommé Moyse ou Moysan qui, en quelque sorte, aurait servi de matrice architecturale. Ce processus d'adoption d'une nouvelle méthode de construction, qui reste, est-il besoin de le souligner,

---

17   N. Witsen, ouvr. cité, 167, p. 598.
18   Citation traduite de B. Greenhill, *Archaeology of the Boat*, Londres, Adam and Charles Black, 1976, p. 292.
19   J. Paviot, « La diffusion de la caravelle en Europe, XVᵉ-début XVIᵉ siècle », dans Sanchez J.-P. (éd.), *Dans le sillage de Colomb. L'Europe du Ponant et la découverte du Nouveau Monde (1450-1560)*, Rennes, Presses universitaires de Rennes, 1995, p. 145-150.

une hypothèse, n'est pas sans rappeler un autre épisode, souvent cité, de présumé transfert de techniques de construction navale de la fin du Moyen Age, celui du navire *Pierre de la Rochelle*[20].

Ce voilier de commerce chargé de sel venant de La Rochelle, après avoir été endommagé (grand-mât brisé) à la suite d'un violent orage, aurait fait escale dans le port hanséatique de Gdańsk. En attente de réparations depuis 1462 et encombrant le port, les autorités maritimes et municipales auraient alors souhaité démolir le navire désigné comme la « grande carvelle/caravelle » du port de la Rochelle. L'ouverture des hostilités entre Gdańsk et l'Angleterre aurait conduit les autorités à changer d'avis et à réarmer le navire après l'avoir réparé. Un inventaire de ce bâtiment construit « à carvel » établi en 1473 à cette occasion fournit un descriptif sommaire de la coque, avec ses grandes dimensions, et du gréement à trois-mâts composé d'un grand-mât muni d'une voile carrée et de bonnettes, d'un mât de misaine à voile carrée sur l'avant et d'un mât d'artimon sur l'arrière. Selon la chronique de la ville hanséatique, le *Pierre de la Rochelle*, devenu le *Peter von Dantzig*, aurait pu servir de modèle architectural aux charpentiers de marine locaux et permettre ainsi l'introduction des nouvelles pratiques de la construction « à carvel » dans le contexte technique traditionnel de la construction à clin.

Revenons au cas de la Hollande et de Witsen. Les dernières décennies du XVᵉ siècle correspondent bien, en Hollande comme dans les autres territoires maritimes de la mer du Nord et de la Baltique, et aussi en Atlantique, à une période de transition technique vers l'architecture « à carvel ». S'il serait hors de propos d'évoquer ici, même rapidement, les conséquences les plus importantes de cette transition, il faut rappeler tout de même qu'elle ne s'est pas traduite seulement par une modification externe et le passage d'un type de bordé à un autre, du bordé à clin au bordé « à carvel » ou à franc-bord. Il s'agit d'une profonde mutation des savoirs, sur le plan de la conception géométrique des formes de coque notamment, et des savoir-faire sur le plan de toute la chaîne opératoire constructive. Dans la construction « à carvel », en effet, la conception de la forme de la coque et de sa structure repose sur une perspective architecturale transversale qui se traduit par la fonction centrale du maître-gabarit dans le processus de conception de la forme des

---

20   C. Weinreich, *Danziker Chronik*, Scriptores Rerum Prussicarum, Leipzig, Th. Hirsch ed., t. 4, VIII, 1861, p. 725-810, p 728.

membrures d'une part, et dans le rôle « actif » des membrures comme éléments structuraux, d'autre part. Cette construction de principe « sur membrure » se situe, par conséquent, à l'opposé de celle à clin pratiquée auparavant et qui était de principe « sur bordé ».

Witsen, se voulant historien de l'architecture navale, et dans le cas présent de celle du début du XVIᵉ siècle, s'attache à décrire les techniques de construction navale de l'époque[21] :

> Dans les années 1520, trois siècles après la renaissance de notre construction navale, nos techniques ont atteint un haut niveau. Les navires sont construits selon des règles et des formules qui vont être expliquées[22].

Son texte, assez confus, est accompagné de deux planches (XVII et XVIII) composées de huit dessins qui ont été copiées, précise Witsen, sur un document original conservé dans « … la bibliothèque du très savant Isaac Vossius » à laquelle il avait accès. Witsen, qui est l'auteur des dessins comme de la plupart de ceux de son livre, n'indique ni l'auteur du document original, ni le titre de celui-ci qui sont pourtant clairement mentionnés en tête du manuscrit : « *Prefatio in artem nauticam Ferdignandi Oliverii de Sancta Columba* ». Il s'agit du manuscrit intitulé *Ars Nautica*, œuvre d'un religieux portugais, Fernando Olivieira, auteur d'ouvrages et de manuscrits dont plusieurs sont consacrés à l'architecture navale portugaise et à la guerre sur mer[23]. Le manuscrit, non daté, a sans doute été rédigé en latin dans les années 1570. Il est aujourd'hui conservé aux Pays-Bas[24]. Witsen s'attache dont à décrire les « … règles et… formules » censées être celles des maîtres-charpentiers hollandais de la première moitié du XVIᵉ siècle en les illustrant avec des figures de nature géométrique[25] qui proviennent d'un manuscrit des dernières

---

21 N. Witsen, ouvr. cité, 1671, p. 47-53.

22 *Ibid.*, p. 94. L. Th. Lehmann et A. Hoving ont spécialement traduit à notre intention de nombreux extraits du texte de Witsen.

23 Nous avons consacré plusieurs articles à l'œuvre de F. Oliveira : É. Rieth, « Les écrits de Fernando Oliveira », *Neptunia*, 165, 1987, p. 18-27 ; *id.*, « Un système de conception de la seconde moitié du XVIᵉ siècle », *Neptunia*, 166, 1987, p. 16-31 ; *id.*, « Remarques sur une série d'illustrations de l'*Ars Nautica* (1570) de Fernando Oliveira », *Neptunia*, 169, 1988, p. 36-43.

24 *Ars Nautica*, ms. Codex Vossianus Latinus F. 41, Bibliotheek der Rijkuniversiteit, Leyde, Pays-Bas.

25 Il s'agit d'une des premières représentations à caractère géométrique des sections transversales d'une coque par rabattement des sections sur un plan horizontal.

décennies du XVIᵉ siècle portant sur les méthodes de construction de tradition dite « ibéro-atlantique » qui relèvent d'une « philosophie de la construction navale » fondamentalement différente de celle de tradition de la Hollande du Nord. La première est associée à un principe architectural transversal « sur membrure première » et la seconde à un principe architectural longitudinal partiellement « sur bordé premier ». Witsen a donc été amené à réinterpréter les légendes originales en les adaptant aux pratiques architecturales hollandaises. Un exemple caractéristique est fourni par la figure B de la planche XVIII du livre de Witsen directement copiée d'un dessin de l'*Ars Nautica* (ᶠᵒ 153ᵛᵒ-154ʳᵒ) qui est légendé « *Figura gramminii utriusque* ». Ce dessin d'Oliveira est une illustration, suivant les méthodes de l'architecture navale de tradition « ibéro-atlantique », de l'usage de diagrammes (« *Figura gramminii* ») pour prédéterminer en amont de la mise en chantier du navire les valeurs de l'acculement progressif des varangues de la partie centrale de la coque, le « corps », comprises entre les deux couples dits de balancement avant et arrière. Witsen va adapter le dessin d'Oliveira aux usages des chantiers navals de Hollande du Nord en mentionnant le recours direct à la partie centrale de la virure de galbord, « *kielgangh* », pour définir, en cours de construction, les valeurs de l'acculement progressif entre les deux couples de balancement.

Si Witsen prend ici d'évidentes libertés avec les sources qu'il a utilisées, il n'en demeure pas moins vrai que son étude de l'architecture navale dans ses dimensions techniques est importante sur le plan historiographique dans la mesure où elle constitue l'un des premiers témoignages de la prise en compte de l'histoire de l'architecture navale médiévale dans un ouvrage voulant faire œuvre d'histoire technique.

AUGUSTIN JAL ET « L'ÉCOLE FRANÇAISE D'ARCHÉOLOGIE NAVALE »

Si Witsen a été un novateur en introduisant la période médiévale dans son histoire de l'architecturale navale allant de l'Antiquité à son époque, son apport est demeuré modeste et, par ailleurs, non sans erreurs et approximations d'interprétation. Il faut attendre véritablement la première moitié du XIXᵉ siècle pour voir apparaître une pleine prise en compte du Moyen Age dans l'histoire de l'architecture navale européenne. Il ne fait aucun doute, de ce point de vue, que l'historien de la marine Augustin Jal a joué un rôle tout à fait central.

Comme nous l'avons noté antérieurement, Jal n'eut qu'une courte carrière d'officier de marine. En 1817, âgé de vingt-deux ans, bonapartiste, il fût radié des cadres de la marine royale pour des motifs politiques. Son expérience de praticien des bateaux et de la mer fût donc très brève ce qu'il ne l'empêcha pas de se revendiquer comme un authentique marin, ayant une culture nautique fondée sur une pratique qui lui aurait permis, dit-il, d'accéder à une juste compréhension et interprétation des documents sur le plan technique à la différence d'autres historiens dépourvus d'expérience nautique. Michel Mollat du Jourdin a parfaitement qualifié l'esprit de Jal, « ... marin manqué [qui] n'avait de cesse d'être à la fois un marin historien et un historien marin[1] ».

Les gouvernements changeant, Jal retrouva en 1831 sous la monarchie de Juillet le chemin de la marine en intégrant la section historique de la Marine. Dés lors, c'est dans le cadre d'une situation officielle d'historien maritime que ses études allaient s'inscrire et acquérir, en conséquence, une autorité scientifique « naturelle » par rapport aux autres historiens et renforcer ses choix scientifiques. Nous ne reviendrons pas ici sur les travaux qu'il mena sous le Second Empire sur les navires antiques et

---

1   M. Mollat du Jourdin, « Introduction », *Nouveau glossaire nautique d'A. Jal. Lettre A*, Paris-La Haye, Mouton, 1970, p. XXVII.

son association avec Dupuy de Lôme, le directeur des constructions navales et du matériel au ministère de la Marine pour réaliser la reconstitution expérimentale d'une trirème romaine dans le but de tester en grandeur nature la manœuvre de trois rangs superposés de rameurs, prolongeant en quelque sorte les analyses que ses lointains prédécesseurs de la Renaissance, au premier rang desquels Lazare de Baïf, avaient consigné par l'écrit. C'est l'historien des navires du Moyen Age que nous souhaitons présenter.

Peut-être n'est-il pas inutile de rappeler le contexte dans lequel Jal va inscrire ses travaux historiques sur le Moyen Age. De la même manière, en effet, que la Venise de la Renaissance et de l'humanisme favorisa probablement la pensée historique d'un Lazare de Baïf et de ses études sur les navires à rames de l'Antiquité, le contexte culturel, au sens le plus large du terme, de la France de Jal n'est sans doute pas étranger aux choix scientifiques de l'historien officiel de la Marine. Un évènement particulièrement structurant, nous semble-t-il, de ce contexte paraît devoir être considéré. Il concerne la politique nationale en faveur du patrimoine monumental médiéval qui va se concrétiser en 1830 par la création d'un poste d'inspecteur général des Monuments historiques et en 1837 par celle de la commission des Monuments historiques chargée, notamment, de l'étude des monuments classés dans l'inventaire départemental et de la direction des travaux de restauration de ces monuments. Dans ce cadre, la figure de Prosper Mérimée (1803-1870) est tout à fait révélatrice de cette nouvelle politique patrimoniale orientée vers les monuments du Moyen Age. Nommé en 1834 inspecteur général des Monuments historiques, Mérimée fut à l'origine d'un inventaire départemental des monuments historiques en vue de leur classement par ordre d'intérêt historique. Il lança un vaste mouvement de restaurations, voire de reconstructions considérées aujourd'hui comme souvent abusives, de monuments et de sites célèbres tels que la basilique de Vézelay (1840), la cathédrale Notre-Dame de Paris (1843) ou encore la cité fortifiée de Carcassonne (1853). À travers la politique patrimoniale défendue par Mérimée apparaît aussi un nouveau champ d'étude, celui de l'archéologie du bâti médiéval ou de l'archéologie monumentale médiévale. D'une certaine manière, l'émergence de cette archéologie consacrée au bâti médiéval est comparable à ce que fût au siècle précédent l'action de Julien-David Le Roy dans le domaine de l'archéologie monumentale de l'Antiquité grecque tout particulièrement. Une différence fondamentale séparait toutefois les deux hommes : Le Roy intervenait à titre individuel et privé alors que Mérimée était chargé d'une fonction officielle au sein d'un service de l'État.

Pour conduire sur le terrain sa politique de restauration du patrimoine monumental médiéval, Mérimée fit appel à un de ses amis d'enfance, l'architecte Eugène Viollet-Le-Duc (1814-1879) à qui il confia de nombreux chantiers de grande envergure. L'activité de Viollet-Le-Duc prît aussi des aspects plus administratifs telle, par exemple, sa nomination de chef du bureau des Monuments historiques en 1846 ou de membre de la commission des Monuments historiques en 1860. En outre, son engagement intellectuel en faveur de l'architecture du Moyen Age et, plus généralement, de la culture matérielle médiévale, se traduisit par la publication de nombreuses études dont les deux plus célèbres et imposantes sont son *Dictionnaire raisonné de l'architecture française du XIe au XVIe siècle*, paru en dix volumes à Paris, chez B. Bance, A. Morel, entre 1854 et 1868 et son *Dictionnaire raisonné du mobilier français de l'époque carolingienne à la Renaissance*, édité à Paris en six volumes chez Veuve A. Morel, entre 1858 et 1870. Le retentissement de ces deux dictionnaires dans les milieux des historiens et des archéologues, mais aussi d'un plus large public, participa sans guère de doute à cette découverte du Moyen Age.

Enfin, l'époque de Jal fût, est-il besoin de le rappeler, celle du romantisme à l'intérieur duquel le Moyen Age, ses personnages historiques et mythiques, ses conflits et ses évènements tragiques, ou censés l'être, occupèrent une place privilégiée. Comment ne pas penser bien évidemment à Victor Hugo et à la place tenue par l'une de ses œuvres les plus célèbres, *Notre-Dame de Paris*, publiée en 1831, dans la création de l'imaginaire du Moyen Age. Mais ce n'est pas tellement le grand auteur que fût Victor Hugo que l'on voudrait évoquer mais le défenseur ardent et prophétique du patrimoine monumental médiéval face à l'action des bâtisseurs de son temps et de leur politique de destruction des vestiges du passé pour plus de profit. En 1832, Victor Hugo publia dans la célèbre *Revue des Deux mondes* (t. 5, 1832, p. 607-662), un article intitulé « Guerre aux démolisseurs ». Un court extrait (p. 615) suffit à situer l'implication de Victor Hugo dans la dénonciation d'une politique immobilière destructrice du patrimoine monumental parisien.

> À Paris, le vandalisme fleurit et prospère sous nos yeux... le vandalisme est entrepreneur de travaux pour le gouvernement. Il s'est installé sournoisement dans le budget... le vandalisme a badigeonné Notre-Dame... le vandalisme a rasé Saint-Magloire, le vandalisme a détruit le cloître des Jacobins, le vandalisme a amputé deux flèches sur trois à Saint-Germain des Près... Le vandalisme a pour lui les bourgeois... Il est député... Il est de l'Institut... Il va à la cour....

Derrière le défenseur du patrimoine monumental du Moyen Age transparaît l'homme politique.

C'est dans ce contexte général de découverte, d'étude et de valorisation d'un Moyen Age jusqu'alors délaissé au profit d'une Antiquité gréco-romaine dominante que se situent les travaux de Jal consacrés à l'histoire de l'architecture navale médiévale. À la différence de Witsen qui, faisant œuvre novatrice, avait pris en compte l'étude des navires médiévaux dans son histoire de l'architecture navale, mais d'une façon très ponctuelle, Jal insère sa recherche dans un authentique projet scientifique. Dans son rapport au ministre secrétaire d'État à la Marine et au Colonies écrit en guise d'introduction à son « grand œuvre[2] », Jal précise que son « plan systématique », selon ses propres mots,

> ... se réduisait au développement des idées que voici : Pour faire connaître la marine et intéresser à ses développements, il faut raconter les hommes... il faut dire les faits... il faut peindre, avec les mœurs des gens de mer de toutes les époques, le navire, cette machine la plus hardie et la plus belle des machines[3]...

Il poursuit en soulignant que

> L'histoire de la marine ne saurait être écrite comme l'histoire générale... si elle admet des vues générales, si elle recherche les rapports entre l'état de la société et celui de la navigation, [elle] vit essentiellement de détails techniques... elle doit s'occuper toujours du matériel, en même temps que des évènements et de leur influence sur le monde politique. Or, le matériel, c'est-à-dire le vaisseau, et son armement, qui sait aujourd'hui ce qu'ils furent aux siècles passés ?

D'une manière explicite, Jal situe une part, essentielle au demeurant, de ses recherches sur la marine française dans le cadre d'une histoire

---

2   A. Jal, *Archéologie navale*, Paris, Arthus Bertrand, 2 t., 1840.
3   *Ibid.*, t. 1, p. 6.

technique des navires en tant que « machines », terme qui apparaît pour l'une des premières fois sous la plume d'un historien de la marine, ce mot étant habituellement réservé aux auteurs de l'époque moderne, souvent constructeurs, des traités théoriques et pratiques d'architecture navale. En outre, la mention, imagée, à «… une sorte d'étude anatomique [pour connaître] le secret de cette vie merveilleuse du vaisseau[4] » renvoie en toute vraisemblance à son choix de mener une étude de la structure architecturale des navires (« l'ossature »), mais aussi de leur système mécanique de propulsion et de direction (« le corps en mouvement ») constitutifs de cette notion du « navire-machine ».

Son choix affiché de faire une histoire technique de l'architecture navale prend appui sur une méthode de recherche que Jal définit de la manière suivante : «… la langue d'abord… le vaisseau ensuite, enfin l'histoire[5] ». La langue est celle des marins, une langue constituée pour l'essentiel de termes techniques portant aussi bien sur la nomenclature architecturale, « de la quille à la pomme du mât » pour plagier le titre du dictionnaire de marine polyglotte de H. Paasch[6] que sur la typologie navale, l'artillerie, la législation… Ce vocabulaire technique résultant de très nombreux dépouillements de documents dans les bibliothèques et les fonds d'archives de France et d'Italie tout particulièrement va constituer la base de son *Glossaire nautique* publié en 1848 et qui, à l'initiative du grand historien médiéviste Michel Mollat du Jourdin, a été pendant plusieurs décennies l'objet d'une révision. Sous la direction de Michel Mollat du Jourdin et de Christiane Villain-Gandossi, spécialiste de lexicographie et d'iconographie du Moyen Age, neuf volumes du *Nouveau Glossaire nautique de Jal. Révision de l'édition de 1848* ont ainsi été publiés entre 1970 et 1998[7] dans le cadre du Laboratoire d'histoire maritime du CNRS. Pour Jal, la maîtrise du vocabulaire nautique représentait un préalable à toute recherche historique sur les navires. Comment, en effet, comprendre et analyser un texte, comment décrire et interpréter une image, comment

---

4   *Ibid*, p. 2.
5   *Ibid*, p. 4.
6   H. Paasch, *De la quille à la pomme du mât. Dictionnaire marine*, Paris, Augustin Challamel, 2ᵉ édition, 1894.
7   La révision du *Glossaire nautique* se poursuit dans le cadre du Centre de Recherche d'Histoire Quantitative de l'Université de Caen. Dirigé par une équipe d'historiens modernistes, le *Nouveau Glossaire* accorde désormais une place nettement moins importante au vocabulaire médiéval (français et latin) qu'elle ne le fût du temps de l'équipe d'historiens et d'archéologue médiévistes dirigée par M. Mollat du Jourdin et C. Villain-Gandossi.

identifier et étudier des vestiges archéologiques si le chercheur, face à son document, quel qu'il soit, demeure muet faute de trouver le mot techniquement juste et précis correspondant à son sujet d'étude.

« La langue d'abord... le vaisseau ensuite ». L'étude des navires envisagée par Jal dans son projet scientifique s'inscrit dans la longue durée d'une histoire comprise entre l'Antiquité et la fin du règne de Louis XVI, les raisons du choix de cette date limite n'apparaissant pas très clairement à l'étude de ses écrits. S'agissant de la période antique, il importe de noter que Jal s'est non seulement intéressé aux navires à rames de l'Antiquité classique gréco-romaine comme ses prédécesseurs depuis Lazare de Baïf, mais aussi, et il s'agit là d'un nouvel axe de recherche, aux navires de l'Égypte pharaonique. Faut-il voir ici apparaître en filigrane une certaine admiration, voire une admiration certaine de Jal pour l'expédition d'Égypte (1798-1801) conduite par Bonaparte et, au-delà des faits militaires, pour l'authentique et impressionnante collecte documentaire rassemblée dans les volumes de la *Description de l'Égypte* publiée de 1809 à 1821. Outre cette ouverture vers la « marine égyptienne », la réelle rupture scientifique d'une tradition historiographique séculaire centrée sur l'Antiquité est l'orientation des travaux de Jal vers le Moyen Age. Il exprime son choix de la manière suivante :

> ... La matière était nouvelle ; elle avait effrayé les grands historiens du seizième siècle et ceux du dix-huitième qui s'étaient bornés à étudier la question des navires à rames de l'Antiquité, sans succès malheureusement pour eux et pour nous, et n'avaient pas osé aborder le Moyen Age, où sont les origines plus immédiates de la marine moderne[8].

Dans les pages introductives à son *Archéologie navale*, il précise sa pensée en soulignant qu'en étudiant « ... les principaux navires ronds du moyen âge : Zélandes, Coques, Naves, Nefs, Gumbaries, Esnekes, Maones, Carraques, Caravelles... », il prend en quelque sorte comme historien la défense de ces navires médiévaux

> ... qu'on s'est habitué à regarder sans importance et qu'on appelle avec un certain dédain, les *barques* du moyen âge, des bâtiments qui le cédaient à peine, en grandeur à nos vaisseaux de guerre des deuxième et troisième rangs, et cela à toutes les époques depuis l'antiquité[9].

---

8   A. Jal, *Souvenirs d'un homme de lettres (1795-1873)*, Paris, Léon Techener, 1877, p. 78.
9   A. Jal, ouvr. cité, 1840, t. 1, p. 31

L'importance accordée aux navires de la période médiévale se mesure au simple énoncé des neuf mémoires composant l'*Archéologie navale* :

Tome 1
Mémoire 1. Sur les navires égyptiens (p. 47-120)
Mémoire 2. Sur les navires des normands (p. 121-168)
Mémoire 3. Sur les principaux passages maritimes de quelques poètes français des douzième et treizième siècles (p. 169-226)
Mémoire 4. Sur les bâtiments à rames du Moyen Age (p. 227-484)
Tome 2
Mémoire 5. Construction et gréement des nefs latines du quatorzième siècle. Règlement de 1240 sur la navigation des galères vénitiennes (p. 1-133)
Mémoire 6. Sur les principaux vaisseaux ronds du Moyen Age (p. 134-346)
Mémoire 7. Sur les vaisseaux ronds de Saint Louis (p. 347-446)
Mémoire 8. Examen des passages d'Aethicus Hister relatifs à quelques navires antiques (p. 445-495)
Mémoire 9. Sur les navigations de *Pantagruel*, un passage maritime de la *Complaynt of Scotland* et une chanson matelote anglaise du quatorzième siècle (p. 496-540).

L'une des principales difficultés rencontrées par Jal pour écrire cette histoire de l'architecture navale médiévale est celle des sources au premier rang desquelles sont les sources écrites, manuscrites principalement, et iconographiques dans une moindre mesure. Dans le cadre de son projet scientifique soutenu matériellement par le ministère de la Marine, une mission de cinq mois, d'octobre 1834 à février 1835 a été programmée en Italie qui, selon Jal, apparaît comme le territoire tout à la fois le plus riche sur le plan de la documentation médiévale et aussi le plus accessible dans le contexte politique européen de l'époque. Gênes, Milan, Venise, Bologne, Florence, Sienne, Rome, Naples : ce furent autant d'endroits où Jal travailla intensément dans les bibliothèques, les dépôts d'archives, les musées. Le bilan de sa mission d'étude en Italie se concrétisa dans la rédaction, précise-t-il[10], de trois mille fiches, qui allaient servir d'assise documentaire à son *Glossaire nautique* publié en 1848 et à son *Archéologie navale* édité en 1840. C'est ce second ouvrage qui allait donner à Jal le titre de « père de l'archéologie navale[11] ». Avant de revenir en conclusion de ce chapitre sur cette expression, il

---

10 *Ibid*, p. 27.
11 L. Richon, « En marge d'un anniversaire : les nefs des croisades », *Neptunia*, 101, 1971, p. 1-4, p. 4.

importe de s'arrêter sur la question des sources de l'archéologie navale médiévale auxquelles Jal a fait appel.

Les documents iconographiques dont, tout particulièrement, les sceaux et les peintures qui, nous l'avons noté précédemment, sont considérés comme plus réalistes et authentiques sur le plan de l'histoire de l'architecture navale que les miniatures notamment, sont utilisés par Jal. Il est certain, cependant, que la part documentaire majoritaire, et de loin, est accordée aux sources écrites. Jal, il ne faut pas l'oublier, était un homme d'écriture, auteur de critiques littéraires et de théâtre. En, toute logique, il était profondément sensible à la valeur des mots.

En France, il dépouilla différents fonds d'archives, à Paris principalement, et s'attacha également à ceux des bibliothèques dont la Bibliothèque royale, future Bibliothèque nationale, où il étudia le riche fonds Clairambault par exemple. Mais c'est de son périple italien qu'il rapporta l'un des documents les plus importants pour l'histoire de l'architecture navale médiévale. C'est en effet au cours de son séjour à Florence que Jal eut connaissance du manuscrit de la *Fabrica di galere*[12] dans les conditions suivantes :

> Lorsqu'à la fin de l'année 1834 je demandais aux bibliothèques de Florence quelques documents qui pussent m'aider à éclairer les nombreuses questions d'archéologie navale que je m'étais proposé d'examiner, monsieur l'abbé Follini, bibliothécaire à la Magliabecchiana, me fit connaître un manuscrit qu'à Venise j'avais vu mentionner dans la *Storia civile et politica del commercio de Veneziani di* Carlo Antonio Marin. Ce manuscrit renfermait un traité vénitien de la construction des galères et des nefs latines ; son écriture reportait la copie que j'avais sous les yeux aux premières années du quinzième siècle ; c'était donc pour moi une précieuse trouvaille qu'un tel ouvrage, qui devait me faire connaître l'art des constructions navales pendant la dernière moitié du quatorzième siècle. Je lus le manuscrit avec toute l'attention que commandait le sujet et j'acquis la conviction que sur l'époque à laquelle se rapportait le traité, je ne trouverais jamais rien qui eût pour mes études l'importance de la *Fabbrica di galere*. Écrit en vénitien, surchargé de mots techniques dont le sens n'était pas aisé à déterminer exactement sans un long travail, le manuscrit magliabecchien était un document que je ne pouvais pas étudier à Florence, où je ne devais rester que peu de jours ; il était par ailleurs trop important en sa qualité de traité complet sur la matière, pour que je me contentasse d'en extraire quelques passages ; je me décidai donc à le faire copier tout en entier pour l'imprimer. Pendant que je continuais mon

---

12   5. *Fabrica di galere*, Bibliothèque nationale, Florence, Magliabecchiano, ms D7, XIX.,

voyage, notre obligeant compatriote, M. Vieusseux, chargea une personne instruite et patiente de faire la copie que je souhaitais, et je reçus plus tard à Paris, une fort bonne transcription de la *Fabbrica di galere*, en 76 pages in 4°, de la main de M. Federigo Bencini[13].

En dépit de ses souhaits, Jal n'édita dans son *Archéologie navale* que les trente-six premiers folios[14]du manuscrit vénitien dont il donna une traduction française assez fidèle en dépit de la complexité du texte initial.

Nous n'insisterons pas sur le rôle emblématique de ce document, archétype du « livre de recettes techniques » d'architecture navale médiévale, qui a été rappelé dans la première partie de ce livre. Nous nous limiterons à deux remarques. D'une part, compte tenu des conditions matérielles assez contraignantes, en temps et en argent, de réalisation de ses enquêtes et, peut-être, d'une connaissance insuffisante du dialecte vénitien, Jal eut recours à Florence, mais sans doute aussi dans d'autres lieux d'étude, à des intermédiaires copistes. Ce mode d'acquisition par un tiers d'une riche documentation écrite ne lui a pas toujours permis d'assurer une critique rigoureuse et aboutie des sources ainsi accumulées. De ce fait, les transcriptions publiées, comme parfois d'ailleurs les éditions de textes en vieux français, n'apparaissent pas toujours d'une grande exactitude même si Jal a prêté une attention particulière au vocabulaire dont témoigne son *Glossaire nautique*. De même, les références citées par Jal comme ses étymologies s'avèrent parfois quelque peu incertaines. Mais ces faiblesses de la méthode historique de Jal n'enlèvent en rien l'apport de son étude. D'autre part, Jal ne semblerait guère avoir pris en compte les illustrations de la *Fabrica di galere* qu'il juge pour la plupart comme des figures « grossières », qualificatif qui revient très régulièrement dans ses commentaires des illustrations. Or le manuscrit de cent vingt-trois folios contient trente-neuf folios illustrés[15] par quatre-vingt-douze figures différentes dessinées à la plume. Il s'agit donc d'une source

---

13   A. Jal,, ouvr. cité, 1840, t. 2, note 2, p. 2-3. La copie de F. Bencini est conservée au Service historique de la Défense, Marine, ms SH 313. Il est à noter que le folio de garde du document conservé à Florence est intitulé *Libro di marineria*. C'est Jal, pour des motifs demeurés inconnus, qui nomma le manuscrit *Fabbrica di galere* cité aussi *Fabrica di galere* (forme que nous avons retenue).

14   *Ibid*, note 3, p. 6-30 pour la transcription et p. 31-106 pour l'édition commentée.

15   Il s'agit des folios : 3, 4-4v°, 5-5v°, 6-6v°, 7-7v°, 8-8v°, 9, 10-10v°, 11-11v°, 12v°, 13, 16, 17-17v°, 18-18v°, 19, 20, 23-23v°, 24, 26v°, 27v°, 28-28v°, 29-29v°, 30-30v°, 31v°, 32, 49, 121v°.

quantitativement d'importance. Elle l'est aussi qualitativement sur le plan de l'histoire des techniques. Si cette documentation iconographique doit être soumise, en toute cohérence méthodologique, à une critique interne rigoureuse comme Jal d'ailleurs lui-même le recommande très justement, elle est porteuse d'un certain nombre de données de caractère technique tant, par exemple, sur le plan du processus de conception des formes transversales de carène (construction de la figure de la maîtresse-section et des sections de balancement) que sur celui, par exemple, de la structure de la mâture (mât composite à calcet et antenne en deux parties ligaturées) des divers types de galères.

De quelle manière Jal a-t-il envisagé, à travers sa documentation, l'histoire de l'architecture navale des navires du Moyen Age comme des « machines » suivant sa terminologie ? Lorsqu'il étudie, par exemple, dans son mémoire n° 7 les nefs de Saint Louis et la célèbre *Roccafortis* en particulier, les principaux aspects qu'il prend en compte d'une manière très détaillée se réfèrent principalement aux dimensions de toutes sortes, à l'énoncé des caractéristiques des pièces de charpente, aux aménagements intérieurs, à la distribution des ponts, aux types de superstructures…, autant d'aspects qui participent à l'évidence de cette connaissance « anatomique » des navires médiévaux qu'il revendique. Jal fournit dans les pages de son mémoire une multitude de données d'ordre technique dont, parfois, il n'est pas toujours aisé de retrouver une vision d'ensemble. Ce même foisonnement descriptif se retrouve dans le cas des gréements des nefs où la moindre poulie n'échappe pas à l'attention de Jal. Comme il le mentionne dés les premières pages de son *Archéologie navale*[16], l'un de ses objectifs est de restituer en plan, élévation, coupes, les navires du Moyen Age. C'est ce qu'il s'attache à faire avec la *Roccafortis* dont il publie une coupe longitudinale[17], une section transversale au maître-couple[18] à laquelle il associe, à titre de comparaison, une coupe transversale de la maîtresse-section de l'allège le *Luxor* qui a servi au transport de l'obélisque de la place de la Concorde, depuis l'Égypte jusqu'à Paris (1831-1833). Jal se livre au même exercice de reconstitution graphique à propos d'une nef huissière (nef X) dont il

---

16   A. Jal, ouvr. cité, 1840, t. 1, p. 33.
17   *Ibid*, p 347.
18   *Ibid*, p. 348.

restitue graphiquement une coupe longitudinale[19] (coque et gréement latin
à deux mâts), une section transversale avec l'indication de l'emplacement
en fond de cale de l'écurie[20] et un plan au niveau de l'écurie[21].

Prenons donc trois pieds pour la hauteur de la vogue des
galères, et traçons, sur les données de l'ingénieur Picheroni,
la figure suivante, représentant la coupe verticale de la galère
subtile, au milieu de sa plus grande longueur.

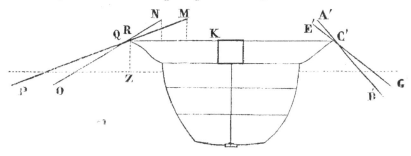

FIG. 24 – Restitution selon Jal, d'après les données
de l'ingénieur Picheroni, du maître-couple d'une galère
médiévale « subtile » (légère) équipée « a sensile »
avec deux rameurs par banc, chacun manœuvrant une rame
selon deux dispositifs : à gauche, deux rames de longueur différente ;
à droite, deux rames de même longueur (Jal, Archéologie navale,
Paris, Arthus Bertrand, 1840, p.

---

19 *Ibid*, p. 419.
20 *Ibid*, p. 422.
21 *Ibid*,, p. 424.

377

MÉMOIRE N° 7.

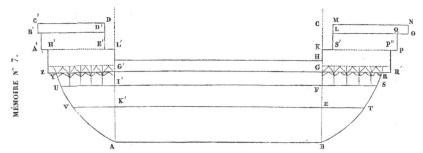

(Coupe longitudinale-verticale de la nef la *Roche-Forte*, d'après le *Contractus navigii* de Venise (1268).

FIG. 25 – Restitution graphique de la coupe longitudinale
de la nef *Roccafortis*. Jal s'est concentré sur l'interprétation
des dimensions contenues dans le document de 1268 en s'attachant
essentiellement à restituer les différents niveaux de pont
(A. Jal, *Archéologie navale*, Paris, Arthus Bertrand, 1840, vol. 2, p. 337).

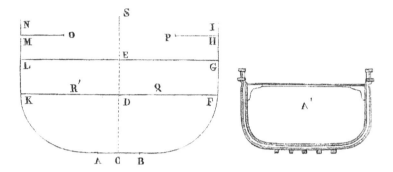

FIG. 26 – Restitution de la section au maître-couple de la *Roccafortis*.
Jal a utilisé la section au maître-couple de l'allège *Louxor*,
célèbre pour avoir transporté d'Égypte à Paris (1832-1833) l'obélisque
de la Concorde, comme modèle de comparaison pour restituer
la maîtresse-section de la *Roccafortis* (A. Jal, *Archéologie navale*,
Paris, Arthus Bertrand, 1840, vol. 2, p. 378).

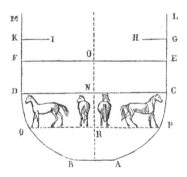

FIG. 27 – Restitution de la maîtresse-section de la nef huissière X.
Jal s'est principalement intéressé à la disposition
des différents niveaux de pont et à la façon dont les chevaux
étaient installés, en travers et dans l'axe de la coque,
au niveau du pont inférieur. On imagine les conditions
particulièrement difficiles dans lesquelles le transport
de ces chevaux s'effectuait au cours de traversées
durant plusieurs semaines (A. Jal, *Archéologie navale*,
Paris, Arthus Bertrand, 1840, vol. 2, p. 422).

Si Jal, comme historien de l'architecture navale, sensible à priori à une perspective technique des « navires-machines », tente de retrouver une image architecturale d'ensemble des nefs et autres types de navires médiévaux, il ne semblerait guère prêter attention, en revanche, aux différences de structure et de méthodes de construction susceptibles d'exister entre les diverses familles de navires méditerranéens du Moyen Age d'un côté et celles des navires en bois de son temps de l'autre. Sans pouvoir étudier, faute de documents appropriés, ces différences architecturales de dimension authentiquement « anatomique », il pouvait, par contre, se poser la question de l'existence d'éventuelles variations architecturales entre des bâtiments méditerranéens de fonction similaire comme, par exemple, les naves huissières du temps des Croisades et les gabares à voiles servant au transport des chevaux au début du XIXᵉ siècle. On a l'impression que pour Jal, il ne semblerait pas ou peu exister de différences notables entre la façon de construire en Méditerranée un navire au Moyen Age et celle de réaliser un bâtiment dans un chantier naval de Provence du milieu du XIXᵉ siècle.

Dans cette même perspective technique, Jal ne s'interroge pas sur le rôle, pourtant fondamental, de la figure géométrique du maîtrecouple et de celle des couples de balancement dans le processus de conception des membrures prédéterminées et de la forme du « corps » des navires (galères et voiliers) médiévaux méditerranéens. Or, la partie du manuscrit de la *Fabrica di galere* qu'il a publiée fait référence, implicitement, à cette fonction conceptuelle et en fournit explicitement les données. Par ailleurs, Jal avait la possibilité d'observer directement dans les chantiers navals artisanaux méditerranéens les méthodes vernaculaires de conception et de construction basée sur l'emploi du maître-gabarit, de la tablette et du trébuchet attestée à l'époque médiévale et dont la *Fabrica di galere* fournit en filigrane des témoignages[22]. Alors qu'il établit une comparaison non dénuée d'intérêt entre, par exemple, la forme de la maîtresse-section restituée d'une nef huissière du temps de Saint Louis et celle de l'allège le *Louxor*, il ne prête aucune attention, à titre de comparaison avec les pratiques médiévales, à l'usage traditionnel en Méditerranée du maître-gabarit dans la conception et la construction d'une coque de principe architectural « sur membrure ».

---

22   *Cf.* : É. Rieth, ouvr. cité, 1996.

À bien lire Jal, on constate qu'il paraît beaucoup plus s'attacher comme archéologue naval à l'évolution dans le temps de l'histoire des formes de coque et des gréements qu'à celle de la structure même de ces coques renvoyant à la conception des membrures, à leur réalisation et à celle du bordé, à la chronologie du montage des membrures par rapport au bordé, aux procédés d'assemblage du bordé aux membrures..., autant d'aspects qui renvoient aux savoirs et savoir-faire et, plus globalement, à la culture technique des constructeurs de bateaux du Moyen Age. Ce « visible » de l'architecture navale que Jal paraît privilégier résulte, pour une part de la nature et du contenu des sources écrites et icono-graphiques auxquelles il recourt et qui, effectivement, offrent beaucoup moins de données d'ordre « anatomique », au sens premier du terme, que les sources archéologiques comme documents d'histoire.

C'est bien une histoire de l'architecture navale basée sur « les mots » et, dans une moindre mesure sur « les images », compte tenu des pro-cédés d'enregistrement et de reproduction de l'époque, qui est au cœur des recherches d'archéologie navale de Jal.

Les épaves, en tant que documents, ne sont cependant pas totalement absentes des préoccupations de l'auteur de l'*Archéologie navale*. C'est ainsi qu'au cours de son voyage de retour d'Italie en 1835, il s'arrêta à Aigues-Mortes où venait d'être découverte l'épave « [d'] une prétendue galère de Saint Louis dont on venait de signaler l'avant déterré par les eaux rapides du Vidourle[23] ». Jal publie un plan sommaire de l'épave qui était en partie recouverte par les eaux d'un cours d'eau, le Vidourle, réduisant les possibilités d'observer l'ensemble des éléments architectu-raux dégagés. Il décrit les vestiges apparents, indiquant les principales dimensions (72 pieds de long, 9 pieds de large à l'arrière, 4 pieds 9 pouces de large à l'avant, 3 pieds 9 pouces de creux), mentionnant les caractéristiques architecturales (construction « fine et solide à la fois », section des membrures, les « amadiers[24] », de 3 pouces carrés, maille de 9 pouces...), rapprochant la composition des membrures (« madiers et estamenaires ») de celle fournie par Bartolomeo Crescentio à propos de l'architecture navale du XVIe siècle[25]. Par ailleurs, il souligne l'intérêt

---

23   A. Jal, ouvr. cité, 1840, t. 1, p. 25.

24   Pour « madiers ».

25   A. Jal, « Sur une prétendue galère de S. Louis trouvée à Aigues-mortes », *France Maritime*, II, 1852, p. 120-125. Pour une analyse du texte, *cf.* : É. Rieth, « À propos de la découverte

de trouver du mobilier archéologique en position primaire avec les vestiges architecturaux à savoir « [des] objets clairement indicateurs de l'âge de ce débris nautique ». D'une façon novatrice pour son époque, il s'interroge sur l'évolution du paysage à l'intérieur duquel s'inscrit l'épave se demandant « … Comment il se fait qu'une embarcation ou un vaisseau… se trouve ensablé si loin de toute étendue d'eau quelconque ». Il s'agit là d'une question qui s'apparente à celle que l'on formule aujourd'hui dans le cadre d'une archéologie du paysage intégrant l'épave à son environnement.

Avec prudence, Jal considère que l'épave est trop partiellement mise au jour pour en permettre une étude aboutie et qu'il serait indispensable d'en assurer le dégagement total de manière à disposer d'une documentation aussi complète que possible. Il conclut son étude en considérant que l'épave d'Aigues-Mortes semblerait plus tardive que le XIIIe siècle et qu'elle pourrait appartenir à « … la famille des barques de Paliscalme du XIVe siècle ou à celle des brigantins du siècle suivant ». Insistant sur l'importance documentaire des épaves, il adresse à l'amiral Duperré un souhait :

> … Je renouvelle ici, Monsieur le Ministre, le vœu que j'exprimai en 1835 de voir la Marine recueillir un débris naval qui peut être étudié avec intérêt et éclairer une des questions d'archéologie[26].

Cette dernière phrase traduit bien la relation, novatrice par rapport au milieu des historiens de la marine de son temps, que Jal établit entre les vestiges archéologiques, qualifiés de « débris naval », et leur apport potentiel aux questionnements de l'archéologie navale[27].

Rappelons que c'est d'une manière assez comparable que Jal avait perçu tout l'intérêt de l'archéologie navale expérimentale en participant, avec l'ingénieur du Génie maritime Dupuy de Lôme, à la construction d'une reconstitution d'une trirème romaine lancée sur la Seine en 1861. Cette « hypothèse flottante » effectua, nous l'avons vu, des expérimentations

---

en 1835 d'une prétendue galère de Saint Louis à Aigues-Mortes et de sa publication par A. Jal », *Neptunia*, 168, 1987, p. 34-41.

26   A. Jal, ouvr. cité, 1840, t. 1, p. 25.

27   Dans une étude précédente, nous avions conclu, à tort, à une certaine ambiguïté du propos de Jal. *Cf.* É. Rieth, « Augustin Jal : un "archéologue" du mot et de l'image », dans *Actes du 112e Congrès National des Sociétés Savantes, (Lyon, 1987)*, Histoire des Sciences et des Techniques, 1, 1988, Paris, CTHS, p. 251-258.

de vogue en trois rangs superposés de rameurs sous les regards de l'empereur Napoléon III, initiateur du projet.

Si Jal était à l'évidence un historien classique, dans la tradition érudite de son temps, il était aussi, en un certain sens, un visionnaire percevant les apports de l'archéologie au sens premier du mot, c'est-à-dire l'étude des vestiges matériels par le biais de la fouille comme méthode scientifique d'acquisition des données historiques, et ceux de l'archéologie navale expérimentale.

Alors Jal, premier historien à avoir écrit un ouvrage intitulé *Archéologie navale*, peut-il être considéré comme le « père fondateur » de l'archéologie navale ? Il a été, sans aucun doute, l'un des plus célèbres membres de ce que l'on pourrait appeler « l'école française d'archéologie navale », une école archéologique « du mot et de l'image » qui s'inscrit dans une tradition scientifique déjà ancienne à l'époque de Jal et dont Lazare de Baïf, à travers son *De re navali* publié en 1536, représente en réalité l'authentique « père fondateur ». Jal, en nommant son ouvrage *Archéologie navale* et en consacrant une partie de son introduction à expliciter son projet de recherche, a officialisé, au regard des autorités de la Marine ayant soutenu ses études et, plus largement, aux membres de la communauté des historiens de son temps, un champ déterminé de la recherche historique tant au niveau de son objet, de ses problématiques que de ses sources et de ses méthodes : celui d'une histoire se voulant technique, « anatomique » selon son terme, de l'architecture navale, principalement médiévale.

Cette archéologie « du mot et de l'image » officialisée par Jal au milieu du XIXe siècle est toujours très présente dans le milieu scientifique des historiens. C'est le cas, en France, avec par exemple les études des commandants Bastard de Péré[28] et Fourquin[29]. En Grande-Bretagne et aux États-Unis, il en est de même, par exemple, avec les recherches des universitaires J. E. Dotson[30] et de J. H. Pryor[31]. Il est bien évident

28   R. Bastard de Péré, « Navires méditerranéens du temps de Saint Louis », *Revue d'Histoire Économique et Sociale*, 50, 1972, p. 327-356.
29   N. Fourquin, « Navires marseillais au Moyen Age », dans J.-L. Miège (dir.), *Navigations et migrations en Méditerranée de la Préhistoire à nos jours*, Paris, Éditions du CNRS, 1990, p. 181-250.
30   J. E. Dotson, « Jal's nef X and Genoese naval architecture in the Thirteenth Century », *Mariner's Mirror*, 50, 1973, p. 327-356.
31   J. H. Pryor, « The Naval Architecture of Crusader Transport's Ships : A Reconstruction of some Archetypes for Round-hulled Sailing Ships », *Mariner's Mirror*, 70, 1984, p. 171-219, 275-292, 368-386.

que ces travaux historiques des années 1970-1980, tout en reprenant des sujets proches de ceux traités par Jal, reposent sur une méthode critique de la documentation, une analyse et interprétation historique d'une grande rigueur qui n'étaient pas toujours aussi développées au milieu du XIXᵉ siècle.

Si Jal s'inscrit dans la pensée traditionnelle d'une archéologie « du mot et de l'image », il se situe aussi à la marge d'un nouveau domaine de recherche, celui d'une archéologie des vestiges matériels qui, au même titre que les sources écrites et iconographiques, permettent de construire un discours historique. Certes, il faudra attendre des décennies en France pour que se développe une archéologie navale basée sur l'étude des épaves. Mais Jal a ouvert la voie à cette archéologie de la même façon qu'il a posé, en collaboration avec Dupuy de Lôme, les bases de l'archéologie navale expérimentale.

UNE ARCHÉOLOGIE NAVALE
POST MÉDIÉVALE « DU MOT, DE L'IMAGE
ET DE LA MAQUETTE »

L'histoire de l'architecture navale post médiévale ou moderne a été le sujet d'études dès le début du XIXᵉ siècle. C'est ainsi que le Britannique J. Charnock, dans sa monumentale publication en trois volumes intitulée *An history of marine architecture including an enlarged and progressive view of the nautical regulations and naval history, both civil and military, of all nations, especially of Great Britain : derived chiefly from original manuscripts, as well in private collections as in the great public repositories and deduced from the earliest period to the present time* (Londres, R. Faulder, 1801), a consacré une partie de son ouvrage à l'architecture navale des XVIIᵉ et XVIIIᵉ siècles. En restant toujours dans le milieu des historiens britanniques, on observe qu'une des plus importantes revues internationales d'histoire maritime, toujours vivante, le *Mariner's Mirror*, dont le premier numéro date de 1911, a dès l'origine réservé une part de ses sommaires à l'histoire de l'architecture navale post-médiévale. Les thèmes abordés par des spécialistes britanniques renommés tels C. A. G. Bridge, G. Calendar, A. Moore ou encore M. Rance portaient dans les premiers numéros du *Mariner's Mirror* aussi bien sur la typologie des navires (origine de la goélette, définition du brick-senault…) que sur les questions de structure architecturale des navires (architecture des poupes rondes, construction des ponts…).

C'est en France, dans les années 1970, qu'apparaît un authentique courant de recherche se revendiquant non plus de l'histoire de l'architecture navale, mais de l'archéologie navale moderne à travers les études de Jean Boudriot (1921-2015), un architecte de formation et de profession intéressé par l'histoire des techniques, d'abord celle des armes à feu portatives, puis celle de l'artillerie de marine et enfin celle de l'architecture navale de la période 1650-1850 qualifiée par J. Boudriot de « classique », à l'imitation de l'architecture officielle terrestre. C'est à la suite de son étude de l'artillerie que J. Boudriot a souhaité replacer le système d'armes constitué par les canons disposés en batterie sur un ou plusieurs ponts au sein de l'architecture des navires de guerre qui, à l'époque moderne, se définissaient essentiellement comme des plateformes à canons.

Si des études historiques sur l'architecture navale de cette période ont été nombreuses en France depuis le début du XXe siècle suivant une approche similaire à celle des auteurs des articles du *Mariner's Mirror* précédemment cités, elles se situaient toujours dans la perspective et le cadre méthodologique de l'histoire des techniques. J. Boudriot a été en France l'un des premiers, voire le premier historien, à inscrire explicitement ses recherches dans un cadre qu'il considère, par ses sources, ses méthodes et ses thématiques, comme relevant de l'archéologie navale et à avoir officialisé d'une certaine manière son approche des faits techniques en dénommant la collection de livres qu'il a créée « Collection Archéologie Navale Française ».

L'ouvrage symbolique de cette collection et fondateur de cette nouvelle perception de l'histoire de l'architecture navale est le *Vaisseau de 74 canons* publié en quatre gros volumes entre 1973 et 1977[1]. L'ouvrage a été conçu, comme l'indique clairement le sous-titre, à la façon d'un « traité pratique d'art naval » voulant offrir une vision « anatomique », selon le terme de Jal, du vaisseau de 74 canons des années 1780, fleuron de la flotte militaire française de Louis XVI. Suivant un plan méthodique, allant de la conception du bâtiment jusqu'à son utilisation à la mer en bataille de ligne, toutes les étapes de la chaîne opératoire constructive sont minutieusement décrites dans le moindre détail allant de la détermination des proportions des pièces de charpente aux dimensions des gournables, du nombre et des longueurs des broches métalliques d'assemblage aux dimensions des feuilles de doublage en cuivre en passant par la forme des pentures des mantelets des sabords sans oublier les diverses couleurs de peinture de la coque. D'une certaine manière, la lecture des pages s'apparente à une visite de chantier naval à une époque où, rappelons-le, la conception du navire dépendait désormais de la responsabilité de

---

1   J. Boudriot, *Le vaisseau de 74 canons : traité pratique d'architecture navale*, Grenoble, Éditions des 4 Seigneurs, 4 t., 1973-1977 (réédition chez l'auteur, Paris, 1978, 1983, 1997, 2006). L'ouvrage a été traduit en anglais et en italien.

l'ingénieur-constructeur du roi (depuis l'ordonnance de 1765)[2], et la construction proprement dite de celle du maître-charpentier qui, un siècle auparavant, était tout à la fois concepteur et constructeur. De manière à rendre « l'anatomie » du *Vaisseau de 74 canons* la plus lisible possible, une place de premier plan a été accordée dans le discours technique descriptif et analytique aux illustrations d'ensemble et de détail sous la forme de vues en plan, en section, en perspective dans l'esprit des choix éditoriaux des auteurs de la *Grande Encyclopédie*. Pour J. Boudriot, les dessins ne doivent pas intervenir comme des illustrations annexes au texte mais participer directement à l'écriture de l'étude architecturale du vaisseau[3]. Il ne fait guère de doute que la formation, la profession d'architecte, et aussi le talent de dessinateur, de J. Boudriot ont contribué à donner à ses dessins au trait une grande rigueur et une remarquable dimension pédagogique sans perdre pour autant leur aspect esthétique.

L'objet de l'étude défini, quelles ont été les sources utilisées pour la réaliser ? Dans le cas de son *Vaisseau de 74 canons* comme de ses autres publications, les monographies des différents types de navires de guerre et de commerce de l'Ancien Régime et les synthèses historiques sur les vaisseaux et les frégates, J. Boudriot a fait appel à cinq catégories principales de sources.

La première est celle des traités imprimés et manuscrits d'architecture navale, c'est-à-dire d'ouvrages techniques spécialisés de caractère théorique et pratique selon les cas. Les deux plus anciens traités imprimés cités sont ceux du père jésuite Georges Fournier dont son *Hydrographie*, gros ouvrage à caractère encyclopédique publié en 1643 (première édition), est très partiellement consacré à l'architecture navale, et le livre (1677, première édition) de Charles Dassié, intitulé *L'Architecture navale*, qui est considéré comme le premier traité d'architecture navale édité en France dont le sous-titre explicite le contenu portant sur : « *...la manière de construire les Navires, Galeres, Chaloupes et autres especes de vaisseaux ; l'Explication des Termes de la Marine* ». Parmi les références majeures peuvent aussi être retenus le livre emblématique de Duhamel du Monceau, *Élémens*

---

2   Cette ordonnance a substitué à l'ancien titre de constructeur celui d'ingénieur-constructeur marquant de la sorte le caractère plus théorique et scientifique du savoir des hommes responsables de la conception des différents types de navires de guerre.

3   Pour J. Boudriot, la réalisation des dessins précédait souvent même l'écriture du texte.

d'architecture navale (1752), conçu comme un manuel de la pratique dédié en priorité aux élèves-constructeurs de la Petite École de Paris fondée en 1741 par Duhamel du Monceau lui-même, et l'ouvrage du physicien et mathématicien P. Bouguer *Traité du navire, de sa construction et de ses mouvemens* (1746), au contenu principalement théorique, qui a jeté les bases des calculs de l'hydrostatique à travers la définition fondamentale du métacentre notamment. Une autre source imprimée importante à laquelle se réfère fréquemment J. Boudriot est l'*Encyclopédie méthodique marine* (1783-1787), ouvrage collectif en trois forts volumes de textes et de planches édité sous l'autorité de l'ingénieur-constructeur du roi Vial du Clairbois[4].

Parmi les auteurs des traités manuscrits, deux d'entre eux ont été souvent sollicités par J. Boudriot. Le premier, La Madeleine, est un officier de marine intéressé par l'architecture navale et qui a rédigé, à l'intention de ses neveux selon ses mots, des sortes de mémoires techniques dénommées *Tablettes de marine*[5](c. 1700-1710). Le second est le maître-constructeur en chef de l'arsenal de Rochefort, Pierre Morineau, auteur d'un très intéressant manuscrit sous la forme d'un *Répertoire de construction*[6] (1752-1762) qui, fait rare, mentionne plusieurs modèles de petits bâtiments de cabotage et de pêche comme, par exemple, un chasse-marée breton d'une douzaine de mètres de long.

La deuxième catégorie de sources, essentiellement manuscrites, est celle issue des différents fonds d'archives : ceux du Service historique de la Défense (Marine), des Archives nationales (fonds marine), du Musée national de la Marine, des divers centres régionaux des archives du Service historique de la Défense (Toulon, Rochefort, Lorient, Brest et Cherbourg dans une moindre mesure). S'agissant de mémoires, de correspondances, de délibérations, de visites, de devis de construction, de radoub, de carénage, de retour de campagnes…, cette documentation primaire relevant pour une part de la pratique technique mais aussi de celle administrative, financière, politique…, a constitué une part essentielle des données à partir desquelles J. Boudriot a rédigé ses ouvrages.

---

4   Vial du Clairbois est aussi connu pour avoir supervisé l'édition française (première édition 1781) du traité du célèbre ingénieur-constructeur suédois F. H. af Chapman, *Tractat om Skepps-Byggeriet*, Stockholm, Johan Pfeiffer, 1775.

5   Réf. Musée national de la Marine R 711.

6   Archives nationales, fonds marine, G 246.

La troisième catégorie de sources est représentée par les plans d'ensemble et de détail. Ces documents graphiques, de nature géométrique pour une part majoritaire (les plans de formes de la coque), possèdent deux caractéristiques principales. D'une part, ces documents (plans de projection en vues transversale, horizontale, longitudinale) sont attestés en France à partir des années 1685, mais sont alors des exceptions. Ils deviennent fréquents à partir des années 1720 pour se généraliser ensuite, mais dans le seul cadre, sauf exceptions, de la marine de guerre et de celle de la Compagnie des Indes. Ces plans sont des documents de conception des formes de la coque du navire et renvoient à des modalités graphiques strictement codifiées de définition d'un projet architectural qui se développent dans les arsenaux français à partir des premières décennies du XVIIIᵉ siècle. D'autre part, rares sont les plans d'ensemble et de détail qui représentent « l'anatomie » des navires, c'est-à-dire leur structure, leur charpente, leur aménagement… Ils se présentent avant tout sous la forme de lignes courbes qui traduisent la géométrie transversale (au niveau des sections dites de levée), la géométrie horizontale (au niveau des lignes d'eau et des lisses) et la géométrie longitudinale (au niveau des sections longitudinales) de la coque. Il s'agit d'une image en quelque sorte désincarnée de la coque, sans cette « anatomie » architecturale qui est au centre des études archéologiques.

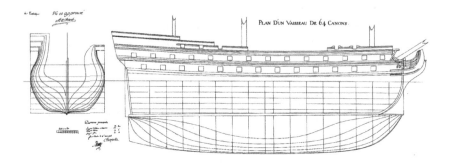

Fɪɢ. 28 – Plan de projection en trois vues – horizontale, transversale
et longitudinale – du vaisseau de 64 canons le *Fantasque*
du constructeur Chapelle, Toulon, 1756. Comme l'indique
la mention « Vu et approuvé, Machault », cette représentation
rigoureusement géométrique du vaisseau a été soumise
au Secrétaire d'État à la Marine Machault pour approbation
avant la mise en chantier du navire (J. Boudriot,
Les vaisseaux de 50 et 64 canons. Historique 1650-1780,
Paris, ANCRE, Collection Archéologie Navale, 1994, p. 102).

La quatrième catégorie de sources est constituée par les documents iconographiques de tous types, s'agissant de peintures de grand format comme la série des quinze vues des ports de France peintes par Joseph Vernet entre les années 1753 et 1765, ou de petits dessins à la plume comme cet admirable ensemble « d'instantanés ethnographiques » dû au talent du brestois Pierre Ozanne (1737-1813), ingénieur-constructeur mais aussi professeur de dessin. Certains de ses dessins sont des documents exceptionnels sur les architectures vernaculaires des bateaux de pêche et de transport de la rade de Brest. Aussi documentaires soient-elles, ces sources iconographiques n'apportent guère d'informations « anatomiques » sur les navires mais, par contre, elles constituent des documents fondamentaux pour étudier les gréements, l'accastillage, les apparaux, les manœuvres des voiles... autant d'éléments constitutifs de la « mécanique » de propulsion et de direction qui participent de la définition des navires et des embarcations comme des « machines ».

La cinquième catégorie, la plus importante et la plus nouvelle, est représentée par les modèles réduits d'époque conservés dans leur très grande majorité dans les collections du Musée national de la Marine, soit au Palais de Chaillot à Paris, soit dans les musées des ports (Toulon, Rochefort, Lorient, Brest). Rappelons qu'avant d'être des objets de musées, les maquettes furent à l'origine des objets répondant à des fonctions déterminées par des textes officiels. J. Boudriot distingue trois classes de modèles[7] : le modèle-conception dont la première attestation date de 1673 et qui selon le texte du règlement « … grand comme une chaloupe… doit servir dans chaque port] de modèle pour les vaisseaux qui y seront bâtis » ; le modèle d'instruction, de « 18 à 20 pieds de long », qui, suivant une correspondance d'août 1681 de Seignelay à l'intendant de Brest, doit être utilisé comme support à la formation des officiers de marine dans les leçons d'architecturale navale données à l'école de construction ; le modèle de référence qui est destiné à conserver la mémoire d'un navire de guerre construit dans un des arsenaux. Pour J. Boudriot, ces maquettes sont

> … des objets souvent précieux pour l'étude de l'architecture navale, pouvant apporter des informations que l'on chercherait vainement dans les sources manuscrites et imprimées.

Le modèle d'arsenal[8], pour reprendre une terminologie propre à J. Boudriot, est envisagé comme une reproduction à échelle réduite, authentique sur le plan architectural et technique, d'un navire ayant existé ou tout au moins ayant donné lieu à un projet : « Réalisés par des hommes de métier, représentant ce qu'ils voyaient et connaissaient, leurs modèles nous apportent la vérité de multiples détails, qu'il serait vain d'espérer trouver dans les sources imprimées ou dans les fonds d'archives[9] ».

Le modèle d'arsenal sélectionné par J. Boudriot pour son étude du vaisseau de 74 canons des années 1780 est une maquette sur charpente réalisée à grande échelle et conservée à l'origine au Musée naval de Rochefort. La taille importante de la maquette a permis de reproduire avec précision et d'une façon théoriquement conforme aux normes architecturales officielles tous les composants de cette classe de vaisseau de

---

7 J. Boudriot, *Les vaisseaux de 50 et 64 canons. Historique 1650-1780*, Paris, ANCRE, Collection Archéologie Navale Française, 1994, p. 14-15.

8 À cette catégorie de maquettes se rattachent les modèles dits d'instruction de référence.

9 J. Boudriot, avec la collaboration de H. Berti, *Modèles historiques au Musée de la Marine*, Paris, ANCRE, Collection Archéologie Navale Française, 1997, p. 6-7.

ligne dans leur moindre détail. C'est à partir d'un relevé architectural de ce modèle de Rochefort que la majorité des illustrations des quatre volumes du *Vaisseau de 74 canons* a été réalisée. La méthode employée n'est pas sans rappeler celle utilisée pour le relevé des édifices dans le cadre de l'archéologie du bâti. Seule différence, il est vrai importante : le changement d'échelle. Outre les relevés, une autre méthode d'enregistrement de l'architecture de ce modèle comme d'ailleurs de biens d'autres maquettes a été pratiquée par J. Boudriot : la photographie. Très justement, il rappelle que

> ... l'examen d'un modèle dans sa vitrine n'a rien d'évident, l'œil appréhende mal le détail, ne pouvant « cadrer » même à une distance réduite. Seule la photo permet de « fouiller » un modèle et ensuite c'est tout à loisir qu'il est possible d'exploiter les clichés[10].

Le verbe « fouiller » introduit dans la phrase n'est peut-être pas le fruit du hasard. Ne pourrait-il pas s'agir, en effet, d'affirmer une certaine analogie de méthode entre la fouille d'une épave telle qu'elle est pratiquée classiquement par les archéologues et la « fouille » d'un modèle réduit selon les usages méthodologiques de l'archéologie navale telle qu'elle est définie par J. Boudriot ? En filigrane semblerait aussi se dessiner l'idée que comme l'épave, vestige en grandeur nature et dans un état plus ou moins bien préservé d'un navire authentique, le modèle réduit, reproduction réaliste, ou plus justement censée l'être, d'un navire intégralement conservé, relève de la catégorie des sources archéologiques. Dès lors, « l'archéologue de terrain » sur son chantier de fouille subaquatique ou terrestre et « l'archéologue de cabinet » dans une réserve de musée apparaîtraient comme membres d'une même communauté de chercheurs pratiquant, chacun à leur manière, avec des méthodes et des techniques particulières, une « fouille ».

Ces recherches conduites sur l'architecture du vaisseau de 74 canons et, plus largement, sur celle des différents types de navires de guerre français de l'âge classique de l'architecture navale française s'inscrivent en nette rupture intellectuelle avec les études jusqu'alors menées par les historiens modernistes de la marine. C'est bien pour la première fois, en effet, que l'intégralité du complexe technique et, au-delà même, l'ensemble du système technique du navire de guerre français de l'époque

---

10 *Ibid*, p. 6.

moderne, dans toutes ses implications techniques, économiques, sociales, environnementales, sont devenus le sujet central de recherches historiques.

À cet égard, il semblerait bien exister une réelle parenté entre l'auteur du *Vaisseau de 74 canons* et l'auteur de l'*Archéologie navale*. Les deux historiens de l'architecture navale, médiéviste pour l'un, moderniste pour l'autre, se considèrent tous les deux comme des chercheurs en archéologie navale, comme des « anatomistes » de l'architecture navale ancienne. Tous les deux s'appuient sur une riche documentation écrite, archivistique notamment, qui, bien évidemment du fait des chronologies différentes, n'est pas analogue dans sa forme comme dans son contenu. Dans les deux cas cependant, c'est le document à caractère technique qui est recherché et privilégié. Les deux œuvres, par ailleurs, recourent aux sources iconographiques, dans des proportions certes dissemblables et qui, en outre, se déclinent typologiquement d'une façon différente en fonction là-aussi des chronologies considérées. Mais au-delà de ces réelles dissemblances, les travaux de J. Boudriot s'insèrent dans la perspective d'une pensée historique appartenant à une « archéologie du mot et de l'image » comparable à celle de Jal. Il existe toutefois une différence notable entre les chercheurs. C'est l'apport déterminant des modèles d'arsenal dans l'étude de l'architecture navale moderne. Envisagé par J. Boudriot comme la reproduction réaliste à échelle réduite d'un navire, le modèle participe dès lors à la définition d'une « nouvelle archéologie navale », une « archéologie du mot, de l'image et de la maquette ».

Au regard de cette définition se posent plusieurs questions. La première concerne la notion de « réalité architecturale » de la maquette comme source. D'une façon similaire à un traité d'architecture navale qui, même lorsqu'il a été conçu dans une perspective de document de la pratique comme par exemple les *Élémens d'architecture navale* de Duhamel du Monceau, fournit avant tout un cadre théorique à cette pratique, le modèle d'arsenal, outre le problème de l'échelle de réduction qui peut conduire à certaines simplifications de la structure, reste une représentation en trois dimensions. Deux exemples suffisent à illustrer ce décalage possible entre la maquette, représentation d'une réalité, et le navire ou ce qu'il en reste sous forme d'épave, témoignage direct d'une réalité. Premier exemple : la régularité de la répartition de la position des membrures sur la longueur de la quille. Sauf cas exceptionnels, les modèles réduits présentent une répartition très régulière des membrures avec une maille égale entre chaque membrure. Or, les épaves montrent fréquemment une certaine irrégularité dans la disposition des membrures sur laquelle viennent également parfois se greffer des différences dans les échantillonnages des pièces composant les membrures. Deuxième exemple : la charpente des modèles réduits s'apparente souvent à un travail d'ébénisterie avec des pièces façonnées très régulièrement, dotées de faces aux angles nets... La fouille d'épaves de navires de guerre construits dans les arsenaux et présumés respecter les normes (celles des traités, des ordonnances, des règlements, des devis...) fait apparaître dans bien des cas une tout autre réalité avec des membrures sommairement équarries dans des bois ayant conservé l'aubier, et parfois même l'écorce, en contradiction totale avec les recommandations officielles. C'est bien évidemment toutes les différences d'origines multiples entre les règles de la théorie et leur application pratique qui sont ici au cœur du problème qui, en l'occurrence, n'est aucunement spécifique au domaine de l'histoire de l'architecture navale. Dans le cadre de l'étude des bâtiments de guerre, ces différences, dont on pourrait aujourd'hui établir un catalogue relativement important à partir de la fouille des épaves de cette catégorie de navires, ne remettent pas fondamentalement en question la connaissance des principes architecturaux issue de l'analyse des sources écrites, graphiques et des modèles. Il n'en est pas de même, en revanche, de l'étude des navires de commerce et de pêche et, tout particulièrement, de celle des bateaux de tradition régionale dont l'architecture de caractère souvent vernaculaire et personnalisé selon les lieux de construction ne se rattache pas à des normes officielles et dont, au surplus, l'histoire technique échappe fréquemment aux sources de « l'archéologie du mot, de l'image et de la maquette » telle qu'elle est si remarquablement incarnée par l'œuvre de J. Boudriot. Comme nous l'examinerons dans un chapitre ultérieur, les épaves représentent alors des documents de première importance.

La deuxième question porte sur la place occupée par les sources archéologiques, au sens premier du terme, c'est-à-dire les vestiges matériels d'un navire sous la forme de l'épave, ce « ... débris naval » auquel Jal faisait référence dans son *Archéologie navale*. Pour J. Boudriot, l'épave comme document vient avant tout illustrer, matérialiser, voire vérifier et incarner l'apport des sources de « l'archéologie navale du mot, de l'image et de la maquette ». Dans le meilleur des cas, « l'archéologie de l'épave » représente une science auxiliaire de l'histoire pour reprendre une formule longtemps en usage dans le vocabulaire des historiens, et dans le pire des cas une simple « illustration » de l'histoire. Deux citations extraites d'un entretien de J. Boudriot sur sa perception de l'archéologie navale sont significatives de cette position. Premier extrait : « La fouille archéologique est la démonstration du passé, elle le concrétise[11] ». Second extrait :

> … ce qui m'intéresse dans les fouilles, c'est de pouvoir y éprouver mes connaissances, car elles sont théoriques malgré les modèles du musée [de la Marine]. C'est seulement la découverte d'une épave plus ou moins bien conservée qui me permet de vérifier de leur solidité ou de leur fragilité[12].

Une remarque importante est à ajouter. Cette affirmation de la primauté d'une « archéologie du mot, de l'image et du modèle » sur une « archéologie de l'épave » est à relativiser toutefois. Dans le cas de l'étude de l'architecture navale médiévale et antique, J. Boudriot considère, en effet, qu'au regard des sources écrites, souvent lacunaires et opaques, et de la nature plus artistique que technique des sources iconographiques de ces périodes, « … L'épave joue là un rôle fondamental[13] ». Le point de vue exprimé par l'auteur du *Vaisseau de 74 canons* rejoint alors celui de l'*Archéologie navale* renforçant les liens de parenté intellectuelle entre les deux historiens de l'architecture navale se définissant comme deux archéologues navals.

Un dernier point est à envisager : celui de la place de cette « archéologie navale du mot, de l'image et de la maquette » au sein de la communauté scientifique. Les recherches de J. Boudriot comme celles, actuelles, entreprises suivant le modèle de la « Collection archéologie navale française[14] », ont été, et apparaissent encore, souvent réservées au milieu des modélistes. Par ailleurs, elles ont été considérées fréquemment avec une certaine réserve par la communauté scientifique des historiens et des archéologues.

---

11 J. Boudriot, « L'archéologie navale en France. Entretien avec Jean Boudriot », *Chasse-Marée*, 6, 1983, p 12-21, p. 18.
12 *Ibid*, p. 19.
13 *Ibid*, p. 20.
14 C'est le cas, notamment, des publications de Jean-Claude Lemineur et de Gérard Delacroix. Ces deux auteurs se sont orientés vers les études historiques à partir de leur intérêt pour le modélisme. Ils se définissent comme « chercheurs en archéologie navale « (*cf.* notices Wikipedia).

Et cette attitude est toujours présente. Le parcours de J. Boudriot est assez révélateur de cette situation. En 1979, il a été chargé de conférences dans le cadre du prestigieux lieu d'enseignement de l'histoire de l'École des Hautes Études en Sciences Sociales[15]. Pendant deux ans, il a animé un séminaire « d'archéologie navale ». Ce séminaire s'est ensuite poursuivi dans le cadre du Musée national de la Marine avec le soutien du CNRS. De la séance inaugurale du séminaire de l'EHESS en novembre 1979 jusqu'à la dernière en mai 2012 au Musée national de la Marine, ce sont près de 690 séances représentant au total environ 1400 heures de communications qui ont été présentées. L'originalité de ce séminaire était de constituer un lieu privilégié de connaissances partagées, ouvert aussi bien aux modélistes, qu'aux universitaires, chercheurs du CNRS, conservateurs, historiens et archéologues professionnels ou amateurs, autant de participants issus de milieux professionnels très différents, mais tous animés par un même intérêt pour l'histoire de l'architecture navale et du patrimoine maritime. Force est de reconnaître cependant que très rares furent, à l'exception des premières années (curiosité vis-à-vis d'un séminaire hors normes universitaires ?), la participation régulière des historiens et des archéologues professionnels à ce séminaire dont certains d'entre eux avaient tendance à considérer, bien à tort, qu'il se confondait avec un cycle de conférences, certes jugées de « bon niveau scientifique », mais destinées avant tout à un public d'amateurs... Ces points de suspension sont là pour rappeler combien de telles attitudes basées sur des *a priori* et, peut-être aussi sur un corporatisme archaïque, sont regrettables et bien peu scientifiques.

---

15   C'est l'historien Joseph Goy (1935-2014), directeur d'études à l'EHESS et alors directeur du Centre de recherches historiques, qui ouvrit les portes de l'établissement à J. Boudriot introduit auprès de J. Goy par Jean Chapelot, archéologue médiéviste, alors enseignant à l'université de Paris 1, qui avait mesuré avec justesse l'importance scientifique des recherches de J. Boudriot.

QUATRIÈME PARTIE

LA DÉCOUVERTE DES BATEAUX DES AUTRES CULTURES NAUTIQUES EUROPÉENNES ET EXTRA-EUROPÉENNES

DES « CURIOSITÉS ARCHITECTURALES »
AUX « SINGULARITÉS ARCHITECTURALES »

Des premiers témoignages sur les bateaux des cultures nautiques extra-européennes, pour reprendre une expression empruntée à l'amiral Pâris, personnalité importante de la quatrième partie de ce livre qui sera longuement évoquée un peu plus loin, les plus fameux proviennent de deux grands voyageurs du Moyen Age, le marchand et diplomate vénitien Marco Polo (1254-1324) et l'explorateur berbère marocain Ibn Battûta (1304-1377). Le premier, durant ses très longues pérégrinations en Asie de 1271 à 1295, a passé de nombreuses années en Chine au service de l'empereur mongol de la dynastie Yuan Kubilai Khan. Le second, au cours de son périple en Asie, a séjourné en 1346 à Quanzhou, Hangzhou et Beijing en particulier. Tous les deux ont laissé un témoignage très intéressant et, on peut le supposer, de première main, sur la construction navale chinoise, très différente, sur les plans de la conception et de la construction, de l'architecture méditerranéenne médiévale de principe (forme et structure) dit « sur membrure ».

Dans son *Devisement du monde* ou *Livre des merveilles du monde* dicté en prison à Gênes en 1298 à l'écrivain pisan Rustichello, Marco Polo fait ainsi référence, outre l'usage du double bordé fait « de planches l'une sur l'autre et calfatées en dehors comme en dedans et... clouées de clous de fer », à une deuxième caractéristique majeure de l'architecture navale chinoise : les cloisons transversales. Il note :

> Certaines nefs, et ce sont les plus grandes, ont en outre bien treize compartiments, c'est-à-dire divisions de l'intérieur, faits de fortes planches bien jointes. Ainsi donc, s'il advient d'aventure que la nef soit crevée en quelque endroit, soit qu'elle se cogne à un rocher, soit qu'une baleine, en la frappant en cherchant sa nourriture, la crève..., alors l'eau entre par le trou et envahit la cale... Les nautoniers trouvent l'endroit où la nef est crevée : les marchandises du compartiment qui correspond à la voie d'eau, on le vide dans les autres ; car l'eau ne peut passer de l'un à l'autre, tant ils sont

solidement fermés. Alors ils réparent le bateau et remettent en place les marchandises qu'ils avaient ôtées[1].

Marco Polo évoque ici d'une façon assez évidente le recours à des cloisons transversales étanches qui, outre leur fonction d'étanchéité,

> ... l'eau ne peut passer de l'un à l'autre [des compartiments], semblerait posséder également une fonction structurale du fait de leur construction au moyen de « ... fortes planches bien jointes ».

Cette seconde fonction présumée des cloisons étanches a conduit au demeurant certains archéologues, comme Seàn McGrail[2], à qualifier le principe de construction des jonques médiévales, contemporaines du témoignage de Marco Polo, de « *bulkhead-first* » à l'image de la construction européenne méditerranéenne de principe « *frame-first* ».

Ibn Battûta, quant à lui, fait remarquer que les grands navires chinois

> ... ne sont construits que dans la ville de Zaitun [Quanzhou] et celle de Sin-es Sin. Voici comment : on élève deux murailles de bois et on remplit l'intervalle qui les sépare avec des planches très épaisses [les cloisons transversales], reliées en long et en large par de gros clous dont chaque a trois coudées de longueur : quand les deux parois sont jointes ensemble à l'aide de ces planches, on dispose par-dessus le plancher inférieur du vaisseau, puis on lance le tout dans la mer et on termine la construction[3].

Ce témoignage d'Ibn Battûta soulève un certain nombre d'interrogations. Si l'on suit le texte de près, il semblerait, en effet, que la construction – qui débute par l'élévation de « ... deux murailles de bois » – s'effectuerait selon un principe de type « sur bordé », le montage des cloisons transversales n'intervenant que dans un deuxième temps en contradiction, par conséquent, avec la notion de construction « sur cloison première » telle qu'elle semblerait pouvoir être qualifiée d'après S. McGrail. Mais cette supposée contradiction ne serait-elle pas liée à la traduction du texte initial d'Ibn Battûta et au sens donné au terme de « muraille » ? Ou pourrait-il s'agir de l'indice d'une méthode de

---

1   Cité par J. Dars, « Les jonques chinoises de haute mer sous les Song et les Yuan », *Archipel*, 18, 1, 1979, p. 41-56, p. 49.
2   S. McGrail, « Nautical Ethnography as an Aid to Understanding the Maritime Past », *Studies of Underwater Archaeology*, National Center of Underwater Cultural Heritage of China (Beijing), 2, 2016, p. 288-305, p. 300-301.
3   Cité par J. Dars, art. cité, 1979, p. 50-51.

construction différente de celle observée par Marco Polo une cinquantaine d'années auparavant dans la même région de Quanzhou ?

Il faut noter, à l'égard de ces questions, que les témoignages de Marco Polo et d'Ibn Battûta peuvent être confrontés aux données archéologiques de plusieurs épaves de navires chinois fouillées au cours de ces dernières décennies dont les épaves du XIIIᵉ siècle de Quanzhou et du XIVᵉ siècle de Jinan et de Shinan. Ces épaves, qui offrent une vision historiquement objective de l'architecture navale chinoise du Moyen Age, confirment certains aspects des descriptions de Marco Polo et d'Ibn Battûta (cloisons transversales, bordé à plusieurs épaisseurs par exemple), et en infirment d'autres (absence d'étanchéité des cloisons transversales tout particulièrement) et, surtout, fournissent de nouvelles données qui enrichissent notablement notre connaissance des navires chinois. Par ailleurs, ces épaves montrent d'une façon manifeste que cette architecture navale possède une certaine diversité de forme et de structure. La jonque du XIIIᵉ siècle de Quanzhou, par exemple, est ainsi construite sur une quille en bois de résineux (*songmu*) de 17,65 m de longueur, selon des pratiques limitées semble-t-il aux chantiers navals de la Chine du sud. À cette quille sont associées des formes de carène relativement pincées et fines qui diffèrent profondément de celles, plus volumineuses, des jonques du littoral de la Chine septentrionale influencées par les modèles des jonques de navigation intérieure construits « sur sole ».

Si l'on revient aux descriptions de Marco Polo et d'Ibn Battûta, on remarque qu'elles s'inscrivent dans la continuité des récits des deux voyageurs au long cours. Pour eux, l'architecture des jonques et leur méthode de construction sembleraient s'apparenter avant tout à des « curiosités architecturales » dont, en bons observateurs, ils ont souligné les singularités, au même titre que les autres « curiosités » de toute nature, architecturales, économiques, religieuses, politiques... qu'ils ont vues, sans pour autant aller au-delà de leur mention. D'une certaine manière, les bateaux ne semblent pas avoir de statut culturel particulier au sein de ces pays et ces sociétés extra-européennes.

Un dernier point est à souligner au sujet du *Devisement du monde* de Marco Polo. Signe de l'influence possible de ce manuscrit qui ne fût publié qu'en 1477 : l'une des plus anciennes cartes figurant l'Océan Indien et la mer de Chine est l'*Atlas Catalan*[4] qui est datée de 1375 et

---

4   *Atlas Catalan*, 1375. Bnf. Manuscrit espagnol 30.

attribué à Abraham Cresque. Trois bateaux sont associés aux espaces nautiques extra-européens. Ils reproduisent un même type architectural dont la coque est caractérisée par une quille concave, une étrave et un étambot courbes, des préceintes horizontales et des têtes de baux sortant du bordé. Cette forme de coque reproduit en réalité celle fréquemment attestée sur des enluminures, des fresques ou des céramiques datées de la seconde moitié du XIIIe siècle et du début du XIVe siècle. Les navires de cette famille architecturale de Méditerranée occidentale sont dotés d'un classique gréement latin généralement à deux mâts inclinés sur l'avant et portant chacun une pure voile latine triangulaire, symbole nautique de la Méditerranée médiévale jusqu'au XIVe siècle tout au moins. En revanche, le gréement des trois voiliers extra-européens de l'*Atlas Catalan* est très différent. Il comprend quatre à cinq mâts, selon les cas, disposés très proches les uns des autres et gréés de voiles rectangulaires hautes et étroites dont la texture d'apparence tramée évoque des voiles faites avec des nattes qui pourraient symboliser des voiles lattées de tradition chinoise. L'un des rares témoignages contemporains de l'*Atlas Catalan* est le *Devisement du monde*. Dans le premier chapitre du livre III consacré aux types de navires de l'Inde, Marco Polo mentionne effectivement plusieurs caractéristiques particulières dont un gréement constitué de quatre mâts et d'autant de voiles que seuls les voiliers chinois étaient alors susceptibles de porter. Le dessinateur des navires de l'*Atlas Catalan* aurait-il voulu ponctuer la carte de « curiosités architecturales » d'une façon quelque peu approximative en l'occurrence ? On peut le supposer.

Après les « curiosités architecturales » médiévales de Marco Polo et d'Ibn Battûta, une évolution dans la perception de ces architectures singulières apparaît à travers des récits d'exploration, et de potentielle conquête coloniale, de la fin du XVIe siècle et du début du XVIIe siècle.

L'une des plus significatives expressions de ce nouveau regard porté sur les bateaux est, au XVIe siècle, celle contenue dans *Les Grands Voyages aux Indes Occidentales* édités par le graveur Théodore de Bry entre 1590 et 1592 et qui concernent trois récits d'expéditions effectuées en Virginie, en Floride et au Brésil. Le premier est la relation par le mathématicien et astronome anglais Thomas Harriot (1560-1621) de trois expéditions, en partie financées par Sir Walter Raleigh, réalisées entre 1584 et 1587 en Virginie qui donnèrent lieu à une première narration en latin en 1588. Le texte documenté et relativement bref d'Harriot est illustré de peintures du dessinateur et géomètre John White (environ 1540-1593). Celui-ci était chargé de dessiner « d'après nature » les faits et gestes des populations amérindiennes de Virginie et de réaliser les relevés topographiques. Le deuxième récit a été rédigé et illustré par le Normand Jacques Le Moyne de Morgues (1533-1588) qui avait fait partie de la deuxième expédition de René de Laudonnière en 1564 en Floride. Comme John White, J. Le Moyne de Morgues avait comme mission de réaliser les levés cartographiques et de représenter les paysages, les hommes, les constructions et les activités des communautés amérindiennes de Floride. Ce sont ces illustrations de J. White et de J. Le Moyne de Morgues qui ont servi de modèles aux gravures publiées par Théodore de Bry.

Bien que censées avoir été dessinées « d'après nature », les peintures de J. White et de J. Le Moyne de Morgues ne se confondent pas avec des photographies ethnographiques. La qualité et l'authenticité des dessins sont cependant bien réelles. Pour autant, elles ne sont pas un gage d'objectivité. Comme le rappelle le grand spécialiste de l'œuvre de Théodore de Bry, l'historien Franck Lestringant, à propos des dessins de J. Le Moyne de Morgues, « L'espace représenté dans ces gravures n'est ni neutre, ni objectif. C'est un « théâtre », au sens que le mot revêt souvent au XVIᵉ siècle, c'est-à-dire un dispositif de visualisation orienté[5] ».

Si cette théâtralisation idéologique est à prendre en compte dans l'interprétation des illustrations, elle ne réduit pas autant leur intérêt documentaire. Considérons par exemple la planche XII des *Voyages en Virginie* qui figure trois phases très représentatives de la chaîne opératoire constructive d'une pirogue monoxyle : la préparation de l'abattage de l'arbre par brûlage de sa partie inférieure, l'ébranchage du tronc et le creusement au feu de la pirogue par deux amérindiens Powhatan de Virginie. La peinture de J. White gravée par de Bry est accompagnée d'une longue légende qui, complétant parfaitement la représentation, mérite d'être citée :

> Les indigènes de la Virginie ont une manière bizarre de construire leurs embarcations. N'ayant pas d'outils en fer ou d'un genre analogue, ils n'en construisent pas moins des embarcations qui tiennent tout aussi bien l'eau que

---

5   F. Lestringant, « Huguenots et Amérindiens : le laboratoire de la Floride (1562-1565) », dans M. Augeron, J. de Bry, A. Notter (dir.), *Floride, un rêve français (1562-1565)*, La Rochelle, Musée du Nouveau Monde, 2012, p. 73-85, p. 73.

les nôtres et qui leur permettent de pêcher à leur guise. Ils commencent par choisir un bel et grand arbre ayant à peu près les dimensions qu'ils projettent de construire. Autour des racines, ils allument du feu avec de la mousse sèche et du petit bois. Quand le feu a fait son œuvre… une fois le sommet et les branches de l'arbre brûlés et le tronc paraissant d'une longueur suffisante, on le couche sur des rondins placés sur des espèces de fourches dont la hauteur permet de déposer commodément ce tronc. Après avoir raclé l'écorce avec un coquillage d'un genre spécial, on conserve la meilleure partie du tronc dont on confectionne la partie inférieure de l'embarcation. Le reste du tronc est soumis au feu, sauf aux extrémités. Quand le feu a fait son effet, ils l'éteignent et raclent le bois avec des coquillages. Cela fait, on remet le feu, on racle, et ainsi de suite jusqu'à ce que l'embarcation soit suffisamment creuse. C'est ainsi que l'esprit divin insuffle à ces païens si peu adroits le moyen d'avoir un objet qui leur sert journellement[6].

---

6   Traduction du texte latin par L. Ningler, *Voyages en Virginie et en Floride*, Paris, Duchartre et Van Buggenhoudt, 1927, p. 70.

IRA est in VIRGINIA cymbas fabricandi ratio: nam cum ferreis instrumentis aut aliis nostris similibus careant, eas tamen parare norunt, nostris non minus commodas ad naui- gandum quo lubet per flumina & ad piscandum. Primum arbore aliqua crassa & alta de- lecta, pro cymba quam parare volunt magnitudine, ignem circa eius radices summa tel- lure in ambitu struunt ex arborum musco bene resiccato & ligni assulis paulatim, ignem excitantes, ne flamma altius ascendat & arboris longitudinem minuat. Pane adusta & ruinam minan- te arbore, nouum suscitant ignem, quem flagrare sinunt donec arbor sponte cadat. Adustis deinde arboris fastigio & ramis ut truncus iustam longitudinem retineat, tignis transuersis supra furcas positis impo- nunt, ea altitudine ut commode laborare possint, tunc cortice conchis quibusdam adempto, integriorem, trunci partem, pro cymbæ inferiore parte seruant, in altera parte ignem secundum trunci longitudinem, struunt, præterquam extremis, quod satis adustum illis videtur, restincto igne côchis scabunt, & nouo susci- tato igne denuo adurunt, atque ita deinceps pergunt, subinde vrentes & scabentes, donec cymba necessari- um alueum nacta sit. Sic Domini spiritus rudibus hominibus suggerit rationem qua res in suum vsum ne- cessarias conficere queant.

B 4

FIG. 29 – Cette planche XII extraite des *Voyages en Virginie*,
dessinée par J. White et gravée par de Bry, constitue,
avec sa légende ici en latin, un remarquable document
sur certaines séquences de la chaîne opératoire de l'architecture
monoxyle qui repose sur une technique dite « soustractive »
de la matière brute. C'est la séquence la plus déterminante
de cette technique, celle du creusement, qui est ici figurée
avec un authentique regard ethnographique.

Si l'on excepte la dernière phrase, reflet classique de l'idéologie colo-
nisatrice chrétienne vis-à-vis des techniques supposées « primitives » des
« sauvages non christianisés », le commentaire de Harriot est tout à fait
pertinent et dénote une juste observation des pratiques techniques de
ces amérindiens de Virginie. à l'égard de cette présumée « primitivité »
des techniques, il n'est peut-être pas inutile de rappeler qu'à l'époque
de T. Harriot et de J. White, comme d'ailleurs à celle de J. Le Moyne
de Morgues, les pirogues monoxyles étaient utilisées par les pêcheurs
d'eau douce et les paysans pour le transport sur les fleuves, rivières et
lacs d'Angleterre ou de France. Les découvertes en Europe de pirogues
datées du XVIe siècle ne sont pas exceptionnelles. Une remarquable
illustration de l'architecture monoxyle au début du XVIe siècle est une
gravure sur bois figurant, parmi différentes activités rurales attestées à
cette époque, le façonnage et le creusement d'une pirogue monoxyle[7].
Seules différences principales avec la scène de la pirogue Powhatan :
l'emploi d'une hache à fer à large tranchant permettant d'évider et de
façonner la coque monoxyle sans recourir à la technique du brûlage/
raclage alternés ; la forme angulaire de la coque permise par l'usage de
la hache. Il y a là un effet de miroir entre les techniques européennes
et extra-européennes tout à fait intéressant et qui, bien évidemment,
pour un chercheur d'aujourd'hui, ouvre de nombreux axes de réflexion.
    Par ailleurs, la dernière phrase de la planche XII rappelle aussi
l'importance des pirogues dans la vie quotidienne des communautés
Powhatan qui est illustrée par diverses scènes dans lesquelles les embarcations monoxyles et leur utilisation sur les fleuves Potomac et James et
en baie de Chesapeake sont le thème central de la composition. Ainsi,
il en est par exemple de la planche XI figurant la chasse au gibier
d'eau à l'aide d'un arc ou de la planche XIII représentant une scène de
pêche en eaux vives au moyen de foënes et de nasses. On retrouve en
l'occurrence cette même importance fonctionnelle des pirogues dans
le quotidien des amérindiens Timucuas de Floride. C'est ainsi que la
planche XXII des *Voyages en* Floride montre le transport de fruits et de
légumes à bord d'une pirogue monoxyle et que la planche XLII, autre

---

7   Cette gravure, extraite d'une édition des *Géorgiques de Virgile* (édition de J. Grüningen,
     Strasbourg, 1502), a été publiée dans plusieurs ouvrages consacrés aux pirogues dont
     celui de B. Arnold, *Pirogues monoxyles d'Europe centrale, construction, typologie, évolution*
     (Archéologie neuchâteloise, 20), Musée d'archéologie, Neuchâtel, 1995, t. 1, p. 140.

exemple, témoigne de l'usage d'un foyer pour la cuisson des aliments à bord d'une embarcation monoxyle. En d'autres termes, ces récits d'exploration largement illustrés par des artistes ayant travaillé sur le terrain « d'après nature » sembleraient désormais faire des pirogues de Virginie et de Floride des sujets d'observations, mais pas encore d'études, participant de la caractérisation culturelle d'une société en leur faisant acquérir, dès lors, un nouveau statut qui s'éloigne de celui de « curiosités architecturales » des récits des voyageurs du Moyen Age pour se rapprocher de celui des « particularités architecturales ».

Le grand historien médiéviste Michel Mollat du Jourdin qui, parmi de nombreux thèmes de recherche, a étudié les navigateurs et explorateurs du XVIᵉ siècle[8], s'est longuement interrogé avec pertinence et sensibilité sur les découvertes puis les rencontres, voire les relations aux conséquences souvent tragiques, entre les explorateurs venus d'Europe et les populations autochtones « explorées ». Il écrivait ainsi :

> … Là où la tradition employait les mots *mirabilia* et « merveilles », un Thévet, au XVIᵉ siècle, use du terme singularité. Le passage d'une expression à l'autre est très significatif. à l'étonnement admiratif ou craintif… se substitue l'observation de l'originalité et de l'individualité spécifique, singulière dans le sens d'unique, de l'objet observé. Il s'agit moins d'étrangeté que de particularité. à la stupeur succède une première phase d'analyse, en quête des différences[9].

Et ce qui est vrai des hommes l'est aussi des bateaux et, plus généralement, de tous les objets de la culture matérielle des sociétés non européennes nouvellement découvertes puis, après les temps des conquêtes, nouvellement colonisées.

La relation entre exploration et colonisation prend en France une dimension de plus en plus affichée dés le début du XVIIᵉ siècle avec, dans les traces de Jacques Cartier, les voyages de Samuel de Champlain vers la future Nouvelle-France dont il deviendra gouverneur de 1627

---

8   Voir par exemple : *Giovanni et Girolami Verrazano, navigateurs de François 1ᵉʳ*. Dossiers de voyage établis et commentés par Michel Mollat du Jourdin et Jacques Habert, Paris, Imprimerie nationale, 1982 ; *cf.* aussi : F. Braudel, M. Mollat du Jourdin (dir.), *Le monde de Jacques Cartier : l'aventure au XVIᵉ siècle*, Paris, éditions Berger-Levrault, 1984.

9   M. Mollat du Jourdin, « L'altérité, découverte des découvertes », *Voyager à la Renaissance* (colloque de Tours, 1983), Paris, 1987, p. 305-318, p. 306. Ce thème est développé dans son ouvrage : M. Mollat du Jourdin, *Les explorateurs du XIIIᵉ au XVIᵉ siècle. Premiers regards sur les mondes nouveaux*, Paris, édition J.-Cl. Lattès, 1984.

à sa mort à Québec en 1635. Au retour de sa première expédition d'exploration en 1603 du fleuve Saint-Laurent jusqu'au niveau de Trois-Rivières, Champlain publia un récit[10] dans lequel les descriptions des canots d'écorce des amérindiens, appartenant sans doute à la nation des Montagnais, sont d'un grand intérêt par leur contenu de dimension authentiquement ethnographique.

Champlain commence par décrire l'architecture des canots :

> Que c'est, et comment sont faicts les Canos des Sauvages… Il n'y a que deux personnes qui travaillent à la nage, l'homme et la femme : leurs Canos ont quelques huict ou neuf pas de long, et large comme d'un pas et demy par le milieu[11], et vont tousjours en amoindrissant par les deux bouts : ils sont forts subjects à tourner si on ne les sçait bien gouverner, car ils sont faicts d'escorce d'arbre appelé Bouille renforcez par le dedans de petis cercles de bois bien et proprement faicts, et son si légers, qu'un homme en porte un aisément, et chacun Cano peut porter la pesanteur d'une pipe[12].

Cette évocation du canot d'écorce de bouleaux fournit une image précise de la forme, de la structure et des caractéristiques de l'embarcation.

Champlain aborde ensuite le sujet de l'usage du canot et de ses avantages dans le contexte des rivières canadiennes souvent coupées par des rapides (des sauts) difficilement franchissables tant à la descente qu'à la remontée. Il écrit ainsi :

> … En outre ce sault premier…il y en a dix autres, la plupart difficiles à passer : de façon que ce serait de grandes peines et travaux pour pouvoir voir, et faire ce que l'on pourroit se promettre par basteau[13], si ce n'estait à grands frais et despens, et encores en danger de travailler en vain : mais avec les canots des Sauvages l'on peut aller librement et promptement en toutes les terres, tant aux petites Rivières comme aux grandes. Si bien qu'en se gouvernant par le

---

10   S. de Champlain, *Des Sauvages, ou voyage de Samuel Champlain de Brouage fait en la France Nouvelle, l'an mil six cens trois*, Paris, chez Claude de Monstr'œil, 1603. Nous avons utilisé l'édition de C.-H. Laverdière, publiée à Québec en 1870, rééditée et présentée par G.-E. Giguère, *Œuvres de Champlain*, Montréal, Édition du Jour, 1973, 3 t. Le voyage de 1603 est publié dans le premier tome de Guigère, p. 57-127. La pagination indiquée correspond à celle de l'édition de 1603.

11   Soit 4,96 m à 5,58 m de long sur 1,55 m de large.

12   S. de Champlain, ouvr. cité, 1603, p. 9-10. (p. 73-74 édition Giguère).

13   Le terme de bateau désigne dans ce contexte particulier une embarcation en bois à fond plat d'une dizaine de mètres de long au maximum, soit construite ou réassemblée (embarcation en fagots) sur place par les charpentiers de l'expédition de Champlain, soit transportée sur un des navires.

moyen desdits Sauvages et de leurs canots, l'on pourroit voir tout ce qui se peut, bon et mauvais, dans un an ou deux[14].

Champlain fait ici référence à la légèreté des canots d'écorce qui permet par portage de l'embarcation, sur plusieurs kilomètres de distance et en terrain accidenté parfois, de franchir par voie terrestre un rapide. Il est bien évident que ce type de franchissement est beaucoup plus compliqué à effectuer avec une embarcation en bois pesant deux ou trois cents kilos, voire plus dans de cas d'un bateau d'une dizaine de mètres de long. Ce n'est pas un hasard si, très rapidement, les explorateurs et, à leur suite, les soldats, les missionnaires et les trappeurs français ont adopté les canots d'écorce de bouleaux pour naviguer sur les voies d'eau de la Nouvelle-France. Rapidement aussi, des canots d'écorce furent construits par des artisans français à Trois-Rivières, Montréal et Québec notamment.

La précision de la description de ces embarcations amérindiennes par Champlain tient sans doute, pour une part, à ses qualités d'observation et d'écriture et aussi, peut-être, à son expérience de navigateur. Ces canots d'écorce de bouleaux ne paraîtraient plus être perçus comme des « curiosités architecturales » mais sembleraient être plutôt considérés comme des « singularités architecturales », susceptibles de comparaison avec d'autres « singularités architecturales » que sont les bateaux en bois à fond plat européens. Les possibilités de portage des premiers par rapport aux seconds sont ainsi bien soulignées. Pour autant, les canots amérindiens ne sont pas décrits en tant qu'objets d'étude ethnographique par Champlain. Celui-ci voit principalement en eux, et avec peut-être un certain respect pour ses constructeurs « sauvages », un moyen de transport par eau parfaitement adapté aux objectifs d'exploration et de future colonisation d'un territoire difficile à pénétrer.

---

14   S. de Champlain, ouvr. cité, 1603, p. 40. (p. 104, édition Giguère).

UNE ESQUISSE D'UN DISCOURS « ETHNOGRAPHIQUE » SUR LA DIVERSITÉ DES TRADITIONS ARCHITECTURALES

Une nouvelle étape de la perception des « singularités architecturales » est celle menant à une esquisse de discours « ethnographique », ce dernier terme étant mis entre guillemets dans la mesure où, bien évidemment, les récits des explorateurs, aventuriers, soldats, missionnaires, navigateurs, diplomates, marchands…, aussi pertinents et érudits soient-ils sur le plan de la description des bateaux européens et extra-européens, ne relèvent pas d'une démarche scientifique et d'une problématique ethnographique alors inexistante. Il s'agit essentiellement de témoignages personnels, parfois rédigés avec une belle plume, de personnages à l'esprit curieux, observateur, ouvert aux faits techniques différents de ceux relevant de leur culture.

Un exemple révélateur de cette littérature que l'on pourrait qualifier de littérature « d'étonnants voyageurs » selon le titre de cet extraordinaire festival créé en 1989 à Saint-Malo par l'écrivain Michel Le Bris[1], est le récit anonyme d'un aventurier français de retour des Antilles à la suite d'un périple de deux ans (1618-1620) qui l'a mené, notamment, auprès des indiens Caraïbes de la Martinique[2]. Le caractère manuscrit du récit fait de celui-ci un témoignage purement personnel dont on ignore pour qui il a été rédigé.

Lors de son séjour en Martinique, cet aventurier eut l'occasion d'observer la fabrication d'une grande pirogue monoxyle longue de

---

1   Cf. le bel album consacré au dixième anniversaire du festival : *Étonnants voyageurs. Saint-Malo. L'album*, photographies de Daniel Mordzinski, préface de Michel Le Bris, Paris, éditions Arthaud, 1999.

2   Il s'agit du manuscrit dit « L'anonyme de Carpentras » : *Un flibustier français dans la mer des Antilles*, manuscrit inédit du début du XVIIᵉ siècle publié par Jean-Pierre Moreau, Clamart, Éditions Jean-Pierre Moreau, 1987, p. 175-180 pour la description de la construction de la pirogue.

50 à 55 pieds (entre 16 et près de 18 m). Cette embarcation de mer est
du type expansé et surélevé. Ses flancs sont écartés au feu et la coque
monoxyle de base ainsi élargie en force est dotée d'un bordage de surélévation de 2 pieds de haut (65 cm) qui est rapporté et assemblé. La
description de la réalisation de cette embarcation vernaculaire est à ce
point précise et complète qu'au regard d'un questionnement de type
ethnographique[3], elle peut être décomposée en six phases principales
rendant parfaitement compte de la chaîne opératoire particulière à cette
architecture monoxyle.

1. Phase de décision du commanditaire : « ...il faut qu'il soit capitaine ou ancien du village, et qu'il ait quantité d'enfants ». Dans le
   contexte de la communauté caraïbe qui est décrite, le commanditaire
   semblerait devoir occuper une certaine position sociale et détenir un
   pouvoir économique pour prendre en charge, en particulier, tous
   ceux (de la parenté ou non) qui vont, à des titres divers, intervenir
   dans la chaîne opératoire.

2. Phase de choix de l'arbre : « L'entrepreneur », selon le qualificatif
   du narrateur, part dans la forêt sélectionner un arbre sur pied
   « selon son dessein ». Cet homme, distinct du commanditaire,
   semblerait pouvoir être identifié comme un spécialiste reconnu
   de la construction monoxyle. Par ailleurs il pratique son choix en
   fonction de ce que l'on peut assimiler à une sorte de projet architectural qui, à ce stade du processus, se résume, sans doute, à la
   définition de la longueur, de la largeur et de la hauteur de la coque,
   données suffisantes cependant pour mettre en correspondance la
   « géométrie construite » de la future pirogue avec la « géométrie
   naturelle » de l'arbre sur pied à couper.

3. Phase d'abattage de l'arbre : l'opération est dirigée par le constructeur
   avec l'aide d'un certain nombre d'hommes et de jeunes gens de
   la communauté. « Étant arrivés au lieu, celui qui les y mène... les
   prie derechef l'un après l'autre de vouloir couper un tel arbre qu'il
   montre avec le doigt ». Cette phase peut durer plusieurs jours et
   nécessiter l'établissement d'un camp de base. En effet, il peut arriver

---

3   On pense ici au « questionnaire ethnographique du bateau » élaboré par Jean Poujade,
     Collection de documents d'ethnographie navale, d'archéologie navale, d'ethnographie terrestre,
     d'archéologie terrestre. Fascicule introductif, Paris, Gauthier-Villars, 1948.

que le lieu de coupe se trouve éloigné du village, à « … presque une journée » de marche. En outre, les hommes et les jeunes gens réunis par le constructeur « … ne coupent pas seulement l'arbre, mais aussi font un chemin ou place vide du côté qu'il doit tomber ».

4. Phase d'ébauchage de la pirogue : quelques temps après l'abattage de l'arbre, alors que le bois est encore vert, le constructeur repart en forêt avec « … cinq ou six du village » pour « …aller creuser et brûler sa pirogue où ils demeurent quelques fois plus de vingt-cinq jours ou trois semaines ». Ce travail réalisé directement sur le lieu de coupe de l'arbre permet de réduire très largement la masse de bois à transporter jusqu'au village.

5. Phase de transport de l'ébauche de la pirogue : une fois la coque monoxyle pré-façonnée et pré-creusée, l'équipe regagne le village « … pour quérir davantage d'hommes, pour aider à… traîner [la pirogue] du lieu où [elle] est jusques au bord de la mer, où après on [la] parachève tout à l'aise ». Cette phase est particulièrement éprouvante en raison du relief montagneux de l'île et, aussi, des dimensions de l'ébauche de la pirogue, une quinzaine de mètre de long, et de son poids, plusieurs tonnes sans doute. Les difficultés du parcours et les techniques de transport employées sont décrites avec précision. C'est que les hommes « … font des chemins pour faire passer leur pirogue, et mettant de gros rouleaux en travers pour la faire plus aisément rouler ». Mais le chemin de roulement est bien loin d'être plat et en ligne droite :

> … il est quasi impossible (à qui ne l'a vu) de croire qu'ils aient passé un si grand fardeau par des lieux si incommodes, qui ne sont la plupart que vrais précipices, et d'où le plus souvent descendent des torrents, qui ne sont que des rochers.

6. Phase de finition de la pirogue : une fois l'embarcation transportée jusqu'au village, c'est le futur propriétaire, et non le constructeur « entrepreneur », qui assure la finition avec le concours « … de ses enfants et de quelques-uns de son village ». Toutes ces personnes « … dolent… en dehors avec des outils qu'on leur porte… de France et d'Allemagne ». Ensuite, la coque monoxyle est de nouveau creusée et expansée par brûlage et écartement forcé des flancs amincis. Une fois achevée, la pirogue « … n'a environ que l'épaisseur d'un pouce, qui semble fort peu selon la longueur qui

est de 50 à 55 pieds, et est étroites par les deux bouts et fort large sur le milieu, et le fond est en dos d'âne ».

La décomposition de la chaîne opératoire en six séquences principales, bien définies techniquement, appellent trois remarques. En premier lieu, on constate qu'il n'existe pas de chantier fixe ni d'espace spécialisé et aménagé, mais deux endroits particuliers à chaque construction, celui du lieu d'abattage et d'ébauche, en forêt, et celui de la zone de finition, dans ou à proximité immédiate du village. Toute la chaîne opératoire prend place entre ces deux secteurs. En deuxième lieu, on observe que la réalisation de l'embarcation monoxyle fait appel à deux intervenants, dont l'un, « l'entrepreneur », semble pouvoir être considéré comme le spécialiste de la construction. C'est à lui que revient le choix de l'arbre en fonction du projet architectural répondant au souhait du commanditaire ; c'est également lui qui assure toute la phase de conception et d'ébauche des formes externes et internes de la coque en opérant le passage, déterminant, entre la « géométrie naturelle » de la bille et la « géométrie construite » de la coque. Celui qui intervient ultérieurement, en l'occurrence, le commanditaire et utilisateur de la pirogue, conduit les travaux de finition qui, en réalité, sont loin d'être secondaires. En particulier, c'est cet homme qui mène à bien une étape extrêmement délicate à réaliser, celle de l'expansion de la coque monoxyle. Or, les risques d'éclatements et de fissures du bois sont très élevés à ce stade du chantier, et peuvent aboutir à la fin prématurée de l'embarcation. Certes, il ne s'agit pas de la phase de conception dont la responsabilité appartient au spécialiste, mais de la seule réalisation qui nécessite, à l'évidence, une totale maîtrise de la technique d'expansion par le feu d'une coque monoxyle. En toute logique, cette maîtrise suppose de la part du commanditaire un savoir-faire qui, on l'imagine aisément, ne s'improvise pas. De ce fait, doit-on percevoir aussi l'utilisateur comme un spécialiste ? En troisième lieu, enfin, on peut observer combien est importante la part collective du travail à toutes les phases de la chaîne opératoire à l'exception de celle de la sélection de l'arbre sur pied qui relève d'une décision individuelle.

Si l'origine du narrateur anonyme, présumé aventurier et flibustier, demeure inconnue pour l'essentiel, il est certain, par contre, qu'il possédait, outre des aptitudes à écrire et à décrire des faits techniques inscrits dans un environnement et un cadre social, un sens aigu de l'observation qui, toutefois, ne se confond pas à l'évidence avec une méthode de la description à caractère « ethnographique ». Mais l'esprit de la méthode apparaît déjà présent.

Une illustration d'une esquisse de discours « ethnographique » sur la diversité des traditions architecturales de nature profondément différente est fournie par un auteur auquel il a déjà été fait référence[4] à savoir le hollandais Nicolaes Witsen qui publia en 1671 à Amsterdam un gros ouvrage intitulé *Aeloude en hedendaegsche scheeps-bouw en bestier* (Ancienne et nouvelle manière de construire les navires et de les exploiter). Avant d'examiner l'apport de Witsen en ce domaine de la variété des architectures navales européennes et extra-européennes, il importe de rappeler brièvement quelques données historiques qui ne sont pas étrangères à certains contenus de l'ouvrage de Witsen. Faisant suite à la création dès 1595 de plusieurs petites compagnies commerciales dotées d'une flotte de navires armés à destination de l'Océan Indien et du Pacifique, est fondée en 1602 la célèbre Compagnie Néerlandaise des Indes Orientales, la *Vereenigde Oostindische Compagnie* (VOC). Witsen occupa au sein de cette puissante compagnie de commerce des fonctions qui, en toute cohérence, le mirent en contact régulier avec des administrateurs, des négociants mais aussi des marins qui avaient une connaissance pratique des territoires des Indes orientales et, notamment, des navires et des embarcations originaires de ces régions. Par ailleurs, Witsen avait un intérêt personnel pour la Russie. C'est ainsi qu'il y voyagea à titre officiel au sein d'une délégation de 1664 à 1665 et séjourna à Moscou en particulier. À son retour, il réalisa plusieurs études, cartographiques notamment. C'est Witsen qui organisa par ailleurs le séjour en Hollande du Tsar de Russie Pierre le Grand d'août 1697 à juin 1698 et en fût le proche conseiller en matières maritime.

Ce n'est donc pas le fruit du hasard si les navires des Indes Orientales, d'un côté, et ceux de la « Grande Russie », de l'autre, se retrouvent dans l'ouvrage de Witsen. Dans la première édition du livre (1671), une place importante est ainsi accordée dans le chapitre 16 aux architectures navales de l'Océan Indien (de la péninsule arabique à l'Indonésie) et de la mer de Chine. Witsen établit une sorte de catalogue d'un certain nombre de

---

4   *Cf.* dans la troisième partie « Le Moyen Age arrive », le premier chapitre « Une première approche du Moyen Age ».

types de bateaux. Sous une forme certes très sommaire, il cite des noms de bateaux, en donne quelques brèves caractéristiques architecturales et illustre les types nommés dans le texte sous la forme de planches dont la logique, au demeurant, n'est pas toujours évidente à comprendre. Il évoque les jonques chinoises et, notamment, la « Nankinsche Jonk » dont il fournit une courte description et un dessin relativement précis en dépit de sa taille réduite[5]. La représentation de cette jonque de Nanjing, sans doute reproduite à partir d'ouvrages ou de documents manuscrits[6], met bien en évidence certaines de ses caractéristiques influencées par les familles de jonques de tradition fluviale comme la proue à large levée prolongeant la sole ou le gouvernail axial « suspendu » doté d'un safran ajouré[7]. Les deux voiles lattées hautes et étroites avec leurs écoutes multiples sont également figurées avec justesse. Détail remarquable : ce type de jonque est représenté avec une dérive latérale disposée sur son flanc tribord, entre le mât de misaine et le grand-mât. Sans doute, une seconde dérive latérale devait-elle être établie sur le flanc bâbord. L'emploi de cette dérive est à relier à l'architecture de tradition fluviale de ces jonques marquée par une coque à fond plat construite sur sole de manière à réduire le tirant d'eau et à permettre une navigation dans des eaux peu profondes. Cependant, tout bateau étant un compromis, le faible tirant d'eau et la carène à sole ne sont pas très favorables à une bonne marche à la voile. De manière à compenser la dérive liée à ces deux caractéristiques négatives, il est nécessaire de créer un plan anti-dérive au moyen de dérives latérales ce que montre parfaitement le dessin publié par Witsen. D'autres modèles de jonques chinoises fluviales sont également mentionnés et illustrés[8] d'une façon qui reste superficielle.

5   N. Witsen, *Aeloude en hedendaegsche scheeps-bouw en bestier*, Amsterdam, C. Commelijn, J. Appelaer, 1671, pl. LXXXVII, figure B.

6   Il s'agit principalement d'ouvrages d'auteurs hollandais et portugais. N'oublions pas que Witsen avait un accès privilégié à la très riche bibliothèque de son compatriote Isaac Vossius.

7   Le gouvernail axial disposé dans une voûte démunie d'étambot, qui ne se confond pas avec un gouvernail d'étambot de type européen, peut être relevé ou abaissé verticalement au moyen d'un palan en fonction de la hauteur d'eau disponible.

8   N. Witsen, ouvr. cité 1671, pl. LXXXVII, figures I et K.

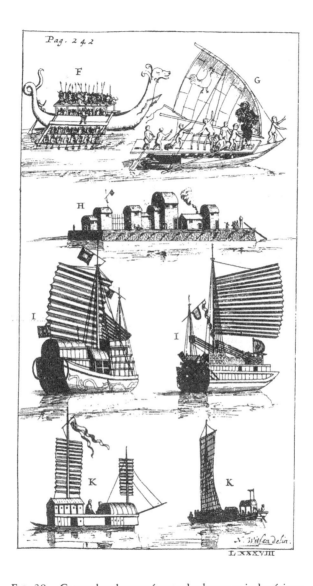

F𝗂ɢ. 30 – Cette planche représente des bateaux indonésiens
et chinois, ces derniers (I et K) étant immédiatement identifiables
grâce à leur voile lattée (au tiers et carrée) qui ressemble
à des sortes de stores vénitiens (N. Witsen, *Aeloude en hedendaegsche
scheeps-bouw en bestier*, Amsterdam, C. Commelijn,
J. Appelaer, 1671, pl. LXXXVIII, texte p. 242).

Si l'on se tourne à présent vers les bateaux européens, ce sont principalement ceux de la Russie qui sont évoqués par Witsen dans un
nouveau chapitre qu'il rédigea pour la seconde édition (1690) de son
ouvrage[9]. À cet égard, le texte et les illustrations semblent beaucoup
plus élaborés et complets. On peut supposer qu'une part de la documentation utilisée par Witsen a été recueillie lors de son long voyage
en Russie et constitue, par conséquent, une source originale, ce qui n'est
pas le cas, rappelons-le, des documents étudiés pour écrire la partie portant sur les jonques chinoises ou sur les différents modèles de voiliers
indonésiens qui proviennent de sources secondaires. Parmi les diverses
familles de bateaux décrites, on peut citer celle de type fluvio-maritime des « *lodias* » (singulier « *lodia* »). Witsen explique que ces voiliers
construits à clin, gréés d'une voile carrée de surface importante, étaient
utilisés à son époque sur le fleuve Dvina[10] et en mer Blanche. C'étaient
des bâtiments armés à la pêche et au transport (sel, poissons séchés,
bois…) dont l'équipage pouvait atteindre huit à dix hommes. Selon
Witsen, les modèles les plus grands étaient comparables aux galiotes
hollandaises. Une des caractéristiques architecturales de ces « *lodias* »
était le recours à des assemblages cousus. Bien que signalant l'existence
dans le nord de la Russie de bateaux cousus, Witsen, curieusement, ne
fait pas de référence à la technique des assemblages cousus dans son
évocation des « *lodias*[11] ».

---

9   N. Witsen, *Architectura navalis et regimen nauticum, ofte Aaloude en Hedendaagsche Scheeps-
      bouw en Bestier*, Amsterdam, Pieter en Joan Blaeu, 1690, figures I à X.
10   Le fleuve Dvina, de plus de 1000 kilomètres de long, traverse la Russie, la Biélorussie et
      la Lettonie actuelles et débouche dans le golfe de Riga, en mer Baltique.
11   *Cf.* C. O. Cederlund, « The *lodja* and other bigger transport vessels », dans S. McGrail,
      E. Kentley (éd.), *Sewn Plank Boats*, Oxford, Brirish Archaeological Reports, International
      Series, 276, 1985, p. 233-252, p. 239-243.

FIG. 31 – Cette planche figure des voiliers traditionnels russes
de différents types dont une « *lodia* » (B) caractéristique
du fleuve Dvina et de la mer Blanche (N. Witsen, *Aeloude en
hedendaegsche scheeps-bouw en bestier*, Amsterdam, C. Commelijn,
J. Appelaer, 1671, fig. V et VI, texte p. 298).

Le choix de Witsen, semble-t-il, a été celui d'esquisser, par le texte et les images, une typologie des architectures navales différentes de celles des eaux intérieures et maritimes de la Hollande en relation avec son expérience personnelle des bateaux russes, d'une part, et de sa connaissance érudite des auteurs, hollandais mais également portugais, de récits historiques et de voyages aux Indes et en Chine en particulier, d'autre part. Comme nous l'avons déjà souligné, cette esquisse demeure superficielle et, s'agissant du terme « ethnographique » la qualifiant, les guillemets sont plus qu'indispensables. À aucun moment, en effet, Witsen ne met en relation les particularités architecturales des bateaux européens et extra-européens de sa typologie avec les contextes géo-historiques dans lesquels ils s'inscrivent. Il se limite à un énoncé, plus ou moins complet, de faits techniques. L'important est ailleurs. Il se situe au niveau de la place accordée à ces autres architectures navales au sein d'un traité d'architecture navale se voulant porteur d'une pensée technique déterminée, celle des chantiers navals de Hollande du Nord, et d'une perspective historique encyclopédique de l'architecture navale dans laquelle les bateaux russes, chinois, indonésiens… du temps de Witsen occupent une position, encore très modeste, mais effective à côté, et à échelle certes beaucoup plus réduite, des bateaux des « origines », ceux de l'Antiquité gréco-romaine. D'une certaine manière, Witsen, se voulant historien de l'architecture navale, a fait entrer, consciemment ou non, ces bateaux européens et surtout extra-européens dans l'histoire en les considérant, implicitement, comme des sujets d'histoire technique au même titre que les galères antiques athéniennes et romaines ou les cogues médiévales de la Hanse. Ce passage, encore balbutiant, à l'histoire donne une nouvelle dimension à l'étude des bateaux qui s'éloigne de plus en plus de l'univers des « curiosités architecturales » des voyageurs du Moyen Age et des « singularités architecturales » des explorateurs-écrivains du XVIe siècle.

L'AMIRAL PÂRIS
ET L'ETHNOGRAPHIE NAUTIQUE

Le bateau, « acteur et témoin d'histoire[1] »

C'est à un marin, l'amiral François-Edmond Pâris (1806-1893), que l'on doit d'avoir défini les bateaux non plus comme des « curiosités architecturales » et des « singularités architecturales », mais comme d'authentiques « acteurs et témoins d'histoire » étudiés sur la base d'une problématique historique définie prenant appui sur une méthode précise d'acquisition des données et d'interprétation. Ce parcours intellectuel vers le champ de l'histoire, amorcée par Witsen, est, chez Pâris, intimement lié à sa profession de marin. Plus précisément, ce furent les dix premières années de ses temps de navigation, entre 1829 et 1840, qui furent absolument déterminantes du point de vue de la formation de sa pensée scientifique.

C'est en 1826, après deux années de formation théorique au Collège royal de la marine à Angoulême (Charente) et quatre ans d'apprentissage pratique à la mer sur divers bâtiments à voile, que Pâris reçut sa première affectation. Il embarqua à cette date sur la corvette l'*Astrolabe* placée sous le commandement de Dumont d'Urville pour une campagne de circumnavigation de trois ans avec des objectifs encore proches de ceux des grandes expéditions maritimes du XVIIIᵉ siècle, celles des Bougainville, Lapérouse, Cook. Affecté au sein de l'état-major du navire en tant qu'hydrographe, il commença à accumuler, encouragé au demeurant par son commandant, de nombreuses données originales sur les bateaux extra-européens rencontrés au hasard des routes et observés lors des escales. Cette documentation de première main résultant d'un travail de terrain qui, certes, n'avait pas encore la dimension de véritables enquêtes ethnographiques mais, toutefois, s'en rapprochait par l'esprit, s'est traduite par de nombreuses notes,

---

1   Nous reviendrons sur cette expression de François Beaudouin.

dessins cotés, relevés architecturaux, mais aussi croquis et peintures à caractère artistique.

De retour en France après trois longues années passées à parcourir les océans, Pâris « remit son sac à bord » selon la formule traditionnelle en embarquant, toujours comme hydrographe, pour une deuxième campagne de circumnavigation à bord de la corvette la *Favorite* placée sous le commandement de Laplace. La mission de la *Favorite* (1829-1832) était différente de celle de l'*Astrolabe*. Au-delà des objectifs scientifiques, et en particulier des levés cartographiques et hydrographiques de vastes zones encore non documentées sur le plan nautique, la mission possédait également un aspect de nature plus diplomatique. Il s'agissait de montrer le pavillon national le long des côtes de l'Afrique Orientale, de l'Inde, de la Chine, de l'Indochine, de l'Australie, de la Nouvelle-Zélande et de l'Amérique du Sud, dans la perspective de rétablir, ou d'établir, des relations politiques et commerciales avec ces lointaines contrées. Pour Pâris, cette expédition autour du monde fût l'occasion de poursuivre ses observations, d'enrichir sa collection de dessins et de relevés sur les bateaux extra-européens, constituant ainsi au fil des mois une documentation inédite sur ces architectures navales du monde. Un exemple représentatif de la documentation résultant de cette campagne à la mer est l'ensemble de cent quinze planches aquarellées réunies en un album dit de la *Favorite* dans lequel Pâris a situé, et contextualisé en quelque sorte, chaque modèle de bateau extra-européen dans son environnement nautique et son cadre fonctionnel[2]. Nous y reviendrons dans la mesure où ce type d'illustrations est l'une des caractéristiques de sa méthode d'enregistrement des données de terrain.

À son débarquement à Toulon en avril 1832, le jeune officier qui avait assuré l'essentiel des levés hydrographiques et cartographiques de l'expédition est affecté au Dépôt des cartes et plans de la Marine à Paris pour la mise au net de la documentation avant d'obtenir son premier commandement à la mer, en 1834, celui de la corvette à vapeur et à roues le *Castor*, marquant le deuxième grand domaine d'action et d'étude de Pâris : celui de l'expérimentation des techniques nouvelles de la propulsion à vapeur débouchant, par voie de conséquence, sur les

---

2   L'album conservé au Musée national de la Marine a donné lieu à une édition : *Le voyage de la Favorite. Amiral Pâris. Collection de bateaux dessinés d'après nature, 1830, 1831, 1832*, É. Rieth, Introduction p. 12-51, Paris, Éditions Anthèse, 1992

relations nombreuses, en France et à l'étranger (en Grande-Bretagne notamment), tissées avec le monde industriel.

En 1837, Pâris intégra pour une dernière fois l'équipage d'un navire armé pour une campagne de circumnavigation qui s'acheva en mai 1840. L'objectif de la mission de la frégate l'*Artémise*, toujours commandée par Laplace, était, comme celle de la *Favorite*, à la fois scientifique et diplomatique. La fonction et l'activité de Pâris à bord de l'*Artémise* furent analogues, à savoir effectuer des levés hydrographiques et carto-graphiques d'un côté et, à titre moins officiel mais cependant encou-ragé par le commandant du bâtiment, poursuivre ses enquêtes sur les architectures navales extra-européennes, de l'autre. Cette campagne fut marquée par un grave accident. L'*Artémise* étant en escale à Pondichéry en juin 1838, Pâris partit visiter une fonderie. Au cours de sa visite, il eut l'avant-bras gauche broyé par un engrenage et dût être amputé en urgence. Après une brève convalescence, il reprit l'intégralité de ses activités à bord de la frégate.

Après une affectation à Brest, il fût de nouveau désigné pour servir au Dépôt des cartes et plans de la marine afin de seconder le commandant Laplace dans l'édition du récit et des travaux de l'expédition de l'*Artémise*. C'est également pendant son séjour parisien qu'il prépara l'édition de son *Essai sur la construction navale des peuples extra-européens* (1843)[3], œuvre fondatrice de l'ethnographie nautique. Si en toute évidence ces deux termes d'ethnographie nautique correspondent à une expression contemporaine et à un champ scientifique inconnus à l'époque de Pâris, ils définissent précisément, par contre, la pensée de Pâris en termes de sujets d'étude, de problématiques scientifiques et de méthodes d'investigation. Cette pensée est développée tout au long du volume de texte de son ouvrage en deux volumes (texte et atlas de planches) dont le titre complet est *Essai sur la construction navale des peuples extra-européens ou Collection des navires et pirogues construits par les habitants de l'Asie, de la Malaisie, du Grand Océan et de l'Amérique dessinés et mesurés pendant les voyages autour du monde de « L'Astrolabe », « La Favorite », et « L'Artémise ».*

---

3   La date d'édition n'est pas mentionnée. En revanche, plusieurs documents d'archives conservés au SHD, Marine, Vincennes, conduisent à dater la publication de l'ouvrage en 1843. *Cf.* sur cette question : É. Rieth, *Voiliers et pirogues du monde au début du XIXᵉ siècle. Essai sur la construction navale des peuples extra-européens de l'amiral Pâris (1843)*, introduction p. 9-30, Paris, Éditions Du May, 1993 (deuxième édition sous le titre de *Atlas des voiliers et pirogues du monde au début du XIXᵉ siècle*, Paris, Éditions du Layeur, 2000), p. 18-19.

La pensée de Pâris repose sur l'affirmation explicite et profondément novatrice pour l'époque que les bateaux extra-européens, ceux des « sauvages » ou des « naturels » selon le vocabulaire du XIXᵉ siècle, sont des sujets d'histoire au même titre que les autres productions matérielles de ces sociétés extra-européennes. Dans l'introduction de l'*Essai sur la construction navale des peuples extra-européens* qui constitue une sorte de manifeste scientifique, Pâris souligne que le bateau représente

> … le plus beau chef d'œuvre de l'esprit humain ; aucun monument, aucune invention n'égalent son merveilleux ensemble ; et, quoique devenu vulgaire, comme tout ce que l'on voit journellement, il n'en mérite pas moins l'admiration que l'on prodigue si facilement à d'autres objets.

Il ajoute :

> Nous sommes dans l'ignorance la plus complète sur la marine de peuples et de temps dont nous connaissons avec détails les costumes, les armes et les ustensiles les plus communs[4].

De ces bateaux à l'histoire trop souvent et longtemps refusée ou réduite à l'état de « curiosités et de singularités architecturales », ce sont les unités de pêche et de transport destinées à une navigation côtière locale ou régionale qui, par la diversité structurale et morphologique de leur coque et la variété de leur mode de propulsion et de direction, représentent les sujets privilégiés des études de Pâris. Ces bateaux en symbiose étroite et harmonieuse avec leur environnement nautique et leur espace socio-économique de dimension locale ou régionale sont, selon les mots très pertinents de Pâris

> … sur les lieux et manœuvrés par les habitants… toujours ce qu'on peut trouver de mieux, principe que l'on doit étendre à tous les pays : le sloop, le dogre des mers parsemées de bancs, le chasse-marée breton, les navires latins diffèrent tous, et cependant sont très-bons chez eux ; cette observation devient plus sensible encore pour les bateaux de pêche. Cette perfection, attachée à la localité, prouve qu'il y eut de bonnes idées dans les inventions premières… Il n'y a que la navigation générale qui, devant satisfaire à tout, ait modifié ses navires et soit parvenue peu à peu à l'uniformité[5].

---

4   F.-E. Pâris, *Essai sur la construction navale des peuples extra-européens*, Paris, Arthus Bertrand, 1843, t. 1, p. 2.
5   *Ibid*, p. 2.

À l'égard de cette approche des bateaux dits traditionnels relevant d'architectures navales vernaculaires adaptées à leur environnement, il importe de rappeler que l'opposition ou, tout au moins la nette distinction, entre la relative uniformité architecturale des bâtiments conçus pour des navigations hauturières et au long cours, civile ou militaire, identifiée à la « navigation générale » de Pâris, et la grande diversité des navires construits pour des navigations côtières de cabotage et de pêche que l'on pourrait qualifier de « navigation particulière », avait déjà été exprimée par le célèbre ingénieur-constructeur naval suédois Frederik H. af Chapman en 1775 dans la préface de son traité d'architecture navale traduit en français en 1779 et publié en 1781[6]. Chapman, qui n'était pas seulement un remarquable technicien de la construction navale mais aussi un grand théoricien de l'architecture navale en tant que science, identifie ainsi deux classes de bâtiments, « ceux dont on se sert pour le cabotage et les petites navigations…ceux qu'on emploie aux voyages de long cours et qui sont propres à naviguer sur l'Océan ». Il précise sa pensée en notant qu'en

> … examinant la première classe, on voit les Bâtimens dont se servent les différens Peuples pour le transport dans leur cabotage, ou leur commerce avec leur plus proche voisin. Mais comme les climats, l'étendue et la profondeur des mers, les positions des pays par rapport à la mer et entr'eux, aussi leurs productions, sont très différens de nation à nation, les Bâtimens ne peuvent être de la même espèce ; ils doivent nécessairement être assujéttis à ces circonstances, tant dans leur proportion et leur forme, que dans leur maniere d'être gréés… Si ensuite on observe les Bâtimens compris dans la seconde classe, on reconnoîtra que, construits pour le même but, ils sont, quoique de nations différentes, ressemblans dans les parties essentielles.

Si Pâris s'est peut-être inspiré de cette idée formulée par Chapman, dont il connaissait sans guère de doute les publications et qui tous les deux appartenaient au même milieu de la marine militaire, il est certain, en tout état de cause, qu'il l'a très profondément amplifiée et modifiée en la situant dans une perspective qui va bien au-delà de l'énoncé à finalité avant tout technique de Chapman et en l'orientant vers une réflexion de

---

6   Nous avons consulté l'édition française de 1839 : Frédéric-Henri de Chapman, *Traité de la construction des vaisseaux*, traduit du suédois par M. Vial du Clairbois, Brest, chez R. Malassis et Paris, chez Durand et Jombert, 1839, préface de l'auteur, p. IX-XVIII, p. IX-X pour la question des différences entre les bâtiments côtiers et hauturiers.

nature ethnographique. Certes, Pâris accorde à l'environnement nautique une influence importante sur l'architecture des bateaux. Une illustration de cette sorte de déterminisme environnemental pouvant apparaître un peu simpliste est fournie par le cas des architectures navales malaises, au sens large donné au XIXᵉ siècle à cet espace, et océaniennes. Pour Pâris, l'une des principales caractéristiques communes aux architectures navales malaises est le double balancier adapté «... aux mers unies et calmes, au milieu des innombrables îles du grand archipel d'Asie». Quant aux architectures navales océaniennes pour lesquelles Pâris avait une grande admiration, l'une de leurs caractéristiques les plus mar-quantes est le balancier unique propre à supporter «... plus de voilure [et à mieux suivre] les mouvements d'une mer agitée... [à permettre] de parcourir les espaces souvent assez grands qui séparent les îles de la mer du Sud[7]». Toutefois, cet emploi dans un cas du balancier double aboutissant à une architecture de trimaran avec une coque centrale et deux flotteurs latéraux fixés à des bras et dans l'autre d'une coque dotée d'un seul flotteur latéral disposé à l'extrémité de bras, participe de la construction d'une sorte de cartographie des cultures nautiques. Ne se limitant pas, en effet, au seul poids de l'environnement, Pâris prend en compte l'ensemble des relations entretenues entre la conception (formes, structure, propulsion, direction...), la construction (acquisition, trans-formation des matériaux...) et l'utilisation d'un bateau, d'une part, et son environnement nautique ainsi que son cadre socio-économique de fonctionnement d'autre part. Partant d'une connaissance aussi détaillée et complète que possible d'un bateau particulier comme structure archi-tecturale et complexe, voire système technique, identifiant et déclinant les savoirs théoriques et les savoir-faire pratiques mis en œuvre dans sa conception et sa construction, Pâris élabore une authentique analyse res-tituant au bateau sa valeur de témoin de choix environnementaux mais également techniques, économiques, culturels liés à une communauté humaine de dimension locale ou régionale. Un extrait de l'*Essai sur la construction navale des peuples extra-européens* résume bien cette pensée quand il considère que :

> ... Dans les pays privés de nos grands moyens d'exécution, on voit des différences aussi tranchées ; chacun a dû, avant tout, adapter ses inventions

---

7   F.-E. Pâris, *Essai*, ouv cit., 1843, t. 1, p. 4.

à ses ressources, et y est parvenu par des procédés ingénieux qui méritent l'attention. Leurs bateaux ont tous un type très-marqué, c'est d'être simples et parfaitement assortis aux lieux et aux besoins[8].

En d'autres termes, l'architecture d'un bateau destiné à une « navigation particulière », selon notre expression, se définit toujours pour Pâris comme une réponse à un environnement nautique, à un milieu socio-économique et à une culture technique régionale. Et, par un effet de miroir en quelque sorte, l'étude de l'architecture du bateau pris comme sujet et aussi, car elle est essentielle, celle de sa manœuvre représentent un moyen privilégié de connaissance de ce milieu nautique, de cet environnement et de cette culture technique. C'est donc la notion du bateau « acteur et témoin d'histoire », pour reprendre une expression qui était chère à François Beaudouin (1929-2013), anthropologue des bateaux, chercheur « nauticien » comme il souhaitait se définir selon ce néologisme qu'il avait forgé, et fondateur du Musée de la Batellerie de Conflans-Sainte-Honorine[9], qu'exprimait déjà l'amiral Pâris. Le lien entre les deux hommes n'est au demeurant pas fortuit. Tous les deux étaient des marins, de formation et de carrière certes bien différentes[10] qui avaient développé, sur la base de leur pratique des bateaux et de leur navigation, une réflexion théorique sur leur pratique et une pensée technique porteuse de perspectives similaires. Une illustration particulièrement significative de ces convergences intellectuelles est fournie par

---

8   *Ibid*, t. 1, p. 3.
9   Outre une œuvre scientifique très importante (*cf.* notamment ses deux ouvrages *Bateaux des côtes de France*, Grenoble, Éditions des 4 Seigneurs, 1975 et *Bateaux des fleuves de France*, Douarnenez, Éditions de l'Estran, 1985), F. Beaudouin a été, à partir des années 1970, l'un des acteurs majeurs du développement en France de l'intérêt pour le patrimoine nautique, tant maritime que fluvial. F. Beaudouin a non seulement apporté une dimension théorique à cette découverte, ou redécouverte, de l'intérêt pour le patrimoine nautique mais a aussi été à l'origine de nombreux projets de reconstruction expérimentale dont la dernière fût celle dite du « scute de Savonnières », sur les bords du Cher entre 2006 et 2009.
10 La carrière de marin militaire de F. Beaudouin ne dura, en effet, que deux ans comme timonier à bord d'un remorqueur basé à Diego-Suarez (Madagascar). F. Beaudouin navigua ensuite comme marin au commerce le long des côtes d'Afrique et de Méditerranée en particulier. Il navigua également comme marin professionnel à bord de voiliers de plaisance en Méditerranée. Fondateur et premier conservateur du Musée de la batellerie (Conflans-Sainte-Honorine), il se tourna ensuite vers la navigation fluviale et ne cessa jamais de naviguer à bord de tous les types de bateaux, du coracle au chaland de Loire, du canoë canadien au gabarot de Dordogne.

cette notion du bateau « acteur et témoin d'histoire » que F. Beaudouin
a formulée, sous la forme d'une sorte de manifeste scientifique, dans
l'introduction de son étude ethnographique consacrée au bateau de
Berck, un bateau de pêche côtière du Pas-de-Calais :

> …l'étude du bateau et des techniques nautiques constitue la meilleure voie
> d'accès à l'homme de l'eau ; nous nous efforçons pour cela de mettre en évi-
> dence la façon dont le bateau est déterminé dans ses formes, sa structure, ses
> dimensions, son existence même par un grand nombre de facteurs géogra-
> phiques, historiques, techno-économiques, comme l'homme lui-même mais
> de façon visible et durable. À l'inverse, nous essaierons de montrer de quelle
> façon il [le bateau] peut témoigner de l'action de ces multiples facteurs et
> constituer un document de grande valeur pour l'ethnologue[11].

Sous une autre forme, c'est cette même dimension du bateau « acteur
et témoin d'histoire » que Pâris a mis en avant dans son *Essai sur la
construction navale des peuples extra-européens* en décrivant chaque bateau,
de la petite pirogue monoxyle de l'Inde à la grande jonque du sud de
la Chine en passant par le prao polynésien, s'attachant aux matériaux, à
la morphologie, à la structure, aux assemblages, à la propulsion et à la
direction, aux manœuvres, aux fonctions, mais également aux pratiques
techniques, à l'outillage… en relation avec un milieu nautique et un
environnement naturel (au niveau des ressources en bois notamment)
et un contexte socio-culturel déterminés. Au regard de cette prise en
compte globale du bateau, complexe et système techniques, Pâris apparaît
bien, nous semble-t-il, comme le « père de l'ethnographie nautique ».

Ajoutons une dernière remarque qui va au-delà du seul sujet des
bateaux pour s'étendre à celui des sociétés auxquelles les bateaux se
rattachent et met en évidence la sensibilité de Pâris vis-à-vis de ces
populations de « sauvages » et de « naturels ». Pâris fait état à diverses
reprises dans son *Essai sur la construction navale des peuples extra-européens*
de la disparition ou d'une acculturation de nombreuses architectures
nautiques vernaculaires, disparition ou acculturation accélérées, souligne-t-il, par la « … conduite des Européens, qui, dès qu'ils sont les
maîtres, exploitent tout à leur profit[12] ». Sans doute l'exemple de la
Polynésie, cher à Pâris, est-il l'un des plus flagrants. Faisant référence

---

11   F. Beaudouin, *Le bateau de Berck*, Paris, Institut d'Ethnologie, Musée de l'Homme, 1970,
     p. 1.
12   *Ibid*, p. 95.

aux témoignages de Bougainville et de Cook, Pâris constate à propos de la population de Tahiti qu'elle « … avait pratiquement disparu, car le pays est maintenant en partie désert[13] ». Au regard se voulant objectif du chercheur se superpose alors celui subjectif du « chercheur engagé » suivant une formule d'aujourd'hui. À travers les bateaux ce sont bien toujours les hommes qui sont présents.

Il n'est sans doute pas inintéressant de rappeler que la période d'écriture de l'*Essai sur la construction navale des peuples extra-européens*, œuvre fondatrice de ce qui deviendra l'ethnographie nautique, est celle de la publication par Augustin Jal de son *Archéologie navale* (1840) qui officialisa « l'école française d'archéologie navale ». À l'origine, les deux hommes avaient reçu la même formation maritime de futurs officiers de marine avec une carrière bien différente, il est vrai, qui s'acheva prématurément pour Jal. Pour autant, cela n'empêcha pas ce dernier d'avoir l'appui officiel des autorités de la Marine pour la publication de son *Archéologie navale* et de faire ainsi apparaître en filigrane la Marine, en tant qu'institution militaire, comme ouverte, voire promotrice de la recherche historique. On retrouve ce même encouragement et appui de la Marine à l'égard de Pâris tant lors de sa participation aux trois campagnes autour du monde pour mener ses recherches sur les bateaux extra-européens qu'ensuite lors de la préparation de *son Essai sur la construction navale des peuples extra-européens*. Et de nouveau l'institution militaire, à travers son volet maritime, montre tout son intérêt pour la recherche à caractère ethnographique cette fois-ci.

Au-delà de ces rapprochements entre Jal et Pâris, entre l'archéologie navale du premier et l'ethnographie nautique du second, un fossé intellectuel sépare les deux hommes en dépit d'un certain vocabulaire commun quand Jal, nous l'avons vu, souhaitait étudier « l'anatomie » des navires antiques et médiévaux spécialement, et lorsque Pâris entendait réaliser

> … pour ce qui vit pour ainsi dire sur mer une sorte de zoologie descriptive de chaque individu (c'est-à-dire de chaque bateau), comme on le fait pour les animaux que l'on dessine et anatomise avec luxe[14].

---

13 *Ibid*, p. 124.
14 F.-E. Pâris, *Souvenirs de marine conservés. Collection de plans ou dessins de navires et de bateaux anciens et modernes existants ou disparus, avec les éléments numériques nécessaires à leur construction*, Paris, Éditions Gauthier-Villars, t. 4, 1889, introduction.

Même si ce sont toujours les bateaux et leur histoire technique, ancienne pour Jal, récente pour Pâris, qui sont au centre de leurs travaux scientifiques, ceux-ci sont fondamentalement différents. Jal s'insère dans une tradition historiographique qui remonte à la Renaissance tandis que Pâris, au-delà d'un champ chronologique et géographique autre, apparaît en rupture avec « l'école d'archéologie navale française » tant au niveau des problématiques, des sources que des modalités d'expression en accordant une part importante aux images.

Un dernier aspect est à souligner. L'*Essai sur la construction navale des peuples extra-européens* et, plus largement, les travaux d'ethnographie nautique de Pâris ont-ils eu un écho hors du milieu de la Marine militaire ? Il faut attendre la seconde carrière de Pâris, une fois retiré du service actif de la Marine, et nommé à la direction du Musée naval du Louvre en 1871 jusqu'à sa mort en 1893, pour mesurer son impact intellectuel. Nous aurons l'occasion d'examiner cet aspect de l'œuvre de Pâris et les difficultés qu'il rencontra. Mais dès à présent, rappelons deux faits qui apportent un premier éclairage sur l'influence, demeurée en toute apparence modeste, de l'œuvre ethnographique de Pâris hors du milieu strict de la Marine militaire.

Un premier élément de réponse est fourni par un article signé des deux initiales L. M. et publié dans la revue *Le Yacht, journal de la navigation de plaisance, artistique, littéraire et scientifique*. (n° 26, 7 Septembre 1878) sous le titre de « Bateaux de pêche des côtes de Bretagne ». Cet hebdomadaire fondé en 1878 s'adressait non seulement au lectorat de la navigation de plaisance pratiquée à l'époque par la seule grande bourgeoisie et l'aristocratie, mais aussi aux professionnels de la mer, architectes navals, armateurs au commerce et à la pêche, officiers de la marine marchande… L'article invitait les lecteurs du journal à envoyer des plans et des renseignements sur « … les bateaux des localités qu'ils habitent ou que simplement ils fréquentent » dans le but de « … constituer une collection de tous les types, si variés, que l'on trouve sur nos côtes de France ». L'auteur anonyme poursuivait :

> Il est à remarquer, comme l'observe très justement M. l'amiral Pâris, que presque dans chaque port, il se trouve un type d'embarcation auquel s'attachent les pêcheurs, et qu'il serait difficile de faire abandonner ; ce n'est pas la simple routine qui, de père en fils, leur fait préférer tel gréement ou tel gabarit à un autre. Souvent en examinant les types, en étudiant les conditions de

navigation et la configuration des côtes, on est frappé de voir quelle logique, ou si l'on veut quel instinct, a présidé de temps presque immémorial au choix des populations de nos côtes.

Ces quelques lignes du journal le *Yacht* résument parfaitement, nous semble-t-il, la problématique de l'étude des architectures navales vernaculaires et des bateaux « acteurs et témoins d'histoire » » telle que Pâris l'avait définie et conservent, au regard du champ de recherche offert par l'ethnographie nautique leur pleine pertinence scientifique et leur entière actualité. Combien de lecteurs du journal ont-ils été sensibles à cet appel à collaborer à la connaissance des bateaux régionaux de France ? Nous l'ignorons. Ce qui est certain, en, tout cas, c'est que cet appel n'aurait pas été formulé sans le recours à la pensée de Pâris.

Un second élément de réponse peut être décelé dans la dédicace à l'amiral Pâris d'un livre qu'un officier de marine, le commandant Hennique, a consacré aux bateaux traditionnels de cabotage et de pêche de Tunisie sous le titre de *Les caboteurs et pêcheurs de la côte de Tunisie*[15]. Ce livre, fruit d'une remarquable enquête de terrain menée à l'aube du Protectorat de la France, étudie les différents types de bateaux tunisiens mais aussi grecs, maltais, napolitains, siciliens, fréquentant les eaux de la Tunisie. La qualité du questionnement ethnographique de Hennique transparaît à de multiples reprises comme, par exemple, quand il s'interroge sur les possibles liens de parenté architecturale unissant certains modèles de bateaux, ou, autre exemple, lorsqu'il examine l'usage des gabarits et des lisses d'exécution au sein de la chaîne opératoire constructive des *châbeks* tunisiens[16]. On retrouve là des thèmes fondamentaux du point de vue de l'histoire des savoirs techniques qui, à plusieurs reprises, a été abordé par Pâris dans son *Essai sur la construction navale des peuples extra-européens*.

Si, effectivement, la pensée ethnographique de Pâris a dépassé, progressivement et timidement, le cercle de la Marine militaire grâce, en particulier, à l'action de Pâris à la tête du Musée naval du Louvre et à la publication des *Souvenirs de marine conservés*, son écho dans la société civile

---

15 P. A. Hennique, *Les caboteurs et pêcheurs de la côte de Tunisie*, Paris, Éditions Gauthier-Villars et Fils, 1888 (réédition Oméga, Nice, 1999). Pour une genèse de l'ouvrage, *cf.* : É. Rieth, « Le commandant Hennique, mémoire des bateaux des côtes de Tunisie », *Neptunia*, 187, 1992, p. 32-43. 2.

16 *Ibid*, p. 5-6.

semblerait avoir atteint principalement les milieux des professionnels de la mer et des plaisanciers sans que l'on puisse en mesurer réellement, en l'occurrence, l'importance. Quant à son influence ou, tout au moins, à son intérêt dans la communauté des historiens et des archéologues de son temps, aucun indice ne semblerait indiquer qu'il exista vraiment, sauf à titre individuel. Ce ne fût pas le cas, par contre, de sa reconnaissance au sein du milieu des savants en sciences physiques et mathématiques comme l'atteste son élection à l'Académie des Sciences le 22 Juin 1863, succédant au physicien et minéralogiste Auguste Bravais (1811-1863).

UNE MÉTHODE D'ÉTUDE

Au projet scientifique de Pâris se superpose une méthode de d'étude résumable en cinq verbes à savoir observer, dessiner, décrire, comparer et analyser. Les résultats de cette méthode se juge à l'aune des cent trente-trois planches de l'atlas (volume 2) de l'*Essai sur la construction navale des peuples extra-européen*s correspondant à huit cents plans et deux cent cinquante types d'embarcations et de navires extra-européen. Revenons sur chacun des verbes définissant la « méthode Pâris ».

OBSERVER

Entre 1826 et 1840, Pâris effectua trois campagnes de circumnavigation au cours desquelles il eut maintes occasions d'observer en mer, au mouillage et à terre des types d'embarcations et de bâtiments très variés. S'il fût encouragé par ses supérieurs, nous l'avons noté, à étudier les bateaux rencontrés au cours de ses embarquements et hors, bien entendu, de ses quarts et de ses activités d'hydrographe, il est évident que les secteurs de ses recherches ne répondaient pas à des choix scientifiques mais correspondaient avant tout aux objectifs généraux des campagnes et aux besoins de s'avitailler régulièrement en vivres et en eau douce, de faire des réparations ou de débarquer des malades. Cette situation s'est traduite par un déséquilibre manifeste au niveau des territoires représentés dans l'*Essai sur la construction navale des peuples extra-européen*s. C'est ainsi que le littoral de l'Afrique n'est illustré que par une planche alors que la côte de Malabar l'est par six planches.

Menant en priorité, et d'une manière remarquable, sa mission de jeune officier de marine, Pâris ne réalisa pas pour autant des observations superficielles sur les bateaux extra-européens. Il paraît évident qu'il avait une idée précise des enquêtes qu'il voulait mener en fonction de ce que nous appellerions aujourd'hui une problématique : considérer l'architecture navale vernaculaire dans ses rapports avec un milieu nautique particulier, modelé par la nature du littoral, celle des vents et des courants, d'une part, et avec un environnement socio-économique déterminé, auquel se rattachaient des pratiques et des savoirs techniques, d'autre part. C'est en s'appuyant sur l'observation directe de sources matérielles, en l'occurrence des bateaux majoritairement en activité, qu'il a construit, à partir d'arguments techniques, une analyse aboutissant à des conclusions de dimension fondamentalement historique.

DESSINER

Pour rendre compte dans toute la diversité et la complexité de ses observations ethnographiques, Pâris privilégia le dessin sous deux formes principales : celle du relevé géométrique et celle du dessin « artistique » situant les bateaux dans leur environnement. Ce qui apparaît en fait comme un choix d'une méthode d'enregistrement proprement scientifique des données a sans doute été favorisé par sa fonction d'hydrographe et de sa pratique des relevés où la rigueur et la précision des mesures sont une règle absolue et par un don certain pour le dessin et la peinture cultivé, en particulier, en 1822 à Brest dans l'atelier du peintre de marine Gilbert (1783-1860) qui avait été l'élève du célèbre Pierre Ozanne.

Arrêtons-nous d'abord sur ce souci de rigueur et de précision qui est clairement exprimé dans l'introduction du premier volume des *Souvenirs de marine conservés* publié en 1882 lorsqu'il souligne que la collection de plans

> ...est exécutée d'après des idées d'exactitude qui malheureusement excluent le pittoresque trompeur... [la collection] est vraie et complète ; chacune de ses feuilles contient tout ce qui peut faire plus tard construire un navire entier, aussi exactement que maintenant.

Ce choix de précision et de rigueur souligné en 1882 était tout aussi affirmé une quarantaine d'années auparavant lors de l'enregistrement de la documentation pour l'*Essai sur la construction navale des peuples extra-européens* et s'est traduit par des relevés suivant les perspectives traditionnelles des plans de projection en vues en plan, sections transversales et coupe longitudinale. Ces plans sont cependant minoritaires dans l'*Essai sur la construction navale des peuples extra-européens* qui, à la différence des *Souvenirs de marine conservés*, n'est pas un seul recueil de plans mais une étude sur les bateaux extra-européens. C'est en priorité la structure interne et externe des embarcations et des navires qui focalise l'intérêt de Pâris, à la différence d'un architecte naval pour qui la représentation d'une carène passe d'abord par le plan des formes. Cet intérêt pour les données structurales se traduit par des relevés détaillés qui, donnée révélatrice, portent par exemple sur les assemblages du bordé et, en particulier, sur ceux faisant appel à des ligatures ou reposant sur un clouage oblique dans les cans. Ces relevés de détails techniques qui peuvent apparaître secondaires ou quelque peu rébarbatifs à un observateur superficiel sont par contre essentiels pour un chercheur essayant d'identifier des « signatures architecturales[1] », comme les assemblages, et de les interpréter en termes d'histoire des techniques. Il en est de même pour la composition des gréements courant et dormant, les types de voile, la forme des pagaies et des rames ou encore la nature des systèmes de direction.

---

1   Sur cette notion, *cf.* : É. Rieth, « Construction navale à franc-bord en Méditerranée et Atlantique (XIVᵉ-XVIIᵉ siècle) et "signatures architecturales" : une première approche archéologique », dans É. Rieth (dir.), *Méditerranée antique. Pêche, navigation, commerce*, Paris, Éditions du CTHS, 1998, p. 177-188.

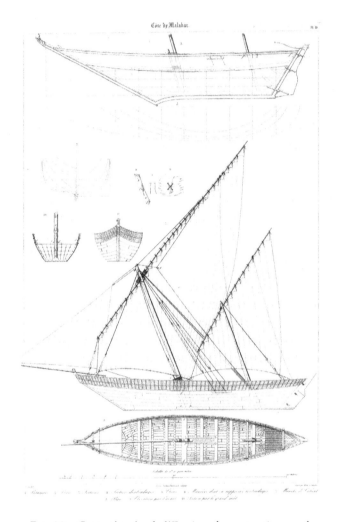

FIG. 32 – Cette planche de l'*Essai sur la construction navale
des peuples extra-européens* est révélatrice de la rigueur
de la documentation graphique de l'atlas. En haut,
l'élévation longitudinale d'un « *patamar* » destinée à souligner
le profil concave de l'extrémité avant de la quille qui plonge
profondément ; en bas, le relevé complet d'ensemble et de détail
d'un « *manché* » de Calicut mettant en évidence l'architecture cousue
de ce caboteur à voile dite arabe (F.-E. Pâris, *Essai
sur la construction navale des peuples extra-européens*,
Paris, Arthus Bertrand, 1843, atlas, pl. 10).

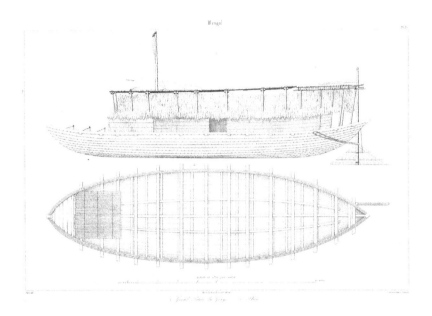

FIG. 33 – Élévation et plan d'un « patilé » du Gange.
Les deux principales « signatures architecturales »
de ces grands bateaux de navigation intérieure sont
d'une part le bordé à clin de la coque dont les bordages
sont assemblés par des gournables et, d'autre part,
le gouvernail latéral disposé à tribord dont le safran
de surface importante répond aux contraintes
de la navigation fluviale. C'est la rigueur technique
qui est ici privilégiée (F.-E. Pâris, *Essai sur la construction
navale des peuples extra-européens*, Paris,
Arthus Bertrand, 1843, atlas, pl. 33).

S'agissant de la méthode de relevés mise en œuvre par Pâris, les données sont rarissimes. Dans l'introduction de l'*Essai* sur la construction
navale des peuples extra-européens, il note que « ... [toutes] les dimensions, prises d'abord avec soin, avaient été portées sur des plans construits
à bord de l'*Astrolabe*, de la *Favorite* et de l'*Artémise* aux échelles de 0 m
02, 0 m 03 et 0 m 04[2] » signifiant que le travail a été conduit en deux
temps : celui des prises de cotes sur le terrain et celui de la mise au net

---

2   F.-E. Pâris, *Essai*, ouvr. cité, 1843, t. 1, p. 4.

des plans à bord des navires. Mais comment Pâris procédait-il ? Le texte de l'*Essai sur la construction navale des peuples extra-européens* fournit, à notre connaissance, une unique et brève mention, mais explicite, de sa méthode. À propos des pirogues de l'archipel polynésien des Tuamotu, Pâris indique que

> … [ces] pirogues sont loin d'être symétriques, comme l'indiquent les plans et les sections verticales dont le tracé a été fait avec soin par abscisses et ordonnées mesurées de décimètres en décimètres ; elles prouvent combien il est inutile pour de pareilles constructions de pousser aussi loin l'exactitude, qui souvent n'a servi qu'à nous montrer des irrégularités qui ne frappent pas l'œil et ne peuvent être appréciées que le mètre et le compas à la main[3].

Les mots utilisés par Pâris d'abscisses, d'ordonnées, de mesures de décimètres en décimètres, sont révélateurs de la méthode de relevés dite des « coordonnées cartésiennes », méthode la plus simple pour réaliser le relevé architectural d'une coque échouée droite par rapport à son axe de symétrie.

À ces relevés architecturaux de terrain, où la précision du trait correspond à ce choix de faire « œuvre d'exactitude » selon l'expression de Pâris, s'ajoutent des dessins et des aquarelles « d'après nature », pour reprendre une autre de ses expressions, qui privilégient les bateaux dans leur contexte fonctionnel et affirment l'approche ethnographique de Pâris. Le plus bel exemple est fourni par la série de dessins aquarellés réalisés lors de l'expédition de la *Favorite*, entre 1829 et 1832. Ces sortes « d'instantanés ethnographiques », au caractère plus libre, plus sensible et plus esthétique que les stricts relevés architecturaux n'en constituent pas moins d'authentiques documents techniques permettant de comprendre toute la subtilité et la complexité d'un virement de bord d'un voilier amphidrome polynésien, celles d'une réduction de surface d'une voile lattée chinoise, la manière dont un bateau de pêche s'élève à la lame ou encore la façon dont les hommes pagaient à bord d'une pirogue. Ces dessins et ces aquarelles, intégrés à une méthode d'enquête, répondent à un questionnement sur des pratiques techniques, sur des savoirs et des savoir-faire et contribuent directement à la construction d'un discours proprement ethnographique.

3   *Ibid*, p. 135.

FIG. 34 – Cette lithographie réalisée à partir d'un dessin aquarellé
de Pâris constitue une sorte d'instantané ethnographique plaçant
cette petite jonque de cabotage dans son environnement nautique,
échouée près de Macao sur une plage, et son contexte fonctionnel
(désarmement du bateau). La scène n'est nullement anecdotique.
C'est bien un point de vue ethnographique qui est privilégié
par Pâris. En outre, la dimension esthétique de la scène
ne réduit en rien la précision technique avec, en particulier,
les œuvres-vives de la coque à base de demi-troncs
qui rappellent l'origine probable de ce type de bateau,
à savoir le radeau de bois ou de bambous (F.-E. Pâris,
Essai sur la construction navale des peuples extra-européens,
Paris, Arthus Bertrand, 1843, atlas, pl. 59).

DÉCRIRE

Problème classique de tout ouvrage technique dont les encyclopédistes ont établi une doctrine parfaitement suivie par Pâris : si les plans et les dessins « d'après nature » constituent un langage indispensable à la description d'un objet technique aussi complexe qu'un bateau, il est certain que les mots représentent un autre langage tout aussi nécessaire à la description de cet objet pour en préciser une caractéristique architecturale, en souligner la morphologie particulière d'une pièce de charpente ou en décomposer les différentes séquences d'une manœuvre. L'écriture technique requiert à la fois la connaissance d'un vocabulaire spécialisé pour employer le juste terme et une maîtrise de la syntaxe pour éviter qu'une description ne se transforme en un charabia illisible.

Un exemple de description suffira à illustrer la qualité d'écriture de Pâris qui, faut-il le rappeler, est l'auteur d'une trentaine d'ouvrages et, en collaboration avec le commandant Bonnefoux, d'un *Dictionnaire de marine à voiles et à vapeur* en deux volumes publiés en 1847 et 1848 et qui, depuis lors, a donné lieu à plusieurs rééditions.

Après avoir décrit les caractéristiques générales de la coque d'une *chelingue* de la côte de Coromandel, Pâris s'attache à la description des bordages cousus qui représentent l'une des caractéristiques représentatives, d'un point de vue technique, de ces embarcations de plage du littoral de l'Inde :

> [la coque] est formée de larges planches d'un bois léger et assez dur... unies par des coutures dont les bourrelets ne sont intérieurs qu'au fond... les planches n'étant assemblées par aucun membre, leurs coutures, soumises à de très grands efforts, exigent qu'on les renouvelle au moins une fois par an, dépense assez forte, à cause du long travail de toutes ces attaches en fil de coco : lorsqu'elles ont subi plusieurs réparations, on bouche avec de petites chevilles les trous que les amarrages ne remplissent plus complètement[4].

En quelques lignes d'une description très claire, Pâris définit la nature du bois des bordages, leur mode d'assemblage, la position des bourrelets d'étanchéité des joints, les contraintes mécaniques subies par le bordé,

---

4   *Ibid*, p. 36-37.

l'origine de ces contraintes, le type de matériau employé pour réaliser les ligatures, les procédés de réparation des bordages. En résumé, voilà un modèle parfait de description… à suivre.

COMPARER

Après la description intervient la comparaison destinée à rapprocher les caractéristiques architecturales, à mieux les différencier, à mettre en évidence leurs originalités, à évaluer les éventuelles influences… Ce discours de la comparaison s'applique tout aussi bien à des caractéristiques générales renvoyant à la conception globale d'une architecture qu'à des caractéristiques particulières aussi limitées soient-elles s'agissant tout spécialement des procédés d'assemblages souples par ligatures ou rigides par chevillage et/ou clouage qui contribuent d'une façon essentielle à l'identification de « signatures architecturales » dont la somme participe de la définition de pratiques de construction locale ou régionale.

Dans le contexte colonial du XIXe siècle tant français, britannique que néerlandais selon les territoires considérés dans l'*Essai sur la construction navale des peuples extra-européens*, ce discours de la comparaison permet de mettre en lumière les processus d'influences, voire d'acculturation liés à la présence européenne. Pâris note, par exemple, à propos des voiliers malais que l'on « … remarque dans la Malaisie beaucoup de diversité dans la grandeur et les formes des caboteurs qui, offrant un mélange singulier des dispositions locales combinées avec les nôtres, forment un genre mixte[5] ». Cette mixité architecturale se marque ainsi par des poupes carrées associées à un gouvernail d'étambot suivant un modèle architectural européen en place d'un arrière en pointe et des gouvernails latéraux de tradition régionale ou, encore, par une voile au tiers similaire à celle des chasse-marées européens au lieu des voiles carrées traditionnelles. Ce même discours de la comparaison architecturale se retrouve aussi au niveau des bateaux extra-européens. En regard de la Malaisie, Pâris montre ainsi que les bateaux du type « *sampan-Poucatt* »

---

5   *Ibid*, p. 77.

sont le réceptacle de multiples influences de l'architecture navale chinoise à l'exception de la voilure qui demeure de tradition régionale.

Ce recours régulier à la comparaison architecturale est annonciateur d'une méthode d'analyse dont Pâris a été aussi l'initiateur : l'architecture navale comparée.

ANALYSER

Après avoir caractérisé un bateau par ses dimensions, ses proportions, ses formes, sa structure, son système de propulsion et de direction…en faisant appel à l'observation, au dessin, à la description et à la comparaison, Pâris poursuit son analyse en mettant en relation le faisceau de données techniques ainsi constitué avec l'espace nautique, l'environnement et le contexte socio-économique d'un bateau ou d'une famille de bateaux qui se mesure, selon lui, en rapport avec le niveau de développement des moyens de production spécifiques à chaque région. En témoigne cet extrait de la préface de l'*Essai sur la construction navale des peuples extra-européens* dans lequel Pâris rappelle que

> … [souvent], les bâtiments d'endroits très-voisins, fréquentant les mêmes parages, ayant les uns et les autres les mêmes qualités, montrent pourtant de grandes dissemblances dans leur forme ou dans leur voilure ; sur les lieux, et manœuvrés par les habitants, ils sont toujours ce qu'on peut trouver de mieux. Dans les pays privés de nos grands moyens d'exécution, on voit des différences aussi tranchées ; chacun a dû, avant tout, adapter ses inventions à ses ressources, et y est parvenu par des procédés ingénieux qui méritent l'attention[6].

Cette progression dans le processus d'étude conduit à construire une analyse proprement historique dans laquelle le bateau devient effectivement un authentique « acteur et témoin d'histoire » en rompant avec son ancien statut de « curiosité et de singularité architecturales ». À travers l'*Essai sur la construction navale des peuples extra-européens* sont désormais explicitement établis les fondements de l'ethnographie nautique sur le double plan des problématiques et des méthodes.

---

6   *Ibid*, p. 2-3.

UNE PERSPECTIVE PATRIMONIALE

Pâris, à travers son *Essai sur la construction navale des peuples extra-euro-péens* apparaît certes comme un homme de science, mais aussi comme un savant profondément sensible à la fragilité de son sujet de recherche et à l'urgence de l'étudier. Les dernières lignes de l'introduction de l'ouvrage sont tout à fait révélatrices de cette préoccupation mémorielle :

> … le temps approche où il deviendra difficile de retrouver les pirogues des naturels, et elles auront le sort de leurs habitations et de leurs divinités, déjà bien altérées, dont la plupart n'existent plus que dans les dessins des voyageurs.

C'est donc bien aussi la mémoire des architectures vernaculaires extra-européennes propres aux bateaux de ces peuples des « naturels » qu'il s'agit de préserver en les étudiant. En outre, la connaissance de ces navires et embarcations relevant fréquemment d'une histoire sans écriture souvent synonyme, au regard des seuls européens, d'une absence d'histoire, leur offre dès lors une dimension historique supposée inexistante.

Cette quête mémorielle semblerait dès 1843 vouloir s'étendre aux bateaux traditionnels européens. C'est le sens d'une lettre que Pâris adresse le 13 mai 1841 au baron Tupinier, ancien ministre de la Marine (1830-1839) dans laquelle il fait référence à un projet de publication

> … [d'une] collection de toutes nos constructions européennes…de commencer par mettre en tête nos plus grands vaisseaux, comme type de perfection, et de là suivre l'échelle décroissante, jusqu'à ce que les Européens ont de plus grossier, et continuer la même marche, pour tous les pays sauvages.

Ce projet de collection que l'on pourrait traduire, suivant le voca-bulaire scientifique actuel, de corpus des architectures navales tradi-tionnelles européennes et extra-européennes comparable, par exemple, par l'importance accordée à la documentation graphique, au *Corpus de l'architecture rurale française* publié sous la direction de Jean Cuisenier chez Berger-Levrault, n'a été repris par Pâris qu'au terme de sa carrière active au sein de la Marine et de sa nomination le 12 mars 1871 au poste de conservateur du Musée naval établi au Louvre. Cette recherche de conserver la mémoire de ces centaines de bateaux du monde a pris deux formes principales : muséographique et éditoriale.

Accédant à la tête du Musée naval, Pâris va très rapidement définir une politique muséographique dans le prolongement, pour une part essentielle, de son œuvre ethnographique dont l'*Essai sur la construction navale des peuples extra-européens* de 1843 représente, faut-il le rappeler, la base et le manifeste scientifiques. Dans un long article en forme d'authentique « Projet scientifique et culturel » publié en 1872 dans la *Revue Maritime et Coloniale*[1], Pâris fait le constat que les collections du musée possèdent en réalité peu de modèles de bateaux traditionnels extra-européens et encore moins européens. La situation est similaire pour les maquettes de navires à coque en fer et à propulsion mécanique contemporains de son époque. Sa priorité sera en toute logique de privilégier ces deux champs de l'histoire de l'architecture navale, celui des architectures vernaculaires en voie de disparition et celui des architectures les plus modernes en cours de développement. C'est la mémoire des bateaux d'un passé encore très proche et du présent que souhaite mettre en avant Pâris. C'est bien le sens de la conclusion de son article quand il écrit que

> [pour] les peuples sauvages, il y a aussi lieu de se presser ; on a perdu des détails intéressants pour l'exécution, et ceux qui ont vu les pirogues deviennent vieux et rares. On en dira peut-être bientôt autant pour nos caboteurs remplacés par de petits vapeurs. Il est donc évident qu'au moment où l'art naval se modifie partout, il serait utile que le musée de Marine fût en mesure de ne pas laisser échapper ce qui reste du passé, et de suivre le présent, tant qu'il durera.

De nature volontaire et s'appuyant sur son réseau de relations au sein de la Marine, Pâris va obtenir dès 1875 des crédits importants lui permettant d'augmenter notablement le nombre de modélistes affectés à l'atelier du Musée naval du Louvre. En 1877, l'équipe du musée comprendra sept ouvriers maquettistes, nombre de spécialistes jamais atteint depuis lors. À cette cellule permanente viendront se greffer des « ouvriers en ville » selon la formule des documents des collections du Musée naval dont plusieurs sont les fils de modélistes de l'équipe du

---

1   F.-E. Pâris, « Le Musée de marine », *Revue Maritime et Coloniale*, octobre 1872, p. 974-983.

musée. Au total, près de deux cents maquettes de bateaux vernaculaires européens et extra-européens ont été construites entre 1871 et 1887 dont plus de cent trente entre 1873 et 1877[2].

Cet ensemble de modèles[3] constitue une collection unique au monde sur le double plan ethnographique et désormais patrimonial. Au-delà de la diversité des types architecturaux représentés et des cultures nautiques dont ils témoignent, ces modèles ont été réalisés à partir d'une documentation originale provenant soit directement de la main de Pâris et de son fils Armand (1843-1873) qui, disparu accidentellement en mer, fût son plus proche collaborateur, soit de la main de correspondants français et étrangers. Cette documentation résultant d'enquêtes de terrain menées dans le monde se présente sous la forme de plans dessinés à échelle d'exécution des maquettes par Pâris à partir de relevés originaux. Ces plans d'une grande précision comprennent, d'une part, les classiques plans de forme à caractère géométrique en vues transversale, horizontale et longitudinale et, d'autre part, des plans d'ensemble de charpente et de gréement complétés par des plans de détails d'assemblage, de pièces d'accastillage ou encore d'éléments de gouvernail. D'une certaine manière, ces plans répondent à la définition contemporaine donnée par l'archéologue Ole Crumlin-Pedersen de cette catégorie de documentation graphique :

> *The publication of a boat find should provide sufficient information for a model builder to produce a model of the vessel correct in every detail and with a clear indication of the limits between facts and fiction*[4].

---

2   H. Tromparent-de-Seynes, « Du plan à la maquette. Note sur les bateaux du monde dans le fonds amiral Pâris au Musée national de la Marine », *La Revue Maritime*, 488, 2010, p. 28-31, p. 30.

3   Selon la typologie établie par Jean Poujade (J. Poujade, *Collection de documents d'ethnographie navale*. Fascicule introductif, Paris, Éditions Gauthier-Villars, 1948, p. 26), les modèles du fonds Pâris appartiennent à la catégorie des maquettes reproduisant un bateau à l'échelle et dans tous ses détails. Mais pour des raisons de choix techniques d'origine diverse (coût de fabrication et difficultés de réalisation notamment), les modélistes sont conduits à simplifier certains détails aboutissant à une traduction plus ou moins authentique ou idéalisée des réalités architecturales. Dans le cas des maquettes de la collection Pâris, ces écarts avec les réalités architecturales sont souvent mentionnés sur les plans ayant servi à la confection des modèles. En 2010, une grande partie de la collection de modèles du fonds Pâris a été exposée, après avoir été restaurée, au Musée national de la Marine dans le cadre de l'exposition « Tous les bateaux du monde ». *Cf.* É. Rieth (dir.), *Tous les bateaux du monde*, Grenoble, Éditions Glénat / Musée national de la Marine, 2010.

4   O. Crumlin-Pedersen, « Some principles for the recording and presentation of ancient boat structures », dans S. McGrail (ed.), *Sources and Techniques in Boat Archaeology. Papers*

Par ailleurs, les plans destinés à la construction des modèles sont accompagnés de très nombreuses annotations de Pâris dont certaines concernent le strict travail technique de modéliste et d'autres, par contre, présentent un caractère documentaire. S'adressant aux maquettistes d'une façon pédagogique, Pâris explique ainsi le sens de tel détail architectural, décrit les raisons du choix de tel type de décoration de la coque en fonction des usages particuliers à telle communauté. Bref, il fait œuvre aussi de pédagogue vis-à-vis du personnel de l'atelier dont il respectait le haut niveau de compétences techniques.

La seconde forme d'expression de cette mémoire des architectures navales vernaculaires repose sur les publications dont la plus symbolique est la série de six volumes des *Souvenirs de marine conservés. Collection de plans ou dessins de navires et de bateaux anciens ou modernes existants ou disparus, avec les éléments numériques nécessaires à leur construction* publiés entre 1882 et 1908, le dernier volume étant publié à titre posthume avec l'aide de l'Académie des Sciences. Si, suivant l'objectif fixé dans son projet muséographique, la collection des *Souvenirs de marine conservés* concerne les bateaux traditionnels européens et extra-européens, d'une part, et ceux en fer et à propulsion mécanique, d'autre part, il semble bien que ce sont avant tout les bateaux de la première catégorie qui sont privilégiés par Pâris. Le propos de la préface du volume 1 est à cet égard très clair : « la collection des *Souvenirs de marine conservés* a été entreprise dans le but de préserver les constructions maritimes actuelles de l'oubli où sont tombées presque toutes celles qui les ont précédées... Je me suis attaché à commencer par ce qui est perdu et original : tels sont les caboteurs et les bateaux de pêche ». Et il ajoute que ce recueil des mémoires des architectures navales vernaculaires est d'autant plus nécessaire et urgent qu'une part d'entre elles, non fixées par l'écrit ou le dessin, est en voie de disparition. Ces deux extraits de son livre sur *Le Musée de la Marine du Louvre*[5] sont très révélateurs de cette urgence :

---

based on those presented to a Symposium at Greenwich in September 1976, Oxford, British Archaeological Reports, Supplementary Series 29, 1977, p. 163-177, p. 163. Sur la genèse et le contenu des *Souvenirs de marine conservés, cf.* notre introduction de l'édition abrégée de l'ouvrage : É. Rieth, « François-Edmond Pâris : homme de mer, de science et de musée », introduction, *Souvenirs de marine conservés de Pâris* (réédition), Douarnenez, Éditions Le Chasse-Marée, Ar Men, Musée national de la Marine, Douarnenez, 1999, 2 t., t. 1, p. 6-20.

5   F.-E. Pâris, *Le Musée de la Marine du Louvre. Histoire, description, construction, représentation, statistique des navires à rames, d'après les modèles et les dessins des galeries du Musée du Louvre,*

… On voit apparaître de nouvelles constructions… effacer partout ce qui précédait, sans songer à en garder des traces, pour faire savoir à nos descendants ce qu'étaient nos navires, par quelles phases ils avaient passé avant nous, enfin pour laisser des matériaux aptes à en constituer l'histoire[6]

… tandis que par sa nature la pierre résiste au temps, le bois pourrit si vite, qu'après avoir servi, tant qu'il pouvait flotter, le bâtiment est détruit et il n'en reste rien… Aussi a-t'on vu des constructions de notre jeunesse qui ont disparu complètement et dont il est difficile de retrouver des traces assez précises… N'est-ce pas une leçon pour l'avenir ? N'est-ce pas une preuve évidente qu'il est temps, plus que temps peut-être, de rechercher ce qui existe encore, de le consigner sur le papier ? Ne faut-il pas se hâter de réunir ce que nous savons de probable et de certain, pour que l'avenir ne répande pas sur notre époque une obscurité aussi complète que celle qui nous cache le passé, et cela sans pouvoir présenter l'excuse de l'ignorance et du manque de moyens d'exécution[7] ? ».

À la différence de l'*Essai sur la construction navale des peuples extra-euro-péens* dans lequel la part du texte du premier volume est plus importante par la nouveauté du propos scientifique que celle de l'atlas de planches, les six volumes des *Souvenirs de marine conservés* sont, à l'exception de quelques pages, essentiellement constitués de documents graphiques dont principalement des plans « … exécutés avec exactitude et à grande échelle, pour être réduits par la photographie, après avoir servi à construire de beaux modèles exposés dans les galeries du Louvre » selon les termes de la préface du premier volume des *Souvenirs de marine conservés*. Il s'agit donc principalement d'un atlas de plans qui constituent une extraordinaire mémoire graphique de centaines de modèles de bateaux traditionnels de commerce et de pêche sans évoquer les autres types de navires, de guerre notamment, illustrés au fil des planches.

À l'égard de cet aspect muséographique et patrimonial de l'œuvre de Pâris comme de celui de son œuvre scientifique en tant que fondateur de l'ethnographie nautique, se pose la question de son écho au sein de la communauté scientifique. Deux éléments de réponse peuvent être fournis à travers son action depuis sa nomination en 1871 à la direction du Musée naval du Louvre. Lorsque l'on examine les sources des *Souvenirs de marine conservés* relatives aux bateaux d'architecture

---

Paris, Éditions J. Rothschild, 1883.
6   *Ibid*, p. 1.
7   *Ibid*, p. 3.

vernaculaire de pêche et de commerce européens et extra-européens, on constate qu'elles proviennent de trois origines principales. La première, et la plus importante, est celle issue des recherches de Pâris et, notamment, de celles des années 1830-1840 et de sa participation aux trois campagnes de circumnavigation. La deuxième est celle résultant des enquêtes en France (Normandie et Bretagne en particulier) et au Japon de son fils Armand. La troisième, enfin, est représentée par un vaste réseau de correspondants français et étrangers appartenant soit au milieu militaire des officiers de marine (du lieutenant de vaisseau à l'amiral), soit à celui civil des professionnels de la mer (officiers de la marine marchande, constructeurs, pilotes, capitaines de port…). Il est symptomatique de constater que le milieu des historiens, des archéologues et des conservateurs de musée est, sauf exceptions, curieusement absent de ce réseau de correspondants comme si la nouveauté de la pensée ethnographique de Pâris s'était heurtée à une sorte de loi du silence de la part de cette communauté scientifique qui aurait dû être sensible à la portée de l'œuvre ethnographique de Pâris.

Un second élément de réponse peut être trouvé dans les difficultés que rencontra Pâris au sein de l'administration du Musée du Louvre et de son personnel de conservation. Pour comprendre cette situation, il est nécessaire de rappeler brièvement l'historique du Musée naval du Louvre.

C'est en 1827, par décret royal de Charles X, que fût officiellement fondé au Palais du Louvre un Musée de Marine, dit Musée Dauphin. La direction en fût confiée à un ingénieur du Génie maritime P.-A. Zédé. Rattaché au Musée du Louvre, dont il constituait en quelque sorte une nouvelle section, le Musée de Marine, encore appelé Musée naval, était donc dirigé par un conservateur issu du milieu de la Marine militaire et dépendant du ministère de la Marine, et placé sous la tutelle administrative et financière du ministère des Beaux-Arts. Dès ses débuts, le musée se trouva confronté à cette double appartenance non seulement matérielle mais aussi intellectuelle : une collection fondatrice, à caractère technique et pédagogique, de navires de guerre destinée à composer un parcours muséographique conçu pour valoriser l'histoire maritime, avant tout militaire, de la France ; un espace d'exposition et de conservation situé dans un lieu prestigieux dédié aux Beaux-Arts. La coexistence entre ces deux mondes allait être à l'origine de fréquents conflits ou, tout au moins de difficultés multiples.

Rapidement, les collections d'origine du Musée naval vont s'enrichir avec des peintures, des gravures, des cartes, des sculptures, des objets d'arts, des instruments scientifiques et de navigation, armes... De plus, de nombreux objets à caractère ethnographique issus des collectes effectuées lors des campagnes d'exploration maritime menées par la Marine et auxquelles participa Pâris intégrèrent également les collections du musée. Musée à caractère technique et historique, musée aussi de dimension ethnographique, le Musée naval du Louvre resta assez isolé au sein du Musée du Louvre qui était essentiellement un musée d'art et d'archéologie en totale harmonie, en l'occurrence, avec sa tutelle du ministère des Beaux-Arts.

La période particulièrement faste et dynamique pour le Musée naval que fût, de 1871 à 1893, celle de la direction de Pâris et de son « projet scientifique et culturel » novateur illustrant, sur la base d'une documentation scientifique provenant pour une large part de ses recherches, la diversité et la richesse des cultures nautiques et des traditions architecturales à l'échelle des continents, ne favorisa pas pour autant l'ouverture du musée à la communauté scientifique et n'atténua guère non plus les difficultés matérielles avec le ministère des Beaux-Arts[8]. Ce contexte officiel d'existence du musée ne semblerait pas avoir eu de répercussions sur le public qui paraît avoir été nombreux à vouloir le visiter pendant les périodes trop courtes d'ouverture malgré les efforts de Pâris pour les augmenter.

D'une façon assez symbolique, cette difficulté d'ouverture au-delà du cercle de la Marine militaire fût accentuée en 1905 par la dispersion du fonds ethnographique du Musée naval dans d'autres musées de Paris et de provinces. Un autre changement important renforçant la perspective avant tout maritime et nationale du musée et, en un certain sens, à un retour vers les origines, fût le rattachement du musée au ministère de la Marine en 1920.

Pâris, marin militaire et savant, fondateur de l'ethnographique nautique en ayant défini son objet, le bateau comme « acteur et témoin d'histoire », sa méthode, observer, dessiner, décrire, comparer, analyser,

---

8   Cette partie de la carrière de Pâris constitue l'un des chapitres de la thèse de Géraldine Barron-Fortier, *Entre tradition et innovation : itinéraire d'un marin, Edmond Pâris (1806-1893)*, thèse de doctorat d'histoire soutenue sous la direction de Marie-Noëlle Bourguet, Université de Paris-Diderot-Paris VII, 2015.

sa valorisation patrimoniale, semblerait avoir eu du mal à se détacher de son milieu professionnel d'origine. Sans doute, les autres milieux professionnels, ceux des musées et de l'université notamment, ne sembleraient pas avoir toujours été très accueillants. Dans tous les cas, la pensée ethnographique de Pâris fût un moment clé de la recherche sur l'histoire des architectures navales vernaculaires européennes et extra-européenne. Par ailleurs, son questionnement du bateau comme « acteur et témoin d'histoire » du temps présent comme sa méthode d'enquête et son souci de la valorisation furent les prémices d'un autre champ scientifique : celui de l'archéologie navale contemporaine.

Pour des raisons qu'il reste encore à expliquer, Pâris n'eut pas « d'élèves » ou « d'héritiers intellectuels » proches à l'exception du commandant Hennique et de son ouvrage sur les bateaux de cabotage et de pêche de Tunisie publié en 1888 et d'un autre officier de marine, le commandant Louis Audemard qui, au début du XXᵉ siècle, étudia au cours de longues enquêtes de terrain la batellerie fluviale du Yang-Tsé-Kiang[9]. Cette situation apparaît bien différente de « l'école française d'archéologie navale » officialisée par Jal et dont l'histoire, riche en auteurs et en références bibliographiques, s'est poursuivie sans réelle césure jusqu'à nos jours.

Il faut attendre en réalité le milieu du XXᵉ siècle pour voir reprendre explicitement la pensée ethnographique de Pâris avec les recherches et les publications d'un juriste de profession, Jean Poujade, auteur de *La route des Indes et ses navires*[10] et fondateur d'une *Collection de Documents d'ethnographie navale, d'archéologie navale, d'ethnographie terrestre, d'archéologie terrestre* beaucoup trop vite interrompue malheureusement (1946-1948). Dans le fascicule introductif exposant les idées générales de la collection, Poujade s'était situé d'emblée dans la continuité de l'œuvre de Pâris en faisant un historique très complet des *Souvenirs de marine conservés* et en

---

9   L. Audermard, *Les jonques chinoises*, Rotterdam, Museum voor land-en Volken-Kunde & Maritiem Museum Prins Hendrik, 1957-1971, 10 t. (le dernier tome porte sur l'Indochine).

10   J. Poujade, *La route des Indes et ses navires*, Paris, Éditions Payot, 1946. Sans en réduire son intérêt, on doit noter que ce livre a tendance à développer certains raisonnements comparatistes et diffusionnistes qui, aujourd'hui, apparaissent critiquables. En revanche, un aspect de la pensée de Poujade garde toute sa pertinence. C'est celui de sa démarche ethno-archéologique que Poujade exprime comme suit : « … les observations ethno-graphiques, c'est-à-dire l'étude de faits actuels peuvent être… d'un grand secours aux archéologues en leur évitant des efforts d'imagination qui les conduisent souvent à des solutions difficilement acceptables… » (J. Poujade, ouvr. cité, 1946, p. 7-8).

soulignant son importance scientifique. En deux courtes phrases très symboliques rappelant à l'évidence l'esprit de l'*Essai sur la construction navale des peuples extra-européens*, il définissait ainsi son approche : «... un bateau représente, pourrait-on dire, au moment de sa construction, la synthèse d'une culture ». Et il ajoutait : « Un bateau résume une société[11] ».

Mais la véritable renaissance en France de l'esprit de l'*Essai sur la construction navale des peuples extra-européens* se situe dans les années 1965-1970 avec les premières publications de François Beaudouin dont son *Bateau de Berck*, publié en 1970 et résultat d'une enquête ethnographique universitaire menée sous la direction du professeur André Leroi-Gourhan, représente la première et combien fondamentale expression scientifique. Le bateau était désormais considéré comme un authentique « acteur et témoin d'histoire » intégré au monde de la recherche universitaire et des musées. Et quitte à nous répéter, nous citerons une nouvelle fois les dernières phrases de l'introduction du Bateau de Berck tant elles sont essentielles :

> ...l'étude du bateau et des techniques nautiques constitue la meilleure voie d'accès à l'homme de l'eau ; nous nous efforçons pour cela de mettre en évidence la façon dont le bateau est déterminé dans ses formes, sa structure, ses dimensions, son existence même par un grand nombre de facteurs géographiques, historiques, techno-économiques, comme l'homme lui-même mais de façon visible et durable. À l'inverse, nous essaierons de montrer de quelle façon il [le bateau] peut témoigner de l'action de ces multiples facteurs et constituer un document de grande valeur pour l'ethnologue[12].

De « l'ethnologue » à « l'archéologue » : comme nous le verrons plus tard, le dernier mot de cette introduction peut être modifié sans que le sens de l'intégralité du propos de François Beaudouin ne soit en rien changé.

---

11   J. Poujade, *Collection des Documents d'ethnographie navale*. Fascicule introductif, Paris, Éditions Gauthier-Villars, 1948, p. 13-14.
12   F. Beaudouin, ouvr. cité, 1970, p. 1.

CINQUIÈME PARTIE

L'APPORT DE L'ARCHÉOLOGIE
NAVALE SCANDINAVE

TROIS SITES FONDATEURS

C'est en 1840, nous l'avons vu, que l'historien maritime français Augustin Jal officialisa à travers son livre intitulé *Archéologie navale* « l'école française d'archéologie navale » dont les origines remontent au XVIᵉ siècle. Trois ans après la publication du livre de Jal, le futur amiral Pâris, rompant avec cette tradition historique pluriséculaire privilégiant « le mot et l'image » comme sources d'étude des bateaux, publia son *Essai sur la construction navale des peuples extra-européens* qui constitue un authentique manifeste scientifique en faveur de l'étude des architectures navales vernaculaires où les bateaux, dans leur matérialité architecturale de forme, de structure, de fonctionnement, sont considérés comme des « acteurs et témoins d'histoire ». À cette nouvelle approche des bateaux, Pâris associa une nouvelle méthode d'enquête de terrain qui, résumée en cinq verbes, observer, dessiner, décrire, comparer, analyser, présente maintes similitudes avec celle mise en œuvre par les archéologues sur leur chantier de fouille à deux différences principales près toutefois. La première est celle de l'échelle du temps historique : contemporain pour l'enquête ethnographique et plus ou moins ancien pour l'enquête archéologique. La seconde différence majeure est celle de la nature de l'objet matériel bateau. Pour l'ethnographe, c'est un « objet vivant », inscrit dans son environnement nautique et son contexte culturel, qu'il peut observer. Pour l'archéologue, c'est un « objet mort », plus ou moins bien conservé, sans relation immédiate avec son milieu de navigation et son cadre d'utilisation, qu'il doit restituer.

Peu de temps après que Jal et Pâris eurent publié leur livre débuta au Danemark, à Nydam, une fouille pionnière de trois bateaux enfouis dans un marécage, qui allait marquer durablement le début d'une nouvelle ère de l'histoire de l'archéologie navale. Avant de revenir sur cette fouille, il importe de rappeler quelques données qui, à notre avis, ont pu constituer des facteurs favorables au développement d'une « école scandinave d'archéologie navale » dont les principes et les méthodes ont renouvelé en profondeur l'histoire de l'architecture navale comme champ d'étude.

Une évidence tout d'abord : le Danemark, la Suède et la Norvège sont des territoires dont la géographie est façonnée par une mer littorale ponctuée, dans le cas de la Norvège, d'un dense système archipélagique et de fjords et à laquelle est associé, dans le cas de la Suède, un important réseau de fleuves et de lacs. Ces milieux aquatiques ont constitué autant de voies naturellement privilégiées de circulation et d'échanges et ont aussi favorisé l'exploitation de leur richesse halieutique. À l'époque de la fouille de Nydam, le marin-paysan avec son bateau était encore une réalité économique, sociologique et culturelle dans la société scandinave.

Un second élément, sans doute d'influence mineure mais qui, cependant, ne semblerait pas devoir être passé totalement sous silence dans le contexte de la fouille des trois sites fondateurs de Nydam au Danemark, de Gokstad et d'Oseberg en Norvège, est le courant politico-culturel scandinaviste qui, né au cours des XVIIe-XVIIIe siècles, s'est développé au cours du XIXe siècle. Face en particulier aux menaces de l'Empire russe et du Royaume de Prusse[1], les porteurs de ce courant militaient en faveur d'une nation scandinave regroupant le Danemark, la Suède et la Norvège, pays héritiers selon eux d'une même histoire et d'une même langue. Dans cet héritage historique supposé être partagé par les trois pays scandinaves, la période viking et, à travers elle, la mémoire du marin scandinave, tout à la fois guerrier, explorateur, marchand et colon, symbolisé par le personnage de Eiríkr Raudi (Éric le Rouge) qui doubla la pointe sud du Groenland vers 983 pour se diriger vers la côte sud-ouest et explorer de nouveaux territoires groenlandais, contribuaient à l'assise historique du scandinavisme. Dans cette perspective, l'univers maritime, qu'il releva d'un discours historique ou d'une restitution symbolique, apparaît présent.

Un troisième élément à considérer est le maintien au cours du XIXe siècle, et même au-delà, de la construction navale vernaculaire de

---

1   Dans le cas du Danemark, ces menaces se sont traduites en 1864 par la guerre des Duchés (Holstein, Schleswig, Saxe-Lauenbourg) entre le Danemark, l'Empire d'Autriche et le Royaume de Prusse. Lors du Traité de Vienne du 30 octobre 1864 mettant fin au conflit, les trois duchés administrés par le Danemark revinrent pour une part à l'Autriche (Holstein) et pour une autre part à la Prusse (Lauenburg et Schleswig). Les trois épaves de Nydam situées dans le duché de Schleswig administré par le Danemark au moment de la fouille se retrouvèrent dès lors en territoire administré par la Prusse.

bateaux de pêche et de transport dans maintes régions de la Scandinavie et notamment en Norvège dont la partie septentrionale, d'accès difficile, est demeurée, jusqu'au début du xxᵉ siècle, un authentique conservatoire des techniques de la construction à clin. Cette réalité d'une « tradition vivante[2] » de l'architecture navale à clin dans ses aspects à la fois matériel, au niveau des pratiques des chantiers navals et des savoir-faire des charpentiers, et immatériel, au niveau des savoirs liés aux processus de conception, a représenté, comme nous l'examinerons ultérieurement, une source comparative particulièrement pertinente dans le processus d'analyse et d'interprétation des épaves au sein de la recherche archéologique scandinave.

Une quatrième donnée ayant en toute vraisemblance contribué à privilégier les sources archéologiques et à participer à la formation de cette « école scandinave d'archéologie navale » est à considérer. Elle porte sur la nature de la documentation historique. Les sources historiques scandinaves des époques pré-viking et viking[3], cette dernière étant au centre des recherches archéologiques au xixᵉ siècle comme durant une très grande partie du xxᵉ siècle, se caractérisent, en effet, par l'extrême rareté des documents écrits contemporains des données archéologiques et par la forme avant tout littéraire de la documentation écrite de tradition islandaise composée principalement de textes en prose, les sagas. Cette tradition littéraire des xiiᵉ et xiiiᵉ siècles se caractérise, rappelons-le, par des récits rapportant des faits historiques, légendaires ou imaginaires, de caractère païen portant sur les mœurs et les usages des populations vikings, transmis oralement et fixés par l'écrit dans le cadre d'une culture chrétienne. Il est bien évident que l'interprétation de ces sources dans une perspective d'histoire des techniques de la construction navale est extrêmement complexe.

Une illustration significative de cette complexité est fournie par l'exemple de la description de la construction en 999 à Trondheim, en Norvège, du grand navire de guerre appelé le *Long Serpent*. Cet épisode évoquant notamment le rôle du maître-charpentier, « celui qui donne des coups de plane » selon le texte, est décrit dans le chapitre 88 de la saga d'Óláfr Tryggvason et rapporté par Snorri Sturluson (1178-1241)

---

2 Traduction de l'expression anglaise de « *living tradition* » classiquement utilisée dans les études anglo-saxonnes d'ethnographie nautique.

3 La période viking est classiquement comprise entre 789 et 1100.

dans sa célèbre *Heimskringla*[4]. La nature littéraire de la saga comme les décalages chronologiques existant entre les faits cités et leur narration ainsi que leur mise en corrélation avec les données archéologiques et aussi iconographiques soulèvent des questions d'interprétation dont les travaux de Régis Boyer, le spécialiste de la littérature et de l'histoire médiévale scandinave, fournissent d'indispensables clefs de lecture. Il est évident que ce contexte documentaire scandinave est fondamentalement différent de celui de la France comme de celui de l'Angleterre, de l'Italie ou de l'Espagne où, pour les mêmes époques (haut Moyen et Moyen Age central), les sources écrites sont beaucoup plus abondantes et diversifiées.

Le problème des sources iconographiques tant au plan de leur rareté, certes moindre que dans le cas de la documentation écrite, que de leur difficulté d'interprétation, se pose en des termes sensiblement similaires à ceux de la documentation écrite des époques pré-viking et viking. Les documents les plus nombreux sont les graffiti sur divers supports (pierre, bois, os), les monnaies et les représentations de bateaux sur les stèles dont les plus connues sont celles de l'île de Gotland (Suède). Ces dernières, datées du Ve au XIe siècle, sont interprétées comme des stèles funéraires ou commémoratives de défunts. Les bateaux figurés de profil fournissent des informations sur la géométrie générale de la coque avec, souvent, une bonne précision et apportent surtout des données sur le gréement carré (mât et voile). L'exception est, au sein des sources iconographiques, la célèbre Tapisserie de Bayeux ou broderie de la reine Mathilde qui représente en une suite de scènes passionnantes à analyser l'épopée du duc Guillaume de Normandie et l'expédition maritime de 1066 à la conquête de l'Angleterre. Compte tenu de la richesse informative des scènes, pensons par exemple à la séquence 35 de la construction de la flotte de Guillaume, il s'agit sans nul doute de l'une des sources iconographiques les plus sollicitées par les historiens et les archéologues pour illustrer l'architecture à clin de l'époque viking.

Face à ce caractère lacunaire des sources écrites et iconographiques pré-viking et viking, les archéologues scandinaves ont été amenés à faire le choix des sources archéologiques à la différence de leurs collègues d'Angleterre, de France, d'Espagne ou d'Italie qui, quant à eux, ne se

---

4 *La Saga d'Óláfr Tryggvason*, traduite de l'islandais ancien, présentée et annotée par Régis Boyer, Paris, Imprimerie nationale, 1992.

trouvaient pas confronté à cette difficulté documentaire et pouvaient faire appel à une riche documentation écrite et iconographique tant antique que médiévale conduisant, de Lazare de Baïf à Jal, à l'élaboration de cette archéologie navale « du mot et de l'image » et à la renommée de cette « école française d'archéologie navale » dont l'érudition historique de ses acteurs était souvent bien réelle.

1840 : parution de l'*Archéologie navale* de Jal ; 1843 : édition de l'*Essai sur la construction navale des peuples extra-européens* de Pâris ; 1859-1864 : fouille du site de Nydam au Danemark, première opération archéologique qui marque véritablement les débuts de cette « école scandinave d'archéologie navale[5] ».

Ce site marécageux est localisé dans le sud de la péninsule danoise du Jutland. Après avoir été rattaché un temps à la Prusse à la suite du Traité de Vienne d'octobre 1864, ce territoire retourna au royaume du Danemark en 1920. Fouillé en contexte humide, le site de Nydam comprend, outre un grand nombre d'armes déposées à titre votif sur une période comprise entre le IIIe et le Ve siècle, trois bateaux également déposés à titre d'offrande votive de guerre[6]. L'une des épaves, dite Nydam 2, est celle d'un grand bateau dont la construction a été récemment datée par la dendrochronologie des années 310-320 et le dépôt des années 340-350. Mesurant près de 23 m de long, 3, 26 m de large et 1,02 m de haut, ce bateau en chêne a été construit à partir d'une charpente longitudinale continue formée d'une virure centrale de quille, d'une étrave sur l'avant et d'un étambot sur l'arrière. La coque, bâtie sur un principe de conception « sur bordé » est bordée à clin avec des rivets en fer. Le bateau entièrement ouvert est propulsé par des rames prenant appui sur une série de tolets fixés au plat-bord. Il est dirigé par un gouvernail latéral. Le bateau de Nydam 2 est en l'occurrence

---

5   La fouille du site, interrompue par la guerre de 1864, a été reprise entre 1987 et 1997 par l'archéologue danois Flemming Rieck du Musée national du Danemark. *Cf.* par exemple : F. Rieck, « Die Schiffsfunde aus dem Nydam-moor. Alte funde und Neue Untersuchungen », dans G. Bemmann, J. Bemmann, *Der Opferplatz von Nydam : die Funde aus den älteren grabungen Nydam- I und Nydam-II*, Neumünster, Wachholtz, 1998, p. 267-292 ; *id.*, « The ships from Nydam bog », dans L. Jorgensen, B. Storgaard, L. G. Thomsen (éd.), *The Spoils of Victory. The North in the shadow of the Roman Empire*, Copenhague, Nationalmuseet, 2003, p. 296-309. Cette reprise de la fouille a permis de reprendre et corriger certaines interprétations de C. Engelhardt et H. Åkerlund.

6   C. Engelhardt, *Nydam Mosefund 1859-1863*, I Commission G. E. C. Gad, Copenhague, 1865 ; H. Åkerlund, *Nydamskeppen*, Göteborg, 1963.

la plus ancienne attestation archéologique de l'emploi de rivets en fer pour les assemblages à clin en remplacement des assemblages cousus et de l'utilisation de rames en place de pagaies pour la propulsion. Par ailleurs, il est considéré comme l'un des types architecturaux suscep-tibles d'avoir été armés par les populations Angles et Saxonnes lors de leurs migrations côtières vers l'Angleterre.

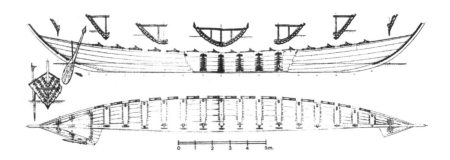

FIG. 35 – Coupes transversales, élévation longitudinale
et vue en plan du bateau de Nydam 2, Danemark.
Ce plan a été établi par H. Shetelig et F. Johannessen en 1930.
Depuis cette première restitution architecturale et la reprise
de la fouille par F. Rieck, entre 1987 et 1997, des corrections
ont été apportées à ce plan d'origine. Pour autant, cette relecture
des vestiges ne réduit pas la dimension profondément novatrice
de la fouille, du traitement et de la présentation muséographique
de ce bateau caractéristique de la période pré-viking
des migrations (A. E. Christensen, « Bateaux scandinaves
jusqu'à l'époque des Vikings », dans G. F. Bass (dir.),
Archéologie sous-marine. 4000 ans d'histoire maritime, Paris,
Éditions Tallandier, 1972, p. 159-180, p. 163)

Plusieurs aspects de la fouille et de l'étude de ce bateau de Nydam 2 sont à souligner.

En premier lieu, c'est un archéologue professionnel, Conrad Engelhardt, qui dirigea la fouille de l'ensemble du site. Certes, Engelhardt, alors en charge du Musée des antiquités nordiques à Flensborg (Danemark), n'était nullement un spécialiste d'archéologie navale mais, en revanche, il avait une parfaite connaissance des problématiques archéologiques de l'étude des dépôts votifs de l'Age du Fer, d'une part, et avait aussi la pratique des méthodes de fouille de l'époque, d'autre part. Ses recherches avaient porté sur plusieurs sites archéologiques de l'Age du Fer dont, outre celui de Nydam, ceux de Thorsberg, Kragehul et Viemose[7]. Le bateau de Nydam 2, comme vestige matériel, a donc été fouillé et étudié avec la même rigueur scientifique, selon les normes de l'époque, que n'importe quel autre vestige matériel s'agissant de sépulture, de gisement votif ou de fortification de terre. L'étude du bateau de Nydam 2 a été reprise au milieu du XXe siècle par l'archéologue suédois Harald Åkerlund qui avait notamment fouillé les épaves médiévales découvertes dans le port de Kalmar. Avec son expérience d'archéologue habitué à l'examen des épaves, il constata que le traitement de conservation appliqué aux pièces de charpente du bateau de Nydam 2 n'avait pas empêché un séchage et une déformation du bois avec comme conséquence, en particulier, une réduction des dimensions des bordages en chêne de l'ordre de 13 à 14 %. Cette intervention de professionnel de l'archéologie pendant et après la phase de terrain est une première caractéristique de cette « école scandinave d'archéologie navale ».

En deuxième lieu, une fois le site de Nydam fouillé, Engelhardt effectua des recherches bibliographiques, contacta des collègues, rassembla une documentation. Bref, il entreprit le travail classique de post-fouille que tout archéologue était, et est toujours amené à faire. L'une des publications consultées par Engelhardt était celle du folkloriste et pasteur norvégien Ejlert Sundt qui avait constaté que la variété des bateaux utilisés par les communautés rurales norvégiennes des années 1850-1860 pouvait reposer sur des racines architecturales anciennes qu'il importait d'identifier. Au cours d'une conférence faite en 1865, il montra qu'un type de bateau vernaculaire norvégien, le « Nordland boat », était le descendant architectural direct d'une très ancienne lignée de bateaux norvégiens. Lançant en quelque sorte un appel aux archéologues, il écrivait ainsi :

> If an antiquary could find on the sea-bottom a sunken boat from Fridthiof's days, it could be an exemple of the ancient vessels, the great-grandmother of todays'large family of boats[8].

---

7   F. Rieck, « The Iron Age Boats from Hjortspring and Nydam-New Investigations », dans C. Westerdahl (ed.), *Crossroads in Ancient Shipbuilding*. Proceedings of the Sixth International Symposium on Boat and Ship Archaeology Roskilde 1991, Oxford, Oxbow Books, (Oxbow Monograph 40), 1994, p. 45-54, p. 49.

8   Cité par A. E. Christensen, « Proto-Viking, Viking and Norse Craft », dans R. Gardiner (ed.), *The Earliest ships. The Evolution of Boats and Ships*, Londres, Conway Maritime Press, 1996, p. 72-88, p. 77.

Suivant cette remarque, Engelhardt compara certaines caractéristiques du bateau de Nydam 2 avec celles d'embarcations vernaculaires
norvégiennes et mit en évidence, pour la première fois, des liens de
parenté et une continuité architecturale entre ce bateau de l'Age du
Fer scandinave et des types de bateaux traditionnels[9]. Élargissant son
propos, il notait : « ... *it is interesting to observe the agreement, shown here,
between Past and Present, and to have yet another link in the many that exist
among the Scandinavian countries and language, manners and customs, and
antiquities*[10] ». Engelhardt faisait ainsi appel à une méthode d'analyse
comparative avec la « *living tradition* » qui allait marquer profondément
« l'école scandinave d'archéologie navale ».

En troisième lieu, enfin, le bateau de Nydam 2, après avoir été fouillé,
et avant que la Guerre des Duchés n'interrompît l'opération archéologique, fût prélevé, traité à des fins de conservation et d'exposition au
Musée des antiquités nordiques de Flensborg avant d'être transporté
en 1867 à Kiel au gré des conséquences de la guerre avec la Prusse. Il y
demeura jusqu'en 1941 où, épargné par les bombardements, il fût stocké
sur une barge avant de regagner son havre muséographique définitif,
le Schleswig-Holsteinisches Landesmuseum für Vor-und Frühgeschite
in Schleswig de Gottorf (Allemagne). Sans doute le rôle important
d'intervenant en archéologie dévolu dès le XIXe siècle aux musées au
Danemark et, plus généralement dans les pays scandinaves, comme en
Allemagne d'ailleurs, dans l'étude et la valorisation muséographique du
patrimoine archéologique, a-t-il favorisé la décision de préserver le bateau
de Nydam 2. Dans tous les cas, il s'agit là d'une autre caractéristique
majeure de cette « école scandinave d'archéologie navale ».

---

9   Un des modèles de comparaison attesté en Norvège, mais également en Suède et en
     Finlande, est celui des bateaux de parade à rames destinés à transporter les membres
     d'une même communauté villageoise à l'église ou au temple lors des jours de fête reli-
     gieuse. Ces bateaux appartenaient à l'ensemble de la communauté qui avait la charge
     de leur construction et de leur entretien. Une peinture (1853) de Wilhem Marstrand
     (1810-1873) représente une flotte de ces bateaux chargés de transporter les habitants de
     Loksand (Suède) à l'église paroissiale. La forme de ces bateaux à rames est comparable,
     d'une façon tout à fait remarquable, à celle du bateau de Nydam 2. *Cf.* la reproduction
     de ce tableau dans W. Rudolph, *Bateaux, radeaux, navires,* Zurich, Éditions Stauffacher,
     1975, p. 164-165.
10   Cité par O. Crumlin-Pedersen, « Skin or wood ? A study of the Origin of the Scandinavian
     Plank-Boat », dans O. Hasslöf, H. Henningsen, A. E. Christensen (éd.), *Ships and Shipyards,
     Sailors and Fishermen. Introduction to maritime ethnology,* Copenhague, Copenhagen University
     Press, 1972, p. 208-234, p. 210.

La deuxième fouille fondatrice est celle de la sépulture à bateau d'époque viking de Gokstad, en Norvège. Si la pratique du dépôt votif d'objets de nature, de dimension et de fonction variées – de l'épée de moins de 1 m de long au bateau de plus de 20 m de long – a favorisé les débuts de l'archéologie navale scandinave, un deuxième facteur favorisant a été, à n'en pas douter, la coutume funéraire de la sépulture à bateau sous ses formes diverses : sépulture à incinération dont les seuls vestiges préservés témoignant de l'architecture à clin sont les lignes de rivets en fer marquant les plans d'assemblage par recouvrement des virures, alignement de pierres reproduisant le contour schématique en plan d'une coque longue, étroite, aux extrémités en pointe ou encore bateau servant de sépulture disposé à l'intérieur d'un tertre de terre ou de sable. C'est le cas de la sépulture à bateau de Gokstad située au nord de Sandefjord, près de l'actuelle ville d'Oslo, qui a été fouillée en 1880[11] et contenait un grand bateau et trois embarcations à rames.

Si la sépulture date des années 910, le grand bateau lui-même, en revanche, est antérieur. Une datation dendrochronologique récente situe sa construction dans les années 895. Sa coque en chêne avec son équipement, son gréement, son accastillage, sa chambre funéraire, reposait à l'intérieur d'un tertre de près de 50 m de diamètre et de 5 m de haut. Le site a été fouillé par l'un des meilleurs spécialistes norvégiens de l'étude des tertres funéraires, l'archéologue Nicolay Nicolaysen. Celui-ci fit preuve d'une grande rigueur scientifique dans la fouille et dans l'enregistrement des données archéologiques favorisé par un relatif bon état de préservation des vestiges architecturaux en connexion. Comme dans le cas de l'offrande votive pré-viking de Nydam 2, il s'agit d'un authentique bateau de 24 m de long, 5, 20 m de large, 2,20 m de haut, construit sur quille, bordé à clin, dont la partie inférieure des membrures, flottantes[12] par rapport à la quille, est assemblée au bordé par des ligatures et dont la partie supérieure l'est par des chevilles en bois. Cette mixité des assemblages, associant flexibilité des ligatures et rigidité des gournables, constitue l'une des « signatures « de l'architecture à clin

---

11   N. Nicolaysen, *Langskibet fra Gokstad ved Sandefjord*, Kristiana, Cammermeyer, 1882 ; A. E. Christensen, *Guide to the Viking Ship Museum*, Oslo, Universitetets Oldsaksmaling, 1987, p. 20-26 ; W. Damman, *Das Gokstadschiff und Seine Boote*, Das Logbuch, Arbeitskreis Historischer Schifbau e.V Heidesheim, 1983 ; T. Sjøvold, *The Viking Ships in Oslo*, Oslo, Universitetets Oldsaksmaling, 1985, p. 53-68.

12   C'est-à-dire non fixées à la quille.

de cette période de l'époque viking. Deux autres « signatures » de cette période sont constituées par la mixité des modes de propulsion – voile et avirons – et par la non spécialisation fonctionnelle du bateau servant de transporteur de marins-combattants et d'une petite cargaison.

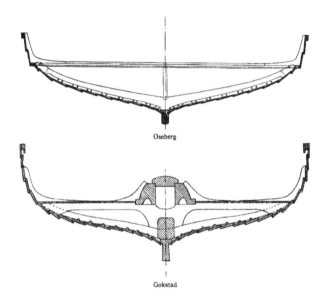

FIG. 36 – Sections au maître-couple du bateau-sépulture d'Oserberg (datation de la construction 815-820) et de celui de Gokstad (datation de la construction 895). Ces deux bateaux, authentiques voiliers d'époque viking réemployés comme sépultures, sont considérés, à juste titre, comme des symboles de l'archéologie navale norvégienne, et plus largement scandinave. À proximité du musée où les bateaux d'Oserberg et de Gokstad sont exposés se trouve le Musée du *Kon-Tiki* et celui du *Fram*, deux autres symboles nautiques de la recherche norvégienne, le premier étant lié aux navigations expérimentales de Thor Heyerdahl (traversée du Pacifique à bord du *Kon-Tiki* en 1947, suivie d'autres) et des expéditions polaires à bord du *Fram* construit en 1892 pour Fridtjof Nansen (1893-1896) (d'après Th. Sjøvold, *The Viking Ships in Oslo*, Oslo, Universitetets Oldsaksmaling, 1985, p. 16, 64).

À la suite de la fouille, le bateau de Gokstad fût entreposé provisoirement dans un édifice localisé à proximité de l'université d'Oslo dans un état proche de celui de sa découverte jusque dans les années 1930 où il fût transporté au Musée des Bateaux Vikings de Bygdøy situé à proximité d'Oslo et où il est toujours exposé. La coque fut alors démontée, traitée et remontée sous la direction de l'ingénieur du génie maritime et architecte naval Fredrik Johannessen (1873-1951). De formation technique, Johannessen acquit au cours de sa carrière une culture archéologique qui fit de lui un spécialiste reconnu de la conservation des bateaux. C'est ainsi qu'il fût appelé comme consultant scientifique lors du renflouage des deux barges antiques de Nemi après les gigantesques travaux d'assèchement du lac ordonnés par Mussolini en 1929-1930. Au sommet de sa carrière archéologique, Johannessen fût nommé conservateur au Musée des Antiquités nationales de l'université d'Oslo de 1943 à sa retraite en 1948.

Le spécialiste de l'architecture navale qu'était à l'origine Johannessen est donc intervenu après celle du spécialiste de l'archéologie qu'était Nicolaysen dans le but de revisiter en quelque sorte l'architecture du bateau de Gokstad et restaurer sa forme et sa structure telles qu'elles étaient susceptibles de l'être à l'époque où le bateau naviguait à la rame et à la voile. Même si certains choix de remontage et d'interprétation des données d'origine[13] peuvent donner lieu à des critiques au regard des méthodes actuelles d'analyse et de restitution des épaves, cette association de compétences archéologiques et techniques[14], également

---

13 C'est ainsi que Johannessen, par sa formation classique d'ingénieur du génie maritime et d'architecte naval praticien de la construction navale en bois à franc-bord « sur membrure » telle qu'elle était pratiquée dans les grands chantiers navals de son temps, semblerait avoir été influencé dans son interprétation, erronée, de l'usage de gabarits dans le contexte de l'architecture à clin « sur bordé » de l'époque viking. N'ayant pas la pratique de la construction à clin, il lui semblait impossible, en tant que technicien, que l'on puisse concevoir et construire une coque sans recourir à des gabarits transversaux en contradiction avec les données archéologiques des bateaux de Gokstad et d'Oseberg qui ne présentaient aucun indice archéologique d'un tel emploi de gabarits. En effet, de nombreux écarts de bordages assemblés par des rivets enfoncés de l'extérieur du bordé et rivetés à l'intérieur étaient situés sous des membrures et impliquaient nécessairement une introduction des membrures après l'élévation du bordé à clin.

14 Une collaboration entre un spécialiste de construction navale et un archéologue « du mot et de l'image » avait été expérimentée en France avec le tandem Dupuy de Lôme / Jal lors de la construction d'une supposée trirème romaine sous le Second Empire. En

mise en œuvre dans la restauration du bateau d'Oseberg, représente à l'évidence une innovation méthodologique et une originalité propre à « l'école scandinave d'archéologie navale », première étape d'un protocole scientifique où la responsabilité de la restitution de la forme et de la structure du bateau revient intégralement à l'archéologue spécialisé en archéologie navale. À cet égard, la personnalité scientifique scandinave emblématique de cette archéologie navale qui, en tant que discipline des sciences humaines, associe à la culture particulière à l'architecture navale celle spécifique à l'archéologie, est celle du danois Ole Crumlin-Pedersen (1935-2011) dont la première formation à l'université technique de Copenhague était celle d'architecte naval. Nous aurons l'occasion de revenir sur le rôle tout à fait exceptionnel tenu par O. Crumlin-Pedersen dans l'histoire de l'archéologie navale.

Méthode de fouille et d'enregistrement des données, publication des résultats deux ans après la fin du chantier, conservation provisoire des vestiges, traitement ultérieur des bois et présentation muséographique du bateau : à ce parcours archéologique exemplaire s'ajoute une autre étape toute aussi remarquable qui est celle de la reconstruction d'une réplique du bateau destinée à naviguer[15]. À la différence de « l'hypothèse flottante » que fût la trirème romaine de Jal et de Dupuy de Lôme mise en chantier en 1860 et lancée en 1861, la réplique du bateau de Gokstad, construite à partir des données archéologiques, est révélatrice de la qualité scientifique de l'archéologie navale expérimentale scandinave dès ses débuts. Une entorse technique à la méthode de construction à clin « bordé premier » doit être soulignée : l'emploi de plusieurs gabarits fixes pendant l'élévation du bordé. A. E. Christensen précise que ce recours à des gabarits, effectivement anachronique, était un choix technique destiné à respecter au plus près les formes de la coque. Le but de la construction n'était pas de restituer expérimentalement les processus de construction et l'ensemble de la chaîne opératoire, mais d'obtenir une coque dont les formes reproduiraient celles du bateau du IXe siècle. Il ajoute que les membrures n'ont été introduites et assemblées au bordé

réalité, cette collaboration fût loin d'être parfaite, chacun des spécialistes prétendant détenir une part de « vérité scientifique ». *Cf.* la troisième partie : Le Moyen Age arrive. Augustin Jal et « l'école française d'archéologie navale ».

15   A. E. Christensen, « '*Viking*', a Gokstad Ship Replica from 1893 », dans O. Crumlin-Pedersen, M. Vinner (éd.), *Sailing into the Past. The International Ship Replica seminar Roskilde 1984*, Roskilde, Viking Ship Museum, 1986, p. 68-77.

qu'une fois celui-ci réalisé respectant ainsi la chronologie de la chaîne constructive de type « bordé premier ».

FIG. 37 – Le *Viking*, réplique du bateau de Gokstad,
en cours de construction. On peut discerner au-dessus
de la dernière virure à clin du flanc du voilier les branches verticales
de deux gabarits transversaux disposés à l'intérieur de la coque,
en contradiction avec la méthode traditionnelle de la construction
à clin « bordé premier ». Mais le choix des constructeurs de la réplique
n'était pas d'expérimenter cette méthode, mais de construire
une coque aux formes aussi proches que possible de celles du bateau
d'origine (A.E.Christensen, « 'Viking', a Gokstad Ship Replica
from 1893 », dans O. Crumlin-Pedersen, M. Vinner (éd.), *Sailinginto
the Past. The International Ship Replica seminar Roskilde 1984*,
Roskilde, Viking Ship Museum, 1986, p. 68-77, p. 70.

L'organisation à Chicago en 1893 d'une Exposition Universelle fût l'occasion de cette reconstruction financée par une souscription nationale à l'initiative de personnalités maritimes issues du milieu des armateurs et des chantiers navals. La réponse favorable[16] à cette souscription témoigne bien de la célébrité de la fouille de la sépulture à bateau de Gokstad dans la société norvégienne sensible à la culture maritime et, peut-être aussi, à une certaine pensée nationaliste. Ce n'est peut-être pas un hasard si la réplique fût baptisée *Viking*. Le capitaine Magnus Andersen, à l'origine du projet, avoua explicitement que l'une de ses motivations était de montrer que Christophe Colomb avait été devancé dans la découverte de l'Amérique par le viking Leif Erikson, le fils du célèbre Éric le Rouge, et que la Norvège, un « petit pays » par son étendue et sa population, n'en était pas moins un « grand pays » par son histoire.

En tout état de cause, mis en chantier en 1892, le voilier effectua en 1893 une traversée expérimentale de l'Atlantique Nord riche d'enseignements malgré quelques anachronismes comme, par exemple, l'établissement d'un foc comme voile d'avant, type de voile qui n'apparut qu'à partir du XVIIIe siècle. Après avoir navigué sur le Canal Érié et les Grands Lacs, le *Viking* atteignit Chicago où son exposition eut un grand succès. La réplique est toujours conservée aux États-Unis, à Geneva, dans l'Illinois, où une association s'active à trouver des financements pour restaurer le bateau[17].

La réplique était placée sous le commandement du capitaine Magnus Andersen qui rédigea un récit de la traversée ponctuée d'observations techniques malheureusement trop brèves qui, aujourd'hui, relèveraient du compte-rendu scientifique d'un programme d'archéologie navale expérimentale[18]. Considérons deux exemples de l'intérêt des remarques du capitaine Andersen. Le premier concerne les capacités de direction, de résistance et de manœuvre du gouvernail latéral :

> … Avec mon expérience maintenant, je trouve qu'il est plus adapté d'utiliser un gouvernail latéral qu'un gouvernail axial d'étambot. Pour obtenir la même efficacité directive qu'avec un gouvernail d'étambot, celui-ci devrait avoir un safran de large surface ce qui le rendrait difficile à contrôler par le

---

16 Il semblerait que N. Nicolaysen, le responsable de la fouille, ne fût guère enthousiaste, voire même opposé, à ce projet.

17 L'association *Friends of the Viking Ship* a un site qui permet de connaître les horaires des visites, de suivre les projets de restauration, les financements des recherches, les événements autour du bateau…

18 M. Andersen, *Vikingfaerden*, Kristiana, Eget Forlag, 1895. L'ouvrage de près de 500 pages ne comprend en effet qu'une dizaine de pages sur les aspects techniques de la traversée. L'essentiel du livre porte sur l'aventure de la traversée et du séjour à Chicago.

timonier. Il serait aussi plus fragile. Je pense aussi qu'il est important que le gouvernail tourne sur son axe, c'est-à-dire, qu'il fonctionne doublement… Le gouvernail latéral fonctionne avec la même efficacité qu'il soit disposé au vent ou sous le vent. Quand le gouvernail latéral est au vent, le cordage de retenue doit être serré[19].

Le second exemple porte sur la flexibilité de l'assemblage par ligatures des bordages à clin des œuvres-vives de la coque aux membrures. Elle se traduit par une flexibilité de l'ensemble du bordé parfaitement mis en évidence lors de la traversée expérimentale en quarante-quatre jours en 1893 de l'Atlantique par le *Viking*, la réplique du bateau de Gokstad. Le capitaine Andersen, après avoir essuyé plusieurs coups de vent, note que

… le fond du voilier était un objet de premier intérêt… Le fond était relié aux membrures par des ligatures jusqu'au niveau du barrot. Dans ces conditions, le fond de la coque aussi bien que la quille pouvait suivre les mouvements du bateau et, dans une mer forte, le fond pouvait se soulever et s'affaisser de plus de 3/4 de pouce. Mais étrangement, la coque ne faisait pas d'eau. Cette flexibilité était décelable à d'autres niveaux. Par gros temps, le plat-bord subissait des torsions de plus de 6 pouces[20]…

Il est certain que cette flexibilité de la coque (presque 2 cm de mouvements alternés dans le fond et une douzaine de centimètres de torsion au plat-bord), associée à sa légèreté, n'est mécaniquement possible qu'en raison de la conception « sur bordé » de la coque et des lignes de force constituées par les alignements de centaines de rivets en fer assemblant à clin les bordages et la surépaisseur des bordages au niveau de la surface de recouvrement. Sans cette dimension structurale « d'enveloppe ligneuse » autoporteuse du bordé à clin, la coque ne pourrait guère supporter de telles contraintes sans provoquer des voies d'eau, voire des ruptures dans le bordé. Ces deux types d'observations effectuées en 1893 que seule la pratique des navigations expérimentales a permis d'enregistrer, puis d'analyser, ont un écho très contemporain dans les résultats des programmes de recherche menés par le Musée du bateau viking de Roskilde (Danemark).

---

19 Citation traduite de l'anglais extraite de : A. E. Christensen, art. cité, 1986, p. 76.
20 Citation traduite de l'anglais extraite de A. W. Brøgger, H. Shetelig, *The Viking Ships, their ancestry and evolution*, Oslo, Dreyers Forlag, 1951, p. 152.

La troisième fouille de référence est celle de la sépulture à bateau d'Oseberg située dans le Vestfold, dans le sud de la Norvège. La sépulture se composait d'un tumulus de 44 m de diamètre et de 6 m de haut à l'intérieur duquel était enfoui le bateau fouillé en 1904 sous la double direction des archéologues Haakon Shetelig et Gabriel Gustafson, ce dernier professeur d'archéologie à l'université d'Oslo et responsable des collections des Antiquités nationales. Outre ses fonctions d'enseignant et de conservateur, Gustafson participa à la politique de protection du patrimoine archéologique et monumental norvégien. C'est ainsi qu'il fût associé à la loi du 17 mai 1904 interdisant la vente à l'étranger d'objets archéologiques antiques et médiévaux trouvés en Norvège. De la même manière, il participa à l'élaboration de la loi du 13 juillet 1905 relative à la protection des monuments antiques et médiévaux. Dans le cadre de cette loi, tous les objets antiques et médiévaux découverts fortuitement ou non devaient être déposés dans les musées nationaux. Une conséquence importante de la loi fût la mise en place d'une politique d'inventaire des sites archéologiques et des monuments à laquelle participa Gustafson. Son décès en 1910 ne lui permit pas de participer à la publication de la monographie[21].

La sépulture comprenait le squelette de deux femmes, l'une âgée de 20 à 30 ans et l'autre d'environ 60 ans. Les corps avaient été déposés à l'intérieur d'une chambre funéraire aménagée dans la coque. L'important et riche mobilier archéologique découvert en relation avec la sépulture a été interprété comme l'indice d'une sépulture d'un membre de la famille des « *Ynglinge* » qui régnait alors dans le Vestfold, le second corps étant supposé être celui d'une esclave sans que l'on sache précisément, en l'occurrence, lequel des deux squelettes appartenait à la supposée reine Åsa. Le bateau d'Oseberg a donné lieu récemment à des datations dendrochronologiques. La construction de la coque avec des chênes fraîchement coupés est désormais datée des années 815-820 et la sépulture elle-même des années 834.

---

21   A. W. Brøgger, H. Falk, H. Shetelig, *Osebergfunnet*, I-III, Kristiana, Universitetets Oldsaksalming, 1917-1920 ; A. W. Brøgger, H. Shetelig, *Osebergfunnet*, II-IV, Oslon Universitetets Oldsaksamling, 1927-1928 ; A. E. Christensen, ouvr. cité, 1987, p. 4-19 ; T. Sjøvold, ouvr. cité, 1985, p. 10-52. Notons que Gufstafson esr l'auteur d'une communication sur la sépulture à bateau d'Oseberg à l'Académie des Inscriptions et Belles-Lettres : G. Gufstafson, « La trouvaille d'Oseberg (Norvège) », *Comptes rendus des séances de l'Académie des Inscriptions et Belles-Lettres*, vol. 52, n° 6, 1908, p. 389-394.

La coque en chêne du bateau d'Oseberg était assez mal conservée, brisée en deux parties formant un puzzle archéologique de près de 3000 fragments. Au regard d'un site complexe à fouiller, la très grande qualité des méthodes de fouille et d'enregistrement des données archéologiques mises en œuvre est à souligner. Après avoir été traités, les milliers de fragments du bateau d'Oseberg représentant près de 95 % de la coque d'origine ont été remontés et réassemblés (1906-1907) sous la direction de l'ingénieur du génie maritime et architecte naval Fredrik Johannessen, le même spécialiste qui, quelques années plus tard, entreprit le traitement et le remontage du bateau de Gokstad. Conservé dans un bâtiment provisoire, le bateau d'Oseberg de 22 m de long, 5,20 m de large et 1,60 m de haut, fut transporté en 1926 au Musée des Bateaux Vikings de Bygdøy, à Oslo où il est toujours exposé avec les bateaux de Gokstad et de Tune[22]. C'est à la suite de ce transfert que les sculptures et les figures de proue du bateau d'Oseberg furent reconstituées.

Il serait hors de propos dans le cadre de ce livre de décrire les caractéristiques de la construction à clin du bateau d'Oseberg. Signalons-en simplement deux qui marquent une étape significative de l'architecture de cette famille de bateaux à propulsion mixte, voile et rames : le système d'emplanture et d'étambrai, d'une part, et les quinze sabords de nage aménagés dans la virure supérieure, d'autre part. Le bateau d'Oseberg est, en effet, la plus ancienne attestation archéologique de l'emploi de la voile dans l'espace nautique nordique. C'est également l'une des plus anciennes attestations archéologiques de l'aménagement dans le pavois d'une ligne de sabords de nage venant remplacer le système des tolets fixés au plat-bord des bateaux d'époque pré-viking uniquement propulsés à l'aviron et dont le bateau du milieu du IVe siècle ap. J.-C. de Nydam 2 représente l'un des archétypes.

Ajoutons une dernière remarque. Pendant longtemps, le bateau d'Oseberg, en raison à la fois de ses décorations sculptées de proue et de

---

22   Une maquette du bateau d'Oseberg construite en Norvège à partir des données archéologiques a été offerte en 1911 à la ville de Caen par la municipalité de Kristiana, l'ancienne ville d'Oslo. Ce modèle réalisé sept ans seulement après la fouille permet d'avoir une vision du bateau dans son état premier de remontage avant son transport en 1921 au Musée des Bateaux Vikings de Bygdøy. La maquette fait désormais partie des collections des musées de Fécamp réunis en un seul bâtiment dénommé « Les Pêcheries ». *Cf.* : É. Rieth, « Les bateaux-tombes vikings d'Oseberg et de Gokstad. Maquettes du Musée de Fécamp », *Annales du Patrimoine de Fécamp*, 2010, 17, p. 64-75.

poupe, de son faible franc-bord ainsi que du riche mobilier associé à la sépulture, a été considéré comme une sorte de bateau royal de plaisance ou de parade destiné uniquement à une navigation littorale de proximité dans des eaux protégées. Une récente étude du bateau a mis en évidence l'existence d'un certain nombre de déformations et d'altérations lors du remontage initial des vestiges[23]. La reprise des données a abouti à une nouvelle restitution des formes caractérisée, notamment, par un plus grand volume des œuvres-vives de la carène améliorant les capacités de portance et de stabilité de la coque ainsi que par une augmentation de la largeur de la partie avant de la coque située au-dessus de la flottaison contribuant également à une meilleure montée à la vague du bateau. Ces modifications devaient contribuer à une amélioration de l'ensemble des capacités nautiques du bateau qui est désormais interprété comme un voilier mixte à fonction non spécialisée, guerre ou commerce selon les contextes, représentatif de l'architecture navale des débuts de l'époque viking, et apte à des traversées vers l'Angleterre ou l'Irlande avec une météorologie favorable.

Avec les « épaves[24] » de Nydam 2, Gokstad et Oseberg qui sont véritablement fondatrices de « l'école scandinave d'archéologie navale », l'écriture de l'histoire de l'architecture navale prend appui désormais sur des données matérielles offrant une vision directe de ce qu'a été un navire, dans ses formes, sa structure, ses équipements, son gréement…, en une période déterminée, l'époque pré-viking pour le bateau de Nydam 2 et celle du début de l'époque viking pour les bateaux de Gokstad et d'Oseberg, et dans des espaces nautiques particuliers, celui de l'Atlantique nord par exemple pour les bateaux de Gokstad et d'Oseberg. Cette relation aux vestiges de bateaux d'époque et de nature diverses a conduit à mettre en évidence d'une façon très lisible la variation des formes et des structures dans le temps et l'espace nordique. Cette perspective d'étude véritablement « anatomique », selon le terme emprunté à Jal, a permis

---

23 V. Bischoff, « Hull form of the Oseberg ship », *Maritime Archaeology Newsletter from Denmark*, 25, 2010, p. 4-9.

24 Les guillemets s'imposent, en effet, dans la mesure où, si ces trois bateaux peuvent être assimilés à des épaves en tant que vestiges matériels et objets de recherche d'archéologie navale, ils ne relèvent pas de la catégorie des épaves du point de vue de leur destinée finale votive ou funéraire. Au sens strict du mot, une épave est un bateau qui, par accident, vétusté ou autre origine technique, a coulé en mer, s'est échoué sur un récif ou une côte ou a été abandonné sur une grève.

aussi de formuler des questions nouvelles qu'il était jusqu'alors quasi impossible d'exprimer dans le contexte documentaire scandinave au regard de la nature des sources écrites et iconographiques. Une illustration, parmi de nombreuses autres, de ce nouveau type de questionnement offert par l'archéologie est celui des procédés mixtes d'assemblage des membrures au bordé à clin par ligatures et par gournables qui représentent une « signature architecturale » particulièrement importante de l'architecture navale scandinave des VIIIe-Xe siècles. Il est bien évident que seules les « épaves » de Gokstad et d'Oserberg ont permis d'identifier ces procédés d'assemblage.

Au-delà de l'apport scientifique de la fouille de ces trois bateaux, c'est également une modification profonde de la recherche qui est intervenue en quelques décennies. Ce sont des archéologues, non spécialistes d'archéologie navale à l'origine, mais formés aux problématiques archéologiques de leur territoire et praticiens de la fouille, qui ont été les maîtres d'œuvre scientifiques sur le terrain et en laboratoire de l'étude des bateaux de Nydam 2, Gokstad et Oseberg associant, dans le cas des deux derniers bateaux, un technicien de l'architecture navale, à leur restitution. En outre, chacune de ces opérations archéologiques s'est traduite par une préservation des vestiges et leur exposition au sein d'un musée. Plus de cent cinquante ans après sa fouille, le bateau de Nydam 2 est toujours exposé en Allemagne comme le sont en Norvège les bateaux de Gokstad et d'Oseberg. Enfin, c'est aussi dans le contexte de cette « école scandinave d'archéologie » que l'archéologie navale expérimentale a trouvé ses racines. Loin de « l'hypothèse flottante » de la trirème antique de Jal et de Dupuy de Lôme, le *Viking* apparaît comme une authentique réplique archéologique du bateau de Gokstad.

À l'époque où, après trois siècles de formation et de développement s'officialisait « l'école française d'archéologique navale », naissait et atteignait rapidement sa maturité ou, tout au moins, une adolescence accomplie, « l'école scandinave d'archéologie navale », en rupture sur maints aspects avec la première.

LE RÔLE DE LA « TRADITION VIVANTE »

Dès les premiers temps de l'archéologie navale scandinave, la relation entre architecture navale ancienne, telle que les sources archéologiques permettaient de l'appréhender, et architecturale navale vernaculaire contemporaine, telle qu'il était possible de l'observer directement le long des côtes, des fleuves ou des lacs, a été considérée comme un outil d'analyse et d'interprétation. L'exemple de l'étude du bateau de Nydam 2 par l'archéologue C. Engelhardt l'illustre parfaitement. Dans le même temps, la relation inverse était mise en évidence par le folkloriste norvégien E. Sundt qui, dans une perspective historique, avança l'hypothèse, juste au demeurant, que l'architecture de certains bateaux traditionnels norvégiens contemporains de son époque, tels ceux du Norland, s'inscrivait dans le temps long de l'histoire. Cette double relation représente l'une des caractéristiques, parmi d'autres, de « l'école scandinave d'archéologie navale ». Elle repose en partie sur le concept de « *living tradition* » qui n'a été défini que beaucoup plus tardivement, un siècle après son utilisation par Engelhardt. Elle renvoie aussi à la méthode de recherche associée à cette « tradition vivante », celle de la comparaison ethnographique ou, en termes actuels de recherche, celle de l'ethnoarchéologie.

Au sein des pays scandinaves, la Norvège qui, plus tardivement que la Suède et le Danemark, deux pays plus ouverts aux influences des chantiers navals urbains et de la construction à franc-bord ou « à carvel » de principe « sur membrure », a été jusqu'au début du XXe siècle le lieu d'authentiques conservatoires des techniques de construction navale à clin de principe « sur bordé ».

L'archéologue et ethnologue norvégien Arne Emil Christensen a parfaitement résumé le contexte norvégien en rappelant que si, entre l'époque viking et la période contemporaine « … des changements ont pu se produire… le trait principal reste celui de la stabilité, en particulier en Norvège occidentale et septentrionale ». Il précisait ensuite les caractéristiques de ce conservatoire des traditions architecturales norvégiens :

> Aussi longtemps que les avirons et la voile sont demeurés les seuls moyens de propulsion, les formes de coque n'ont pas beaucoup changé, et la voile carrée traditionnelle a été utilisée jusqu'en 1910 en Norvège septentrionale. Les termes de construction employés dans les différents dialectes norvégiens sont ceux que l'on retrouve dans les sources en vieux norois, à peine transformés au cours des siècles. Ceci est aussi valable pour la nomenclature des détails de construction et pour les noms d'outils que pour les verbes servant à décrire le travail. La plupart des outils que l'on peut voir dans la boîte à outils des constructeurs se retrouvent dans les tombes de la période viking, à une importante exception près : le charpentier viking utilisait divers outils aplanant, là où son homologue moderne utilise maintenant le rabot ». Et il concluait : « Cette stabilité offre des possibilités uniques à l'archéologue spécialisé dans l'étude des anciens bateaux scandinaves. L'analyse des découvertes archéologiques peut être complétée non seulement par la comparaison technologique avec des bateaux récents d'une très grande similitude, mais également par l'enquête orale auprès des constructeurs et des pêcheurs : il est possible, aujourd'hui, d'interroger un charpentier actuel sur son travail, et d'en obtenir des réponses de premier intérêt sur la construction navale de l'âge viking[1].

Il faut souligner, même si c'est une évidence, que le maintien tardif, jusqu'au début du xxe siècle, des formes de coque et des types de propulsion (voile et aviron) des bateaux norvégiens est lié, fondamentalement, à un mode de vie et à des conditions de travail bien particuliers caractérisés par des communautés villageoises dispersées le long de la côte, situées à l'écart des centres urbains et souvent isolées pendant la période hivernale, dont la pêche littorale et une agriculture principalement vivrière constituaient l'assise économique. Sans la prise en compte de cet environnement maritime et de ce contexte socio-économique, les bateaux perdraient alors une part majeure de leur contenu comme « acteur et témoin d'histoire ».

Revenons à présent à cette notion de « tradition vivante » appliquée à l'architecture navale. L'une des premières réflexions, toujours pertinente, autour de ce concept est celle menée dans les années 1960-1965 par l'ethnologue suédois Olof Hasslöf qui, par ses publications et son

---

1   A. E. Christensen, « Une tradition vivante. La construction navale scandinave », *Le Petit Perroquet*, 17, 1975, p. 10-23, p. 12.

enseignement à l'Université de Copenhague en particulier, eut une influence profonde sur l'évolution de l'histoire de l'archéologie navale. Dans plusieurs articles[2], Hasslöf a décliné ce concept de « tradition vivante » en tant que source par rapport aux autres catégories de sources qu'il considère. S'agissant de la « tradition vivante », il précise d'abord le sens du mot tradition à savoir un / des fait(s) culturel(s) [« *culture elements* »] transmis de génération en génération ajoutant que le ou les faits culturels en question peuvent être de nature différente et, qu'en outre, les modalités de leur transmission de génération en génération peuvent suivre des voies diverses. C'est ainsi qu'il distingue six traditions : orale, récrite ou littéraire, iconographique, manuelle, matérielle, sociale ou institutionnelle.

La tradition qu'il qualifie de matérielle (« *object tradition* ») est basée sur différents types d'objets, au sens de « *cultural artifacts* », dont les bateaux. Elle ne se limite pas toutefois, souligne Hasslöf, aux objets eux-mêmes, mais également à la façon dont ils sont produits et utilisés. En outre, il précise que nombreux sont ces objets qui s'inscrivent dans le passé. Il écrit ainsi que « *... many of them are not modern, but have been in use for a long time or represent old fashioned types and uses. Such objects are called survivals* ». Il ajoute à propos de ces « survivances architecturales » qu'il appelle aussi « *existing specimens* » et qui sont observables dans leur environnement et leur contexte fonctionnel que

> *These survivals open up perspectives which sometimes stretch far back into the past, making it possible for us to understand and interpret finds from times and environments for which we lack other contemporary sources*[3].

Si les enquêtes sur ces « survivances architecturales » se sont déve-loppées en Scandinavie à partir des années 1930 avec, notamment, les travaux de Christian Nielsen au Danemark et d'Olof Hasslöf en Suède, elles ont été précédées en Norvège par les recherches d'un pionnier de l'ethnographie nautique scandinave, Bernhard Færøyvik (1886-1950)[4].

---

2   2. « Wrecks, archives and living tradition. Topical problems on marine historical research », *Mariner's Mirror*, 49, 1963, p. 163-177 ; *id.*, « Sources of maritime history and methods of research », *Mariner's Mirror*, 52, 1966, p. 129-144 ; *id.*, « The Concept of Living Tradition », dans O. Hasslöf, H. Henningsen, A. E. Christensen (éd.), ouvr. cité, 1972, p. 20-26.

3   O. Hasslölf, art. cité, 1972., p. 24.

4   A. E. Christensen, (ed.), *Inshore craft of Norway, from a Manuscript by Bernhard and Øystein Færøyvik*. Edited by Arne Emil Christensen, Londres, Conway Maritime Press, 1970.

Comme le précise son fils aîné Øystein dans la préface du livre rassemblant un échantillon très représentatif de ses enquêtes, B. Færøyvik était originaire d'une famille de fermiers-pêcheurs norvégiens. Durant son enfance passée dans une ferme située à l'embouchure du Sognefjord, il allait à la pêche du hareng pendant la saison hivernale. Ses études primaires achevées, il émigra à Oslo pour suivre un enseignement universitaire en sciences. Après une formation complémentaire de professeur, il s'installa en 1917 à Bergen où il enseigna jusqu'en 1947. C'est au tout début des années 1920, que B. Færøyvik débuta ses enquêtes de terrain dans un contexte de modifications de la composition des flottilles de petite pêche côtière marqué par l'introduction de nouveaux modèles de bateaux adaptés à la propulsion au moteur. Il est clair que la motorisation, remplaçant la propulsion à l'aviron et à la voile, a été le principal facteur d'évolution, voire de rupture technique des traditions de construction avec la substitution de la construction à franc-bord de principe « sur membrure[5] » à la construction séculaire à clin de principe « sur bordé ». Comme le souligne son fils, B. Færøyvik

> *... noted the decline of traditional boat-building. He regarded this as a cultural and national loss, and set himself the task of recording what was left of traditional boats, their use, and the way in which they were built[6].*

---

5   Construction qui se traduit par le recours à des gabarits transversaux fixes occupant une fonction « active » dans la conception des formes de la coque.

6   A. E. Christensen,, ouvr. cité, 1970, p. 7.

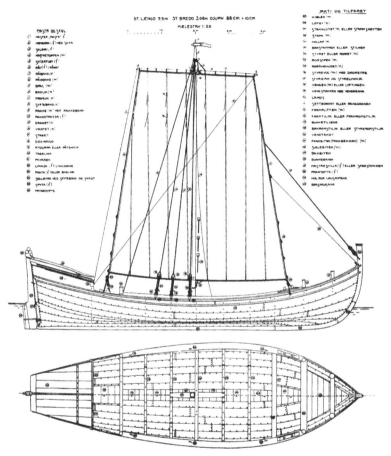

FIG. 38 – Relevé par le norvégien Bernhard Færøyvik
d'un « *jekt* » construit en 1800. Ce voilier traditionnel norvégien
de cabotage de 9,90 m de long sur 3,08 m de large représente
un remarquable modèle architectural fossile de l'architecture navale
à clin d'époque viking. C'est à partir de tels modèles architecturaux
de comparaison que les archéologues danois du Musée du Bateau Viking
de Roskilde se sont inspirés pour, par exemple, déterminer la forme
de la voile carrée des répliques de Skuldelev (A. E. Christensen (éd.),
Inshorecraft of Norway, from a Manuscrpit by Bernhard and Øystein Færøyvik.
Edited by A. E. Christensen, Londres, Conway Maritime Press, 1970, p. 62).

Au-delà de la position scientifique de B. Færøyvik apparaît en filigrane un choix politique teinté d'un certain nationalisme scandinave
en général et norvégien en particulier qui n'est pas sans rappeler, par
exemple, la décision du capitaine M. Andersen de construire une réplique
du bateau de Gokstad à l'occasion de l'Exposition Universelle de Chicago
de 1893. Ce choix politique n'est pas occulté, en l'occurrence, par son
fils qui mentionne explicitement que B. Færøyvik « ... *was fully aware
that his pride in the national heritage mighty colour his view and influence his
conclusion on some extent*[7] ».

La documentation recueillie par B. Færøyvik, aujourd'hui déposée
au Bergens Sjøfartsmuseum, à Bergen, comprend des notes de terrain,
des photos, des études manuscrites, des correspondances et, surtout, un
ensemble de relevés architecturaux de bateaux vernaculaires de pêche et
de transport norvégiens. Ces relevés se composent de plans de charpente
(vues horizontale, élévation longitudinale, coupes transversales), de plans
de gréement, de plans de formes. Ils sont très fréquemment accompagnés d'une liste de termes régionaux relatifs à la coque, au gréement, à
l'accastillage. Chaque modèle de bateau est par ailleurs documenté sous
la forme d'une note contenant toutes les informations sur son origine,
sa datation, ses caractéristiques architecturales et fonctionnelles. On
retrouve là un type de documentation qui constituait la base de l'*Essai
sur la construction navale des peuples extra-européens* de l'amiral Pâris et qui
représente toujours l'essence de toute recherche d'ethnographie nautique.
La phase d'analyse, de comparaison et d'interprétation a donné lieu,
quant à elle, à une série d'articles exclusivement publiés en norvégien[8].

B. Færøyvik a effectué la plus grande partie de ses recherches durant
ses temps de congés, dans un cadre familial, aidé par son épouse et son
fils aîné. Il a bénéficié à partir de 1939 d'un financement accordé par
le Parlement norvégien qui lui a permis de se libérer en partie de son
activité d'enseignant et de se consacrer plus pleinement à ses enquêtes
ethnographiques.

Un aspect important des recherches d'ethnographie nautique propres
à la Scandinavie et contemporain des enquêtes de B. Færøyvik tient au
rôle de collectionneurs et de chercheurs amateurs dans la création de

---

7   *Ibid*, p. 8.
8   *Cf.* une orientation bibliographique dans *ibid.*, p. 130. La bibliographie complète de
     B. Færøyvik a été publiée dans le volume annuel (1950) du Bergens Sjøfartsmuseums.

musées maritimes, de dimension souvent modeste et locale, consacrés
à la pêche, à la construction navale vernaculaire, ou encore aux us et
coutumes de communautés maritimes. Au fil des années s'est tissé de la
sorte un réseau de musées et de pôles d'étude et de conservation d'une
multitude de mémoires matérielles et immatérielles. Situés à l'extérieur
des cercles scientifiques officiels de l'université, ces musées ont occupé
une place tout à fait centrale dans le dispositif de recherche scandinave
et analogue, d'une certaine manière, à la fonction essentielle occupée
en France par les sociétés savantes locales et régionales depuis le milieu
du XIXᵉ siècle dans le développement des recherches principalement
historiques et archéologiques.

De la même manière que, progressivement, l'influence scientifique
des sociétés savantes s'est réduite en France au profit de la recherche
institutionnelle, le rôle des musées scandinaves locaux à caractère ethnographique et des chercheurs amateurs, qui en furent des acteurs souvent
très érudits, fût transféré au milieu de l'université et des grandes insti-
tutions muséographiques. L'évolution a été particulièrement sensible à
partir des années 1960 où des groupes de chercheurs en ethnographie
maritime, au sens large du terme, issus des différents pays scandinaves
se sont formés dans un cadre plus ou moins institutionnel et ont mis
sur pied des programmes de recherche et d'enquêtes de terrain, organi-
sant aussi des séminaires. C'est dans cet esprit de collaboration et aussi
d'interdisciplinarité que, dans les années 1965, des membres d'une de ces
équipes ayant effectué pendant plusieurs années des enquêtes ont décidé
de fonder le « *Scandinavian Maritime History Working Group* » dans le
but de stabiliser leur structure de recherche et de contribuer également
au développement de la formation universitaire dans les divers champs
de recherche couverts par cette équipe. L'un des aboutissements de ce
programme scientifique a été la publication de l'ouvrage collectif *Ships
and Shipyards, Sailors and Fishermen. Introduction to Maritime Ethnology*[9].
Ce livre se présente comme une sorte de manifeste scientifique en faveur
de l'ethnologie maritime. Si, effectivement au moment de sa parution, il
eut un écho très important au sein de la communauté scientifique bien
au-delà, au demeurant, des frontières de la Scandinavie, il représente
encore aujourd'hui une référence incontournable sur les plans méthodologiques et scientifiques. On le verra ultérieurement.

---

9   O. Hasslöf, H. Henningsen, A. E. Christensen (éd.), ouvr. cité, 1972.

Les éditeurs de l'ouvrage, par leur formation universitaire et leur fonction, sont très révélateurs de l'esprit qui animait cette équipe de chercheurs. Olol Hasslöf, l'inspirateur du groupe, était professeur d'ethnologie à l'Université de Copenhague. Il avait été auparavant conservateur du Musée National Maritime à Stockholm. Henning Henningsen, lui aussi spécialiste d'ethnologie maritime, était directeur du Musée maritime danois à Kronborg, Danemark. Arne Emil Christensen, archéologue et ethnologue, était à l'époque de l'ouvrage conservateur au Musée archéologique de l'Université d'Oslo dont les deux plus célèbres « objets » des collections étaient, et sont toujours, les bateaux de Gokstad et d'Oseberg. Cette relation très étroite entre les musées, spécialisés dans le domaine maritime au sens strict comme les musées de Stockholm et de Kronborg ou ayant des collections archéologiques à caractère maritime comme celui d'Oslo, représente à n'en pas douter l'une des originalités de cette « école scandinave d'archéologie navale ». Elle traduit, par ailleurs, l'importance accordée aux objets comme « *cultural artifacts* » pour reprendre une expression d'O. Hasslöf et à l'histoire de la culture matérielle. Une autre caractéristique significative des trois éditeurs de l'ouvrage et aussi des autres auteurs et acteurs du groupe de recherche est leur insertion dans le milieu professionnel des musées et/ou de l'université. S'agissant des auteurs, leur parcours professionnel rejoint totalement celui des éditeurs. Knund Klem, historien, était l'ancien directeur du Musée maritime danois à Kronborg ; Karl Helmer Hansen était assistant scientifique à l'Institut d'ethnologie de l'Université d'Oslo ; Nils Nilsson était conservateur au Musée d'histoire culturelle à Lund (Suède) ; Ole Crumlin-Pedersen qui était déjà l'une des grandes personnalités de l'archéologie navale scandinave était alors conservateur du Musée du Bateau Viking à Roskilde (Danemark) et responsable de l'Institut d'archéologie maritime dépendant du Musée national du Danemark à Copenhague. Il faut ajouter à propos de ce dernier auteur que sa formation universitaire première était celle d'architecte naval.

Les sujets, les problématiques et les sources des sept contributions de l'ouvrage *Ships and Shipyards, Sailors and Fishermen. Introduction to Maritime Ethnology* peuvent être réunies sous le titre de « Des bateaux et des hommes » à une exception près : l'article de K. Helmer Hansen consacré à l'étude ethno-historique d'un village de pêcheurs suédois[10]. Dans tous les autres articles, le bateau « acteur et témoin d'histoire », à travers des perspectives variées, techniques, fonction-nelles, économiques, socio-culturelles, et à partir de problématiques et de sources diverses, ethnographiques, archéologiques, manuscrites, imprimées, est au centre des interrogations. S'agissant des sources, le rôle de l'ethnographie et de la « tradition vivante » apparaît très pré-sent dans la pensée de la plupart des auteurs. Une double dimension se dessine par ailleurs à travers les différentes contributions : celle d'une diversité des approches et celle d'une unité des thématiques. En outre, le questionnement archéologique apparaît implicitement ou explicitement dans plusieurs des articles, un questionnement qui, formalisé dans les années 1965 est, plus de cinquante ans après la publication de l'ouvrage, au cœur des problématiques de l'archéologie navale contemporaine. Trois exemples suffiront à exprimer cette profonde résonance contemporaine des problématiques.

Premier exemple : l'article d'O. Hasslöf « Main Principle in the Technology of Shipbuilding[11] ». Il serait bien évidemment hors de propos de commenter l'ensemble des aspects analysés par O. Hasslöf. On se contentera ici de mentionner quelques points fondamentaux directement liés aux problématiques archéologiques. Revenant sur l'interprétation erronée de l'archéologue H. Shetelig sur l'architecture navale à clin d'époque viking concluant que si « ... *the shell was built up before the ribs were put... it is not conceivable that they* [les constructeurs] *could build the shell freely without supports to give the right shape[12]* », Hasslöf appuie son argumentation en distinguant, à la différence de Shetelig, deux notions méthodologiquement essentielles à savoir, d'un côté celle de la conception[13] d'ensemble de l'architecture d'un bateau au niveau de sa forme et de sa structure en particulier, et d'un autre celle de la méthode de construction[14]. Conception et construction : on retrouve là exprimée sous une autre forme les notions de principe de conception

---

10   K. Helmer Hansen, « Growth of a Fishing Village. The Economy of the Community in Utgårdskilen on Hvaler 1900-1965 », dans O. Hasslöf, H. Henningsen, A. E. Christensen (éd.), ouvr. cité, 1972, p. 189-207.

11   O. Hasslöf, « Main Principle in the Technology of Shipbuilding », dans O. Hasslöf, H. Henningsen, A. E. Christensen (éd.), ouvr. cité, 1972, p. 27-72.

12   *Ibid.*, p. 42.

13   Il utilise le terme de « concepts ».

14   Il emploie le mot de « methods ».

architecturale et méthode ou procédé de construction qui constituent, nous le verrons, deux repères méthodologiques majeurs de la pensée archéologique contemporaine. Hasslöf ajoute que cette mauvaise interprétation de l'architecture navale viking par un archéologue et un ingénieur en construction navale, tous les deux compétents dans leur domaine professionnel respectif, tient à une difficulté d'analyse partagée et convergente d'une question d'histoire des techniques et d'interprétation des données archéologiques, chaque spécialiste demeurant influencé par sa culture archéologique pour l'un et technicienne pour l'autre.

La relecture de cette question de la conception et de la construction à clin des bateaux d'époque viking prend appui sur la « tradition vivante » telle qu'elle a été étudiée au début du XXe siècle. Trois photographies prises en 1906 dans un chantier naval de la province norvégienne de Bohuslän illustrent, mieux que des mots, ce qu'Hasslöf nomme « *the shell-building technique*[15] » et qu'il définit comme le fait que « *... it is the plank-laying that is the shaping element and the concrete expression of the concepts and shaping methods that are practised by their adepts*[16] ». Il s'agit, selon le vocabulaire archéologique actuel, d'une référence explicite au principe de conception « sur bordé » (phase immatérielle) et à une méthode de construction « bordé premier » (phase matérielle).

Un autre aspect important de l'histoire de l'architecture navale mis en évidence par le biais de la « tradition vivante » est celui de la complexité et de la diversité de cette histoire. Complexité : c'est encore une photo qui permet d'argumenter le propos d'Hasslöf. Datée de 1955, elle montre la construction d'un « *yawl* » dont l'intégralité du bordé à franc-bord a été réalisée suivant un procédé « bordé premier » avec des taquets en bois cloués sur la face externe du bordé assemblant provisoirement les bordages entre eux. Une fois le bordé monté, les membrures sont introduites, fixées au bordé puis les taquets sont démontés. Comme

---

15   O. Hasslöf, art. cité, 1972, dans O. Hasslöf, H. Henningsen, A. E. Christensen (éd.), ouvr. cité, 1972, p. 47. Notons que cette notion a été définie pour la première fois par Hasslöf en 1958 : O. Hasslöf, « Carvel construction technique. Nature and origin », *Folkliv*, 1957-1958, Stockholm, 1958, p. 49-60. C'est quelques années plus tard que Lionel Casson, dans un article fameux, qualifia l'architecture navale antique de « *shell first* » reprenant la terminologie d'Hasslöf. L. Casson, « Ancient ship building. New Light on an Old Source », *Transactions and Proceedings of the American Philological Association*, XCIV, 1962, p. 28-33

16   O. Hasslöf, art. cité, dans O. Hasslöf, H. Henningsen, A. E. Christensen (éd.), ouvr. cité, 1972, p. 46-47.

l'indique Hasslöf, « *In its finished state a ship of this kind undoubtedly appears to have been built by skeleton-building techniques. But in fact it was built by the shell-technique*[17] ». Seul le suivi du chantier pouvait permettre de mettre en évidence la méthode de construction « bordé premier » mise en œuvre. Replacés dans le contexte archéologique d'une épave, seule l'observation, puis l'enregistrement des traces de clouage et leur interprétation au regard des données ethnographiques de comparaison pouvaient aboutir à caractériser le procédé de construction pratiqué.

Diversité : c'est là aussi une photo datée de 1938 montrant la construction d'une « *galeass* » dont la carène jusqu'au niveau de la ligne de flottaison est assemblée à clin et au-dessus bordée à franc-bord qui permet d'envisager cet aspect. L'enquête menée auprès du constructeur a conduit à restituer les particularités de cette construction « mixte », combinant construction « bordé premier » pour la partie inférieure de la coque et « membrure première » pour la partie supérieure située au-dessus de la combinaison. Comme l'explique le constructeur, cette combinaison de deux procédés constructifs est liée à la possibilité offerte par le bordé à clin de pouvoir être éventuellement modifié en cours de son élévation pour répondre aux formes de carène, irrégulières et donc complexes à définir, voulues par le constructeur, rectification techniquement quasiment impossible à réaliser dans le cas d'une construction « membrure première » une fois les membrures fixées sur la quille. En revanche, le problème de la conception des formes se pose en des termes différents au-dessus de la flottaison. Résultant d'un simple prolongement des volumes de la partie inférieure de la coque, les allonges peuvent alors être introduites. « *They can only go one way*[18] » note le constructeur. Sur ces membrures peuvent ensuite être assemblés les bordages à franc-bord suivant un procédé de type « membrure première ». À la « mixité » du bordé à clin et à franc-bord correspond, par conséquent, une « mixité » des procédés de construction « bordé premier » et « membrure première ». Au-delà de l'apport documentaire intrinsèque, ce cas de construction « mixte » révélé par la « tradition vivante » procure au surplus un éventuel modèle ethnographique d'interprétation de données archéologiques.

---

17 *Ibid*, p. 53.
18 *Ibid*, p. 58. Soulignons qu'Hasslöf aborde uniquement le niveau de la méthode de construction et de la pratique technique. Il n'évoque pas celui de la conception du bateau. C'est le terme de « technique » qu'il utilise.

Encore une fois, le questionnement ethnographique reposant sur la « tradition vivante » rejoint le questionnement archéologique.

Deuxième exemple : l'article d'O. Crumlin-Pedersen « Skin or wood ? A study of the Origin of the Scandinavian Plank-Boat[19] ». Ce n'est sans doute nullement un hasard si l'article débute par un rappel de la fouille, fondatrice de « l'école scandinave d'archéologie navale », du site de dépôt votif des bateaux de Nydam et de la relation établie plus particulièrement entre le bateau de Nydam 2 et certains modèles de bateaux traditionnels norvégiens. Cette alliance scientifique entre les sources de l'archéologie et celles de la « tradition vivante » représente véritablement l'ossature de toute l'argumentation développée par Crumlin-Pedersen sur la question de l'origine de la construction à clin scandinave. Deux théories sont en présence. La première, avancée par l'archéologue suédois Philibert Humbla dès 1937, fait appel aux sources ethnographiques et archéologiques. Elle repose sur l'idée que l'origine de l'architecture à clin se situe dans l'architecture monoxyle expansée, surélevée par un bordé rapporté et renforcée par des membrures. Cette expansion de la coque monoxyle est expliquée de la manière suivante par Humbla :

> *In order to prevent the shape of the oaken trunk, and prevent it from splitting, the Stone Age people left partitions of frames uncut when hollowing out the trunk. This meant that distension of such vessels was impossible. However, somebody thought of making the dug-out trunk much thinner, and thus lighter, and then stretching out the sides with cross-pieces. The vessels thus became lighter and wider, that is to say, more stable ».* Il ajoute : « *It is the complicated system of the primitive hollowed-out boat that provided the prior conditions for the form of the Scandinavian Iron Ages boats, that distinguishes them from all other vessels*[20].

Le passage de la coque monoxyle seulement évidée à une coque monoxyle expansée par ouverture forcée des flancs et renfort transversal a certes modifié, outre les pratiques techniques, la forme et la structure de la coque monoxyle, mais, par contre, cette évolution n'a pas provoqué de changement du principe architectural monoxyle c'est-à-dire celui d'une coque en bois faite d'un même fût creusé et façonné extérieurement.

---

19 O. Crumlin-Pedersen « Skin or wood ? A study of the Origin of the Scandinavian Plank-Boat », dans O. Hasslöf, H. Henningsen, A. E. Christensen (éd.), ouvr. cité, 1972, p. 208-234.
20 Cité par O. Crumlin-Pedersen, *ibid.*, p. 212-213.

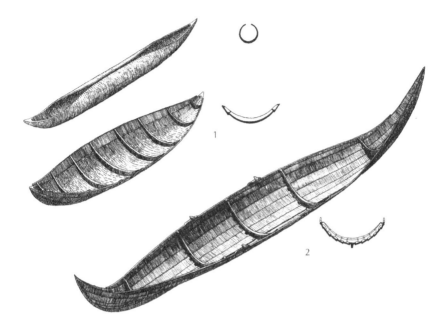

FIG. 39 – « *Skin or wood ?* » : les racines de l'architecture
à clin de tradition scandinave selon Ole Crumlin-Pedersen.
En 1 : les deux étapes de la réalisation d'une pirogue monoxyle
expansée et surélevée suivant les données ethnographiques ; la pirogue
monoxyle d'origine très étroite et aux parois amincies est élargie ;
l'ouverture forcée de la coque se traduit par un relèvement mécanique
des extrémités en pointe, un abaissement de la hauteur des flancs
au centre et la création d'une tonture (courbure longitudinale) ;
une virure de surélévation est assemblée à la coque monoxyle
par recouvrement selon le principe du clin, et des membrures
sont fixées à l'intérieur de la coque pour la renforcer. En 2 : le stade
suivant de l'évolution est celui de l'architecture assemblée « sur quille »
avec une charpente longitudinale continue (quille, étrave, étambot),
des bordages rapportés et assemblés à clin, des membrures. La structure
a évolué mais la forme initiale de la pirogue expansée et surélevée
s'est maintenue comme en témoigne la petite embarcation
à quatre tolets de Kvalsund (Norvège), datée des VIIᵉ-VIIIᵉ siècles.
(O Crumlin-Pedersen, « Skin or wood ? A Study of the Origin
of the Scandinavian Plank-Boat », dans O. Hasslöf, H. Henningsen,
A. E. Christensen (éd.), *Ships and Shipyards. Sailors and Fishermen.
Introduction to maritime ethnology*, Copenhague, 1972, p. 230).

À cette première théorie d'une origine en bois fondée sur une architecture monoxyle expansée s'oppose celle d'une origine de l'architecture à clin issue d'une architecture de peaux. C'est l'archéologue norvégien Brøgger, le co-auteur avec Shetelig d'une des premières synthèses sur l'archéologie des bateaux vikings[21], qui est l'inspirateur de cette théorie. Pour Shetelig, les racines de l'architecture à clin se trouvent dans les bateaux du type « umiak » des communautés Inuits de l'Arctique. Il considère que l'architecture légère de ces bateaux de peaux particulièrement marins et comprenant charpente axiale et charpente transversale est comparable à celle des bateaux de l'Age du Fer similaires, selon lui, à des représentations gravées sur des roches du Nord de la Norvège. Cette mise en parallèle, sur des critères externes et superficiels, ne tenait nullement compte, par ailleurs, de la contradiction entre le principe « sur membrure » des bateaux de peaux et de celui « sur bordé » des bateaux à clin. Il est vrai que Shetelig, le co-auteur avec Brøgger, du livre sur l'architecture navale viking, était partisan d'un emploi de gabarits dans la construction des bateaux du type Gokstad et Oseberg suivant l'interprétation de l'ingénieur du génie maritime Johannessen influencée par sa formation dans les grands chantiers navals norvégiens de la fin du XIXᵉ siècle qui pratiquaient la construction « sur membrure première ». Une des questions d'importance soulevées par Brøgger concerne le passage du bordé de peaux au bordé de bois. Comme il l'avoue,

> *It will not be easy to find a good explanation of the transition from skin to wood.... It is certain that the transition implies a real invention, an experimentation that led to an invention*[22].

C'est à partir d'une documentation archéologique notablement enrichie que Crumlin-Pedersen, en tant qu'archéologue, a repris la discussion autour de cette question des origines de la construction navale à clin scandinave. Au préalable, il avait pris soin de rappeler que toute source archéologique est soumise à l'interprétation, « correcte ou fausse », de l'archéologue en fonction de sa propre culture scientifique. Il posait également la question, méthodologiquement essentielle, du niveau de représentativité des sources archéologiques en considérant que l'échantillonnage apparaît rarement représentatif.

---

21   A. W. Brøgger, H. Shetelig, ouvr. cité, 1950.
22   Cité par O. Crumlin-Pedersen, art. cité, 1972, p. 213-214.

Le premier volet de son analyse est celui du passage de l'architecture de peaux à l'architecture en bois envisagé sous l'angle de « l'invention » par rapport à la notion de « tradition » qui n'implique pas seulement des changements techniques profonds (de matériaux, de pratiques, d'outils…), mais également, souligne-t-il très justement, des modifications d'ordre socio-professionnel et, aussi, culturel. Il fournit un exemple très éclairant d'une « innovation » résultant d'une enquête de terrain dans le Sud de la Norvège menée en 1966 par le « *Scandinavian Maritime History Working Group* » auquel il appartenait. Le chantier naval qui était l'objet de l'étude avait entrepris de construire des canots en plastique mais en conservant cependant la forme et la structure des embarcations en bois, le nouveau matériau de plastique était toujours envisagé selon les caractéristiques propres à l'ancien matériau de bois. Pour O. Crumlin-Pedersen, la problématique du passage du matériau de peaux au matériau de bois ne devait guère être différente. Le second volet de l'analyse de Crumlin-Pedersen de cette question des origines est l'étude approfondie de l'architecture navale traditionnelle à clin conduite auprès de charpentiers de marine norvégiens et qu'il résume d'une manière tout à fait évocatrice en ces termes :

> … *the builder creates the hull's elegant, double stemmed form by his work on the planking, by varying the breath and the angle in the overlap, while the ribs, which are symmetrical about the keel and which are evenly distributed along the length of the boat, are inserted to keep the frail shell in shape and strenghten it against external stresses*[23].

En quelques mots sont ainsi définis les principaux traits de la construction à clin où le bordé, comme enveloppe ligneuse autoporteuse, intervient d'une manière « active », dans le principe de conception (forme et structure) et le processus de construction, et où les membrures agissent, d'une façon « passive[24] » sur les plans de la conception et de la construction, comme supports et renforts internes du bordé. Le troisième volet abordé par Crumlin-Pedersen est celui des sources archéologiques. À l'époque de Humbla, dont les conclusions sur les origines de l'architecture à clin étaient similaires à celles de Crumlin-Pedersen,

---

23 *Ibid*, p. 222.
24 Ces qualificatifs du vocabulaire contemporain de l'archéologie navale que l'on doit à Lucien Basch et sur lesquels nous reviendrons dans un chapitre ultérieur sont destinés à définir la fonction des membrures dans le système architectural.

aucun vestige d'une pirogue monoxyle expansée datée de l'Age du Fer, voire, antérieure, n'avait été découverte en Scandinavie (Danemark, Suède, Norvège) ou en Europe de l'Ouest. Ce n'était plus le cas dans les années 1960 où la fouille du site funéraire (Ier-IVe siècle ap. J.-C.) de Slusegård, sur l'île de Bornholm, au Danemark, mit au jour des traces[25] de parties de pirogues monoxyles expansées associées à des sépultures. Désormais, il existait des attestations archéologiques précisément datées et localisées de l'architecture monoxyle expansée. Il restait à revenir à la « tradition vivante » pour montrer, écrit O. Crumlin-Pedersen, que « ... *the distended trunk-boat is thus the basic form from which the whole form and method of building the clinker-built boat has naturally come*[26] ». Dans une relation dialectique entre sources ethnographiques (enquête sur la construction d'une embarcation monoxyle expansée et surélevée par une virure à clin réalisée en Finlande en 1935) et sources archéologiques (l'épave de Kvalsund, Norvège, datée des VIIe-VIIIe siècles ap. J.-C.), Crumlin-Pedersen a remarquablement démontré que les grandes caractéristiques morphologiques et structurales des bateaux à clin scandinaves résultaient d'un processus d'expansion d'une coque monoxyle dont l'écartement forcé des flancs provoquait un relèvement obligé des extrémités en pointe. En outre, dans les deux cas de figure, ceux de l'architecture monoxyle et de l'architecture assemblée à clin, la conception géométrique de la coque reposait sur une même perspective longitudinale des formes et les procédés constructifs faisaient appel à une même technique « bordé premier », à l'état pur en quelque sorte dans le cas de la coque monoxyle et dans un système développé dans le cas de la coque assemblée à clin.

Ce problème de l'origine de l'architecture à clin qui a été le sujet de nombreuses recherches en Scandinavie illustre parfaitement, nous semble-t-il, la contribution majeure de la « tradition vivante » aux études d'archéologie navale dans le cadre d'un processus de recherche où, tant au niveau de l'élaboration des problématiques que de celui de l'analyse et de l'interprétation des données, la parole reste entre les mains des archéologues. C'est là tout l'enjeu scientifique de l'ethno-archéologie. C'est là aussi l'un des apports de « l'école scandinave d'archéologie navale ».

---

25   En réalité, il n'existait plus que l'empreinte de la coque dans le sol, la matière ligneuse ayant été totalement détruite.

26   O. Crumlin-Pedersen, art. cité, 1972, p. 228.

Troisième exemple : l'article d'A. E. Christensen, « Boatbuilding Tools and the Process of Learning[27] ». Dans cette étude, l'auteur, comme archéologue ayant étudié, entre autres sujets, les vestiges archéologiques réemployés de navires médiévaux découverts lors de la fouille du site urbain de Bergen[28], et comme ethnologue ayant notamment publié un ouvrage de synthèse sur les bateaux traditionnels norvégiens[29], aborde la question des instruments d'aide et/ou de contrôle[30] mis en œuvre dans la construction à clin de principe « sur bordé ». Dans le contexte des petits chantiers navals vernaculaires norvégiens qui ont constitué principalement, jusqu'au milieu du XXᵉ siècle, des conservatoires des techniques de construction basées sur ce qu'il nomme une « *visual-motor method* », A. E. Christensen décrit les deux familles d'instruments destinés à l'aide et/ou au contrôle de l'élévation des virures à clin selon un « *… pure sculptural work, for the builder shapes the hull in the course of his work*[31] ». Pour autant, ce rapprochement entre sculpture et construction à clin, entre art et technique, ne signifie pas une absence de références, de normes, de règles définies et propres à un type architectural particulier même si celles-ci ne renvoient pas à un document dessiné ou écrit.

La première famille d'instruments est celle des aunes de charpentier. Cet instrument se présente sous la forme d'une simple règle en bois sur laquelle sont gravées des marques sous la forme variée de traits, de signes (croix, cercles…). Après avoir tendu horizontalement entre l'étrave et l'étambot un cordeau dont la position est définie par une marque inscrite sur l'aune, le charpentier place perpendiculairement à cet axe de symétrie son aune et mesure en des points précis la distance séparant le cordeau axial du can d'une virure définie et significative au niveau de la conception des formes, par exemple au niveau du galbord ou du bouchain. Les marques

---

27 A. E. Christensen, « Boatbuilding Tools and the Process of Learning », dans O. Hasslöf, H. Henningsen, A. E. Christensen (éd.), ouvr. cité, 1972, p. 235-259.

28 A. E. Christensen, « Boat Finds from Bryggen », *The Bryggen Papers*, Bergen, 1985, (Main Series, I), p. 47-278.

29 A. E. Christensen, *Boats of the North : A history of boatbuilding in Norway*, Oslo, Samlaget, 1968.

30 Ces instruments peuvent contribuer directement et activement au processus de construction de la coque et de définition de sa forme ou servir, d'une façon secondaire, à contrôler la forme de la coque élevée avec une méthode « bordé premier », sans gabarit transversal, et à éventuellement à apporter des corrections en modifiant la position des bordages provisoirement assemblés.

31 A. E. Christensen, art. cité, 1972, p. 239.

inscrites sur l'aune correspondant au niveau d'élévation et d'inclinaison des virures doivent alors être en concordance avec la distance mesurée. La seconde famille d'instruments est celle des niveaux à bateau. Il s'agit là aussi d'un instrument sommaire formé d'une planchette au sommet de laquelle est fixé un fil à plomb. La partie inférieure de la planchette comprend une série de marques disposées en arc de cercle. Le principe de fonctionnement de ce niveau est simple. Chacune des marques correspond à un angle d'inclinaison déterminée d'une virure en un point précis. En appliquant la base du niveau sur la face interne d'un bordage, le fil à plomb doit se superposer à une marque donnée. Dans le cas contraire, le charpentier réajuste alors la position du bordage jusqu'à ce que le fil à plomb et la marque se trouvent en correspondance.

FIG. 40 – Niveau à bateau provenant d'un chantier naval
traditionnel suédois (XIXᵉ siècle). À droite du fil à plomb,
on distingue une série de traits gravés dans le bois du niveau
qui correspondent à différentes inclinaisons des virures du bordé à clin.
À chaque modèle d'embarcation correspond un type de niveau.
Photo prise en 1986 dans le cadre d'une exposition sur la marine suédoise
au Musée national de la Marine de Paris (Ph. : É. Rieth, CNRS).

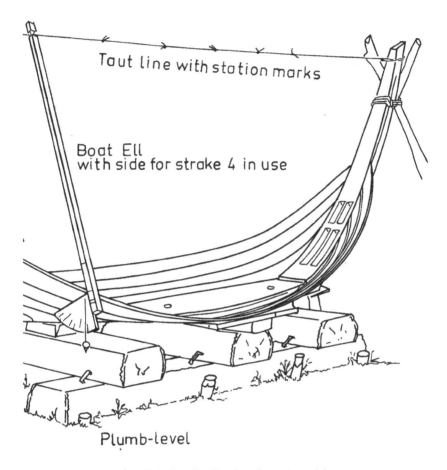

FIG. 41 – Principe d'utilisation d'un niveau à bateau.
En fonction de l'inclinaison d'une virure à contrôler,
le fil à plomb doit se superposer à l'une des marques gravées
(d'après E. Mc Kee, « Drawing the Replica », dans V. Fenwick (éd.),
The Graveney Boat, Oxford, BAR, Brirish Series, 1978, p. 295-302, p. 301).

Les questions qui sont posées par l'emploi de ces deux familles
d'instruments sont à l'évidence d'un grand intérêt pour caractériser la
culture technique des charpentiers de marine. Un seul exemple suffira à
montrer cet apport de la « tradition vivante ». Le principe de conception de
l'architecture à clin scandinave est du type « sur bordé » en correspondance

avec une perspective longitudinale des formes de carène. Il en est de même de la méthode de construction qui, en termes de pratiques techniques, est bien, elle aussi, de nature « bordé premier » avec une élévation du bordé sans support transversal interne de gabarits. En revanche, le recours aux deux familles d'instruments d'aide et/ou de contrôle pendant la construction pourrait relativiser quelque peu cette vision purement longitudinale des formes suivant le tracé des virures et traduire une certaine part de conception transversale des formes. L'aune de charpentier, par exemple, pourrait tenir dans la pratique une fonction assez analogue à celle de la lisse d'un plan transversal de projection dans un contexte de conception théorique des formes de carène sur plan d'un bâtiment de principe « sur membrure ». Dans le premier cas, c'est un objet en bois qui matérialiserait sur le chantier cette transversalité de l'élaboration des formes. Dans le second, c'est un trait tracé à la plume sur une feuille de papier qui traduirait cette même perspective transversale.

Ce type de questionnement d'origine ethnographique se retrouve en l'occurrence aujourd'hui formulé par des archéologues[32] confrontés à leur documentation archéologique, la médiation du document ethnographique (l'instrument, aune de charpentier ou niveau à bateau, et l'ensemble de la pratique qui y est associé) occupant alors une position charnière dans l'élaboration du discours archéologique. C'est là tout l'enjeu scientifique de l'ethno-archéologie. Seàn Mc Grail, dont les recherches archéologiques ont souvent fait appel à des modèles ethnographiques de comparaison, a parfaitement résumé en quelques lignes cet enjeu scientifique :

> It can be seen, therefore, that ethnographic analogues do not provide one, certain identification, rather than a range of possibilities for the archaeologist to combine with information about the context of the excavated object or structure, its spatial and temporal relationships to other artifacts, signs of wear or of use, and conclusions drawn from the natural sciences, ergonomics, documentary evidence and the like. As Professor Grahame Clark said some sixty years ago, 'comparative ethnography can prompt the right questions, only archaeology, in conjunction with the various natural sciences, can give the right answers[33]'. To which we should now add that,

---

32   Cf. par exemple le récent article de T. Dhoop, J.-P. Olaberria, « Pratical Knowledge in the Viking Age : the use of mental templates in clinker shipbuilding », *The International Journal of Nautical Archaeology*, 44, 1, 2016, p. 95-110. Il s'agit d'une interprétation intéressante mais qui, à l'évidence, implique un débat critique.

33   J. D. G. Clark, « Archaeological theories and interpretation : Old World », dans A. L. Kroeber (ed.), *Anthropology Today*, Chicago, Chicago University Press, 1953, p. 343-360, p. 357.

in the present state of knowledge, no answers may be possible and any answer will be probalistic than definitive[34].

La position de S. McGrail, archéologue naval, rejoint en tous points celle des archéologues en général, quel que soit leur domaine de recherche, même si cette pratique scientifique de l'ethno-archéologie apparaît nettement plus fréquente et maîtrisée chez les préhistoriens que chez les archéologues des périodes historiques plus habitués à faire appel, par leur culture historique, aux sources écrites et iconographiques qu'aux données ethnographiques de comparaison. Un exemple particulièrement représentatif de cette école de pensée est celui du préhistorien Pierre Pétrequin dont les recherches en ethno-archéologie, et aussi en archéologie expérimentale, sont des modèles de rigueur méthodologique. S'interrogeant sur la difficulté à interpréter des données archéologiques en termes d'histoire sociale, économique ou culturelle, en dépassant les seules analyses chrono-typologiques de mobilier, par exemple, il note :

> L'archéologue s'est alors tourné vers le présent et l'ethnologie. Il ne fallait pas chercher des comparaisons simples et immédiates avec les phénomènes historiques : mais on devait tenter de comprendre des processus actuels spécifiques aux relations homme-milieu ou au fonctionnement des sociétés agricoles, exemples qu'il serait ensuite possible d'injecter dans les problématiques archéologiques sous forme d'hypothèses de travail. Le raisonnement est alors basé sur un dialogue entre le présent et le passé, en revenant systématiquement aux faits anciens et modernes eux-mêmes[35].

C'est cette relation dialectique entre passé et présent, d'une part, et ce retour systématique aux faits archéologiques d'autre part, qui constituent le fil d'Ariane intellectuel de cette démarche ethno-archéologique autour de la « tradition vivante » qui représente l'une des originalités de « l'école scandinave d'archéologie navale ».

---

34   S. McGrail, art. cité, 2016, p. 288-303, p. 290.
35   P. Pétrequin, « Préhistoire lacustre et modèles ethno-archéologiques », *Le Courrier du CNRS. Dossiers scientifiques. Archéologie en France métropolitaine*, 1989, 73, p. 22-23, p. 22.

DE NYDAM À ROSKILDE

« L'école scandinave d'archéologie navale » aujourd'hui

Au terme de cette réflexion sur « l'école scandinave d'archéologie navale », la principale « leçon » à tirer est sans aucun doute l'affirmation du rôle central de l'épave, sous ses multiples états, dans l'écriture de l'histoire de l'architecture navale, et l'appareil méthodologique déployé, dans lequel l'apport de la « tradition vivante » est essentiel, pour restituer à l'épave sa nature originelle de bateau. Comme nous l'avons noté, Jal avait certes déjà pressenti l'importance de cette catégorie de sources dans son souhait de privilégier une approche « anatomique » de l'étude des bateaux, mais sans faire de l'épave un document d'histoire particulier, autonome, impliquant par ses spécificités matérielles, des problématiques, des méthodologies, des techniques adaptées à ses propriétés. De la fouille du site de Nydam (1859-1864) à celle du site de Skuldelev (1957-1959, 1962) situé dans le fjord de Roskilde, au Danemark, l'archéologie navale scandinave, quant à elle, n'a cessé de progresser et d'innover dans ces différents aspects tant sur les plans de la théorie que de la pratique archéologique.

Ole Crumlin-Pedersen a ainsi parfaitement résumé les questionnements actuels de cette archéologie navale basée sur l'épave, une « *boat and ship archaeology*[1] » encore appelée « *watercarfat archaeology* » selon sa terminologie[2]. Deux grandes séries d'interrogations sont formulées :

---

1   Sont ainsi distinguées les embarcations ouvertes ou partiellement pontées, de taille réduite, destinées à une navigation côtière de proximité et les navires pontés, de grandes dimensions, aptes à des navigations en haute mer.

2   O. Crumlin-Pedersen, *Viking-Age Ships and Shipbuilding in Hedeby/Haithabu and Schleswig*, Schleswig, Roskilde, Archäologisches Landesmuseum, The Viking Ship Museum, (Ships and Boats of the North, 2), 1997, p. 16-17. Soulignons que si O. Crumlin-Pedersen se place avant tout dans la perspective de l'étude de l'archéologie navale scandinave à clin de l'époque pré-viking et viking, sa définition est applicable aux autres champs chronologiques, historiques et géographiques de l'archéologie navale pré-moderne tout au moins.

que recherche-t-on à connaître et quels sont les moyens pour fournir des réponses. La première série de questions est déclinée en cinq thèmes eux-mêmes subdivisés en sous-thèmes. Datation : année de construction, phases de réparations, date du naufrage ou de l'abandon du bateau ; origine : provenance des matériaux, localisation du lieu de construction, port d'armement, dernière route de navigation ; type architectural : statut du bateau, mode de construction, forme de carène, fonction, propulsion, nom du modèle architectural ; taille et capacité : module de proportions, dimensions, métrologie, déplacement, équipage, capacité de charge, caractéristiques nautiques, espace de navigation ; contexte d'emploi : politique, socio-économique, contexte de naufrage ou d'abandon. Quant aux méthodes mises en œuvre, elles reposent sur une large panoplie de moyens, des plus traditionnels aux plus sophistiqués.

Considérons deux exemples représentatifs de ceux-ci : la datation d'une part, la taille et la capacité (les caractéristiques nautiques) du bateau d'autre part. À propos de la datation : pour l'année de construction, il peut être fait appel à la dendrochronologie, aux analyses par radiocarbone, aux monnaies déposées à titre d'offrandes, à la typologie ; pour les phases de réparations, peuvent être sollicités la dendrochronologie, les traces d'usures, les éléments réparés ; pour le naufrage ou l'abandon du bateau, les indices de datation peuvent être fournis par le mobilier archéologique, les traces d'usures et de réparations, l'environnement. À propos de la taille et de la capacité du bateau : pour les modules de proportions sont utilisés l'interscalme[3], le nombre de virures de la coque, le système de barrotage ; concernant les dimensions sont pris en compte les dimensions principales (longueur de quille, longueur entre perpendiculaires, largeur du maître-couple, creux...), l'échantillonnage des pièces de charpente, les règles de proportions ; en regard de la métrologie, il est fait appel aux unités employées, aux proportions, aux systèmes de mesures ; s'agissant du déplacement (à lège et en charge), sont considérées les caractéristiques hydrostatiques, l'identification de la ligne de flottaison (à lège et en charge) ; pour l'équipage, c'est le nombre de rames utilisées[4] et la quantité de marins indispensable à la

---

3   Intervalle séparant deux bancs de nage.
4   O. Crumlin-Pedersen inscrit sa définition dans le contexte nautique de la Scandinavie d'époque pré et viking où la propulsion à la rame pure ou mixte (rame et voile) était utilisée. Dans ces conditions, le nombre de rames disposées sur un flanc, avec l'intervalle

manœuvre du bateau qui sont pris en compte ; la capacité de charge (le port) donne lieu à une évaluation du tonnage en tonnes et en mesures anciennes en intégrant aussi les différents types de cargaison ; pour ce qui touche aux capacités nautiques sont impliquées la taille du bateau, sa stabilité, sa manœuvrabilité évaluée expérimentalement, sa vitesse également estimée expérimentalement ; enfin, pour l'espace de navigation du bateau, ce sont les capacités nautiques, sa taille, son type, ses formes qui sont objets d'étude.

Ces deux exemples constituent, pour reprendre la métaphore médicale de Jal, deux protocoles « d'auscultation archéologique » particulièrement pertinents pour établir un « bilan anatomique » du sujet « épave ». On aura l'occasion dans un chapitre ultérieur de revenir sur certains de ces protocoles qui, durant la dernière décennie, ont intégré les apports des nouvelles technologies numériques. Mais c'est un autre aspect que l'on souhaiterait souligner ici. L'identité du bateau, comme complexe et système technique, à la fois architecture et machine mettant en jeu des mécaniques et des hommes, l'ensemble des éléments se trouvant inscrit dans un environnement nautique et un contexte techno-économique déterminés, s'exprime avant tout au niveau de sa fonctionnalité nautique. Bateau de pêche, de transport, de passage, de servitude, de guerre, bateau à usage individuel, collectif, un bateau, dans tous les cas de figure, de période et de lieu, est destiné à flotter et à se déplacer. C'est la capacité de flotter par le biais d'une flottabilité de la coque artificiellement créée et de se mouvoir d'un point à un autre, qui, fondamentalement, fait exister le bateau. Une fois perdue cette capacité originelle, le bateau, comme « existant nautique », devient épave, objet d'étude de l'archéologie navale. Tout le processus de recherche engagé en archéologie navale, tel qu'il est défini par O. Crumlin-Pedersen, est orienté vers la restitution de l'épave comme « existant nautique », c'est-à-dire comme un bateau destiné à naviguer et non pas comme un bateau théorique, construction purement intellectuelle aussi érudite fût-elle. Sans doute le poids de la « tradition vivante » et de l'ethnographie dans la recherche archéologique scandinave, et aussi une certaine proximité culturelle avec l'univers nautique, ne sont-ils pas étrangers à ce choix de restituer à l'épave son histoire originelle.

---

entre deux rameurs nécessaire à la manœuvre des rames, représente un indice dimensionnel essentiel.

Trois références historiques incontournables illustrent cette vision scientifique d'une archéologie navale recherchant à restituer, sur la base des vestiges matériels de l'épave, le bateau d'origine dans tous ses aspects.

La première est la fouille, en partie subaquatique et en partie en contexte humide, des cinq épaves du site de Skuldelev, pratiquement un siècle après la première fouille de bateaux réalisée en Scandinavie à Nydam[5]. La fouille dirigée par deux archéologues, l'un non spécialisé en archéologie navale, Olaf Olsen, et l'autre, O. Crumlin-Pedersen, alors jeune chercheur en archéologie navale formé à l'architecture navale, a marqué, de multiples points de vue, une étape dans l'histoire de l'archéologie navale scandinave et bien au-delà des frontières de la Scandinavie. Cette fouille a également mis en évidence le fait que l'archéologie navale possédait, certes, des spécificités par son sujet d'étude, le bateau, mais que, fondamentalement, elle appartenait au domaine de la recherche archéologique. La co-direction de la fouille du site de Skuldelev par O. Olsen en est la parfaite illustration.

---

5 La bibliographie étant particulièrement riche, nous nous contenterons de citer le premier volume de la monographie qui en comprendra trois : O. Crumlin-Pedersen, O. Olsen (éd.), *The Skuldelev Ships I*, Roskilde, The Viking Ship Museum, (Ships and Boats of the North, 4. 1), 2002.

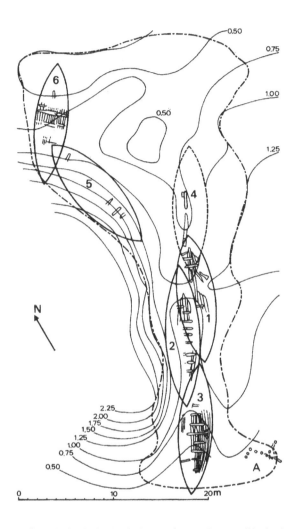

FIG. 42 – Relevé planimétrique subaquatique préliminaire
des cinq épaves de Skuldelev 1957-1959). Les structures 2/4
ne forment en fait qu'une même épave, celle d'un grand navire
de guerre construit à Dublin dans les années 1042.
Les courbes isobathes indiquent les profondeurs du haut-fond
de Skuldelev comprises entre 0,50 m et 2,50 m (O. Crumlin-Pedersen,
« Épaves de la mer du Nord et de la Baltique »,
dans *L'archéologie subaquatique : une discipline naissante*,
Paris, UNESCO, 1973, p. 63-74, p. 68).

Les épaves de Skuldelev, datées du XIe siècle, présentent le très grand intérêt historique de correspondre à cinq types architecturaux : deux navires de guerre de taille, d'origine et de statut différents (Skuldelev 2/4, Skuldelev 5), deux navires de transport d'origine différente et destinés pour l'un à des navigations côtières de cabotage (Skuldelev 3) et pour l'autre à des navigations hauturières au long cours (Skuldelev 1), un petit navire de pêche sans doute transformé en voilier de cabotage (Skuldelev 6). Une typologie précise des navires de la fin de la période viking a pu ainsi être établie et mise en perspective avec la société viking et, en particulier, son système de défense maritime, son économie des transports par eau tant militaires que civils mais aussi ses ressources en matières premières (bois et minerais de fer notamment). Au-delà de cet apport scientifique, la fouille a eu une grande importance sur le plan de ce que l'on pourrait qualifier de « pensée de la pratique archéologique ».

La fouille d'une épave, comme de tout gisement ou site archéologique, repose bien évidemment en amont de l'opération sur un projet scientifique et une problématique historique qui se traduisent ensuite par une stratégie de terrain, sur terre comme sous l'eau, soutenue par une « pensée de la pratique » aboutissant à mettre en œuvre des moyens humains et matériels, sans évoquer les indispensables supports financiers.

Durant les trois premières campagnes de fouille, de 1957 à 1959, les archéologues ont opté pour les techniques et les méthodes de l'archéologie sous-marine, la faible profondeur du site de Skuldelev (moins de 5 mètres) facilitant l'intervention sous l'eau. En 1962, un autre choix méthodologique et technique a été fait : celui d'assécher le site et de fouiller les épaves à l'air libre. Pour ce faire, la zone d'opération archéologique a été entourée par une paroi de palplanches[6] et, au moyen de puissantes pompes, a été asséchée. Cinq aspects principaux ont contribué à l'exemplarité de cette fouille des épaves composées de milliers de morceaux de bois ouvragés en raison de la quantité de pierres déposées sur les vestiges pour constituer un barrage fermant le fjord. Tout d'abord, la technique de fouille s'est apparentée de maints points de vue, par la nature fragmentée et dispersée des vestiges architecturaux, à celle d'un site préhistorique constitué de milliers de fragments lithiques. Dans cette perspective, une très grande rigueur a été accordée à la mise au jour des vestiges proprement dite et à leur enregistrement *in situ*. Il

---

6   La profondeur réduite et la nature du fond ont facilité la pose des palplanches.

ne faut pas oublier que l'acte technique de fouille se double d'un acte scientifique et que les techniques et les méthodes de fouilles sont définies en fonction d'une problématique scientifique. En deuxième lieu, la décision avait été prise de conserver les cinq épaves en vue de les traiter, de les restaurer et de les exposer dans un musée. Cette dimension de l'opération, intégrée dés le début du chantier, a impliqué la mise en place d'une chaîne technique, particulièrement complexe à gérer, de prélèvement de chaque fragment et de leur conservation provisoire. En troisième lieu, le post-fouille a réuni, autour des deux responsables, une large équipe d'archéologues et de conservateurs, qui pendant des années a étudié les épaves aboutissant à la constitution d'un ensemble unique de données sur l'architecture navale scandinave du XIe siècle. Caractéristique importante de ce post-fouille : l'intégralité du programme archéologique, et, en particulier celui portant sur la restitution des cinq bateaux de Skuldelev, été réalisée par des archéologues à la différence des recherches pionnières de Nydam, Gokstad et Oseberg où la phase de restitution architecturale, considérée comme relevant du domaine de la seule technique, a été placée dans les mains de professionnels praticiens de l'architecture navale. Désormais, c'est bien en tant que discipline des sciences humaines que se définit l'archéologie navale, la supposée technicité des sujets d'étude étant totalement intégrée à l'ensemble de la démarche archéologique. De la fouille à la restitution, toute la chaîne de l'étude est conduite par des archéologues.

Enfin, deux autres aspects importants sont à rappeler. D'une part, l'opération de fouille menée en 1962 a été très largement ouverte au public avec des visites régulièrement organisées. Au caractère scientifique de la fouille s'est donc greffée une dimension socio-culturelle conduisant à une patrimonialisation, voire à une mise en mémoire de l'opération. D'autre part, la fouille des épaves de Skuldelev a eu un impact profond sur le développement des recherches en archéologie navale au Danemark dont la fondation de l'Institut d'archéologie maritime au sein du Musée national et celle du Musée du bateau viking représentent les deux principales et plus visibles expressions. Ajoutons que la personnalité d'Ole Crumlin-Pedersen et son aura scientifique ont très largement participé à cette dynamique scientifique post-Skuldelev.

C'est en 1962 que fût créé l'Institut d'archéologie maritime dont O. Crumlin-Pedersen a été le responsable de l'origine jusqu'en 1993.

Cet organisme, avec une équipe réduite de spécialistes et des moyens limités, joua un rôle important dans la gestion et la protection du patrimoine archéologique subaquatique danois en s'appuyant notamment, à partir de 1963, sur un décret gouvernemental concernant les épaves à caractère historique. Ce décret stipulait, entre autres aspects, que les

> ... *Objects, including wrecks, which are found on the sea floor in Danish territorial waters belong to the State unless an individual can substantiate his claim to ownership, and that the State Antiquary is to make such arrangements as he deems necessary for the protection and salvaging of the objects... belonging to the State*[7].

À l'origine, les épaves à caractère historique relevant de cette législation devaient avoir plus de cent cinquante ans. Par la suite, le délai passa à cent ans.

Cette prise en compte par l'État danois de la gestion et de la protection du patrimoine archéologique subaquatique est antérieure, il faut le rappeler, à la création en France, en 1966, par le ministre des Affaires Culturelles d'alors, André Malraux, de la Direction des recherches archéologiques sous-marines, considérée comme « le premier service officiel au monde chargé de gérer administrativement et d'étudier scientifiquement le patrimoine immergé[8] ». De la même manière, ce n'est qu'en 1968, soit dix ans après la phase sous-marine de la fouille du site de Skuldelev que se déroula celle de l'épave antique de Planier 3, au large de Marseille, que l'on s'accorde à juger comme la première fouille sous-marine française conduite avec la même rigueur qu'une fouille terrestre. Comme on aura l'occasion de l'examiner dans la prochaine partie, l'archéologie sous-marine n'est pas née seulement en Méditerranée. Ses racines s'avèrent en réalité multiples.

Revenons à présent au cas danois. Parallèlement à cette responsabilité de l'Institut d'archéologie maritime dans la gestion et la protection du patrimoine archéologique subaquatique, ce furent les recherches en archéologie maritime[9], et majoritairement en archéologie nautique,

---

7   *Cf.* F. Rieck, « Institute of Maritime Archaeology. – the beginning of maritime research in Denmark », dans O. Olsen, J Skamby Madsen, F. Rieck (éd.), *Shipshape. Essays for Ole Crumlin-Pedersen*, Roskilde, The Viking Ship Museum, 1995, p. 19-36, p. 24.

8   M. L'Hour, É. Veyrat, *Mémoire à la mer. Plongée au cœur de l'archéologie sous-marine*, Arles, Actes Sud/Drassm, 2016, p. 14.

9   L'étude des gisements préhistoriques submergés localisés le long du littoral a fait partie des axes d'étude de l'Institut d'archéologie maritime.

en relation avec l'histoire de l'architecture navale, qui furent au centre de l'action scientifique de l'organisme[10]. Le patrimoine archéologique ne fût pas le seul domaine pris en compte par l'Institut d'archéologie maritime. C'est ainsi que le patrimoine nautique flottant, c'est-à-dire les bateaux à caractère patrimonial, rentra aussi dans son champ d'activités avec la préservation à flot et en état de naviguer de plusieurs voiliers en bois dont l'un des plus anciens est le sloop *Ruth*, construit à Svinør en Norvège en 1854, et armé à l'origine au cabotage. En résumé, c'est bien autour des bateaux, « acteurs et témoins d'histoire » à travers toutes leurs approches archéologiques, ethnographiques, patrimoniales, que s'organisa l'essentiel des activités de cet organisme du Musée national du Danemark.

Dans le prolongement de la création de l'Institut d'archéologie maritime fût construit à Roskilde, non loin du site archéologique de Skuldelev, le Musée du bateau viking inauguré officiellement en juin 1969 dont l'inspirateur et le premier directeur fut O. Crumlin-Pedersen[11]. Si l'origine du musée a été l'exposition des cinq épaves de Skuldelev au terme de leur traitement de conservation, de leur restauration et de leur présentation sur une structure filaire métallique permettant de visualiser la forme de la coque[12], très vite le musée développa une politique ambitieuse de recherche en archéologie navale dont un programme d'archéologie navale expérimentale de construction de répliques archéologiques des bateaux de Skuldelev. Nous nous contenterons ici de souligner, avant d'y revenir ultérieurement, que ce programme, qui se poursuit actuellement, est considéré au sein de la communauté archéologique internationale comme exemplaire et a inspiré scientifiquement maints programmes d'archéologie navale expérimentale de par le monde. Construire des répliques archéologiques en testant les techniques des charpentiers de marine de l'époque viking, mais aussi expérimenter les méthodes de navigation à la voile et à la rame pour évaluer les capacités nautiques

---

10   À partir de 1984, les activités de gestion et de protection du patrimoine archéologique subaquatique furent transférées au ministère de l'Environnement. Dès lors, l'Institut d'archéologie maritime centra ses activités sur le seul domaine de la recherche.

11   J. Skamby Madsen, « The Viking Ship Museum », dans O. Olsen, J. Skamby Madsen, F. Rieck (éd.), ouvr. cité, 1995, p. 37-64

12   Ce type de présentation a été repris, par exemple, par le Musée d'histoire de Marseille lors de sa réouverture pour l'exposition des épaves antiques fouillées à Marseille dont les deux épaves grecques archaïques *Jules Verne 7* et *Jules Verne 9*.

des bateaux et retrouver les gestes et les savoirs des marins vikings : tels sont les deux enjeux principaux des différents programmes de recherche expérimentale réalisés par l'équipe du Musée du bateau viking qui n'oublie pas qu'un bateau n'est pas seulement une architecture mais aussi une machine conçue pour naviguer.

Un autre volet révélateur de ce choix de ne pas enfermer les recherches d'archéologie navale à l'intérieur de l'espace clos d'un musée et d'un centre d'étude est la constitution, en étroite relation avec le Musée du bateau viking de Roskilde, d'une flottille de bateaux traditionnels gérée, entretenue, animée sous une forme associative par des bénévoles, simples amateurs de navigation, professionnels de la mer, chercheurs...

Le programme muséographique, scientifique, pédagogique du Musée du bateau viking a débouché de la sorte, en quelques années seulement, sur la formation d'une communauté partageant les mêmes choix socio-culturels autour des bateaux anciens.

La dernière référence contemporaine de cette « école scandinave d'archéologie navale » qui, pour la communauté scientifique, a constitué et représente toujours, un modèle, est sans aucun doute le Centre d'archéologie maritime de Roskilde, au Danemark. Créé en 1993 dans le cadre d'un programme de la Fondation nationale de la recherche danoise destinée à promouvoir des centres de recherche d'excellence dans les diverses disciplines scientifiques, dont l'archéologie, le Centre d'archéologie maritime dirigé de son origine à 2000 par Ole Crumlin-Pedersen, puis de 2000 à sa fermeture en 2003 par le préhistorien Søren H. Andersen, a été pendant ses dix ans[13] d'existence un exception-nel lieu de recherche, d'enseignement, d'expérimentation, d'échange, d'innovation intellectuelle de dimension internationale autour des multiples questions historiques de l'histoire de l'architecture navale principalement pré-moderne. Trois thèmes avaient été privilégiés. Les deux premiers étaient relatifs à l'archéologie maritime, au sens extensif du terme, et à l'archéologie nautique plus spécifiquement. Ils étaient définis en ces termes :

> *Maritime aspects of archaeology, stating that maritime archaeology must relate to the general discussion among archaeologists and historians of conditions of life in the past, and should be fully integrated into mainstream archaeology ; archaeology of watercraft,*

---

13   Le financement public de ce programme était de dix ans au maximum. Aucun autre financement n'a permis malheureusement de poursuivre les activités du centre.

seeing the study of boats and ships as a key to some of Mankind's most challenging creations, and to a clearly focused examination of the conditions of maritime contacts[14].

Le troisième, d'ordre avant tout technique, était consacré au développement des techniques et des instruments de l'archéologie maritime en matière de relevés, de robotique, de logiciels d'architecture navale, d'images 3 D…

Le bilan des dix années (1993-2003) de fonctionnement du Centre d'archéologie maritime[15] se mesure, parmi bien d'autres instruments d'évaluation, par plus de quatre cent cinquante publications des membres permanents et associés[16] et la création de deux collections d'ouvrages reflétant les deux thématiques archéologiques du centre : *Ships and Boats of the North* pour l'archéologie navale et *Maritime Culture of the North* pour l'archéologie maritime.

Une dernière remarque s'impose. Depuis la disparition du Centre d'archéologie maritime de Roskilde et le décès, en 2011, d'Ole Crumlin-Pedersen, force est de constater que, pour diverses raisons, l'extraordinaire dynamique du complexe scientifique de Roskilde s'est trouvée quelque peu brisée.

---

14 O. Crumlin-Pedersen, *Archaeology and the Sea in Scandinavia and Britain. A personal account*, Roskilde, (Maritime Culture of the North, 3), 2010, p. 26.

15 O. Crumlin-Pedersen, « Ten golden years for maritime archaeology in Denmark, 1993-2003. A brief history of the Centre for Maritime Archaeology in Roskilde », *Maritime Archaeology Newsletter from Roskilde*, 20, 2003, p. 4-43.

16 « Publications from members and associates of the Centre for Maritime Archaeology, 1993-2003 », *Maritime Archaeology Newsletter from Roskilde*, 20, 2003, p. 72-86.

SIXIÈME PARTIE

L'ARCHÉOLOGIE SOUS-MARINE

DES TECHNIQUES ET DES MÉTHODES NOUVELLES

ARCHÉOLOGIE SOUS-MARINE, ARCHÉOLOGIE SUBAQUATIQUE

Des expressions ambigües ?

La langue française distingue les expressions d'archéologie sous-marine et d'archéologie subaquatique alors que l'anglais les réunit sous la même forme de « *underwater archaeology*[1] » et que l'allemand privilégie aussi l'expression générique de « *unterwasser archaölogie* ». La distinction opérée par notre langue a plusieurs significations. Elle correspond tout d'abord à deux milieux d'intervention : le milieu sous-marin d'un côté et celui des eaux intérieures, fluviales et lacustres de l'autre. Les plongeurs autonomes, professionnels comme amateurs, qui fréquentent ces deux milieux ont été formés à la pratique de la plongée selon des techniques et des méthodes similaires. Ils emploient des équipements de même nature, font appel aux mêmes gestes, partagent les mêmes règles de sécurité… En dépit de cette culture technique identique, « plongeurs de mer », surtout ceux fréquentant la Méditerranée considérée comme le « berceau de la plongée », et « plongeurs d'eau douce », ne se confondent pas toujours et revendiquent même parfois chacun leur propre culture technique. Ces différences entre les deux communautés sont liées en grande partie à des difficultés de nature distincte. En mer, par exemple, l'un des problèmes que tout plongeur doit parfaitement maîtriser est celui des temps d'immersion, de descente, de remontée et de paliers en fonction de la profondeur. En lac, ce même type de problème existe. Le strict respect des temps de plongée est une règle de sécurité absolue. Tout manquement peut se traduire par des accidents graves, voire mortels. En revanche, ce type de problème est pour l'essentiel absent des plongées en milieu fluvial où les profondeurs sont rarement supérieures à une

---

1   Une autre expression est parfois employée : celle de « *archaeology underwater* », l'inversion des mots n'étant pas innocente et renvoyant à l'idée qu'il n'existe en réalité qu'une archéologie quel que soit le milieu de recherche concerné.

dizaine de mètres et souvent bien inférieures. Pour autant, plonger en eau douce n'est pas nécessairement une pure partie de plaisir. Il y a des difficultés bien réelles et souvent absentes des plongées en mer, et de celles réalisées en Méditerranée en particulier : ce sont les contraintes d'une eau souvent fraîche à très fraîche certaines saisons, du courant, qui peut atteindre plusieurs kilomètres par heure, et du manque de visibilité. Il n'est pas rare, en effet, d'être confronté à une visibilité de moins de 50 cm. Dans ces conditions, la technique, et aussi la psychologie des « plongeurs d'eau douce », se rattachent à une culture qui n'est pas, effectivement, similaire à celle des « plongeurs de mer ».

Cette présence des techniques de plongée ainsi que des équipements et des matériels de fouille, du meilleur type de carroyage au modèle d'aspirateur à air ou à eau le plus efficace, était très forte dans les premiers temps de l'histoire de l'archéologie sous-marine et subaquatique. Elle explique sans doute, pour une part, certaines ambiguïtés dont a été porteur un ouvrage comme, par exemple, celui publié en 1973 par l'UNESCO sous le titre de *L'archéologie subaquatique, une discipline naissante* à une période où, nous le rappellerons dans un instant, l'archéologue George F. Bass avait démontré depuis plusieurs années déjà que l'archéologie subaquatique n'était pas une science, ni même une « une discipline naissante », mais un ensemble de méthodes et de techniques. Ce livre édité par l'UNESCO, une institution appelant par sa vocation culturelle au respect de principe de ses productions scientifiques, a constitué une référence dans l'historiographie de l'archéologie. Son influence[2] apparaît révélatrice d'un moment de l'histoire de la discipline archéologique où les questionnements et les débats étaient encore présents au sein des acteurs de la recherche et où le poids[3] de la technicité de la fouille sous-marine et subaquatique l'emportait parfois sur les objectifs scientifiques de la fouille.

En termes de structuration de la recherche archéologique française, la distinction entre archéologie sous-marine et archéologie subaquatique

---

2   Étudiant en archéologie à l'époque de la publication du livre, sa lecture n'a pas été sans influencer notre choix d'orientation vers l'archéologie navale et de spécialisation technique dans la fouille subaquatique des épaves.

3   Ainsi en était-il notamment de la question des techniques de photogrammétrie, de détection au sonar et au magnétomètre ou encore d'utilisation d'engins sous-marins pour la prospection et la cartographie, autant de sujets novateurs développés dans le livre publié par l'UNESCO.

renvoie à deux types différents d'organisation. Le domaine public maritime (métropolitain et ultra-marin) est placé depuis sa création en 1966 sous la responsabilité directe de gestion, de protection, d'étude et de valorisation de la DRASM (Direction des recherches archéologiques sous-marines) devenue en 1996 le DRASSM (Département des recherches archéologiques subaquatiques et sous-marines) par intégration du CNRAS (Centre national de recherches archéologiques subaquatiques) fondé en 1980 et qui, comme la DRASM à son origine, relevait du ministère des Affaires Culturelles. Le domaine d'intervention du CNRAS, à la différence de celui de la DRASM, concernait uniquement les eaux intérieures. En outre, et il s'agit d'une différence essentielle, il jouait seulement un rôle de conseil technique et scientifique, d'appui logistique à des équipes archéologiques mais n'avait pas de responsabilité directe de gestion administrative des eaux intérieures. Celle-ci dépendait de ce qui s'appelait dans les années 1980 les directions des antiquités préhistoriques et historiques et qui sont devenues aujourd'hui les services régionaux de l'archéologie au sein des différentes directions régionales des affaires culturelles.

Cette distinction n'est pas seulement d'ordre administratif. Elle est aussi de nature scientifique et, à cet égard, n'est nullement limitée au cas de la France. Les deux principaux domaines d'étude de l'archéologie sous-marine sont les sites sous-marins et les épaves. Les premiers sont, d'une part, les sites et gisements immergés par suite du relèvement du niveau de la mer ou de l'affaissement des bordures littorales. Leur typologie est vaste : grottes préhistoriques, sites d'habitats préhistoriques côtiers, établissements littoraux d'époque antique ou médiévale... D'autre part, ce sont les aménagements portuaires et les sites de mouillage forains à proximité de la côte soit en raison d'une absence de port, soit en attente d'une météorologie favorable ou d'une possibilité de s'amarrer à un quai. Les épaves, quant à elles, s'inscrivent dans deux champs d'étude historique : celui de l'architecture navale au sens large du terme renvoyant à la notion du bateau comme « acteur et témoin d'histoire » et celui de l'économie des transports maritimes. La chronologie est large et s'étend de la préhistoire jusqu'à l'époque contemporaine.

Le domaine d'étude de l'archéologie subaquatique, celui des eaux intérieures, comporte lui aussi deux axes principaux. Le premier est celui de l'archéologie nautique, une archéologie qui concerne en premier lieu l'étude des moyens de transport par eau (du radeau au grand bateau à architecture assemblée), des aménagements longitudinaux des berges (renforts, quais, appontements…) et transversaux du lit mineur (gués, levées, digues…), ces derniers étant associés à des structures d'exploitation du milieu aquatique : exploitation hydraulique avec les moulins et halieutique avec les pêcheries. Dans tous les cas, cette archéologie nautique se définit non pas seulement comme une archéologie des structures (de tous types), mais également comme une archéologie des relations entre structures et environnements[4]. Le deuxième axe de recherche plus particulièrement associé aux espaces lacustres est celui des habitats littoraux d'époque préhistorique et historique.

À l'égard de ces différentes thématiques scientifiques associées à l'archéologie sous-marine et subaquatique, deux conclusions s'imposent d'une façon très nette. Premièrement, les thématiques citées ne sont pas, pour une part importante[5] d'entre elles, spécifiques au milieu sous-marin et à celui des eaux intérieures. Dans le domaine qui concerne plus particulièrement l'archéologie navale, sujet de ce livre, l'épave, comme source, est ainsi aussi bien présente en contexte terrestre et humide qu'en milieu immergé même si, en toute logique, le pourcentage d'épaves localisées dans un environnement terrestre et humide est infiniment réduit par rapport à celui des épaves situées au fond de la mer et des eaux intérieures. Pour autant, faire de l'archéologie navale ne se confond pas avec faire de la plongée. Deuxièmement, et c'est un corollaire à la remarque précédente, l'archéologie sous-marine et l'archéologie subaquatique se définissent avant tout comme des techniques et des méthodes d'intervention archéologique adaptées à des milieux particuliers et en aucun cas ne peuvent se revendiquer comme des disciplines scientifiques. Une autre façon, sans doute quelque peu provocatrice, serait d'écrire que l'archéologie sous-marine et l'archéologie subaquatique n'existent pas, et que n'existe en réalité comme discipline scientifique qu'une archéologie aux champs thématiques et chronologiques multiples. De ce point de

---

4   *Cf.* notamment : É. Rieth, « Archéologie de la navigation intérieure », *Archéologie de la navigation intérieure*, Conflans-Sainte-Honorine, (Les Cahiers du Musée de la Batellerie, 7), 1983, p. 4-11 ; *id.*, « À propos de l'archéologie nautique », dans É. Rieth, V. Serna (dir.), *Du manuscrit à l'épave. Archéologie fluviale*, Conflans-Sainte-Honorine, (Les Cahiers du Musée de la Batellerie, 39), 1998, p. 4-7.

5   Il y a bien sûr des exceptions. Dans le domaine maritime, c'est le cas notamment des sites de mouillage et dans celui des eaux intérieures des gués.

vue, l'étude des épaves en milieu immergé ne se distingue en rien, au plan des problématiques de l'histoire de l'architecture navale, de celle des épaves en contexte terrestre. De même, par sa formation et ses axes de recherche, un archéologue spécialiste d'archéologie navale se définit d'abord et avant tout comme archéologue, et non comme archéologue sous-marin ou subaquatique.

Il est intéressant de rappeler, de ce point de vue, ce que Philippe Diolé, journaliste, archéologue amateur, plongeur professionnel et collaborateur du commandant Cousteau, écrivait dès 1952 dans son ouvrage modestement intitulé *Promenades d'archéologie sous-marine* :

> ... l'audace du plongeur ne saurait lui tenir lieu de compétence. Si l'érudition de l'archéologue ne dispense pas celui-ci d'aller examiner dans l'eau les vestiges dont il prétend faire l'étude, la qualité de plongeur n'autorise pas les hypothèses hasardeuses et les commentaires fantaisistes. L'archéologie est une science comme bien d'autres : elle veut un apprentissage... je me suis demandé jadis si l'archéologie sous-marine ne pouvait pas prétendre s'ériger en science autonome, si les conditions particulières de la recherche, la pratique de quelques sciences annexes comme l'océanographie physique et la biologie marine ne lui permettaient pas de revendiquer son indépendance. Je m'avise maintenant que c'était très mal poser le problème : il faut consentir à l'unité de l'archéologie[6].

Une décennie plus tard, l'archéologue George F. Bass, à l'origine du programme universitaire d'archéologie nautique de la Texas A&M University à College Station (Texas), université longtemps considérée comme le modèle d'enseignement et de recherche universitaire dédiée à l'archéologie nautique, a clairement posé le problème dès 1966, dans son livre *Archaeology Under Water*[7]. Il écrivait ainsi :

> *We do no speak of those working on the top of Nimrud Dagh in Turquey as mountain archaeologists, nor those at Tikal in Guatemala as jungle archaeologists. They are all people who are trying to answer questions regarding man's past, and they are adaptable in being able to excavate and interpret ancient buildings, tombs, and even entire cities with the artifacts which they contain. Is the study of an ancient ship and its cargo, or the survey of toppled harbor walls somehow different ? That such remains may lie under water entails the use of different tools and techniques in their study, just as the survey of a large aera on land, using aerial photographs,*

---

6   Ph. Diolé, *Promenades d'archéologie sous-marine*, Paris, Éditions Albin Michel, 1952, p. 17.
7   G. F. Bass, *Archaeology Under Water*, New York, Washington, Frederick A. Praeger Publishers, 1975, p. 15.

> *magnetic detectors, and drills, requires a procedure other than excavating the stone*
> *artifacts and bones in a Palaeolithic cave. The basic aim in all these cases is the*
> *same. It is all archaeology.*

Pour G. F. Bass, souvent cité comme « père de l'archéologie sous-marine », aucune ambigüité n'existe sur cette « unité de l'archéologie » comme discipline scientifique.

C'est en des termes analogues que s'exprimaient en 1981 les archéologues Piero A. Gianfrotta et Patrice Pomey dans leur ouvrage *L'archéologie sous la mer.* Ils écrivaient,

> ... rien ne permet de distinguer l'archéologie subaquatique de l'archéologie,
> si l'on admet que le but de ses recherches est non seulement de découvrir au
> moyen de la fouille les vestiges enfouis sous les eaux, mais aussi et surtout de
> les restituer et de les interpréter dans un cadre historique donné... Il convient
> dés lors de ramener l'archéologie subaquatique à sa véritable dimension : ni
> domaine propre, ni discipline de l'archéologie, elle n'est qu'une technique
> particulière mise à son service. Technique qui permet à l'archéologie d'étendre
> son champ d'investigation au vaste et riche domaine subaquatique[8].

Les deux auteurs ajoutaient à juste titre :

> Procédant avant tout d'une technique, le développement des recherches
> archéologiques subaquatiques a été naturellement très étroitement tributaire
> de l'évolution des techniques sous-marines.

Dans ces conditions, il est important d'évoquer la façon dont ces techniques ont eu une influence sur le développement de l'archéologie navale comme discipline scientifique.

---

8   P. A. Gianfrotta, P. Pomey, *L'archéologie sous la mer*, Paris, Fernand Nathan Éditeur,
    1981, p. 10-11 (traduction de l'édition originale italienne, P. A. Gianfrotta, P. Pomey,
    Archeologia subacquea, Milan, Arnoldo Mondadori Editore, 1980, p. 10-11).

PÉNÉTRER SOUS L'EAU
À LA RECHERCHE DES ÉPAVES

Une histoire de techniques

La pratique de la plongée en apnée par des plongeurs professionnels, les *urinatores*, est attestée dés l'Antiquité gréco-romaine[1]. Thucydide (*Histoire*, VII, 25), Tite-Live (XLIV, 10, 3) ou encore Plutarque (*Vies parallèles*, § XXIX) font état du recours à des plongeurs à des fins civiles ou militaires. P. A. Gianfrotta et P. Pomey évoquent une intéressante pratique maritime concernant la récupération par des *urinatores* de marchandises soit perdues par suite d'un naufrage, soit jetées volontairement à la mer pour alléger un navire en difficulté par gros temps, pratique du « jet à la mer » toujours en usage aujourd'hui lorsqu'un bâtiment a pris une gîte dangereuse par suite du ripage d'une partie de sa cargaison. L'une des questions soulevées par cette pratique est celle de savoir si, comme l'attestera ultérieurement la version de la *lex Rhodia* datant de l'époque byzantine, les plongeurs professionnels de l'Antiquité ne pouvaient pas être rémunérés en fonction de la profondeur à laquelle ils intervenaient. L'archéologie témoigne aussi directement de cette pratique de la récupération de matériel sur des navires naufragés. C'est le cas de l'épave de la Madrague de Giens (Var) datée de 75-60 av J.-C[2]. La nature du recouvrement de l'épave située par une vingtaine de mètres de fond et la disposition de la cargaison d'amphores présentant des vides au niveau d'un des flancs du navire ont conduit à formuler l'hypothèse de la récupération d'une partie des amphores par des *urinatores* peu de temps après le naufrage[3]. Il semblerait en avoir été de même du mécanisme de la pompe de cale.

---

1   H. P. A. Gianfrotta, P. Pomey, ouvr. cité, p. 18 et suiv.

2   B. Liou, P. Pomey, *Gallia*, 43, Paris, Éditions du CNRS, 1978, p. 654.

3   A. Tchernia, P. Pomey, A. Hesmard, *L'épave romaine de la Madrague de Giens (Var)*, XXIVᵉ supplément, *Gallia*, Paris, Éditions du CNRS, 1978, p. 29-31.

L'intervention en plongée, en apnée principalement, s'est poursuivie tout au long du Moyen Age dans le but de récupérer des cargaisons, de renflouer des navires ou de réaliser des travaux de génie civil en contexte portuaire et en milieu fluvial notamment. Ce n'est qu'à la fin du Moyen Age et au cours du XVIᵉ siècle que des plongées ont été menées à des fins « archéologiques ». À cet égard, il est intéressant de souligner que ces premières recherches ont été effectuées dans le contexte intellectuel italien de la naissance de l'archéologie navale tel qu'il a été examiné dans la première partie de ce livre. Le terrain « d'étude archéologique », connu par les sources littéraires, était le lac de Nemi (*lacus Nemorensis*)[4]. La première opération subaquatique fut entreprise en 1446, à la demande du cardinal Prospero Colonna, seigneur ecclésiastique d'un vaste domaine s'étendant autour du lac et propriétaire des châteaux de Nemore et Cinthiano. La direction du chantier fût confiée au célèbre humaniste italien, écrivain et architecte, Leon Battista Alberti, auteur en particulier d'un ouvrage devenu mythique et à jamais perdu intitulé *Navis*. Les plongeurs apnéistes génois engagés par Alberti localisèrent, semble-t-il, l'épave I de Nemi et renflouèrent certains éléments architecturaux du bateau dont des fragments du bordé recouverts d'un doublage de feuilles de plomb. La deuxième opération conduite dans le lac Nemi sur les épaves de l'empereur Caligula date de l'été 1535. La date est importante. Un an auparavant, le Français Lazare de Baïf, ambassadeur à Venise depuis 1529, était de retour en France après un séjour où il eut maintes occasions de partager les débats du milieu humaniste vénitien et de s'intéresser à l'histoire de l'architecture navale antique. En 1536, il publia son *De re navali* qui marque, nous l'avons vu, les débuts des études d'archéologie navale.

En juillet 1535, un ingénieur militaire italien d'origine bolonaise, spécialiste des fortifications, Francesco De Marchi, commença des travaux subaquatiques sur les épaves de Nemi avec la collaboration technique d'un certain Guglielmo da Lorena, inventeur d'une cloche de plongée. Comme le notent P. A. Gianfrotta et P. Pomey,

> ... Les tentatives hardies de De Marchi... eurent... pour effet d'augmenter la ruine des épaves... ses plongées prolongées dans le lac de Nemi sont la

---

4   Pour une analyse érudite et passionnante de ces recherches, *cf.* L. Lehmann, *The polyeric quest. Renaissance and baroque theories about ancient men-of-war*, Amsterdam, 1995, p. 17-27.

réalisation concrète d'aspirations considérées en général à l'époque comme ressortissant uniquement aux aventures imaginaires de la science-fiction[5].

Loin de l'univers de la science-fiction, De Marchi rédigea un compte rendu assez réaliste et détaillé des opérations. Si les plongées contribuèrent effectivement à accentuer la dégradation des épaves, elles fournirent aussi des données précises et profondément nouvelles sur les caractéristiques architecturales des bateaux antiques de Nemi. L. Lehmann a ainsi mis en valeur un extrait du récit de De Marchi dans lequel celui-ci note que certaines planches des flancs et du fond des épaves de Nemi ont, à intervalle d'une brasse, une languette de bois de 4 pouces de large (« … *una committitura di legno larga 4 dita…* ») qui entre dans une planche et dans celle opposée et les assemble (« …*che entrava in l'una, e l'altra, che teneva serrate le tavole insieme…* »). Il note, par ailleurs, que des gournables en chêne passent à travers les languettes qui assemblent les planches (les bordages) (« … *dove erano do questi cavigli di rovere, che passavano quelli legni, che serravano le tavole insieme…* ». Et L. Lehmann de conclure très justement qu'il s'agit là d'une description, la première, très précise de la technique d'assemblage par mortaises, tenons et chevilles du bordé caractéristique de la construction navale de l'Antiquité classique.

Certes, De Marchi ne commente pas en termes d'histoire de l'architecture navale antique ces caractéristiques architecturales des épaves de Nemi. Il se contente de décrire ce qui a été observé au moyen d'un équipement de plongée sur des épaves considérées, à juste titre, comme antiques. De ce point de vue, il existe bien une connexion entre la mise en œuvre, non sans risques d'ailleurs, d'un modèle nouveau d'équipement de plongée, à savoir une cloche de plongée, permettant de travailler sous l'eau plus longtemps qu'en apnée et une intervention subaquatique sur des épaves à caractère archéologique. Les prémices de ce qui deviendra des siècles plus tard l'archéologie subaquatique comme méthodes et techniques de recherche ne sont-elles pas là déjà réunies ? Très probablement oui. Fait significatif de cette importance des foyers multiples d'innovations à la fois intellectuelles et matérielles de ce XVIe siècle italien : cette origine vraisemblable de l'archéologie subaquatique s'inscrit en totale concordance avec la naissance de l'archéologie navale telle que le *De re navali* l'a mis en lumière. Mais au-delà d'une

---

5   P. A. Gianfrotta, P. Pomey, ouvr. cité, 1981, p. 25.

correspondance chronologique et thématique autour des bateaux antiques se discerne également une différence fondamentale qui va marquer en fait toute l'histoire de l'archéologie navale : d'un côté, une observation de faits matériels à partir d'une épave comme source première ; de l'autre, une lecture de données historiques à travers des textes et des images comme documents. Il faudra du temps pour que les deux approches et les deux « écoles d'archéologie navale » se conjuguent en un même langage scientifique.

Une étape importante de l'histoire de la plongée est celle du sca-phandre Siebe du nom de son inventeur, l'allemand Auguste Siebe. Celui-ci conçut entre les années 1819, date des premiers essais, et 1830, date de sa mise au point définitive, un scaphandre à casque de cuivre intégré à un vêtement étanche et relié à la surface par un tuyau servant à l'alimentation en air au moyen d'une pompe à bras[6]. Le scaphan-drier est équipé d'un baudrier lesté et de semelles de plomb pour le stabiliser. L'une des principales règles de sécurité à respecter est de se maintenir droit. C'est l'équipement classique et la position de travail du scaphandrier pieds lourds du *Trésor de Rackham Le Rouge* d'Hergé !

Alors que Siebe, émigré en Angleterre, met au point son scaphandre à casque, deux anglais, les frères Deane, vont eux aussi se lancer dans l'aventure du scaphandre et se livrer à une concurrence avec Siebe qui, finalement, sortit vainqueur puisque son matériel de plongée fût adopté par la marine britannique et diffusé dans de nombreux pays.

Dans les années 1860-1870, c'est en France que de nouvelles expé-rimentations vont marquer l'histoire de la plongée. Trois hommes sont associés à cette aventure technique : le chapelier Joseph-Marin Cabirol, l'ingénieur Benoît Rouquayrol et le lieutenant de vaisseau Auguste Denayrouze. Le premier va améliorer le scaphandre à casque Siebe. Le deuxième va inventer un « régulateur à gaz », ancêtre du détendeur, destiné à l'origine à l'équipement servant, dans le cadre d'une action de sauvetage, à pénétrer dans les galeries de mines après un effondrement bloquant la circulation de l'air ou un coup de grisou (Rouquayrol est aveyronnais) tandis que le troisième va le « mariniser » et l'adapter au travail subaquatique. Deux matériels de plongée seront mis au point par

---

6   *Cf.* parmi de nombreuses publications sur l'histoire de la plongée : D. Mattei, « La plongée à travers les âges », dans J.-P. Malamas (dir.), *Encyclopédie de la plongée*, Paris, Vigot, 1993, p. 1-18.

le binôme Denayrouze-Rouquayrol : l'un, sous forme d'appareil auto-nome ; l'autre, sous forme de scaphandre à casque. Seul ce dernier aura de l'avenir et sera fabriqué et commercialisé jusque dans les années 1965.

Pendant que des progrès importants étaient réalisés dans le domaine de l'intervention sous l'eau permettant de travailler pendant un certain temps, non sans risques au demeurant en raison de la méconnaissance jusqu'à la fin du XIXᵉ siècle des problèmes de saturation du sang en azote et des règles de décompression[7], les plongées avec du matériel plus rudimentaire se poursuivaient en eau douce. Ce fût le cas dans le lac Nemi avec les plongées menées sur les épaves antiques à l'initiative d'Annesio Fusconi en 1827 et d'Eliseo Borghi en 1895[8]. Si un important mobilier métallique en particulier fût de nouveau récupéré, aucune observation sur l'architecture des bateaux ne semblerait avoir été faite. En revanche, ces plongées contribuèrent à la dégradation des épaves commencée trois siècles auparavant. Un autre cas d'intervention en eau douce est celui qui se déroula en 1854, à Morges, dans le lac Léman : il ne s'agissait plus, cette fois-ci, de plonger sur des épaves antiques, mais de partir à la « pêche aux antiquités préhistoriques » sur un site lacustre de l'Age du Bronze. Sous quelques mètres d'eau a ainsi opéré, parmi les pieux d'un site d'habitat palafitte, le géologue suisse Adolphe Morlot sous le regard passionné du jeune François-Auguste Forel, natif de Morges (1841-1912), embarqué sur une barque. Forel allait devenir plus tard un savant renommé, fondateur de la limnologie et préhistorien amateur. Dans les deux cas il ne s'agissait nullement de faire de l'archéologie au sens scientifique du mot mais, avant tout, de récupérer du mobilier dans la perspective de constituer des collections, privées et, dans une bien moindre proportion, publiques, d'objets à caractère historique considérés comme représentatifs de « civilisations anciennes » (de la préhistoire à l'Antiquité classique).

En mer, le scaphandre lourd ouvrit la voie à des plongées sur des épaves historiques, mais avec des acteurs et dans un but autres que ceux de l'univers lacustre. À la différence d'un Borghi, antiquaire romain, ou d'un Morlot, scientifique suisse, les opérations furent principalement

---

7   Les études de Paul Bert sur la pression barométrique datent de 1878 et les premières tables de décompression remontent à 1896.

8   De nombreuses données sont précisément résumées et remarquablement illustrées dans le livre de J.-Y. Blot, *L'histoire engloutie ou l'archéologie sous-marine*, Paris, Éditions Gallimard, Collection Découvertes Gallimard, 1995.

278 POUR UNE HISTOIRE DE L'ARCHÉOLOGIE NAVALE

conduites en mer par des plongeurs professionnels en raison de la nature très technique et souvent dangereuse des interventions. En Angleterre, les frères Deane découvrirent ainsi deux épaves à caractère historique, le vaisseau de guerre à deux ponts *Royal George* coulé au large de la base navale de Spithead en 1782 et, quelques années plus tard en 1836, avec la collaboration de William Edwards, la *Mary Rose* disparue dans le même secteur en 1545 et qui donna lieu, plus d'un siècle après sa découverte, à une fouille de grande ampleur (1979-1982) réalisée sous la direction de l'archéologue Margaret Rule[9] avant d'être renflouée en 1982 puis, traitée, conservée et désormais exposée à Portsmouth dans un musée entièrement dédié à ce navire royal d'Henri VIII. John et Charles Deane, comme William Edwards, agirent en tant que scaphandriers professionnels avec un objectif avant tout très matériel : celui d'être payés en vendant les objets renfloués dont des canons. L'esprit des « chasseurs de trésors », si présent dans la mythologie des découvreurs d'épaves, commençait à se faire jour.

Cet esprit s'afficha clairement en 1868 avec l'affaire des galions de Vigo, en Galice évoquée par Jules Verne dans son *20 000 Lieues sous les mers*. L'histoire est bien connue. Dans le fond de la ria de Vigo reposeraient des galions espagnols coulés en 1702 à leur retour d'Amérique par une flotte anglo-hollandaise. Les cales de ces galions, selon la légende, seraient remplies d'or et d'argent[10]. Point d'objectif archéologique, même pas voilé, se cache derrière l'opération à la tête de laquelle se trouve un banquier français, Hyppolite Magen : il s'agissait essentiellement de récupérer un présumé trésor à des fins purement commerciales. Comme il l'aurait pratiqué pour n'importe quel type de grands travaux publics, Magen réunit des capitaux, une équipe de scaphandriers professionnels et un important matériel d'intervention sous-marine. Il fonda en 1869 la Société de sauvetage des galions de Vigo. Le travail s'effectua sous la direction de l'ingénieur maritime Ernest Bazin dans des conditions

---

9   Margaret Rule prît ultérieurement des positions très critiquées, à juste titre, par la communauté scientifique, en considérant qu'une part des objets archéologiques provenant d'une fouille (dont celle de la *Mary Rose)* pouvait être vendue à condition que leur étude fût entièrement achevée et publiée. Par la suite, elle collabora directement comme « consultante scientifique » à des opérations menées dans une perspective commerciale sous un aspect pseudo-archéologique par des sociétés de chasseurs de trésors.

10 Une grande partie des précieuses cargaisons semblerait avoir été débarquée et mise en lieux sûrs avant la bataille.

difficiles, avec une très faible visibilité liée au fond vaseux de la ria. Après des centaines d'heures de plongées avec l'appareil autonome Denayrouze-Rouquayrol, le bilan s'avéra bien maigre et le supposé trésor ne fût pas trouvé. En l'occurrence, les expéditions qui se succédèrent par la suite au cours du XXe siècle se soldèrent par le même résultat négatif[11].

De la même manière que les nouveaux équipements de plongée en scaphandre à casque notamment réalisés au cours du XIXe siècle demeurèrent essentiellement aux mains de techniciens avec des objectifs de seule exploitation commerciale des épaves, qu'elles fussent contemporaines ou anciennes et de nature archéologique, les nouveaux équipements de plongée autonome à l'air mis au point en France dans les années 1930-1940 restèrent dans un premier temps dans le cercle des seuls plongeurs professionnels, militaires et civils. L'histoire de cette phase de la plongée est bien connue et ses acteurs récents le sont tout autant. Contentons-nous donc d'en rappeler brièvement les grands faits. La première étape est l'œuvre d'un marin, le capitaine de corvette Yves Le Prieur. En 1926, celui-ci modifia un scaphandre sans casque (embout buccal relié à la surface, lunettes, pince-nez) qui avait été réalisé par l'ingénieur Fernez pour effectuer des travaux sous-marins. Il remplaça l'alimentation en air depuis la surface par une bouteille d'air comprimé (brevet Fernez / Le Prieur). En 1933, il améliora le système en substituant aux lunettes un masque facial intégral alimenté de façon continue par de l'air en légère surpression contenu dans une bouteille. En 1935, l'équipement de plongée autonome Le Prieur fût adopté par la Marine Nationale et embarqué à bord de tous les bâtiments de la flotte. La deuxième étape, la plus célèbre, se situe en pleine Seconde Guerre mondiale. C'est toujours un marin qui en est le maître d'œuvre, le lieutenant de vaisseau Jacques-Yves Cousteau. En 1942, Cousteau s'associa avec un ingénieur de la société L'Air Liquide, Émile Gagnan, spécialiste des détendeurs pour gaz comprimé. Tous deux, avec leurs expériences et leurs savoirs propres, vont arriver, après un certain nombre d'expériences, à réaliser un appareil permettant à un plongeur de respirer à la demande de l'air contenu dans une bouteille et détendu à la pression ambiante. À la différence du scaphandre autonome Le Prieur fournissant de l'air en

---

11   *Cf.* par exemple, le récit de l'expédition du plongeur belge Robert Sténuit qui lui aussi rechercha vainement le trésor supposé des galions de Vigo : R. Sténuit, *Les épaves de l'or*, Paris, Éditions Gallimard, 1976.

continu, le détendeur Cousteau-Gagnan était adapté au rythme de la respiration du plongeur. Cette fois, la plongée autonome était bien née au cœur de la Méditerranée française, entre Toulon et Marseille plus précisément. Rapidement, d'autres équipements virent le jour : des palmes dont l'inventeur fût en 1935 encore un marin, le commandant de Corlieu, des combinaisons de protection...

Par rapport à la période précédente des scaphandriers pieds-lourds à casque intégrés au monde des professionnels civils des travaux sous-marins, trois particularités caractérisent cette nouvelle phase de l'histoire de la plongée sous-marine, celle de la plongée autonome à l'air. Tout d'abord, ce sont des officiers de marine français avec, ne l'oublions pas, l'aide d'un ingénieur civil pour le détendeur Cousteau-Gagnan, qui sont les acteurs des progrès en matière de plongée autonome et c'est au sein du milieu de la marine militaire que s'expérimenta le matériel porteur de l'avenir de la plongée autonome, à savoir le détendeur Cousteau-Gagnan. Comme le note le futur commandant Cousteau,

> ... je venais d'expérimenter des méthodes de plongée nouvelles et je sentais qu'avec mes camarades de la première heure[12] nous étions susceptibles de rendre service à la marine : notre flotte s'était sabordée, les mines infestaient nos côtes, il y aurait du travail pour les plongeurs autonomes[13].

C'est ainsi que fût fondé en 1945 le GRS (Groupement de Recherches Sous-marines) placé sous le commandement de Philippe Tailliez, un organisme de la Marine nationale basé à Toulon et devenu par la suite le GERS (Groupe d'Études et de Recherches Sous-Marines). Si le déminage du littoral représenta la mission prioritaire et ô combien dangereuse des plongeurs du GRS, la découverte des épaves anciennes fût rapidement au programme des responsables du groupe comme l'exprime fort bien les premières lignes du chapitre VII du *Monde du silence* intitulé « Un musée englouti » :

> La Méditerranée est pavée de trésors plus précieux que ceux de la Flotte d'Argent... Tout au long des côtes méditerranéennes, les civilisations ont, au cours des millénaires, accumulé de fabuleux vestiges. Le plus riche musée du monde dort sous l'écume et le soleil. De toutes nos aventures, les plus

---

12 Il s'agit de Frédéric Dumas, un civil, et de Philippe Tailliez, un officier de marine.
13 J.-Y. Cousteau, F. Dumas, *Le monde du silence*, Paris, Éditions de Paris, Le Livre de poche, 1967 (1ʳᵉ édition 1954), p. 104.

émouvantes ont été nos visites à quelques épaves vénérables antérieures au Christ, camouflées par les siècles. Sur plusieurs d'entre elles, nous avons travaillé à remonter des œuvres d'art ou des pièces à conviction. Mais nous en avons aussi repéré d'autres qui n'attendent que la bonne volonté des sauveteurs. L'archéologie sous-marine est une science nouvelle, qui remonte à 1901, date à laquelle de nombreuses statues de marbre et un superbe éphèbe de bronze ont été laborieusement récupérés près de l'île d'Anticythère par des scaphandriers grecs qui travaillaient à cinquante-cinq mètres de fond. Et la branche la plus importante de cette jeune science, la plus riche de promesses, est l'archéologie navale. Les grands navires marchands ont toujours fait appel à la plupart des techniques de leur époque et ils représentent, en somme, avec leur chargement, leur outillage, leurs aménagements et les objets usuels de l'équipage, une exposition assez complète de la civilisation qui les a enfantés[14].

Malgré ces propos prometteurs, les opérations menées par le GRS ignorèrent pour l'essentiel les méthodes de l'archéologie pratiquées à l'époque en contexte terrestre que les techniciens et plongeurs du groupe auraient pu aisément adapter sur le plan technique au milieu sous-marin à l'image des capacités remarquables d'innovations dont ils firent preuve dans d'autres domaines. Quant aux questionnements propres à l'archéologie navale considérée pourtant comme « … la branche… la plus riche de promesses », ils demeurèrent avant tout, semble-t-il, à l'état d'intention. Il est évident, par contre, qu'une attirance, voire un authentique intérêt historique pour les épaves anciennes, sous-entendu les épaves avant tout antiques, était bien présent et conduira le GRS à effectuer en 1948, en autres missions, une série de plongées sur la célèbre épave antique de Mahdia située dans les eaux tunisiennes.

En second lieu, le transfert de technique de la plongée autonome du milieu militaire professionnel vers le milieu civil sportif amateur a été rapide. Si dès 1935 fût créé par Y. Le Prieur et le documentariste scientifique Jean Painlevé le premier club de plongées sportives, le « Club des scaphandriers et de la vie sous l'Eau », ce fût au lendemain la Seconde Guerre mondiale, quelques années seulement après la mise au point du détendeur Cousteau-Gagnan, que le littoral méditerranéen d'abord, avec notamment en 1946 la création à Cannes par Henri Broussard et Jean Baussy du premier club de plongée sous-marine, le « Club Alpin Sous-Marin », puis les côtes de l'Atlantique ensuite, virent le développement de clubs de plongeurs amateurs. Il est évident que

_____

14   *Ibid*, p. 186-187.

cette fonction de loisirs de la plongée autonome ne pouvait en aucun cas se retrouver dans le contexte de la plongée en pieds lourds. Trois raisons au moins expliquent cette situation. Premièrement, la possibilité de loisirs à la mer fût en France un phénomène tardif lié à la politique généreuse du Front Populaire et des congés payés. Deuxièmement, l'équipement de scaphandrier à casque est d'un coût élevé. En outre, il implique une infrastructure lourde et du personnel d'assistance alors que le matériel de plongée autonome est, comparativement, beaucoup moins cher et demeure individuel. Troisièmement, l'apprentissage de la plongée en pieds lourds est plus long et sa pratique nécessite une technicité plus importante que dans le cas de la plongée autonome. Les risques d'accident sont aussi, sans guère de doute, nettement plus fréquents, autant de difficultés qui ont maintenu la plongée à casque dans le cercle très étroit des travailleurs sous-marins.

En troisième lieu, enfin, ce n'est pas un hasard si le milieu de la marine militaire, d'une part, et celui des plongeurs sportifs, d'autre part, tous deux porteurs du dynamisme de la plongée autonome, furent les premiers à « faire de l'archéologie sous-marine » comme nous l'examinerons dans le prochain chapitre.

DES PLONGEURS
ET DES ARCHÉOLOGUES D'ABORD,
DES MARINS-PLONGEURS ENSUITE,
DES ARCHÉOLOGUES-PLONGEURS ENFIN

DES PLONGEURS
ET DES ARCHÉOLOGUES D'ABORD

De très nombreux livres écrits dans de multiples langues racontent l'histoire de l'archéologie sous-marine en suivant, à quelques écarts près, la même chronologie qui commence par l'époque des débuts de la plongée moderne : celle de l'époque des scaphandriers à casque, les pieds lourds[1]. À quelques années près, deux gisements archéologiques localisées en Méditerranée vont donner lieu à des découvertes d'importance dans des conditions similaires. En 1900, des scaphandriers grecs de retour d'une campagne de pêche aux éponges le long du littoral d'Afrique du Nord s'abritèrent sous le vent des falaises de l'île d'Anticythère située au Nord de la Crète. Profitant de ce mouillage abrité de la tempête pour plonger, l'un des scaphandriers découvrit entre 40 et 55 mètres de fond des statues en bronze et en marbre manifestement antiques. À la suite de la connaissance de l'épave par les autorités grecques, des plongées de récupération de la cargaison et du matériel de bord furent menées en 1900 et 1901 avec l'appui d'un bâtiment de guerre de la marine grecque par les pêcheurs d'éponges. Cette « cueillette archéologique » d'objets provenant d'une épave datée du deuxième quart du Ier siècle av. J.-C., dont des œuvres d'art de grand intérêt artistique et historique

---

[1] En France, l'ouvrage le plus récent est celui de M. L'Hour, *De l'Archéonaute à l'André Malraux. Portraits intimes et histoires secrètes de l'archéologie des mondes engloutis*, Arles, Actes Sud, DRASSM, 2012.

(ainsi en est-il de la célèbre statue en bronze de l'éphèbe d'Anticythère, de plus deux mètres de haut, datée des années 340 av. J.-C.), pratiquée suivant des méthodes bien éloignées de celles, mêmes les plus rudimentaires, de l'archéologie sous-marine constitue cependant un jalon dans la mesure où elle marque la volonté d'un État de prendre directement en charge la récupération de son patrimoine archéologique sans passer par l'intermédiaire d'un groupe privé.

C'est un contexte sensiblement similaire que l'on retrouve le long des côtes de Tunisie avec la découverte en 1907, de l'épave de Mahdia au large de cette ville portuaire. Comme dans le cas de l'épave d'Anticythère, la trouvaille par 40 mètres de profondeur de cette épave datée entre 80 et 70 av. J.-C. revient à une équipe de scaphandriers grecs participant à la campagne annuelle de pêche aux éponges le long du littoral tunisien entre les villes de Sousse et de Sfax. Le pays était alors un protectorat français doté d'un service des Antiquités dirigé de 1906 à 1920 par l'archéologue et historien Alfred Merlin. Avec le soutien financier d'un mécène d'origine américaine, Merlin réalisa cinq campagnes de recherches sous-marines sur le gisement de Mahdia entre 1907 et 1913. Cette épave recelait, comme l'épave d'Anticythère, une riche cargaison de sculptures, colonnes en marbre, mobilier en bronze et en marbre… embarquée probablement au Pirée à destination du Latium ou de la Campanie pour décorer sans doute la demeure d'un riche propriétaire romain mais qu'un accident de mer a détourné de son port d'arrivée en envoyant par le fond le navire la transportant. Pour tout archéologue, un naufrage, des centaines d'années après l'évènement, est considéré comme une source historique de première importance. L'épave de Madhia n'a pas échappé à la règle en permettant d'augmenter notablement la connaissance de l'histoire de l'art hellénistique. Au-delà de son apport scientifique, l'opération menée sur l'épave de Mahdia a enrichi les collections patrimoniales tunisiennes. Plusieurs salles du musée du Bardo à Tunis exposent ainsi les plus belles pièces provenant de l'épave de Mahdia. Si un même contexte de découverte et un mode opératoire similaire, « celui d'une cueillette archéologique » d'objets par des scaphandriers professionnels dont les pratiques de travail étaient d'une toute autre nature que celles de l'archéologie, une différence sépare les deux expéditions. À Mahdia, un suivi était assuré depuis la surface par un archéologue spécialiste de la période antique même si ce suivi n'était pas quotidien, on peut l'imaginer. On peut supposer aussi que ce suivi demeurait quelque peu superficiel et devait être principalement dévolu à l'enregistrement des objets remontés. Sans même évoquer le fait de ne pas plonger sur le site, il devait être bien difficile, en effet, à un archéologue peu familier des techniques de plongée en scaphandre et des fortes contraintes liées à une opération menée à quarante mètres de fond, d'orienter le travail de plongeurs spécialisés dans la récolte des éponges et de leur demander, au surplus, de rendre compte de leurs éventuelles observations à l'issue de leur plongée. Ce sont deux univers totalement étrangers l'un de l'autre, celui de l'archéologie et celui de la plongée, qui, bien que réunis autour d'un même objectif, pouvaient difficilement en réalité trouver un mode de travail commun.

Cette situation de dialogue très difficile entre « l'archéologue en surface » et les plongeurs se retrouva dans la fouille du gisement antique du Grand Congloué au large de Marseille. Mais en même temps, cette fouille allait marquer la fin d'une période débutée avec les opérations sur les épaves d'Anticythère et de Mahdia et annonçait les méthodes et les techniques de l'archéologie sous-marine. En ce sens, c'est une fouille expérimentale qualifiable sur les plans technique, méthodologique et scientifique de fouille de transition. C'est pour cela qu'elle est souvent considérée, avec des termes peut-être un peu trop forts parfois, comme « un repère fondateur de l'archéologie sous-marine[2] » et « … la première fouille sous-marine exhaustive au monde[3] ». Qu'en est-il donc de cette fouille du Grand Congloué, non seulement bien connue des archéologues, mais aussi célèbre au sein de la vaste communauté internationale des plongeurs en raison, en particulier, du nom de l'un des deux acteurs principaux, le commandant Cousteau qui, bien qu'ayant quitté la Marine nationale pour se consacrer aux expéditions sous-marines à bord de la *Calypso*, conservait de nombreux liens avec son corps d'origine ?

Le gisement situé entre 37 et 42 m de profondeur a été découvert en 1948 par un plongeur marseillais, Gaston Cristianini[4]. C'est l'époque du développement de la plongée autonome dont la région de Marseille a été l'un des berceaux. Victime quelques années plus tard d'un grave

---

2   *Ibid*, p. 16.
3   M. L'Hour, É. Veyrat, *Mémoire à la mer. Plongée au cœur de l'archéologie sous-marine*, Arles, Actes Sud, DRASSM,, 2016, p. 12.
4   Parfois écrit Christianini.

accident de décompression et soigné au GERS, il fit part de sa trouvaille du gisement d'amphores du Grand Congloué à F. Dumas. Percevant l'importance de ce site sur le plan archéologique et, aussi, les possibilités d'innovations en matière de techniques d'intervention sur une épave ancienne, Cousteau lança le chantier avec l'appui de la *Calypso* et de son équipe de marins et de plongeurs professionnels. Il confia la direction scientifique de la fouille[5] à l'archéologue Fernand Benoit qui était alors conservateur du Musée Borely à Marseille et directeur des Antiquités de Provence. Spécialiste de la Provence antique, F. Benoit était un excellent archéologue et historien, élu en 1958 membre de l'Académie des Inscriptions et Belles-Lettres. En revanche, il n'était pas plongeur et sa collaboration directe à la fouille de 1952 à 1957 se déroula essentiellement sur le pont de la *Calypso* et, ensuite, sur l'îlot du Grand Congloué où avait été établie la base de fouille. On retrouve là des conditions de travail sensiblement similaidres à celles du chantier de Madhia. Pour autant, son rôle de directeur scientifique de la fouille sous-marine ne fût pas critiqué ou remis en question par les plongeurs. Bien au contraire. F. Dumas, l'un des proches parmi les proches de Cousteau, lui a ainsi rendu hommage considérant que

> Fernand Benoit sut tout de suite comprendre la portée des découvertes archéologiques dans la mer, en prévoir l'avenir et l'encourager. Il jeta les bases de l'archéologie sous-marine, en définit les modalités. Il lutta pour cette cause nouvelle avec abnégation et patience, alors que nul archéologue de métier ne l'assistait dans cette tâche[6].

Sous l'eau, les plongeurs de l'équipe Cousteau effectuèrent un énorme et difficile travail de fouille en expérimentant les suceuses, ces aspirateurs de sédiments fonctionnant à l'air ou à l'eau dont, de nos jours, chaque chantier de fouille, en mer comme en eaux douces, est équipé. C'est sur le chantier du Grand Congloué que furent également testées les caméras sous-marines de télévision et bien d'autres équipements encore. Conseillés depuis la surface par F. Benoit, les plongeurs firent des croquis, rapportèrent des observations, remontèrent des centaines d'amphores et des milliers céramiques campaniennes, prélevèrent des

---

5   L'archéologue amateur Ferdinand Lallemand fut l'adjoint de F. Benoit durant la fouille.
6   F. Dumas, *La mer antique*, Paris, Éditions France-Empire, 1980, p. 13. Une vivante narration de la fouille est donnée par F. Dumas, *Trente siècles sous la mer*, Paris, Éditions France-Empire, 1972, p. 31-65.

éléments de bordé et de membrures, mais, pour autant, ne surent pas distinguer lors de la fouille de la cargaison et des vestiges architecturaux l'existence non d'une seule épave, mais de deux épaves superposées. La confusion entre ce que les plongeurs croyaient être le pont et le fond d'une même épave correspondaient en réalité au fond de deux épaves, l'une datée vers 190 av. J.-C. (Grand Congloué 1) et l'autre datée entre 110 et 80 av. J.-C., n'est nullement à leur reprocher. Les plongeurs, parfois dans des conditions météorologiques titanesques, ont rempli parfaitement leur mission de plongeur professionnel. Mais, en effet, ils n'étaient pas des archéologues-plongeurs.

F. Benoit perçut fort bien à l'analyse du mobilier archéologique cette double chronologie mais sans en fournir de réelle explication dans la monographie faisant suite à la fouille[7]. Il confia par contre ses doutes et la possibilité de deux naufrages dans son journal de fouille et dans quelques articles. Dès 1953, c'est-à-dire au tout début donc de la fouille, il écrivait par exemple à propos de la cargaison :

> Ces deux chargements sont-ils contemporains et viennent-ils du même navire ou appartiennent-ils à deux épaves qui seraient venues se fracasser… contre la petite anse du récif ? La coupe [stratigraphique] en cours le dira[8].

Ce n'est cependant qu'à la suite de l'expertise réalisée en 1980 par le DRASSM du site du Grand Congloué que l'existence de deux épaves antiques séparées par près d'un siècle d'intervalle au pied de l'éperon rocheux du Grand Congloué fût clairement mise en évidence[9].

Nous avons évoqué cette fouille en termes de fouille de transition. Elle l'a été, en effet, sur le plan technique, avec par exemple, nous l'avons noté, l'emploi des suceuses pour décaper les sédiments. Elle l'a été également sur le plan méthodologique avec le recours, par exemple, à la stratigraphie suivant les méthodes classiques de la fouille de sites terrestres. À cet égard, F. Benoit a souligné très justement que la notion de « tranche de vie » selon ses mots ou celle de « *time capsule* » traditionnellement citée dans maintes publications à propos d'une épave devait être considérée

---

7   F. Benoit, *L'épave du Grand Congloué à Marseille*, XIVe supplément, *Gallia*, Paris, Éditions du CNRS, 1961.

8   F. Benoit, « Naissance de l'archéologie sous-marine », *Neptunia*, 31, 1953, p. 59-62, p. 60.

9   L. Long, « Les épaves du Grand Congloué : étude du journal de fouille de Fernand Benoit », *Archaeonautica*, 7, Paris, CNRS Éditions, 1987, p. 9-36.

avec un certain recul critique en écrivant que « … la stratigraphie « sous-marine » est plus complexe que sur terre où les couches se superposent chronologiquement de façon à peu près uniforme, alors que sur mer il y a des points d'attirance[10] ». La fouille du Grand Congloué a aussi été une fouille de transition sur le plan scientifique en prenant en compte d'une façon explicite, encore timide il l'est vrai, l'étude des vestiges architecturaux. Au-delà d'une description précise de la quille, des membrures (demi-couples affrontés notamment), du bordé assemblé par un réseau de tenons, clefs et chevilles, du doublage en plomb…, F. Benoit s'est interrogé sur la forme et la structure des coques des navires antiques en abordant une première distinction entre les carènes du type Grand Congloué dotées d'un retour de galbord, aujourd'hui qualifiées de carène en « *glass wine* », caractérisées entre autres aspects par des demi-couples, des varangues, une absence de carlingue et celles à fond plat, du type County Hall (Londres) pour reprendre l'exemple cité par F. Benoit, caractérisées par un bouchain en forme, des couples continus et une forte carlingue. Pour un professionnel de l'architecture navale comme Paul Gille, ingénieur en chef du Génie maritime, rendant compte de la partie relative à l'architecture de l'épave du Grand Congloué de la publication dans le supplément à *Gallia*, F. Benoit, qu'il félicite, a fourni « … tous les détails qu'on peut actuellement rassembler sur les navires marchands de l'Antiquité gréco-latine[11] ».

Même si l'enthousiasme de P. Gille est peut-être à légèrement tempérer, il est certain que cet intérêt exprimé par un savant de formation classique et de culture littéraire comme l'était F. Benoit pour des questions de techniques de construction navale propres à l'archéologie navale est à souligner. Il n'est pas inintéressant, de ce point de vue, de rapprocher cette position intellectuelle de F. Benoit de sa collaboration avec Cousteau, officier de marine dont la formation et la culture de marin relevaient du champ des techniques[12]. C'est ainsi qu'à propos de la fouille de l'épave du Grand Congloué, Cousteau a formulé plusieurs questions sur l'apport des données archéologiques à la connaissance de l'architecture du bateau qui ont un écho très contemporain :

---

10   F. Benoit, art. cité, 1953, p. 60.
11   P. Gille, « La construction navale » dans « Archéologie sous-marine [Fernand Benoit : Fouilles sous-marines. L'épave du Grand Congloué à Marseille] compte rendu », *Journal des Savants*, 1,2, 1962, p. 161-168, p. 168.
12   Les élèves sortant de nos jours de l'École navale ont le titre d'ingénieur.

Quand le chargement aura été complètement dégagé... on verra apparaître les fonds du navire ; l'archéologie navale aura son tour. Comment le génie constructeur des anciens s'exerçait-il, de quels bois, de quels métaux étaient ces bâtiments ? Comment les matériaux étaient-ils profilés, agencés, liés ensemble ? De quels apparaux faisait-on usage pour manœuvrer et tenir la mer[13] ?

Quel bilan final tirer de la fouille du gisement du Grand Congloué ? Avec une grande honnêteté intellectuelle, Frédéric Dumas a reconnu que cette fouille correspondant à une phase de transition technique, méthodologique et scientifique avait été effectuée avec des méthodes qui ne furent pas assez rigoureuses faute, en réalité, de modèle de comparaison :

> ... En arrachant au sable vaisselle, amphores et pièces du bateau, aucune expérience précédente ne pouvait nous inspirer, nous permettre de pressentir l'extension de l'épave dans le sol. Notre acharnement en des entonnoirs ou de vagues tranchées ne pouvait conduire qu'à la confusion, je l'ai compris plus tard. Il aurait fallu faire de petits sondages autour de l'épave pour en connaître les limites, puis creuser tout autour une vaste tranchée au-delà des dernières amphores éboulées... La montagne de poteries serait sortie du sol intouchée, nous aurions pu la photographier, la mesurer, en comprendre le désordre avant d'en modifier la structure, puis la dégager en analysant les relations de ses divers éléments[14].

Fort de son expérience de la fouille du Grand Congloué et de celle d'autres sites de moindre étendue, F. Dumas, comme marin-plongeur, fût l'un des premiers, avec le commandant Philippe Tailliez, un autre marin-plongeur, à développer les méthodes de la fouille sous-marine d'une épave en s'attachant, notamment, à l'étude des vestiges architecturaux du bateau dans une perspective d'archéologie navale. Après le commandant Cousteau, l'inspirateur et l'initiateur de la fouille du Grand Congloué, ce furent donc encore deux autres marins, l'un militaire, Tailliez, et l'autre intégré à titre civil dans une structure militaire (le GERS), Dumas, qui, en France, jouèrent un rôle pionnier dans cette progression vers une approche plus méthodique de la fouille des épaves et de l'étude des vestiges architecturaux.

---

13   J.-Y. Cousteau, « Plongées sous-marines. La « Calypso » demande son secret à une épave vieille de plus de vingt siècles », *Neptunia*, 31, 1953, p. 32-34, p. 34.
14   F. Dumas, ouvr. cité, 1972, p. 64-65.

DES MARINS-PLONGEURS
ET DES PLONGEURS SPORTIFS ENSUITE

Philippe Tailliez, l'un des trois « mousquemers » pour reprendre
le néologisme usuel pour désigner le trio Cousteau, Tailliez, Dumas,
a effectué une carrière classique d'officier de marine jusqu'au grade de
capitaine de vaisseau à la différence de Cousteau qui, rappelons-le, s'était
mis en disponibilité pour se consacrer à ses expéditions cinématogra-
phiques à bord de la *Calypso*. C'est donc en tant qu'officier d'active, dans
le cadre opérationnel de son commandement, qu'il dirigea la fouille
sous-marine de l'épave du Titan, à l'île du Levant. L'épave, découverte
par 27 mètres de fond par un plongeur sportif, a été expertisée en 1955
par Tailliez en présence, toujours sur le pont du navire-support, de
Fernand Benoit, le directeur des Antiquités de Provence, et datée du
milieu du Iᵉʳ siècle av. J.-C. La fouille, quant à elle, se déroula durant
plus de trois mois en 1957, dans le cadre et avec le soutien en moyens et
en personnels de la Marine nationale[15]. La fouille de l'épave a été réalisée
uniquement par des plongeurs militaires (nageurs de combat, plongeurs
de bord, plongeurs-démineurs principalement) maîtrisant parfaitement
les techniques de la plongée et des travaux sous-marins. Pour autant,
ces qualités de techniciens ne transforment pas en quelques semaines
un plongeur professionnel en un archéologue-plongeur. Pour ne pas
répéter les erreurs de la fouille du gisement du Grand Congloué, elle
aussi effectuée par des plongeurs professionnels, civils pour l'essentiel
et d'une grande compétence technique également, le commandant
Tailliez définit une stratégie de fouille en amont de l'opération adaptée
à un double objectif scientifique : fouiller et étudier une épave comme
contenant, le bateau, son architecture, ses caractéristiques techniques,
et comme contenu, la cargaison. Cette stratégie peut se résumer de la
manière suivante : fouiller dans un premier temps l'importante cargaison d'amphores en évitant d'opérer par des sondages multiples et

---

15   Pour un récit de la fouille, *cf.* : P. Tailliez, *Nouvelles plongées sans câble*, Arthaud, Paris,
      1967, p. 114-157 ; pour un compte-rendu scientifique, *cf.* : P. Tailliez, « Travaux de l'été
      1957 sur l'épave du Titan à l'île du Levant (Toulon) », *Actes du IIᵉ Congrès International
      d'Archéologie Sous-Marine*, Bordighera, Institut International d'Études Ligures, 1961,
      p. 175-198.

désordonnés et en essayant d'enregistrer au mieux l'organisation de la cargaison dans le but d'avoir une vision globale du chargement ; puis, dans un deuxième temps, après le démontage aussi méthodique que possible de la cargaison, fouiller les vestiges architecturaux en tentant là aussi d'enregistrer aussi précisément que possible ce que Tailliez a appelé « une arête de poisson géante », c'est-à-dire la structure conservée des fonds de la coque soit la quille, la carlingue, les membrures, le bordé.

Sur le site, cette stratégie s'est traduite par la réalisation par un dessinateur d'études du GERS d'un relevé topographique de l'épave en plan et en coupe préalablement à toute intervention de fouille. Ce relevé a été complété par la réalisation d'une couverture photographique verticale que Tailliez a considéré comme, sans doute, la première « ... transposition... à la géographie marine de la technique des couvertures photos aériennes, qui permit, en particulier, la numération des amphores visibles en surface[16] ». Une fois cette sorte d'état des lieux achevé, un axe de référence gradué tous les mètres et traversant le site a été établi. Une procédure de fouille a été définie : « tout objet digne d'intérêt[17] » selon les consignes données par Tailliez, s'agissant d'amphores, de céramiques, de mobilier de bord, de pièces d'accastillage... devait être laissé en place et positionné par rapport à l'axe de référence. Ce n'est qu'une fois sa position reportée sur le plan de l'épave qu'il pouvait être éventuellement prélevé.

Après la fouille de la cargaison d'amphores et leur remontage en surface est intervenue la fouille des vestiges architecturaux qui, compte tenu de leur mauvais état, a été effectuée à l'aide d'une micro-suceuse à air. Les fouilleurs furent alors confrontés au problème de l'observation et de l'enregistrement de vestiges d'une grande fragilité. Cette difficulté est clairement exprimée par Tailliez :

> Je filme l'épave avec persistance, sous tous les angles, dans son ensemble et dans ses détails, car il est essentiel de recueillir au moins ce témoignage, fidèle et irrécusable, de l'arête de poisson. Certes, nous allons tenter son relevage et, même, il faut faire vite, car, depuis qu'elle est à nu, le courant commence à la désagréger. Mais ce bois, à peine le touche-t-on, se révèle si fragile que je suis assailli de doutes, tant pour la réussite de l'opération que pour la conservation

---

16 P. Tailliez, ouvr. cité, 1967, p. 123.
17 Il s'agit d'une notion bien suggestive. Un objet en apparence peu « digne d'intérêt » peut se révéler au cours de la fouille, très intéressant.

ultérieure en surface… nous examinons attentivement sur place une dernière fois le mode d'assemblage de la quille, des membrures et du bordé[18].

Après avoir envisagé dans un premier temps la construction d'un berceau dans lequel serait disposée puis remontée en surface toute la structure de la coque, Tailliez opta pour un découpage en deux tronçons de huit mètres des vestiges et un démontage contrôlé des pièces de charpente, pièce par pièce, suivi par leur relevage en surface après que chaque pièce ait été déposée sur un support destiné à éviter une manipulation directe et une possible dégradation de la pièce. À terre, les éléments architecturaux furent réassemblés à partir de la documentation réunie au préalable et donnèrent lieu ensuite à un relevé très rigoureux par Charles Lagrand (CNRS). Les observations conduites à terre sur les vestiges des fonds de la coque de l'épave du Titan furent détaillées. Il fût ainsi noté que le bordé double, dépourvu de doublage en feuilles de plomb, était assemblé « … sans aucun calfatage, par des mortaises d'une grande perfection » ou encore que la quille et la carlingue étaient

> … liées l'une à l'autre, à des distances variables, par des pièces de bois verticales, grosses chevilles qui traversent les membrures, assurant la rigidité transversale de la carène[19]

autant d'informations qui, en complément de celles déjà réunies lors de l'étude du gisement du Grand Congloué, démontrèrent l'apport fondamental des sources archéologiques à l'histoire de l'architecture navale antique.

---

18   P. Tailliez, ouvr. cité, 1967, p. 152.
19   *Ibid.*, p. 152.

LE « TITAN »

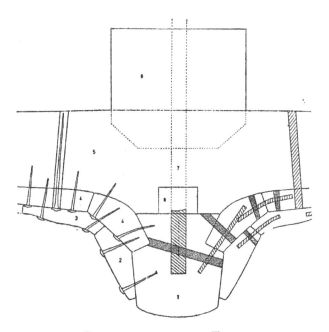

PROFIL DE LA QUILLE DU TITAN

La coupe montre le mode de cloutage dans une cheville de bois, l'assemblage avec chevilles et le mortaisage avec tenons.

1 - Quille. — 2 et 3 - Bordé de doublage. — 4 - Bordé intérieur (galbord, ribord et bordé de point). — 5 - Membrure montrant l'épaississement de la varangue et l'encastrement dans la carlingue. — 6 - Carlingue ou contre-quille. — 7 - Cheville d'assemblage de la quille et de la carlingue. — 8 - Trou d'anguiller.

Relevé Ch. LAGRAND.

FIG. 43 – Relevé architectural par Ch. Lagrand du profil transversal du prélèvement du fond de l'épave du Titan. La rigueur de relevé met en évidence le double bordé, son assemblage par clouage, le procédé d'assemblage par mortaises, tenons, chevilles des bordages entre eux, l'assemblage de la carlingue à la quille... (Ph. Tailliez, *Nouvelles plongées sans câble*, Arthaud, Paris, 1967, p. 151).

Une dernière remarque doit être ajoutée. Le commandant Tailliez se posa la question du devenir des plus ou moins trois tonnes de bois ouvragés antiques remontés en surface. Après avoir consulté des archéologues et des conservateurs spécialistes des bois gorgés et face aux difficultés techniques et financières d'un traitement des bois par des méthodes chimiques, il choisit une méthode « douce » basée sur le séchage progressif des bois. Les pièces de charpente, après avoir été entourées de tissus, furent déposées dans des caisses en bois remplies de copeaux. En 1967, au moment de la sortie de son ouvrage *Nouvelles plongées sans câble*, Tailliez écrivait : « Elles y sont encore[20] ». Qu'en est-il au moment de l'écriture de ce livre ? Sans en connaître la réponse, un fait demeure. La fouille sous-marine de l'épave du Titan a, pour la première fois, déroulé toutes les séquences principales de la chaîne opératoire particulière à ce type de recherche, de la préparation matérielle du chantier et de la constitution de l'équipe jusqu'aux mesures de conservation provisoire – préventive dirait-on aujourd'hui – des vestiges sortis de l'eau. Par ailleurs, cette fouille sous-marine a pris en compte comme objet d'étude à part entière[21] les vestiges architecturaux du bateau contribuant de la sorte à affirmer le rôle central des données archéologiques issues d'un site sous-marin en archéologie navale.

Avec la fouille par le commandant Tailliez de l'épave du Titan, c'est un marin-plongeur qui, avec ses compétences techniques propres à sa formation de marin et de plongeur, et son intérêt pour les épaves et l'histoire, a élaboré une authentique stratégie de fouille, définissant des méthodes et des techniques répondant à cette stratégie, faisant des choix techniques et méthodologiques en accord avec des objectifs scientifiques. Ce premier « banc d'essai de l'archéologie sous-marine », selon son expression a été suivi par un deuxième dont le maître d'œuvre fût un autre marin-plongeur, membre de l'équipe des « mousquemers », Frédéric Dumas (1913-1991).

La fouille sous-marine qui constitua ce deuxième « banc d'essai de l'archéologie sous-marine » est celle de l'épave de la Chrétienne A, au large d'Anthéor (Var), datée du Ier siècle av. J.-C. L'épave située par 20 mètres de fond avait donné lieu dans les années 1955 à des « travaux archéologiques » par les plongeurs du Club Alpin Sous-marin de Cannes. C'est à partir de 1961 que F. Dumas s'attacha à la fouille de l'épave[22]

---

20   *Ibid.*, p. 156.

21   Dans une moindre mesure, ce fût le cas de la fouille du gisement du Grand Congloué.

22   Pour un récit de la fouille, *cf.* F. Dumas, ouvr. cité, 1972, p. 155-172. Sur cette fouille et, plus généralement, sur l'intérêt de F. Dumas pour l'archéologie, *cf.* la belle biographie de F. Machu, *Frédéric Dumas fils de Poséidon*, Villeneuve-en-Retz, Éditions de l'Homme Sans Poids, 2017.

pillée pendant de nombreuses années. Sans aucun moyen, en solitaire la plupart du temps, se mettant à l'eau en fonction de ses congés à partir d'un canot pneumatique, semaine après semaine, il fouilla l'épave en soulignant les limites de son travail : « … Nous, amateurs d'archéologie, manquons de compétence et de discipline[23] ». Et pourtant, en dépit de son manque réel de méthode, la fouille de l'épave de la Chrétienne A apparaît bien comme la première étude d'architecture navale réalisée *in situ* sur une épave[24]. La publication en 1964 de son livre, un « ouvrage technique » selon lui, *Épaves antiques. Introduction à l'archéologie sous-marine méditerranéenne*[25], est à cet égard très révélateur de la qualité du travail effectué sous l'eau avec pour seuls instruments de relevés cités par Dumas, un double décamètre, un mètre pliant, une plaque en matière plastique et un crayon pour écrire et dessiner sous l'eau, une fausse-équerre, un niveau à bulle. Cette liste à la Prévert est toujours d'actualité et, à l'ère de la photo numérique, fait toujours partie de la panoplie habituelle des archéologues-plongeurs. Avec minutie et rigueur, F. Dumas décrit chaque élément architectural, illustrant sa description par des relevés faits sous l'eau (vues en plan, coupe, dessins de détails architecturaux) et par des photographies sous-marines. Un exemple suffira à montrer la précision des observations faites sous l'eau sur les vestiges architecturaux et la juste interprétation qu'il en donne. Après l'enlèvement d'une membrure, en réalité un « arrachage » plutôt qu'un démontage contrôlé, il nota que

> … l'emplacement de cette membrure [était] tracé sur la coque avec une pointe mousse. Voilà un argument de plus pour penser que la coque[26] était montée avant de recevoir les membrures, contrairement à ce qui se fait aujourd'hui[27].

Un exemple permettra de mettre en évidence la minutie du travail sous-marin de F. Dumas. En dégageant manuellement l'emplanture du mât, il mit au jour dans la mortaise d'emplanture destinée à recevoir

---

23 F. Dumas, ouvr. cité, 1972, p. 172.
24 À la différence de la fouille de l'épave du Titan dont la majorité des observations détaillées relatives à l'architecture furent conduites à terre après le relevage des vestiges de la coque.
25 F. Dumas, avec une introduction de M. Mollat du Jourdin, *Épaves antiques. Introduction à l'archéologie sous-marine méditerranéenne*, Paris, Maisonneuve et Larose, 1964.
26 Il s'agit du bordé.
27 F. Dumas, ouvr. cité, 1964, p. 157.

le tenon du pied du mât une monnaie provenant d'un atelier de la ville de Cossura (île de Pantelleria), frappée entre 217 et la première moitié du Ier siècle av. J.-C. Il donna une juste interprétation de cette monnaie votive, première à être découverte dans une épave antique au cours d'une fouille sous-marine.

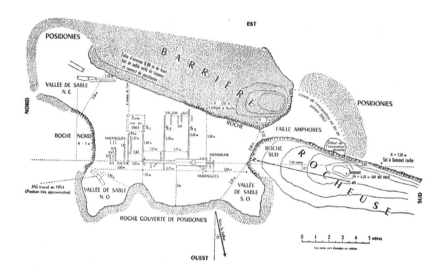

FIG. 44 – Relevé planimétrique général des vestiges architecturaux de l'épave de la Chrétienne A. Le relevé prend en compte le contexte environnemental. En outre, il contient un certain nombre de précisions (les zones fouillées, les objets anciennement découverts en particulier) qui complètent la documentation du gisement (F. Dumas, *Épaves antiques. Introduction à l'archéologie sous-marine méditerranéenne*, Paris, Maisonneuve et Larose, 1964, p. 120).

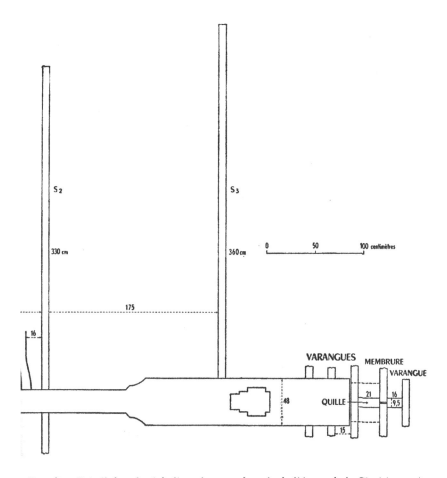

Fig. 45 – Détail du relevé de l'emplanture du mât de l'épave de la Chrétienne A
(F. Dumas, *Épaves antiques. Introduction à l'archéologie sous-marine méditerranéenne*,
Paris, Maisonneuve et Larose, 1964, p. 120).

Le rôle de F. Dumas sur le plan des techniques et des méthodes
de la fouille sous-marine des épaves fût bien réel et reconnu dans ces
années pionnières de l'archéologie sous-marine. En témoigne sa participation à travers deux chapitres[28] du livre publié par l'UNESCO en

---

28   F. Dumas, « Les épaves antiques », dans : *L'archéologie subaquatique : une discipline naissante*,
Paris, UNESCO, 1973, p. 25-32 et « Problèmes de la fouille », p. 157-161.

1973, *L'archéologie subaquatique : une discipline naissante*, qui se voulait le premier ouvrage de référence en ce domaine.

À l'égard de l'importance accordée aux relevés architecturaux, d'une part, et à l'intérêt de F. Dumas pour l'architecture navale d'autre part, deux remarques sont à faire. Les relevés : la participation à la fouille de la dessinatrice et archéologue britannique Honor Frost n'est sans doute pas totalement étrangère à l'attention portée par F. Dumas aux relevés. Passionnée de plongée, H. Frost fût associée à partir des années 1950 aux activités archéologiques du Club Alpin Sous-Marin de Cannes. Sur le plan professionnel, elle participa comme dessinatrice à des fouilles terrestres en Cisjordanie en 1957 (nécropole de Jéricho), puis en Syrie et au Liban où elle se livra rapidement à des recherches sous-marines sur les sites portuaires d'Arwad (Syrie), de Tyr et de Sidon (Liban). C'est également en 1957 à Byblos (Liban) qu'elle débuta ses premiers travaux sur les ancres en pierre de Méditerranée dont elle est devenue l'une des meilleures spécialistes[29]. Fait remarquable : un an avant la sortie de l'ouvrage de F. Dumas sur l'épave de la Chrétienne A, H. Frost publia un livre dont le titre et le sous-titre mettaient en exergue l'apport de l'archéologie sous-marine à l'archéologie maritime méditerranéenne et dans lequel les sites portuaires et de mouillage ainsi que les ancres occupaient une place importante[30]. Cette collaboration entre F. Dumas et H. Frost se retrouva, comme nous l'évoquerons dans le prochain chapitre, lors de la fouille de l'épave de l'Age du Bronze du cap Gelidonya (Turquie) considérée comme la première fouille sous-marine dirigée par un archéologue-plongeur, en l'occurrence l'américain George F. Bass.

L'architecture navale : professionnel de la mer, F. Dumas a été passionné par les bateaux et les épaves comme il l'avoue :

---

29 Par la suite, H. Frost étendit son intérêt à l'architecture navale en fouillant la première épave antique d'un navire de guerre à avoir été découverte, l'épave punique de Marsala (Sicile). H. Frost *et alii*, « Lilybaeum (Marsala). The Punic Ship : Final Report », *Notizie degli scavi di antichità*, 30 (1976), Rome, 1981. *Cf.* P. Pomey, « Honor Frost : une vie *under the Mediterranean* », (*Archaeonautica* 17, 2012), Paris, CNRS Éditions, 2012, p. 7-9.

30 H. Frost, *Under the Mediterranean. Marine Antiquities*, Londres, Routledge and Kegan Paul, 1963. Par ailleurs, H. Frost, avec sa collègue Angela Croome, participa à la coordination des chapitres du livre publié par l'UNESCO *L'archéologie subaquatique : une discipline naissante* dans lequel elle publia un article sur l'archéologie portuaire, « Ports et mouillages protohistoriques dans la Méditerranée orientale », p. 93-115.

> Au cours de mon existence de plongeur, les épaves de tous les âges ont exercé sur moi une grande fascination. L'attitude prise par les bateaux au fond de l'eau les évoque sous un jour nouveau et vous fait mieux comprendre la mer, par le travail qu'elle a accompli[31].

Cette attirance pour les épaves et son intérêt pour l'histoire l'ont conduit rapidement à étudier les épaves sous deux aspects principaux : celui du bateau comme objet technique à travers son architecture et son fonctionnement, et celui de la « métamorphose » menant de l'état de bateau, comme « objet vivant », à celui d'épave comme « objet mort ». C'est d'une certaine manière la question du processus de formation de l'épave qui est posée et, en filigrane, celle de la démarche archéologique avec ses méthodes, ses techniques, ses questionnements historiques. Avec la modestie qui le caractérisait, F. Dumas n'a pas voulu jouer à l'archéologue. Il était et se voulait d'abord plongeur-marin. C'est à ce double titre qu'il est toujours intervenu sur les épaves. Il écrivait ainsi :

> Parmi les divers domaines… l'étude des épaves antiques fut sans doute celui qui me donna le plus de joie, les plus grandes joies… tout ce qui matérialise le passé m'attirait… la moindre découverte archéologique dans la mer était en ces temps-là une énigme grisante[32].

Et il ajoutait :

> Si je m'étais attaché à distinguer l'amphore grecque de l'amphore romaine, j'aurais sans doute acquis un vernis, cependant je n'aurais pu que patauger derrière les archéologues sans espoir de les rattraper. En m'en tenant au bateau, à la formation de l'épave c'est-à-dire à la mer, plongeur de métier je pouvais dépasser les archéologues ou tout au moins les devancer. Pour ce qui est poterie, l'archéologue est imbattable… Par contre, il ne connaissait le bateau de commerce grec ou romain que par de rares fragments de textes discutables ou par des représentations graphiques d'auteurs plus artistes ou même caricaturistes que marins. Le bateau ne faisait pas partie de ce que les archéologues appellent le « mobilier archéologique ». Étranger à leur domaine, il cadrait parfaitement avec le mien : la mer[33].

---

31 F. Dumas, ouvr. cité, 1972, p. 241.
32 F. Dumas, ouvr. cité, 1980, p. 8.
33 *Ibid.*, p. 11.

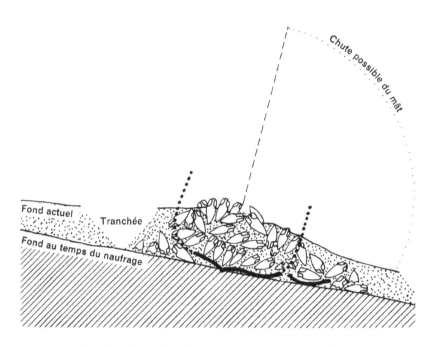

FIG. 46 – Hypothèse de formation d'une épave antique
sur un fond de sable incliné (F. Dumas, « Les épaves antiques »,
dans *L'archéologie subaquatique : une discipline naissante*,
Paris, UNESCO, 1973, p. 25-32, p. 29).

À travers cette dernière citation se dessinent deux pensées archéologiques « fermées ». La première est celle de l'archéologue dont la formation repose sur l'étude des textes et de l'iconographie et qui s'inscrit
fondamentalement dans la tradition de « l'école française d'archéologie
navale » dont Lazare de Baïf fût, au milieu du XVIe siècle, l'initiateur.
C'est, pour F. Dumas, une vision théorique du bateau qui marque fortement cette pensée représentée dans les années 1950-1960 par Fernand
Benoit pour lequel il avait, au demeurant, du respect comme chercheur.
La seconde pensée archéologique est celle du technicien, du professionnel
de la mer, du marin-plongeur ayant, en tant que praticien du bateau, une
vision pratique de cet objet technique. Dans le contexte de ces mêmes
années du développement de la plongée autonome à l'air, cette pratique
de l'archéologie sous-marine française orientée vers l'archéologie navale

est issue pour l'essentiel du milieu de la Marine nationale. De l'épave du Grand Congloué à celle de la Chrétienne A en passant par l'épave du Titan, c'est bien en effet l'équipe, pour ne pas dire l'équipage, des « mousquemers » qui, d'une part, a mis en évidence l'importance des épaves comme source dans les recherches d'archéologie navale et, d'autre part, a forgé les techniques et les méthodes de l'archéologie sous-marine comme moyen d'étude des épaves immergées. Cette relation à la Marine nationale ne s'arrêta pas, en l'occurrence, à ces années pionnières. Lorsqu'en France fût créée en 1966 la Direction des Recherches Archéologiques Sous-Marines, des officiers de marine furent très présents à sa tête pendant les premiers temps de fonctionnement de cet organisme du ministère qui était alors celui des Affaires Culturelles. En tant que directeurs techniques et administratifs, ces officiers de marine étaient secondés au début de la DRASM par deux directeurs scientifiques, l'un en charge de la préhistoire, l'autre de l'histoire. De la même manière, l'*Archéonaute*, le navire spécialisé de la DRASM devenue le DRASSM[34] en 1996, fût armé par convention dès l'origine (1967) par un équipage militaire et ne fût rayé du service actif de la Marine nationale qu'en 1997[35].

Durant toute cette période, les plongeurs de loisirs participèrent aussi à la découverte des épaves principalement antiques avec un intérêt marqué, pour ne pas dire exclusif, pour les amphores. Si certains plongeurs, notamment ceux appartenant à des clubs comme le Club Alpin Sous-Marin de Cannes, menèrent des travaux de nature archéologique, d'autres, malheureusement, se livrèrent au pillage et détruisirent, inconsciemment ou consciemment, maintes épaves pour le plaisir de collectionner des amphores et décorer leur maison. Il s'agit là d'un épisode bien connu de l'histoire de la plongée sous-marine qui n'est nullement limité, est-il besoin de le mentionner, au cas de la France.

Beaucoup plus positive fût l'organisation en 1955 à Cannes par le Club Alpin Sous-Marin et à l'initiative du professeur Nino Lamboglia du Ier Congrès International d'Archéologie Sous-Marine dont un rapport fût publié par Robert Gruss dans le *Bulletin du Club Alpin Sous-Marin* (n° 8, 1956). Ce congrès dans lequel le milieu des plongeurs, archéologues bénévoles, était très présent, faisait apparaître de maints points de vue

---

34   Département des Recherches Archéologiques Subaquatiques et Sous-Marines.
35   L'*Archéonaute* appartenait au ministère des Affaires Culturelles qui en supportait toutes les charges financières.

l'archéologie sous-marine comme une branche de l'archéologie réunissant sous une même expression des méthodes et des techniques d'un côté et des thématiques de recherche spécifiquement archéologiques de l'autre. Étaient présentées à la fois des communications de contenu purement technique et d'autres de nature strictement archéologique[36]. Ce souhait de créer une communauté scientifique internationale de l'archéologie sous-marine fût développé par le milieu professionnel de l'archéologie méditerranéenne et, italienne en particulier, à travers l'Institut international d'études ligures fondé en 1932 par le professeur Nino Lamboglia (1912-1977). Celui-ci joua au demeurant un rôle central dans les débuts de l'archéologie sous-marine officielle en Italie comparable à celui tenu en France par F. Benoit. Lamboglia et Benoit comprirent très vite, en effet, l'importance que les épaves pouvaient avoir en tant que sources historiques notamment pour l'étude du mobilier amphorique et céramique et celle de l'économie maritime. Archéologues ayant une grande expérience de terrain, tous deux n'étaient pas plongeurs et rencontrèrent de grandes difficultés à maîtriser les techniques d'intervention mises en œuvre lors de la fouille de l'épave antique d'Albenga pour Lamboglia et de celle du Grand Congloué pour Benoit.

Après Cannes, le IIe Congrès International d'Archéologie Sous-Marine se déroula à Albenga en 1958[37], le IIIe à Barcelone en 1961[38], le IVe à Nice en 1970, le Ve à Lipari en 1976 et le VIe et dernier à Carthagène, en Espagne, en 1982. Seuls les actes du dernier congrès furent publiés[39]. Au-delà de raisons matérielles et conjoncturelles, on peut se demander si, en fait, l'absence de publication des colloques de Nice et de Lipari et l'arrêt du cycle ne résultent pas d'une origine plus profondément structurelle liée à la prise de conscience que l'archéologie sous-marine ne relevait pas du champ de la recherche archéologique, mais de celui des méthodes et des techniques appliquées à l'archéologie en milieu sous-marin. Si, bien évidemment, les techniques et les méthodes méritent tout leur intérêt et, pourquoi pas, des colloques dédiés à ces sujets, elles

---

36 J.-P. Joncheray, « Juin 1955 à Cannes : le premier congrès international d'archéologie sous-marine », *Cahiers d'Archéologie Subaquatique*, XXIII, 2016, p. 159-175.

37 Les actes furent publiés par l'Institut International d'Études Ligures à Bordighera en 1961.

38 Les actes furent édités par l'Institut International d'Études Ligures à Bordighera en 1971.

39 *VI Congresso Internacional de Arqueologia Submarina, Cartagena, 1982*, Madrid, Ministero de Cultura, 1985.

ne se confondent pas avec les différentes thématiques de l'archéologie maritime en général et de l'archéologie navale en particulier. Assez rapidement, les acteurs scientifiques de ces recherches provenant de plus en plus des milieux professionnels de l'université, des musées, des établissements de recherche, des organismes de gestion du patrimoine archéologique, sentirent la nécessité de se retrouver régulièrement pour présenter les résultats de leurs travaux. C'est ainsi que dans le domaine de l'archéologie navale fût organisé à Londres en 1976 le premier *International Symposium on Boat and Ship Archaeology* par le National Maritime Museum de Greenwich[40]. Depuis cette date, tous les trois ans se tient un *ISBSA* dans un pays différent. En octobre 2018 s'est ainsi déroulé à Marseille le XVe *International Symposium on Boat and Ship Archaeology* organisé par le Centre Camille Jullian (AMU-CNRS). Comme chaque *ISBSA*, il donnera lieu à la publication d'actes faisant le bilan des recherches les plus récentes en matière d'archéologie navale.

Ces années correspondant aux derniers congrès international d'archéologie sous-marine et aux premiers *International Symposium on Boat and ShipArchaeology* marquent la fin d'une période de l'histoire de l'archéologie sous-marine et le développement d'une autre étape de cette histoire débutée dés les années 1960 et caractérisée par la participation directe des archéologues à la fouille sous-marine des épaves, un vœu formulé par le professeur Michel Mollat du Jourdin, le grand historien maritime du Moyen Age, dans sa préface de l'ouvrage de F. Dumas consacré à la fouille sous-marine de l'épave de la Chrétienne A. M. Mollat du Jourdin concluait son propos en écrivant que

> ... Très souvent encore, l'archéologue et l'historien, cloués sur les rives de la « mana » seront à la merci du plongeur. Mais est-ce illusion que de rêver un jour, prochain peut-être, où l'on verra se lever « du fond de la mer » non la Bête de l'Apocalypse mais l'Archéologue-plongeur ou le Plongeur-archéologue[41].

---

40 Dans le domaine plus particulier de l'archéologie navale antique Méditerranéenne, l'Institut Héllenique pour la préservation de la tradition nautique organisa en Grèce, entre 1985 et 2008, dix colloques internationaux intitulés *Tropis. International symposium on ship construction in Antiquity.*

41 M. Mollat du Jourdin, Préface, dans F. Dumas, ouvr. cité, 1964, p. 7.

DES ARCHÉOLOGUES-PLONGEURS ENFIN

Après la France, les États-Unis d'Amérique : sans doute le souhait de M. Mollat du Jourdin faisait-il référence au contexte scientifique spécifiquement français car, dés 1960, un jeune archéologue américain s'était initié à la plongée autonome pour diriger, pour la première fois en tant qu'archéologue-plongeur, une fouille sous-marine dans les eaux de la Méditerranée. Cette histoire étant très connue et maintes fois décrite, nous nous limiterons à en évoquer les faits les plus marquants.

Cet archéologue est George F. Bass considéré, on l'a déjà dit, comme le « père de l'archéologue sous-marine scentifique ». À l'origine, G. F. Bass avait participé en 1957 à la fouille du tumulus de Midas sur le site de Gordion en Turquie sous la direction du professeur Rodney Young, de l'University of Pennsylvania Museum of Archaeology and Anthropology, à Philadelphie. Alors que G. F. Bass orientait ses recherches doctorales vers l'Age du Bronze méditerranéen, le journaliste, photographe et plongeur américain Peter Throckmorton contacta en 1959 le professeur Young pour lui faire part de la découverte en Turquie, non loin du cap Gelidonya, d'une épave de l'Age du Bronze Final datée d'environ 1200 av. J.-C. P. Throckmorton a résumé cet épisode de la manière suivante. De retour de Turquie en 1958 où, au cours d'un reportage sur les pêcheurs d'éponges en scaphandre lourd, il avait vu de nombreuses épaves, il s'était arrêté en Italie et avait embarqué à bord du *Daino*, navire de guerre italien qui servait de support à la fouille sous-marine de l'épave romaine d'Albenga dirigée, depuis la surface, par l'archéologue N. Lamboglia :

> I was surprised that the support vessel... with a crew of 100 men, was fielding six divers supervised by archaeologists who did not dive... I went on to meet Tailliez at Toulon. He felt that he had organized a good excavation, but that archaeologists had failed to take advantage of the opportunity[42].

---

42 P. Throckmorton (ed.), *History from the sea, Shipwrecks and Archaeology*, Londres, Mitchell Beazley Publishers, 1987, p. 22. Le livre est dédicacé à Philippe Tailliez. Il est à noter que Throckmorton s'adressa au commandant Tailliez qui, à l'époque en France, apparaissait, en effet, comme la personnalité la plus représentative de l'archéologie sous-marine.

Ce qui n'avait pas été possible de réaliser durant la fouille sous-marine de l'épave du Titan, Throckmorton allait le faire avec l'épave du cap Gelidonya : fouiller cette épave avec la participation d'un archéologue-plongeur qui assurerait la direction proprement scientifique de l'opération. R. Young proposa à son brillant étudiant F. G. Bass d'être cet archéologue-plongeur qui, cependant, n'avait jamais plongé ce qui, effectivement, était quelque peu problématique pour participer à la fouille sous-marine d'une épave située entre 26 et 28 mètres de profondeur. En quelques semaines, G. F. Bass apprit donc à plonger en piscine et c'est avec cette rapide formation, sans aucune expérience de la plongée en mer, que débuta en 1960 la carrière du « père de l'archéologie sous-marine scientifique » ! Heureusement, le site se trouvait dans les eaux claires et chaudes du cap Gelidonya et non dans celles, beaucoup moins accueillantes, de la Manche ou de la Baltique.

L'équipe dirigée par P. Throckmorton comprenait, outre G. F. Bass, responsable scientifique de l'opération, l'archéologue Joan du Plat Taylor qui, non plongeuse, travaillait à terre sur le mobilier archéologique provenant de l'épave, la dessinatrice-plongeuse Honor Frost chargée d'exécuter les relevés sous-marins de l'épave. Le chef plongeur et responsable technique était F. Dumas « ... *regarded as the world's greatest diver*[43] » selon les mots de Bass. Parmi les plongeurs se trouvait un autre français, Claude Duthuit, ami de Throckmorton et qui, par la suite, fût l'un des plus proches soutiens de G. F. Bass au sein de l'Institute of Nautical Archaeology. La participation de F. Dumas et d'H. Frost qui, tous deux, avaient une expérience de la fouille sous-marine, en particulier celle de la Chrétienne A, influença la stratégie de la fouille qui devait suivre le protocole classique selon lequel, comme le souligne F. Dumas dans son récit de la fouille de l'épave du cap Gelidonya,

> Les archéologues doivent situer chaque objet dans l'espace avant de l'enlever, et, par des séries de dessins et de plans, ils enregistrent toutes les phases d'une fouille pour reconstituer ce qu'ils ont détruit[44].

À la différence d'une épave gréco-romaine chargée d'une cargaison d'amphores et recouverte par du sable ayant préservé, sous les amphores,

43   G. F. Bass, (ed.), *Beneath the Seven Seas. Adventures with the Institute of Nautical Archaeology*, Londres, Thames & Hudson, 2005, p. 49.
44   F. Dumas, ouvr. cité, 1972, p. 105.

les vestiges du navire, celle du cap Gelidonya, située sur un soc rocheux, était composée pour l'essentiel de près d'une tonne de lingots de cuivre et de bronze, plus ou moins concrétionnés, auxquels étaient associés des dizaines d'outils ou de parties brisées d'outils en bronze, d'armes, de sceaux... sans nulle trace de vestiges architecturaux. Au regard de cette nature très particulière du site, F. Dumas proposa de cartographier et de photographier les blocs concrétionnés de la cargaison, puis de les prélever en les découpant suivant les lignes de moindre résistance et de les remonter en surface. Une fois à terre, les prélèvements étaient repositionnés tels qu'ils avaient été cartographiés sous l'eau en faisant coïncider les lignes de cassures avant d'être « disséqués » soigneusement selon le mot de F. Dumas. Si celui-ci, comme chef plongeur et responsable technique, a été à l'origine des choix méthodologiques, l'ensemble du travail a été réalisé sous la direction scientifique de G. F. Bass dont l'inexpérience, pour ce premier chantier de fouille sous-marine, l'a conduit à laisser les décisions au plus expérimenté de l'équipe en matière de plongée et de fouille sous-marine.

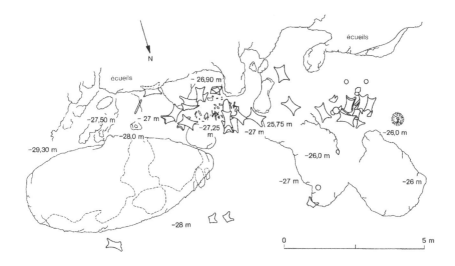

FIG. 47 – Relevé du gisement de l'épave de l'Age du Bronze
du Cap Gelidonya, Turquie. Les éléments de la cargaison de lingots
de cuivre et de bronze ainsi que les vestiges métalliques d'outils,
d'armes... sont relevés dans leur contexte environnemental : celui
d'une cuvette entourée de reliefs rocheux à des profondeurs comprises
entre 26 et 29, 30 m (P. Gianfrotta, P. Pomey, *L'archéologie sous la mer*,
Paris, Fernand Nathan Éditeur, 1981, p. 185).

Cette fouille, première opération archéologique conduite dans un
cadre universitaire sous la direction scientifique d'un archéologue-plongeur, constitue une référence à deux titres au moins. Elle a suivi un
mode opératoire en plein accord avec les principes méthodologiques de
la fouille, qu'elle s'exerce en contexte sous-marin ou terrestre. En outre,
répondant à une problématique archéologique définie, celle des échanges
en Méditerranée orientale à l'Age du Bronze, la fouille de l'épave du
cap Gelidonya a renouvelé les interprétations sur la circulation maritime à l'Age du Bronze en montrant que le navire était sans doute celui
d'un forgeron itinérant d'origine syrienne ou proto-phénicienne. Cette
mise en évidence du rôle de commerçants et de navigateurs originaires
de la côte syro-phénicienne allait alors à l'encontre de l'interprétation
classique développée par la plupart des archéologues pour lesquels le
commerce maritime méditerranéen de cette époque était essentiellement

entre les mains des Grecs[45]. Outre le fait qu'un archéologue, bien que de formation universitaire, qui plongeait faisait douter de la rigueur des méthodes et des techniques de fouille mises en œuvre aux yeux d'archéologues formés à une archéologie de terrain enseignée dans les prestigieux établissements universitaires de Grèce et d'Italie, les nouvelles interprétations historiques mises en avant par G. F. Bass n'étaient guère considérées comme suffisamment argumentées. Lui-même écrit ainsi :

> *My publication received universally unfavorable review by Classical archaeologists. Luckily, I live long enough to begin the excavation of another Late Bronze Age Ship, one that sank about a century earlier, off the very next cape to the west, at Uluburun… Its 20 tons of raw materials… copper, tin, ivory, ebony, glass, resins, shell, and spices and other foodstuffs – carried on a ship of almost undoubted Near Eastern origin, convinced most scholars of an appreciable Semitic presence in the Bronze Age Aegean*[46].

Après l'épave de l'Age du Bronze du cap Gelidonya, ce fût une épave d'époque byzantine, celle de Yassıada 1, en Turquie, qui, de 1961 à 1964, fût l'objet d'une fouille sous-marine dirigée par G. F. Bass, avec la collaboration d'un autre étudiant en archéologie classique de l'université de Pennsylvanie, Frederick van Doorninck. Cette épave, datée par sa cargaison d'amphores des années 625-626 ap. J.-C., fût signalée par des scaphandriers turcs pêcheurs d'éponges à P. Throckmorton qui à son tour avertit G. F. Bass.

La fouille de l'épave de Yassıada 1, située entre 32 et 39 mètres de profondeur, fût réalisée dans le cadre de l'University of Pennsylvania Museum of Archaeology and Anthropology avec une équipe technique de plongeurs chevronnés, dont P. Throckmorton, et une équipe scientifique, responsable de la fouille, de plongeurs encore peu expérimentés, voire totalement débutants comme l'était F. van Doorninck en 1961. Les techniques et les méthodes de fouille employées lors de l'opération du cap Gelidonya furent améliorées et adaptées bien évidemment à la nature particulière de l'épave. Désormais, les aspects techniques n'étaient plus prioritaires ou, tout au moins, ils intervenaient essentiellement comme des réponses spécifiques à des questionnements scientifiques déterminés. À cet égard, l'épave byzantine de Yassıada 1, à la différence

---

45   G. F. Bass, « Cape Gelidonya : A Bronze Age Shipwreck », *Transactions of the American Philosophical Society*, 1967, 57, 8.

46   G. F. Bass, ouvr. cité, 2005, p. 53-54.

de l'épave de l'Age du Bronze du cap Gelidonya, avait une partie de sa coque conservée sous la protection de l'importante cargaison (plus de 800 unités) d'amphores. Plus précisément, 10 % environ de la coque étaient préservés ce qui est, certes, relativement réduit mais, donnée importante, les éléments conservés étaient représentatifs de l'ensemble de la structure de la coque. Cet état très partiel de conservation du bateau impliquait d'adapter les techniques et les méthodes de travail à cette situation.

La fouille et l'étude des vestiges architecturaux furent confiées à F. van Doorninck dans le cadre de son Ph.D[47]. Pour la première fois, une recherche d'archéologie navale prenant appui sur la fouille sous-marine d'une épave relevait de la seule responsabilité d'un archéologue, alors doctorant mais qui, par la suite, allait intégrer le corps des professeurs d'université. La stratégie de fouille suivait dans son principe celle adoptée pour l'épave du cap Gelidonya à savoir une cartographie *in situ*, par relevés graphiques et photographiques, de l'ensemble des éléments de la coque. Compte tenu de la profondeur relativement importante du site qui réduisait le temps de travail sous-marin et obligeait à faire de longs paliers de décompression, il fût décidé d'expérimenter, avec succès, durant les deux dernières campagnes de fouille un système de stéréophotogrammétrie reposant sur un cadre disposé horizontalement au-dessus de l'épave en servant de support à un appareil de photographies prenant un couple de clichés verticaux selon des stations régulières couvrant toute l'épave. Pour la première fois était ainsi expérimenté dans le cadre d'une fouille sous-marine un système sous-marin de stéréophotogrammétrie. Une fois la cartographie des vestiges architecturaux réalisée, chaque pièce était prélevée et remontée en surface où elle était conditionnée, nettoyée, enregistrée, dessinée, photographiée, conservée.

L'ensemble de la documentation réunie permit à F. van Doorninck de restituer le plan des formes du bateau de Yassıada 1 à l'issue de plusieurs restitutions préliminaires et la médiation de modèles réduits de recherches réalisés par J. Richard Steffy qui, à l'époque, était un ingénieur, consultant bénévole en archéologie navale, avant de devenir comme G. F. Bass et F. van Doorninck, mais selon un cursus tout autre, professeur d'archéologie navale à la Texas A&M University de College

---

47 Par la suite, F. van Doorninck changea complètement d'orientation thématique en se consacrant à l'étude des amphores.

Station et l'un des meilleurs spécialistes mondiaux de la reconstitution architecturale des épaves[48].

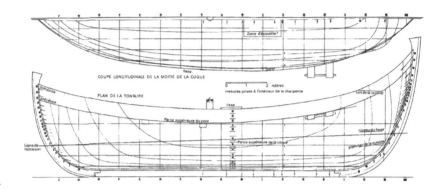

FIG. 48 – Première restitution du plan des formes de l'épave byzantine
de Yassıada 1 (F. H. van Doorninck Jr, « Byzance, maîtresse
des mers : 330-641 », dans G. F. Bass (dir.), *Archéologie sous-marine.
4000 ans d'histoire maritime*, Paris, Éditions Tallandier,
1972, p. 133-158, p. 140).

Pour une longueur hors-tout de près de 21 m, une longueur de quille de 7 m, un maître-couple localisée en arrière de la longueur, un rapport longueur/largeur de 4 : 1, le navire de Yassıada 1 avait un port maximum estimé à une soixantaine de tonnes.

Outre la restitution du plan des formes, l'étude des vestiges architecturaux aboutit, pour la première fois, à mettre en évidence une architecture de type « mixte » ou « de transition », différente tout à la fois de celle de principe « sur bordé » spécifique à l'univers méditerranéen des chantiers navals gréco-romains et de l'architecture de principe « sur membrure » particulière, quant à elle, au monde méditerranéen

---

48   F. H. van Doorninck Jr, « The Hull Remains », dans G. F. Bass, F. H. van Doorninck
Jr. (éd.), *Yassi Ada Volume 1. A Seventh-century Byzantine Shipwreck*, College Station, TX,
Texas A&M University Press, 1982, p. 32-64 ; pour la restitution du plan des formes,
cf. F. H. van Doorninck Jr, « Byzance, maîtresse des mers », dans G. F. Bass, *Archéologie
sous-marine, 4000 ans d'histoire maritime*, Paris, Éditions Taillandier, 1972, p. 133-158,
p. 140-141 pour le plan des formes. Ce plan a été corrigé dans la publication finale. *Cf.*
J. R. Steffy, « Reconstructing the Hull », dans G. F. Bass, F. H. van Doorninck Jr., ouvr.
cité, 1982, p. 65-86, p. 65-68 pour le plan des formes.

des chantiers navals médiévaux[49]. Elle se caractérise matériellement par un bordé à franc-bord des fonds de la coque, jusqu'au niveau du bouchain, assemblé provisoirement par des languettes en bois enfoncées dans des mortaises creusées dans le can des bordages et par un bordé à franc-bord, au-dessus du bouchain, dont les bordages sont démunis de tout élément d'assemblage. Ces caractéristiques, que seule l'approche archéologique directe des vestiges a fait apparaître, ont été interprétées, en termes de séquences constructives, par l'élévation dans un premier temps du bordé des fonds suivie de l'introduction de la partie inférieure des varangues dont certaines se prolongent au-dessus du bouchain. Dans un deuxième temps, la construction se poursuit par une alternance de bordages mis en place sur des éléments de membrures, d'introduction de nouveaux éléments de membrures, de pose de bordages et ainsi de suite jusqu'au plat-bord.

Cette fouille sous-marine de l'épave byzantine de Yassıada 1 constitue, à n'en pas douter, une étape fondamentale dans l'histoire de l'archéologie sous-marine et de l'archéologie navale pour deux raisons principales. D'une part, cette fouille, inscrite dans un contexte de recherche universitaire, a été menée pendant plusieurs années par des archéologues-plongeurs, doctorants pour les responsables, qui ont tout à la fois été des innovateurs sur le plan des techniques et des méthodes (avec la stéréophotogrammétrie en particulier) et des chercheurs orientant leurs études vers le commerce maritime, l'architecture navale, les apparaux (les ancres notamment), le mobilier de bord… D'autre part, cette fouille a mis en lumière l'apport fondamental des épaves à la connaissance de l'histoire de l'architecture navale sur le double plan du principe et des procédés de construction. Une conséquence directe de la prise en compte de cette documentation archéologique fût l'introduction du modélisme comme instrument de recherche qui était alors une innovation méthodologique et qui, désormais, est devenu un outil traditionnel d'étude en archéologie navale.

---

49   Il est bien évident que l'histoire de l'architecture navale méditerranéenne ne se réduit pas à ces trois formes d'architecture. Elle est bien plus complexe. Certains de ses aspects seront évoqués dans la septième partie. Ajoutons que cette phase de « transition » a été l'objet d'études sur les origines socio-économiques de ces changements techniques entre l'Antiquité tardive et le haut Moyen Age. Sur cette question, *cf.* notamment l'article ancien mais qui demeure une référence de base : B. M. Kreutz, « Ships, Shipping, and the Implications of Change in the Early Medieval Mediterranean », *Viator, Medieval and Renaissance Studies*, 7, 1976, p. 79–109.

La fouille de l'épave byzantine de Yassıada 1 fut suivie d'autres fouilles sous-marines dirigées par le tandem Bass-van Doorninck qui, très vite, s'est muté en un trio Bass-van Doorninck-Steffy, ce dernier ne plongeant pas mais devenant le grand spécialiste de la reconstitution architecturale des épaves[50] fouillées par les deux autres membres du trio.

En 1972, G. F. Bass publiait, comme directeur de la publication, son ouvrage *Archéologie sous-marine, 4000 ans d'histoire maritime* qui, bien que n'étant pas un livre scientifique *stricto sensu*, n'en constituait pas moins une synthèse qui, à l'époque, était considérée comme une référence. Pour la première fois, l'apport de la fouille sous-marine d'épaves de toutes les périodes (jusqu'à l'époque contemporaine) à la connaissance de l'histoire de l'architecture navale, mais aussi du commerce, était mis en lumière par un archéologue-plongeur intégré professionnellement au milieu universitaire américain. Cette année 1972 fût également celle de la création par G. F. Bass à Philadelphie de l'American Institute of Nautical Archaeology transformé en 1976 en Institute of Nautical Archaeology associé à la Texas A&M University de College Station (TX). C'est dans ce cadre que fût fondé le programme d'enseignement universitaire en archéologie nautique[51] animé dés l'origine par le trio de professeurs, Bass, van Doorninck et Steffy.

Dans l'introduction de son ouvrage *Archéologie sous-marine, 4000 ans d'histoire maritime*, Bass regrette que plusieurs contributions importantes n'aient pas été intégrées pour diverses raisons matérielles principalement. Il écrit ainsi que

> Les multiples recherches entreprises par des équipes françaises sur des navires naufragés et publiés dans les *Cahiers d'Archéologie Subaquatique* et partiellement

---

50 J. R. Steffy, *Wooden Ship Building and the Interpretation of Shipwrecks*. College Station, TX, Texas A&M University Press, 1994.

51 À la différence de la plupart des pays européens, l'enseignement d'archéologie nautique de la Texas A&M University est rattaché au département d'anthropologie, ce qui n'est pas sans conséquences sur le plan de la formation historique des étudiants. L'année même (1976) où débutait le programme d'enseignement au sein de la Texas A&M University était créé en France, à l'initiative de Jean Chapelot, alors enseignant d'archéologie médiévale à l'Université de Paris 1, le premier enseignement d'archéologie nautique (maritime et fluviale) consacré aux périodes médiévales et moderne dans le cadre de l'Institut d'histoire de l'art et d'archéologie (UFR 03) de l'Université de Paris 1 Panthéon-Sorbonne. Cet enseignement, toujours unique pour les périodes médiévale et post-médiévale, insiste sur l'importance de la connaissance des sources historiques (écrites et iconographiques) et ethno-archéologiques.

reprises par le nouveau *International Journal of Nautical Archaeology and Underwater Exploration* auraient pu apporter également des lumières nouvelles à notre chapitre sur les vaisseaux des Romains. Nous avons particulièrement regretté que les illustrations merveilleuses recueillies pendant la levée complète de l'épave du Planier II[52], sous la direction de A. Tchernia, nous soient parvenues trop tard pour être incluses dans cet ouvrage[53].

Cette référence à la recherche française renvoie à deux moments significatifs et importants de l'histoire de l'archéologie sous-marine française. Le premier est, comme nous l'avons déjà indiqué, celui de la professionnalisation marquée en 1966 par la création d'un service spécialisée du ministère des Affaires Culturelles, la Direction des recherches archéologiques sous-marines, et par la direction de fouilles d'épaves par des archéologues-plongeurs de la DRASM mais aussi, fait nouveau, de l'université et du CNRS. Comme l'a écrit Patrice Pomey (CNRS), l'une des personnalités françaises de l'archéologie sous-marine et de l'archéologie navale antique, qui fût, entre autres responsabilités, directeur de la DRASM de 1984 à 1991,

… les années 70 resteront avant tout celles de l'épave de la Madrague de Giens (Hyères), entreprise de 1972 à 1982 par l'équipe du CNRS d'Aix-en-Provence sous la direction de A. Tchernia et P. Pomey. Par son ampleur, elle demeure la plus grande fouille sous-marine réalisée sur une épave antique. Reposant par 20 mètres de profondeur, l'épave est celle d'un grand navire de commerce romain qui lors de son naufrage transportait environ 6000 amphores à vin d'Italie disposées sur trois couches, plus un important chargement complémentaire de céramiques[54].

L'épave de Giens, par ses dimensions assez exceptionnelles, 35 mètres de long sur 12 mètres de large, a donné lieu, en effet, à la définition et à la mise en œuvre d'une méthodologie très rigoureuse et novatrice sur certains aspects (par exemple l'enregistrement analytique du mobilier, de la cargaison, de l'équipement du bord…) aboutissant à une

---

52   Il s'agit en fait de l'épave Planier III, au large de Marseille, fouillée en 1968, 1970, 1971 et 1975 sous la direction de André Tchernia (1968-1970), puis par Patrice Pomey. C'est au cours de la fouille de cette épave (campagnes 1970, 1971) que furent réalisés en France les premiers relevés stéréo photogrammétriques sous-marins qui avaient été expérimentés auparavant par l'équipe de G. F. Bass en Turquie.

53   G. F. Bass, ouvr. cité, 1972, p. 9-10.

54   P. Pomey, « Archéologie sous-marine », dans J.-P. Malamas (dir.), ouvr. cité, 1993, p. 57-74, p. 60.

étude architecturale du navire et de la composition de sa cargaison qui constitue un jalon remarquable dans l'historiographie de l'Antiquité romaine au double plan de l'histoire de la construction navale et de l'économie maritime. En outre, la fouille de l'épave de Giens a favorisé la création au sein l'Institut d'Archéologie Méditerranéenne (IAM, Université de Provence-CNRS) dans un premier temps puis, à partir de sa création en 1978, du Centre Camille Jullian (AMU-CNRS), d'une équipe spécialisée d'archéologie navale antique initiatrice d'opérations de fouilles sous-marines, et aussi terrestres, d'épaves qui ont contribué au renouvellement de questions importantes de l'histoire de la construction navale antique méditerranéenne[55]. À cela s'ajoute, à l'initiative de Bernard Liou, alors enseignant-chercheur à l'université de Provence et directeur de la DRASM, la création en 1977, dans le cadre du CNRS et du ministère de la Culture, de la collection *Archaeonautica*[56] dont la plus grande part des auteurs relève du milieu de la recherche universitaire et du CNRS.

---

55   Par ailleurs, l'Université d'Aix-Marseille (AMU) et le DRASSM sont à l'origine (2013) du Master spécialisé d'Archéologie Maritime et Littorale (MoMArch) dirigé par Jean-Christophe Sourisseau (AMU), directeur du CCJ et également co-responsable scientifique, avec Michel L'Hour, directeur du DRASSM, du MoMArch. L'enseignement d'archéologie navale du MoMArch est assuré par G. Boetto, P. Pomey, P. Poveda et E. Rieth.
56   Après Bernard Liou, la direction de la collection a été assurée par Patrice Pomey, de 1998 à 2010 et, depuis 2010, par Marie-Brigitte Carre, tous trois rattachés au CCJ. Le volume 20 de la collection a été publié en 2018.

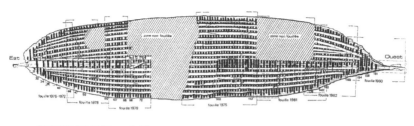

Epave de la Madrague de Giens
Plan de situation

FIG. 49 – Relevé en plan de l'ensemble des vestiges de l'épave
la Madrague de Giens (75-60 av. J.-C.). Ce relevé met en évidence
non seulement les dimensions très importantes de l'épave mais également
la stratégie de fouille choisie en fonction d'objectifs scientifiques définies
lors de chaque campagne annuelle. C'est essentiellement le questionnement
scientifique qui a guidée la progression de la fouille. Par ailleurs, le choix
a été fait de ne pas fouiller trois zones de l'épave à titre de réserves
archéologiques (M. Rival, *La charpenterie navale romaine*, Paris,
Éditions du CNRS, 1991, p. 151).

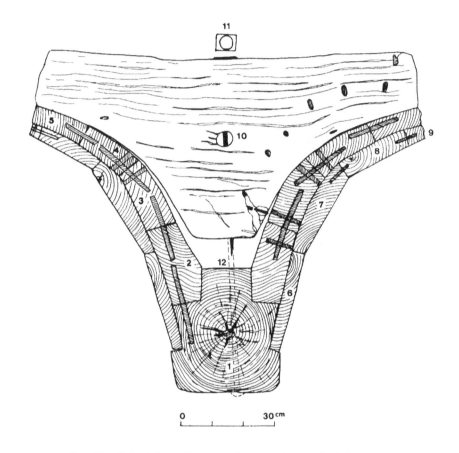

FIG. 50 – Relevé du prélèvement d'une section du fond de carène
de la Madrague de Giens. Seul le choix d'effectuer un prélèvement
partiel d'un ensemble de vestiges archéologiques architecturalement
représentatifs et d'étudier ensuite à terre ce prélèvement
dans des conditions de laboratoire permet d'identifier et d'enregistrer
des caractéristiques inaccessibles sans cette opération (P. Pomey,
A. Hesnard, *L'épave romaine de la Madrague de Giens* (Var), XXIVᵉ supplément,
Gallia, Éditions du CNRS, Paris, 1978, p. 77).

Le deuxième moment est celui de la création en 1972 par Jean-Pierre
Joncheray, l'une des personnalités marquantes de la communauté des
archéologues-plongeurs bénévoles, des *Cahiers d'Archéologie Subaquatique*, une

revue qui, majoritairement, a publié et continue de publier[57] des articles, souvent de grand intérêt, rédigés par des archéologues issus du milieu associatif. La création des *CAS* a été à la fois porteuse d'une dynamique correspondant au rôle alors important de l'archéologie sous-marine bénévole et, en même temps, annonciatrice d'une profonde évolution du milieu se traduisant par une réduction de l'influence des archéologues-plongeurs bénévoles dans la recherche liée au mouvement de professionnalisation du milieu de l'archéologie sous-marine française et, aussi, à la mise en place d'une réglementation de la plongée scientifique de plus en plus rigoureuse, pouvant être perçue comme très voire trop contraignante par les bénévoles. En réalité, cette évolution n'a pas été circonscrite au seul domaine de l'archéologie sous-marine mais s'est retrouvée également dans le contexte de l'archéologie terrestre avec, notamment, la réduction de plus en plus sensible au fil des décennies du rôle scientifique tenu auparavant par les sociétés savantes régionales et locales. Ajoutons que cette relation entre bénévoles et professionnels de la recherche en archéologie sous-marine semblerait avoir été plus difficile à certains moments en France que dans les autres pays européens et anglo-saxons notamment[58].

Toute l'histoire de l'archéologie sous-marine qui vient d'être évoquée, depuis les premières plongées dans le lac de Nemi au XVᵉ siècle jusqu'à la naissance « officielle » d'une archéologie sous-marine faite par des archéologues-plongeurs, archéologues de formation universitaire ayant appris à plonger au milieu du XXᵉ siècle, semblerait être une histoire strictement méditerranéenne. Cette situation est à relativiser quelque peu. Si, en effet, la Méditerranée, par son environnement sous-marin particulièrement favorable, a été le berceau de la plongée autonome et le lieu privilégié de développement des méthodes et des techniques de l'archéologie sous-marine, la mer Baltique, dans les mêmes années 1960, a vu des archéologues-plongeurs opérer dans des eaux nettement plus fraîches et beaucoup moins claires que celles de la Méditerranée. Deux cas particulièrement représentatifs, et très différents l'un de l'autre, de cette prise en compte de l'archéologie sous-marine en mer du Nord et en Baltique sont ceux du Danemark et de la Pologne.

---

57 Le dernier volume (**XXIV**) des *CAS* a été publié en 2018.
58 Michel L'Hour (ouvr. cité, 2012), tout en mettant en valeur la professionnalisation de l'archéologie sous-marine française, n'a pas oublié cependant de rendre hommage aux archéologues-plongeurs bénévoles dans ses *Portraits intimes*.

C'est en 1957 que l'archéologue danois Olaf Olsen, conservateur au département d'archéologie médiévale du Musée national, secondé par Ole Crumlin-Pedersen, alors étudiant en architecture navale, entreprit l'étude préliminaire du site sous-marin de Skuldelev, dans le fjord de Roskilde (Baltique), dans le but de caractériser la nature des épaves constituant un barrage et de mettre au point les techniques et les méthodes, inexistantes à l'époque au Danemark, les plus adaptées à la fouille sous-marine. Cette première campagne de fouille fut suivie de deux autres en 1958 et 1959 avant que la décision ne fût prise de fouiller les cinq épaves de Skuldelev[59] datées du XIe siècle à l'intérieur d'une enceinte de palplanches après assèchement de la zone par pompage de l'eau[60]. La très faible profondeur (moins de 3 mètres) du gisement fût l'un des facteurs techniques déterminants du choix de construire l'enceinte de palplanches.

À la suite de l'opération sous-marine du gisement de Skuldelev, d'autres fouilles sous-marines furent effectuées au Danemark par des archéologues-plongeurs du Musée du bateau viking de Roskilde, de l'Institut d'archéologie maritime du Musée national ou d'autres musées littoraux selon les pratiques administratives et législatives danoises en matière de patrimoine archéologique sous-marin déléguant aux musées régionaux l'action de l'État. Il est clair que l'archéologie sous-marine danoise, qui s'est développée à la même époque que celle de l'archéologie sous-marine méditerranéenne, est demeurée relativement modeste sur le plan des opérations d'envergure en raison, notamment, de son espace littoral réduit et des difficultés d'interventions sous-marines dans les eaux de la mer du Nord et de la Baltique.

Le second cas, très différent, est celui de la Pologne des mêmes années 1960. Au cours de la Seconde Guerre mondiale, de nombreux musées polonais furent détruits ou très gravement endommagés au cours des

---

59   Dans un premier temps, six épaves avaient été identifiées. Dans un second temps, les vestiges des supposées épaves 2 et 4 furent reconnus comme ceux d'une même épave, celle du grand navire de guerre de Skuldelev 2/4 construit dans la région de Dublin dans les années 1042.

60   Sur la fouille sous-marine des épaves, *cf.* : O. Olsen, O. Crumlin-Pedersen, « The Skuldelev ships. I. A preliminary report on an underwater excavation in Roskilde fjord, Zealand », *Acta Archaeologica*, 29, 1958, p. 161-175 ; *id.*, « The Skuldelev ships. II. A Report on the Final Underwater Excavation in 1959 and the Salvaging Operation in 1962 », *Acta Archaeologica*, 38, 1968, p. 95-170.

bombardements. La reconstruction des musées après-guerre passait aussi par la constitution de nouvelles collections muséographiques dont celles à caractère maritime. Cinq ans après la création à Gdańsk du Musée maritime fût organisée la première conférence sur les musées maritimes. Przemysław Smolarek, fondateur et premier directeur du nouveau Musée maritime, formé à l'archéologie, proposa d'organiser des prospections archéologiques sous-marines systématiques en baie de Gdańsk dans le but de localiser des épaves à caractère historique, de les fouiller scientifiquement et de constituer, à partir du mobilier archéologique issu de ces épaves, des collections destinées au Musée maritime[61]. Préalablement aux prospections, des recherches en archives furent menées par des historiens afin de dresser une liste de naufrages et de déterminer les cibles archéologiques à prospecter. L'une des plus prometteuses fût celle de l'épave W-5 dite l'épave aux lingots de cuivre découverte en 1969 et qui donna lieu à un long et remarquable programme de fouille sous-marine mené en plusieurs étapes, 1971-1973, 1974-1981 et 2009-2012. Au-delà de ses enjeux méthodologiques, techniques et muséographiques, la fouille de cette épave datée du XVe siècle fût importante tant sur le plan de l'étude de sa cargaison que de son architecture interprétée comme celle appartenant à la famille mythique des « *hulcs* » de la fin du Moyen Age[62].

Une dernière question est à considérer : celle de la réflexion théorique sur l'archéologie sous-marine. À cet égard, les études pionnières relèvent principalement du monde de la recherche anglo-saxonne. La personnalité qui, sans aucun doute, marqua le plus les débuts de cette réflexion est celle du britannique Keith Muckelroy mort dans un accident de plongée en 1980 à l'âge de vingt-neuf ans. Au moment de sa tragique disparition, Muckelroy avait déjà derrière lui une riche carrière d'archéologue et une large expérience de la fouille sous-marine. Son ouvrage intitulé *Maritime Archaeology*[63]qu'il

---

61   Sur le rôle de l'archéologie sous-marine dans le développement du Musée maritime de Gdańsk. *Cf.* : P. Smolarek, « Underwater Archaeological Investigations in Gdańsk Bay », *Transport Museums*, 6, 1979, p. 48-66 ; *id.*, « The genesis, present state and prospects of Polish underwater archaeological investigations in the Baltic », *Acta Universitatis Nicolai Copernica, Underwater Archaeology*, 1, 1983, p. 5-38.

62   W. Ossowski, (ed.), *The Copper Ship. A Medieval Shipwreck and Its Cargo*, Gdańsk, National Maritime Museum in Gdańsk, 2014.

63   K. Muckelroy, *Maritime Archaeology*, Cambridge, Cambridge University Press, 1978. Sur une autre approche théorique de l'archéologie maritime, *cf.* par exemple : L. E. Babits,

publia en 1978 demeure toujours la référence incontournable en matière d'approche théorique de la discipline. Le livre est dédicacé à la mémoire de son père et aussi, ce n'est pas un hasard, de celle de David L. Clarke, auteur en 1968, de l'ouvrage *Analytical Archaeology* qui a eu, au moment de sa publication, un écho important au sein de la communauté archéologique et qui exerça à l'évidence une forte influence sur la pensée de Muckelroy. Avant de s'arrêter sur quelques aspects de l'approche de Muckelroy[64], il faut rappeler qu'elle a pris appui sur sa large expérience de praticien de l'archéologie sous-marine et subaquatique en eaux douces portant aussi bien sur la fouille de gisements de l'Age du Bronze en Manche que sur celle d'épaves post-médiévales comme celle du *Kennemerland*, navire de la Compagnie Néerlandaise des Indes Orientales coulé en 1664 dans les eaux de l'archipel des Shetlands. En d'autres termes, Muckelroy était d'abord un « archéologue de terrain », pour reprendre une expression anglo-saxonne, qui avait une réflexion théorique sur sa pratique archéologique.

Premier aspect : celui du champ de l'archéologie maritime. Muckelroy, faisant référence à une phrase du célèbre archéologue Sir Mortimer Wheeler à savoir que « *the archaeologist is digging up, not things, but people* », souligne que le qualificatif de maritime

> *... is worth nothing that there is no mention of boats or ships, but rather of everything that is connected with seafaring in its broadest sense.... not just technical matters, but also social, economical, political, religious, and a host of other aspects*[65].

Il précise par ailleurs que, dans ce cadre large de l'archéologie maritime, l'archéologie navale, plus étroitement liée à la technologie maritime, porte spécifiquement sur l'étude des bateaux.

Deuxième aspect : celui de la définition de l'archéologie navale. Celle-ci renvoie à trois dimensions fondamentales de tout bateau qui, depuis lors, sont classiquement reprises :

H. van Tilburg (éd.), *Maritime archaeology. A reader of substantive and theorical contributions. The plenum series in underwater archaeology*, New-York, Plenum Press, 1998.

64 *Cf.* par exemple sur cette question M. Harpster, « Keith Muckelroy : Methods, Ideas and Maritime Archaeology », *Journal of Maritime Archaeology*, 4, 2009, p. 67-82.

65 K. Muckelroy, ouvr. cité, 1978, p. 4.

– Le bateau comme machine
– Le bateau comme vecteur technique d'un système économique ou militaire, « ... *its basic* raison d'être[66] » selon les propres termes de Muckelroy écrits en français
– Le bateau comme groupe social fermé, avec sa hiérarchie, ses usages, ses conventions.

Troisième aspect : celui de l'approche méthodologique de l'épave. C'est à ce niveau que s'exprime la plus grande originalité de la pensée de Muckelroy. S'inspirant de l'approche horizontale des gisements préhistoriques et de la cartographie systématique de tous les vestiges (du simple éclat à l'outil complet en passant par les fragments de charbons de bois mis en évidence par un tamisage méthodique des sédiments), Muckelroy envisage la fouille de l'épave comme celle d'un gisement archéologique « ouvert », intégrant son environnement et opérant une distinction entre « site continu » et « site discontinu ». Le premier type de site est caractérisé par une conservation concentrée et continue des vestiges archéologiques et, en particulier, des vestiges architecturaux. Le second type se définit par la nature discontinue et dispersée des vestiges avec, notamment, des zones sans vestiges archéologiques préservés ou identifiables.

Quatrième aspect : celui de l'apport de la démarche statistique et des méthodes quantitatives. Reprenant les « outils » privilégiés de la *New Archaeology*, Muckelroy a élaboré un protocole méthodologique basé sur une cartographie statistique de différentes catégories de mobilier archéologique[67] dont l'analyse conduit, dans le cas en particulier des « sites discontinus », les plus complexes à fouiller et à interpréter, à restituer le processus de mise en connexion des éléments dispersés. L'objectif final est d'aboutir, à partir, entre autres moyens, de l'instrumentation statistique, à l'élaboration d'un discours proprement historique, la quantification cartographiée de chaque catégorie de mobilier étant assimilable en un certain sens à la construction d'un vocabulaire et d'un langage archéologique.

---

66 *Ibid.*, p. 216.
67 *Cf.* par exemple les treize catégories définies pour l'analyse du site de l'épave du *Kennemerland* : K. Muckelroy, *ibid.*, p. 200.

À la suite de K. Muckelroy, d'autres archéologues ont poursuivi cette voie de l'approche théorique des épaves[68]. Si cette thématique semble moins abordée aujourd'hui au sein de la communauté archéologique, elle demeure cependant encore présente comme en témoigne la grande majorité des articles de la revue anglaise *Journal of Maritime Archaeology* qui poursuit cette « tradition scientifique » de l'ouvrage pionnier *Maritime Archaeology*.

En conclusion de cette partie centrée sur l'archéologie sous-marine, ses techniques et ses méthodes, une première question doit être posée en relation avec notre sujet, celui de l'archéologie navale. L'archéologie sous-marine a-t-elle contribué à un apport de données nouvelles conduisant à un enrichissement de l'histoire de l'architecture navale envisagée sur la longue durée comprise entre la protohistoire et l'époque post-médiévale ? Si l'on s'en tient au seul milieu de naissance de l'archéologie sous-marine, la Méditerranée, il est évident que la fouille sous-marine des épaves a renouvelé en profondeur l'histoire de l'architecture navale antique, médiévale et moderne. Mais le milieu sous-marin n'a pas été le seul à avoir été l'acteur de ce développement des connaissances historiques. La fouille d'épaves en contexte terrestre ou, tout au moins humide, a aussi joué un rôle tout aussi important dont la plus belle et récente illustration est fournie par le site du port de Théodose à Istanbul[69]. À Yenikapı, en effet, ce ne sont pas moins de trente-sept épaves datées du Vᵉ au XIᵉ siècle qui ont permis de formuler de nouvelles questions autour d'un des problèmes les plus discutés actuellement de l'histoire de l'architecture navale méditerranéenne : celui de la « transition » architecturale entre l'Antiquité tardive et le Haut Moyen Age[70].

---

68 Un ouvrage révélateur est celui dirigé par R. A. Gould (ed.), *Shipwreck Anthropology*, Albuquerque, The University of New Mexico Press, 1983 ; *cf.* son article, « Looking below the surface : shipwreck archaeology as anthropology », dans R. A. Gould, ouvr. cité, 1983, p. 3-22 ; *id.* : *Archaeology and the social history of ships*, Cambridge, Cambridge University Press, 2011.

69 U. Kocabaş, « The Yenikapı Byzantine-Era Shipwrecks, Istanbul, Turkey : a preliminary report and inventory of the 27 wrecks studied by Istanbul University », *The International Journal of Nautical Archaeology*, 2015, 44, 1, p. 5-38 ; U. Kocabaş (ed.), *The 'Old Ships' of the 'New Gate'* – *Yenikapı'nın eski gemileri, Yenikapı Shipwrecks*, vol. 1, Istanbul, Ege Yayınlari, 2008. C. Pulak C., R. Ingram, M. Jones, « Eight Byzantine Shipwrecks from the Theodosian Harbour Excavations at Yenikapı in Istanbul, Turkey : an introduction », *The International Journal of Nautical Archaeology*, 2015, 44, 1, p. 39-73.

70 P. Pomey, Y. Kahanov, É. Rieth, « Transition from Shell to Skeleton in Ancient Mediterranean Ship Construction : Analyses, problems and future research », *The*

Une deuxième question se dessine au regard des techniques et des méthodes d'intervention archéologique sous-marine. L'ère de l'archéologue-plongeur intervenant en plongée autonome à l'air jusqu'à 50 mètres, voire, au-delà en faisant appel aux mélanges, pourrait-elle être un jour remplacée par celle du couple archéologue-robot pour fouiller des épaves à des profondeurs de plusieurs centaines de mètres inaccessibles à l'homme ? Dans l'état actuel de la recherche en robotique, aucun robot ne semble pouvoir jouer le même rôle qu'un archéologue-plongeur conduisant la fouille d'une épave qui, rappelons-le, est une suite de gestes scientifiques consistant à mettre au jour des vestiges architecturaux, à les observer, à les mesurer, à les dessiner… Mais la recherche progresse continuellement comme en témoigne l'extraordinaire robot-plongeur humanoïde *Ocean One* qui, en concertation avec le DRASSM, a été conçu et construit par le laboratoire de robotique de l'Université de Stanford, aux États-Unis, avec la collaboration de l'entreprise Meka-Google et de l'Université KAUST, et expérimenté avec succès en 2016 sur l'épave du vaisseau du roi *La Lune* (1664) située au large de Toulon par 90 mètres de fond.

International Journal of Nautical Archaeology, 41. 2, 2012, p. 235-314 ; *id.*, « On the Transition from Shell to Skeleton », *The International Journal of Nautical Archaeology*, 42. 2, 2013, p. 434-437.

SEPTIÈME PARTIE

À LA RECHERCHE D'UNE PENSÉE TECHNIQUE DU BATEAU

ARCHÉOLOGIE NAVALE
ET HISTOIRE DES TECHNIQUES

Dans son ouvrage qui, pour de nombreux historiens et archéologues des techniques, demeure encore aujourd'hui, quarante ans après sa publication, une référence inspiratrice de nouveaux questionnements[1], Bertrand Gille a écrit dans ses « prolégomènes à une histoire des techniques » :

> Aucune science, aucune discipline ne mériteraient ces noms si elles ne disposaient pas des moyens conceptuels et méthodologiques nécessaires à toute analyse... Il convient d'analyser les techniques comme objet de science. Il n'était guère possible de le faire, même et surtout de façon globale, si l'on ne disposait pas préalablement, non seulement d'un langage approprié, mais aussi de modèles reposant sur des concepts précis[2].

À partir du moment, en effet, où l'archéologie navale est devenue une discipline scientifique prise en main par des archéologues spécialisés, le besoin de disposer d'un « vocabulaire de spécialité » ainsi que d'outils conceptuels et méthodologiques adaptés aux problématiques de l'archéologie navale s'est fait sentir. À cet égard, il est bien certain que l'apport de la pensée de B. Gille et des historiens des techniques des générations qui lui ont succédé a été déterminant d'autant plus que le sujet d'étude de l'archéologie navale, le bateau, est par essence un objet technique. En toute cohérence intellectuelle, l'histoire des techniques s'est donc retrouvée très présente dans le discours de l'archéologie navale.

Dans les deux premières parties de ce livre dont les galères antiques sont au centre de la réflexion, toute une série de termes et d'expressions

---

1   Certes, la pensée historienne a évolué en ce domaine depuis les années 1980 non seulement sur le plan théorique mais aussi documentaire sans pour autant, atténuer, nous semble-t-il, le caractère fondateur de l'œuvre de B. Gille. Pour une nouvelle lecture, cf. : A.-F. Garçon, *L'imaginaire et la pensée technique. Une approche historique*, XVIᵉ-XXᵉ siècle, Paris, Classiques Garnier, 2012.
2   B. Gille (dir.), ouvr. cité, 1978, p. 10.

qui jalonnent les pages renvoient explicitement à cette dimension technique du bateau : « machine à ramer ; mécanique de la rame ; unité mécanique humaine ; système homme/machine… ». Comme nous l'avons examiné dans la troisième partie de cet ouvrage, c'est sans doute l'historien A. Jal, qui, maître d'œuvre de « l'école française d'archéologie navale », a été l'un des premiers, au milieu du XIXᵉ siècle, à formaliser la nature technique de l'étude historique des bateaux en évoquant « … le navire, cette machine la plus hardie et la plus belle[3]… ». C'est ce même qualificatif que, plus d'un siècle plus tard, l'archéologue britannique Keith Muckelroy a repris dans sa définition désormais classique de l'archéologie navale : le bateau comme machine en premier lieu, comme vecteur technique d'un système économique ou militaire en deuxième lieu et comme groupe social clos en troisième lieu[4]. L'on pourrait fort bien établir un catalogue des archéologues et des historiens qui, sous des formes différentes, ont décliné au fil des décennies la nature profondément technique du bateau en tant qu'objet d'histoire.

Si le caractère de machine est bien présent, il ne doit pas faire oublier cependant qu'un bateau[5] est aussi, et d'abord, une architecture, certes bien particulière de par sa nature flottante. Cette architecture possède, au surplus, la particularité de se déplacer sur l'eau (mer, fleuve, lac…), c'est-à-dire sur un milieu qui est lui-même mouvant[6]. Est alors posée la question centrale de la stabilité transversale principalement de cette architecture flottante qui s'est traduite par une longue quête explicative dont les fondements théoriques ne furent définis que par Pierre Bouguer en 1746 à travers son analyse du métacentre, base de l'hydrostatique du navire[7].

Cette architecture et cette machine présentent aussi la particularité de devoir se déplacer d'un point à un autre, c'est-à-dire de se transformer en un véhicule équipé de moyens de propulsion et de direction.

---

3   A. Jal, ouvr. cité, 1840, t. 1, p. 6.
4   K. Muckelroy, *Maritime Archaeology*, Cambridge, Cambridge University Press, 1978, p. 216.
5   C'est aussi le cas des radeaux qui relèvent d'une authentique architecture dite « colligative » à base de flotteurs, de taille, de forme et de type variés, assemblés avec des techniques différentes.
6   Il est bien évident que l'instabilité du milieu n'est pas de valeur identique en haute mer et sur un lac et encore moins sur une voie d'eau intérieure.
7   P. Bouguer, *Traité du navire, de sa construction et de ses mouvemens*, Paris, chez Jombert, 1746.

C'est en l'occurrence cette double mobilité de la structure architecturale flottante du bateau qui, par les multiples contraintes mécaniques
spécifiques que le milieu aquatique exerce sur la structure, distingue
d'une façon fondamentale la charpente en bois d'un bateau de celle
d'un édifice terrestre malgré certaines comparaisons que l'on trouve
parfois dans des publications mettant en parallèle les charpentes en
forme de « coque renversée » ou de « nef renversée » de certaines églises
médiévales avec les charpentes de bateaux. Il s'agit bien, en effet, de
deux univers architecturaux, techniques mais aussi sociaux, distincts
comme le signifie dans les statuts des corporations, notamment, la distinction entre charpentier de bateaux et charpentier de maisons. C'est
le cas, par exemple, de la confrérie des charpentiers d'Abbeville[8], dans
la Somme, située en l'église Saint Georges d'Abbeville. Les statuts de
1488-1489 mentionnent les diverses obligations auxquelles sont soumis
les membres de la confrérie. Une précision importante est indiquée dans
l'article 8. Il est stipulé que

> … aucuns maistres du dit mestier de carpentiers de navires ne porront prendre
> à ouvrer avecq eux carpentiers de maisons ne aultres ouvriers que dudit mes-
> tier de carpentiers de navires… pourveu qu'il y ait des compoignons du dit
> mestier de carpentiers de navires qui ne aient que ouvrer… en icelle ditte ville.

Bien entendu cet article 8 des statuts est destiné pour une part à protéger économiquement le métier de charpentier de bateaux. Mais, pour
une autre part, il exprime la réelle différence de culture technique entre
les deux corps de charpentiers que Maurice Aymard a parfaitement mise
en évidence en faisant référence à un courrier en date de septembre 1530
entre Fausto et Ramusio, deux grands hommes de la Renaissance que
nous avons eu l'occasion d'évoquer au début de cet ouvrage. M. Aymard
souligne ainsi que Fausto, s'appuyant sur Vitruve et Archimède,

> … oppose… à la difficulté déjà grande de la *terrestrium aedificiorum architectura*
> celle, infiniment plus grande, de la *marina architectura*, c'est-à-dire la simplicité
> des lignes droites, dont les règles sont faciles à déterminer, à la complexité
> des lignes courbes et de plus toutes différentes les unes que les autres que fait
> intervenir la construction des coques[9].

---

8   A. Thierry, *Recueil des monuments inédits de l'histoire du Tiers État. Première série. Région du
     nord*, t. 4, Paris, Didot, 1870, p. 318-320.
9   M. Aymard, art. cité, 1987, p. 407-418, p. 413.

Effectivement, à la stabilité du tracé rectiligne et de la structure d'une ferme de charpente d'un édifice terrestre s'oppose, fondamentalement, l'évolution de la figure courbe et de la structure de la charpente transversale, les membrures, d'un bateau.

Pour illustrer schématiquement la spécificité de la charpente navale, il suffit de s'arrêter sur la question des contraintes mécaniques en environnement maritime[10]. Celles-ci s'exercent pour une part dans le plan transversal de la coque en fonction, par exemple, des pressions se manifestant sur les flancs du bateau sous l'effet des vagues, du vent, de la gîte..., qui se traduisent par des phénomènes de déformations dissymétriques de la structure architecturale interne (les membrures spécialement) ainsi que du revêtement externe (le bordé) et interne (le vaigrage, les serres...) engendrant des phénomènes de tension et de compression. Pour une autre part, les contraintes mécaniques portent dans le plan longitudinal du bateau. En situation statique, la coque, qui, dans le contexte maritime, forme rarement un volume régulier et équilibré sur toute sa longueur (différences de volume entre la partie centrale et les extrémités), est le lieu d'efforts, résultant de poids et de poussées[11] décalés et de directions opposées qui se concrétisent, notamment, par des couples transversaux de cisaillement sur la longueur de la coque. En situation dynamique, et sous l'effet du mouvement de la mer principalement, la structure longitudinale de la coque, dont la quille et les galbords sont assimilables à une sorte de structure en « poutre creuse », est le lieu de contraintes de force variée localisées en différents points de sa longueur se traduisant par des flexions d'intensités variables en autant de lieux géométriques de déformations dissymétriques. Si celles-ci concernent d'abord la structure longitudinale des fonds de la coque, les œuvres vives, elles

---

10   En milieu fluvial, en revanche, les conditions nautiques sont différentes. Les vagues sont très atténuées et n'affectent guère la structure du bateau. Les contraintes sont d'une autre nature. C'est le cas, par exemple, de la profondeur généralement réduite et variable selon les secteurs de navigation et les périodes de l'année qui induit de fréquents échouages et donc d'autres formes de contraintes mécaniques que celles exercées par les vagues. En outre, le principe de conception des bateaux fluviaux est fréquemment de type « sur sole » et s'inscrit dans une autre logique architecturale que celle des unités de mer reposant plus généralement sur un principe de conception « sur quille », en référence à une charpente axiale (quille, étrave, étambot) continue.

11   Est-il besoin de rappeler que le poids de la coque se traduit par une force verticale s'exerçant du haut vers le bas alors que la poussée de l'eau sur le volume immergé de la coque, la fameuse poussée d'Archimède, conduit à une force verticale de direction opposée, du bas vers le haut.

s'appliquent aussi sur la structure architecturale interne (transversale et longitudinale) ainsi que sur l'enveloppe ligneuse externe dans la mesure où l'architecture d'une coque constitue, est-il besoin de le souligner, un ensemble homogène dont chaque élément est interdépendant et agit l'un sur l'autre. Au niveau de la structure en « poutre creuse », les déformations s'expriment principalement en termes de flexions courbes concaves (phénomènes d'arc) ou convexes (phénomènes de contre-arc). Au niveau du revêtement externe, c'est-à-dire du bordé, les déformations dans le plan longitudinal se traduisent, en cas d'arc de la structure « en poutre creuse » quille/galbords par exemple, en termes de compression des bordages de la partie inférieure et de tension des bordages de la partie supérieure du bordé conduisant à un resserrement des coutures entre les bordages en cas de tension et, à l'inverse, d'ouverture des joints en cas de compression des bordages. Dans le cas opposé, celui du contre-arc, les efforts de tension et de compression auxquels sont soumis les bordages se trouvent, en toute logique mécanique, inversés[12].

Retrouver à travers l'étude d'une épave, vestiges souvent partiels et déformés d'une architecture, l'histoire de ces contraintes reposant sur des notions techniques fait partie de l'étude archéologique. Au regard de cette dimension technique du questionnement archéologique, dont le problème des contraintes mécaniques et la façon à laquelle répond la structure architecturale d'une épave ne représente qu'un volet parmi d'autres, les outils conceptuels et méthodologiques élaborés par les historiens des techniques constituent des repères d'intérêt majeur.

S'inspirant de la pensée de B. Gille, on peut de la sorte décomposer l'objet archéologique « bateau » en une suite de composants particuliers et interdépendants selon des matériaux, des formes, des dimensions, des proportions… variables dans le temps et dans l'espace. Dans cette perspective, c'est la notion de « complexe technique[13] » qui semblerait le mieux s'appliquer à une définition du bateau comme architecture et machine. Arrêtons-nous sur l'architecture. La quille peut par exemple constituer une « structure » primaire. En relation avec les « structures » de l'étrave et de l'étambot, elle forme dès lors un premier « ensemble

---

12 Il est bien évident que la réalité technique de ces phénomènes de contraintes mécaniques exercés sur la structure de la coque est beaucoup plus complexe que ne le laissent supposer ces quelques lignes qui ne se confondent en aucun cas avec des règles de mécanique des matériaux et des structures d'un manuel d'architecture navale.

13 B. Gille, ouvr. cité, 1978, p. 12-16 en particulier.

technique » précisément identifiable et définissable, celui de la charpente axiale qui, inscrit dans une chronologie et une géographie déterminées, devient un « ensemble technique » historicisé. Une autre « structure » primaire peut être une membrure dont la somme, suivant des combinaisons variées, aboutit à « l'ensemble technique » des membrures caractérisant la base de la charpente transversale. L'association des membrures, comme « ensemble technique », avec ceux de la charpente axiale (quille/étrave/ étambot), du bordé, du vaigrage, des serres, du barrotage… forment une « suite d'ensembles techniques » aboutissant à la réalisation de la « filière technique » du bateau comme structure architecturale. Viennent s'ajouter les autres « filières techniques » que sont les systèmes mécaniques de propulsion et de direction. Au terme des processus techniques variés mis en œuvre, c'est sous une forme comparable à celle d'un « complexe technique » que semble pouvoir être défini le bateau.

Ce « complexe technique » du bateau est en réalité d'abord un « complexe technique » de l'épave, c'est-à-dire un « complexe technique » partiel, plus ou moins bien préservé, auquel manquent la plupart du temps les dispositifs mécaniques de propulsion et de direction. Tout le processus de recherche engagé va donc tendre à restituer l'intégralité du « complexe technique » avec, inévitablement une part plus ou moins importante d'hypothèses, et d'essayer de retrouver le bateau originel à partir de l'épave. En d'autres termes, il s'agira de tenter de restituer la chaîne opératoire portant sur la conception et la construction du bateau qui, d'un point de vue méthodologique, se composent de deux grands ensembles, ceux du « penser » et du « faire[14] ». Avant de revenir sur ces deux temps majeurs de la chaîne opératoire, un autre aspect est à considérer. Le « complexe technique » du bateau renvoie, en effet, à un faisceau d'ensembles de faits d'histoire d'ordre technique mais aussi environnementaux, économiques, sociaux, culturels. Un cas significatif est celui de « l'ensemble technique » des membrures. Dans le cadre de la construction d'un bâtiment de mer, cet « ensemble technique » des membrures repose sur l'emploi de bois courbes qui, selon la position de la « structure » membrure, doivent posséder une courbure naturelle

---

14   Pour une première approche générale, *cf.* : P. Pomey, É. Rieth, *L'archéologie navale*, Paris, Éditions Errance, 2005, p. 13-46 ; *cf.* aussi : É. Rieth, *Navires et construction navale au Moyen Age. Archéologie nautique de la Baltique à la Méditerranée*, Paris, Éditions Picard, 2016, p. 35-55.

plus ou moins prononcé. Les courbes de fil issues de fortes branches provenant de bois de chêne constituent des ressources naturelles relativement limitées s'agissant notamment des bois destinés à la réalisation des membrures des navires de guerre de l'époque moderne. « L'ensemble technique » des membrures ne peut dès lors se comprendre en termes d'histoire et d'archéologie des techniques qu'en relation avec le problème de la nature du circuit d'approvisionnement du chantier naval qui, en toute logique, renvoie à la question de l'environnement forestier, de sa gestion, de sa juridiction. Cet « ensemble technique » des membrures est assemblé à celui du bordé soit par des chevilles en bois, les gournables, soit par des clous en fer, soit encore par des clous et des gournables. Les configurations sont variées. Dans le cas de l'assemblage membrures/ bordé par clouage est posée la question en amont de l'acquisition de la matière première, le minerai de fer, celle des techniques de production métallurgique, celle du mode de production socio-économique ou encore celle du circuit d'approvisionnement du chantier naval en clous, parfois par milliers... Cette même ouverture du champ de la technique à ceux de l'environnement, de l'économie, de l'administration se retrouve à tous les niveaux du « complexe technique » du bateau. Dans ces conditions, c'est non seulement en tant que « complexe technique » que l'étude du sujet bateau est à envisager mais également et plus globalement comme « système technique » au sens défini par B. Gille « ... [d'ensemble] de cohérences aux différents niveaux de toutes les structures, de tous les ensembles, de toutes les filières[15] ».

L'approche théorique du bateau n'est pas isolée dans le discours archéologique même si elle demeure très minoritaire. On la retrouve exprimée récemment, par exemple, dans la pensée de Jonathan Adams fortement inspirée, en l'occurrence, de celle de Keith Muckelroy et de son ouvrage phare déjà cité à propos de l'archéologie sous-marine *Maritime Archaeology*[16]. J. Adams, dans son livre *A Maritime Archaeology of Ships*[17], envisage à travers sa culture d'archéologue, notamment influencée par *la New Archaeology* anglo-saxonne, et sa manière de s'exprimer, mais dans une perspective assez proche de celle que nous avons évoquée, les bateaux

---

15 B. Gille, ouvr. cité, 1978, p. 19.
16 K. Muckelroy, ouvr. cité, 1978.
17 J. Adams, *A Maritime Archaeology of Ships. Innovation and Social Change in Medieval and Early Modern Europe*, Oxford, Oxbow Books, 2013

à la fois comme « objets et société[18] ». Dans une figure[19] très explicite, il décompose en sept cartouches sa double perception du bateau comme « objet et société » : « *purpose, technology, tradition, materials, economics, environment, ideology*[20] ». Les commentaires du diagramme renvoient implicitement à cette double définition du bateau inspirée de la pensée de B. Gille comme « complexe technique » et « système technique ». C'est bien, effet, une illustration d'un « système technique » que traduit le diagramme en sept bulles de J. Adams.

Une question que l'on pourrait se poser est celle de « l'utilité », terme à disposer entre de nécessaires guillemets, d'une telle réflexion théorique. La pratique de l'archéologie navale, au sens où nous l'avons définie, c'est-à-dire en référence à la fouille d'une épave et à l'analyse de données issues de cette opération scientifique de terrain, impliquerait-elle un tel souci de réflexion ? Tout cela ne relèverait-il pas, au fond, d'une sorte de verbiage théorisant et sans réel apport aux recherches en archéologie navale ?

De notre point de vue, la réponse à ces interrogations justifiées en l'occurrence est claire. Cet effort de conceptualisation de la pensée archéologique est nécessaire à deux niveaux principaux : ceux de la définition des objectifs de la fouille d'une épave, d'une part, et de l'interprétation des données recueillies d'autre part. Certes, une fouille peut être parfaitement conduite sur le plan des méthodes et des techniques sans tenir compte de cet appareil conceptuel. Dans une perspective de vouloir documenter le moindre détail architectural, par exemple, un enregistrement systématique de tous les points de clouage des membrures au bordé ou encore de la forme de tous les joints entre les bordages peut être effectué. Ce travail d'enregistrement peut aboutir effectivement à la constitution d'une documentation importante et précise débouchant sur une description très minutieuse des données enregistrées. Pour autant, cette description ne se confondra pas avec une interprétation des données en termes d'histoire des techniques de l'architecture navale qui implique

---

18   *Ibid.*, p. 22-32.
19   *Ibid.*, p. 23. J. Adams légende ainsi son diagramme : « *Interrelated constraints on the form, structural characteristics, appearance and use of watercraft. An alternative caption à la Magritte might be : This is not a model ! Although it is similar in appearance to various systemic models and although geometric black lines on white paper imply rigidity and certainty, the diagram represents infinite fluidity* ».
20   C'est l'ordre des thèmes développés dans le texte qui est différent de celui de la figure.

de recourir à des concepts aussi essentiels que ceux de « complexe technique » et de « système technique ».

Derrière ces interrogations se dessinent en fait deux positions présentes dans la communauté archéologique : l'une qui privilégie plutôt la dimension techniciste de l'étude d'une épave et l'autre qui, sans pour autant négliger cette nécessaire approche, considère comme un préalable indispensable à l'étude d'une épave une approche fondée sur un cadre théorique. Dans tous les cas, ce débat est révélateur, nous semble-t-il, d'une accession de l'archéologie navale au champ d'une discipline historique qui, désormais, est engagée sur la voie d'une pleine maturité scientifique. De la même façon que l'histoire médiévale ou contemporaine a été et est toujours l'objet de réflexions méthodologiques et conceptuelles, parfois créatrices de courants intellectuels, de débats parfois contradictoires ou même d'écoles de pensée particulières, l'archéologie navale peut l'être, voire même, doit l'être. C'est là, faut-il encore le rappeler, le signe d'une accession d'un domaine de recherche longtemps considéré comme mineur au rang de discipline scientifique. Sans doute certains archéologues et historiens des techniques ne seront-ils pas d'accord, par exemple, sur nos définitions de « complexe technique » et de « système technique », les critiqueront-ils, les remettront-ils peut-être en question. Pourquoi pas. Ce sera dans tous les cas l'indice qu'un débat scientifique sur ces sujets peut exister. C'est là l'essentiel.

AUTOUR DU « PENSER »
ET DU « FAIRE » LES BATEAUX

Des définitions, des concepts

Un bateau, quels que soient ses dimensions, sa structure, ses moyens de propulsion, sa fonction, son espace de navigation… est toujours la résultante immatérielle et matérielle de deux moments, ceux du « penser » et du « faire ». Ces deux moments, décalés ou au contraire simultanés dans le temps de la production du bateau comme architecture et machine, sont toujours présents à des échelles de complexité certes bien différentes selon qu'ils concernent une pirogue monoxyle de 4 à 5 m de long destinée à naviguer sur une rivière ou un navire marchand capable de transporter une cargaison de plusieurs centaines de tonnes sur l'océan. Ce sont quelques définitions et concepts propres à ces deux moments et choisis en fonction de leur représentativité dans la pensée archéologique que l'on voudrait examiner sans aucune ambition d'exhaustivité.

« Penser » un bateau : c'est bien évidemment la phase préliminaire de la conception du projet architectural qui, méthodologiquement, peut se décliner en une conception structurale du bateau et, plus spécifiquement de sa coque comme architecture et en une conception géométrique des formes de celle-ci. Toute la difficulté est de restituer à partir des sources archéologiques, en relation selon les périodes et les contextes de production considérés, avec les sources écrites et graphiques, un processus qui, pour une part, relève du domaine de l'immatériel et qui, par ailleurs, peut être extrêmement complexe.

Conception structurale : elle dépend de la culture technique du concepteur. Celle-ci est de nature très variable selon que le concepteur se confond avec le maître-charpentier dans le cadre d'un chantier naval artisanal[1] ou au contraire que, sous les appellations diverses de maître-constructeur, d'ingénieur-constructeur ou d'architecte naval et dans le

---

1 Que le chantier naval soit antique, médiéval, moderne ou contemporain.

contexte économique d'un chantier d'État ou d'un chantier industriel privé, le concepteur se trouve professionnellement distinct du maître-charpentier. Dans les deux cas de figure, cette conception structurale de la coque, réponse architecturale à une commande privée ou d'État, civile ou militaire, artisanale ou industrielle… renvoie à un « complexe technique » du bateau déterminé relevant d'un principe de conception « sur bordé », « sur membrure », « sur sole » si l'on s'en tient aux trois grands principes de conception liés à une structure de type intégralement assemblé, distincte de celle de type monoxyle-assemblé ou monoxyle. Notons au passage que ces trois dernières expressions relèvent d'un « vocabulaire de spécialité » propre à l'archéologie navale. Il en est de même de l'expression de principe de conception sur laquelle nous reviendrons dans un instant.

Conception des formes : elle s'entend comme une conception géométrique du volume de la coque qui, très logiquement, se matérialise en termes de dimensions et de proportions longitudinales et transversales quel que soit le principe de conception envisagé et le type de structure considéré. Les dimensions qualifiables de « sensibles » sur le plan géométrique sont en particulier la longueur hors-tout, la longueur de quille ou de sole, la plus grande largeur, le creux, la hauteur des extrémités… Les proportions les plus déterminantes, quant à elles, sont notamment le rapport d'allongement (rapport entre la plus grande largeur et la longueur hors-tout), le rapport de profondeur (rapport entre le creux et la plus grande largeur.

Cette conception structurale et cette conception géométrique des formes de la coque déterminent le principe de conception qui est l'un des deux concepts fondamentaux intervenant dans le processus de restitution du « complexe technique » du bateau. Ce concept méthodologique de principe de conception, comme celui de méthode de construction auquel il est intrinsèquement lié, a été formalisé par Patrice Pomey[2] dans le contexte de l'histoire de l'architecture navale antique méditerranéenne[3] dans le prolongement des études de l'historien

---

2   Pour P. Pomey, cette distinction fondamentale entre principe et méthode s'inscrit dans le cadre d'une méthode d'analyse des données archéologiques.

3   P. Pomey, « Principes et méthodes de construction en architecture navale antique », dans *Navires et commerces de la Méditerranée antique, Hommage à Jean Rougé, Cahiers d'Histoire*, XXXIII, 3,4, 1988, p. 397–412 ; *id.*, « Shell Conception and Skeleton Process in Ancient

Lionel Casson des années 1960[4]. Mais avant de passer dans le vocabulaire de l'archéologie navale, ce concept de principe se trouvait en
réalité déjà présent dans le vocabulaire de l'ethnologue Olol Hasslöf.
Comme nous l'avons mentionné précédemment à propos du rôle joué
par la « tradition vivante » dans « l'école scandinave d'archéologie
navale », O. Hasslöf, à travers ses enquêtes ethnographiques en Norvège
notamment, a mis en évidence la notion de principe de conception
sous le terme de « *concept* » en la distinguant explicitement de celle
de procédé ou de méthode de construction qu'il désigne par le mot
de « *method*[5] ». Une distinction similaire se retrouve aussi dans le vocabulaire de l'archéologue O. Crumlin-Pedersen. Évoquant les racines de
l'architecture à clin de tradition nordique dans l'architecture monoxyle
expansée, il écrit ainsi que

> ... *there is reason to claim that the concept of shape and internal structure of tradi-
> tional Nordic boats from the Iron Age and until today is based on experience with
> the expansion technique*[6].

Mediterranean Shipbuilding », dans C. Westerdahl (ed.), *Crossroads in Ancient Shipbuilding.*
Proceedings of the Sixth International Symposium on Boat and Ship Archaeology, Roskilde 1991,
Oxford, Oxbow Books (Oxbow Monograph 40), 1994, p. 125–130 ; *id.*, « Conception et
réalisation des navires dans l'Antiquité méditerranéenne », dans É. Rieth (dir.), *Concevoir et
construire les navires*, Ramonville Saint-Agne, 1998 (*Technologies, Idéologies, Pratiques*, 13, 1),
p. 49-72 ; *id.*, « Principles and Methods of Construction in Ancient Naval Architecture »,
dans F. M. Hocker, C. A. Ward (éd.), *The Philosophy of Shipbuilding : Conceptual Approaches
to the Study of Wooden Ship*, College Station, TX, Texas A&M university Press, 2004,
p. 25-36. Nous avons fait appel à ces concepts de principe et de méthode dans le contexte
de l'histoire de l'architecture navale moderne. *Cf.* É. Rieth, « Principe de construction
charpente première et procédés de construction bordé premier au XVIIe siècle », *Neptunia*,
153, 1984, p. 21-31

4   L. Casson, « Ancient Shipbuiliding : New Light on Old Source », *Transactions of the
    American Philological Association*, 44, 1963, p. 28-33 ; *id.*, « New Light on Ancient Rigging
    and Boatbuilding », *American Neptune*, 24, 1964, p. 81-94.

5   O. Hasslöf, « Main Principle in the Technology of Shipbuilding », dans O. Hasslöf,
    H. Henningsen, A. E. Christensen (éd.), *Ships and Shipyards, Sailors and Fishermen.
    Introduction to maritime ethnology*, Copenhague, Copenhagen University Press, 1972,
    p. 27-72, p. 46-47. Ce chapitre est une synthèse d'articles antérieurs de l'auteur dont le
    plus ancien remonte à 1958 : « Carvel Construction Technique, Nature and Origin »,
    Folkliv, 21-22, 1958, p. 49-60.

6   O. Crumlin-Pedersen, *Archaeology and the Sea in Scandinavia and Britain. A personal
    account*, Roskilde, 2010 (Maritime Culture of the North 3), p. 65. L'étude initiale a été
    publiée par O. Crumlin-Pedersen en 1972, « Skin or wood ? A Study of the Origin of
    the Scandinavian Plank-Boat », dans O. Hasslöf, H. Henningsen, A. E. Christensen (éd.),
    ouvr. cité, 1972, p. 208-234.

La notion de conception au double plan morphologique et structural apparaît bien distincte de la méthode de construction à savoir celle de l'expansion d'une coque monoxyle.

Pour souligner l'importance de ce concept de principe de conception dans le processus d'analyse d'une épave, une distinction essentielle à considérer est celle entre principe de construction « sur quille » et principe de construction « sur sole ».

Le premier renvoie à une architecture reposant sur une structure axiale constituée par un ensemble continu et en ligne de trois principaux éléments formés par la quille prolongée sur l'avant par l'étrave et sur l'arrière par l'étambot. Cet « ensemble technique », dont l'élément primaire formé par la quille est comparable à une « poutre », possède d'abord une fonction structurale de support de la charpente transversale et du bordé, de la première virure inférieure, le galbord, jusqu'à la dernière virure supérieure du flanc précédant le plat-bord. Dans une construction « sur quille », il existe une continuité de conception et de construction entre les fonds de la coque et les flancs. Au sein de « l'ensemble technique » quille/étrave/étambot, la quille possède une double fonction : celles d'un plan anti-dérive agissant sur les capacités nautiques du bateau, d'une part, et d'axe de symétrie intervenant dans la conception géométrique des formes de la coque, d'autre part. Enfin, au sein de « l'ensemble technique » de la charpente axiale, la quille tient un rôle important dans la définition de l'esquisse dimensionnelle de la coque en termes techniques et aussi juridiques. À l'époque moderne en particulier, les devis de construction de navires de commerce notamment font souvent référence à la « longueur de quille portant sur terre ». Il s'agit alors d'une dimension contractuelle entre le commanditaire et le constructeur mais qui, en outre, sert de référence technique comme échelle de proportions pour définir d'autres valeurs dimensionnelles.

Fig. 51 – Charpente longitudinale primaire d'une construction
« sur quille » formée par l'ensemble continu et aligné quille /étrave
(à gauche) /étambot (à droite). Détail d'une gravure
de Sieuwert van der Meulen (1663-1730).

Le principe de construction « sur sole », quant à lui, se réfère à une
architecture dont la structure de base n'est pas constituée par « l'ensemble
technique » d'une charpente axiale », mais par celui d'une structure plane,
en forme de fuseau plus ou moins allongé dans le cas des bateaux de
mer, et dont les virures, comme « structures », constituent « l'ensemble
technique » de la sole qui a sa propre logique architecturale. Cette sole,
qui ne se confond pas avec le fond plat d'une coque bâtie « sur quille »,
représente le fondement conceptuel et structural de la construction.
Dans le processus de définition des formes de la carène, la géométrie de
la sole, relativement simple dans le cas d'une sole intégralement plate,
plus complexe dans le cas d'une sole « évolutive/partielle », a une fonction
déterminante. À la différence de l'architecture de principe « sur quille »
où le bordé des fonds et des flancs s'inscrit dans une solution de continuité
et forme un même « ensemble technique », dans l'architecture de principe « sur sole », la sole et les flancs constituent sur le plan conceptuel,
et aussi structural, deux « ensembles techniques » distincts.

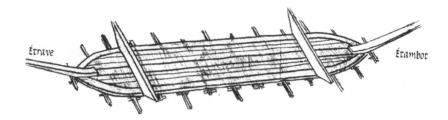

Fig. 52 – Construction « sur sole » : le fond de la coque
(ici « l'hypothèse architecturale » du « scute de Savonnières »,
bateau présumé traditionnel de Loire) est constitué d'un ensemble
de virures disposées à franc-bord formant une surface plane qui sert
de référence à la conception géométrique de la coque (Dessin : F. Beaudouin).

Ces deux grands principes « sur sole » et « sur quille » se déclinent en une série de définitions. Considérons à titre d'illustration l'exemple du principe de conception « sur quille ». À la lumière des recherches en archéologie navale, deux grands principes de conception des formes et de structure « sur quille » ont été identifiés.

Principe de conception « sur bordé » : il s'agit d'une conception de la coque qualifiée aussi, selon une expression forgée par P. Pomey[7] de « conception longitudinale sur bordé[8] » dans laquelle le bordé sert de référence géométrique au niveau des formes de la coque mais intervient d'une façon aussi déterminante dans la structure de la coque. L'expression anglaise de « *plank-oriented* », beaucoup plus encore que celle anciennement utilisée par les archéologues de « *shell construction* » ou de « *shell-built* » traduite en français par « construction en coquille », exprime très explicitement la dimension géométrique du principe longitudinal « sur bordé ». Notons que le qualificatif anglais de « *shell* » tend à introduire une certaine confusion entre principe et méthode dans la mesure où il semblerait plus traduire la phase de construction du bordé que celle de conception de celui-ci.

Dans tous les cas, à la conception des formes se superpose celle de la structure qui est définie comme un principe de construction « sur

---

7   P. Pomey, art. cité, 1998, p. 69.

8   J. R. Steffy, quant à lui, évoquait en 1995 la notion de « *longitudinal perspective* » : *Cf.* J. R. Steffy, « Ancient Scantlings : The Projection and Control of Mediterranean Hull Shapes », *Tropis*, III, 1995, Hellenic Institute for the Preservation of Nautical Tradition, Athènes, p. 417-428, p. 419.

bordé ». Là encore, l'expression anglaise de « *shell-first* » illustre bien cette dimension architecturale en accordant au bordé une fonction structurale première. Ce principe « sur bordé » est caractéristique de l'histoire de l'architecture navale antique méditerranéenne où il est attesté par les sources archéologiques depuis l'Age du Bronze (vers 1400-1300 avant J. C. avec l'épave d'Uluburun en Turquie) jusqu'au Ve siècle ap. J.-C. En Europe du Nord, sous une forme architecturale très différente, celle du clin, le principe « sur bordé » est attesté par les données archéologiques à partir de l'époque pré-viking et se maintiendra dans les chantiers navals vernaculaires de la Norvège tout particulièrement jusque dans la première moitié du XXe siècle.

À l'inverse du principe « sur bordé » est celui dit « sur membrure ». Il signifie que la conception structurale et morphologique de la coque prend appui sur une perspective géométrique « transversale » de la coque dans laquelle la charpente transversale, c'est-à-dire les membrures ou plus fréquemment quelques-unes d'entre elles, sont prédéterminées et détiennent une fonction conceptuelle et structurale « active », selon une notion définie par Lucien Basch sur laquelle nous reviendrons. Inversement, le bordé occupe une position « passive ». Les plus anciennes attestations archéologiques de ce principe architectural à franc-bord datent de la fin du Ve siècle ap. J.-C. dans le contexte de la Méditerranée orientale avant de s'étendre à la fin du Moyen Age au-delà du bassin méditerranéen. Il est intéressant de noter que la langue anglaise a introduit une certaine variation de ce concept de principe « sur membrure » qui ne relève pas seulement de la forme mais aussi du fond. L'équivalent de principe « sur membrure » est à l'origine celui de « *skeleton construction* » qui a été traduit en français par l'expression, guère employée à présent même si elle est très imagée, de « construction sur squelette ». Par la suite, d'autres expressions ont été élaborées dont celles de « *frame-first* » ou de « *frame-orientated* », cette seconde étant la plus proche nous semble-t-il de celle de principe longitudinal « sur membrure ».

Examinons à présent la notion de méthode ou de procédé de construction qui correspond à l'étape du « faire » le bateau, matérialisation de la phase de définition du projet architectural. Il est bien évident que cette phase, en quelque sorte incarnée du « penser » le bateau qui se traduit par une mise en œuvre de sa construction dans le chantier naval, est la plus facilement accessible et la plus aisée à identifier et à documenter à partir des données archéologiques. Dans le cadre d'une conception « sur quille » et en référence aux deux principaux principes considérés, longitudinal « sur bordé » ou transversal « sur membrure », la méthode peut être de type soit « bordé premier » ou « *plank-based* », soit « membrure première » ou « *frame-based* », et se traduire, de la pose de la première pièce de charpente après son débitage et son façonnage jusqu'à la réalisation et l'assemblage de la dernière pièce, après des dizaines, voire des centaines d'autres, en une suite ordonnée de « phases, opérations, actes, gestes[9]... » techniques, qui contribue à la réalisation du bateau. Chaque moment technique, certains simples comme la mise en place et l'assemblage d'une varangue sur la quille, d'autres plus compliqués comme la réalisation de la râblure de la quille dont le tracé peut évoluer d'une extrémité à l'autre de la quille ou encore le brochetage d'un bordage, participe de la logique de la chaîne opératoire spécifique à une méthode de construction.

---

9   Suivant le vocabulaire définissant une chaîne opératoire.

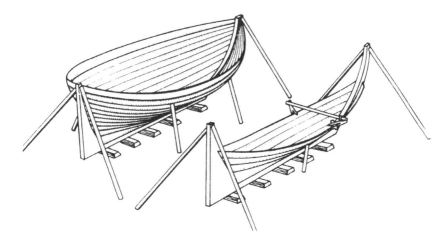

FIG. 53 – Deux phases de la chaîne opératoire de la construction
à clin d'une coque d'un bateau traditionnel suédois selon un principe
de conception longitudinale « sur bordé » et une méthode « bordé premier ».
Les virures sont assemblées sans le support d'éléments transversaux
intérieurs (gabarits ou membrures). Le bordé achevé (à gauche),
aucune membrure n'est encore introduite. À ce stade, l'expression
de « *shell construction* » est tout à fait adaptée (D. Ellmers,
Frühmittelalterliche Handelschiffahrt in Mittel-und Nordeuropa,
Neumünster, WachlotzVerlarg, 1984, fig. 130, p. 130,
d'après une photo de G. Timmermann).

Fig. 54 – Construction d'une embarcation traditionnelle
de pêche des îles Kerkenna, Tunisie. Sur la charpente axiale
quille/étrave/étambot, toutes les membrures ont été posées
et maintenues provisoirement par des lisses (Ph. É. Rieth : CNRS).

Il est bien certain que ces concepts de principe et de méthode tels
que nous venons de les évoquer en quelques phrases fournissent un
cadre conceptuel général et qu'ils ne traduisent pas toute la diversité
et la complexité des phénomènes historiques. Un exemple suffira à
illustrer cette question. Dans le cas d'une architecture de principe « sur
membrure », plusieurs cas de figure sont attestés tant dans les sources
archéologiques que dans celles écrites. C'est ainsi que seule la maîtresse-
section et éventuellement les deux sections de balancement avant et
arrière peuvent être géométriquement prédéfinies ou que l'ensemble des
sections transversales comprises entre les deux sections de balancement
peuvent être prédéterminées géométriquement. Dans le premier cas,
qui sous-entend une part de conception géométrique « longitudinale »,
l'expression de principe de conception « proto membrure » ne devrait-
elle pas être plutôt employée et celle de « sur membrure », au strict sens
des termes, ne devrait-elle pas être réservée au second cas de figure ?

Ajoutons une dernière remarque. Il existe dans la plupart des cas une adéquation, plus ou moins proche, entre un principe de conception et une méthode de construction. Mais, il peut parfois exister une différence marquée entre un principe de conception d'une coque et sa méthode de construction. Une illustration très significative de cette situation est fournie par les différences techniques de construction des chantiers navals de Hollande aux XVIe et XVIIe siècles et qui, sans doute, se rattachent à des pratiques médiévales[10]. Les navires de commerce et de guerre, dont la conception générale était de principe « membrure première », étaient bâtis dans les chantiers navals d'Amsterdam et de sa région selon une méthode « mixte », de type « bordé premier » pour les fonds et de type « membrure première » à partir du bouchain[11]. Quelques dizaines de kilomètres au Sud d'Amsterdam et à la même époque, les chantiers navals de même type faisaient appel à une méthode de construction différente pour des navires de principe « sur membrure » de même nature. Dans ce cas précis, mais on pourrait en citer d'autres, le recours aux concepts distincts de principe et de méthode a fourni des outils méthodologiques essentiels à la caractérisation des pratiques de conception et de construction entre les chantiers navals de la Hollande du Nord et du Sud.

En conclusion, « penser » et « faire » des bateaux sont des processus complexes, variés, qui ne se superposent pas nécessairement, et qu'il faut essayer de restituer non sans certaines difficultés et, toujours, avec prudence.

En relation directe avec ces deux notions fondamentales sur le plan méthodologique de principe et de méthode, d'autres concepts propres à l'archéologie navale occupent une position centrale. Ainsi en est-il de ceux de membrures « active » et « passive » élaborés par Lucien Basch dans un article de référence[12] publié dans le premier volume de la revue

---

10 N. Witsen, ouvr. cité, 1671. L'ouvrage a donné lieu à une édition critique de ses principaux chapitres. *Cf.* : A. J. Hoving, ouvr. cité, 2012.

11 É. Rieth, art. cité, 1984.

12 L. Basch, « Ancient wrecks and the archaeology of ships », *The International Journal of Nautical Archaeology*, 1, 1972, p. 1-58, p. 34-36 en particulier pour la question des membrures « actives » et « passives ». Rappelons ici que Lucien Basch (1930-2018) a profondément marqué l'histoire de l'archéologie navale antique méditerranéenne à travers, notamment, ses nombreuses publications reposant sur sa connaissance exceptionnelle de l'iconographie et des sources écrites antiques. Il est l'auteur d'un ouvrage considéré

International Journal of Nautical Archaeology déjà mentionnée qui a joué, et joue toujours, un rôle de porte-parole scientifique international de la discipline.

Cette distinction entre membrures « active » et passive » est à envisager pour L. Basch en relation avec les deux fonctions d'un gabarit dans une architecture de principe « sur membrure » : une fonction théorique de guide pour définir les formes de la coque et une fonction matérielle de support du bordé durant son élévation[13].

Dans le cadre d'une architecture de principe (forme et structure) « sur membrure », les membrures ou une partie d'entre-elles, selon les contextes géo-historique et la chronologie, détiennent selon L. Basch une fonction « active » sur le double plan de la conception des formes et de la structure de la coque. Au niveau du principe architectural, les membrures prédéfinies à partir d'un ou de plusieurs gabarits sont effectivement « actives » dans le sens où elles participent de cette perspective géométrique « transversale » des formes. Et en cours de la construction, au plan par conséquent de la méthode ou des procédés de construction, elles agissent comme des supports transversaux internes servant à la mise en place et au ployage des bordages suivant les formes transversales prédéterminées de la coque. À l'inverse, dans le cadre d'une architecture de principe (forme et structure) « sur bordé », les membrures occupent en toute cohérence une place « passive » tant au plan conceptuel que structural. Il est bien évident que cette distinction ne doit pas être envisagée comme des concepts figés mais susceptibles d'être relativisés et adaptés aux complexités et diversités architecturales mises en lumière par les sources archéologiques. Elles doivent être comprises comme un support théorique à l'analyse de ces complexités et réalités architecturales.

---

comme la référence incontournable en matière d'iconographie antique : *Le Musée Imaginaire de la Marine Antique*, Institut hellénique pour la préservation de la tradition nautique, Athènes, 1987. L'ouvrage comporte 1136 illustrations (photographies et dessins).

13 Notons que L. Basch a introduit son analyse sur la fonction « active » et « passive » des membrures en rappelant qu'elle renvoie en fait à une question posée dès 1948 par Pierre Paris à savoir si ce sont les membrures (ou les gabarits provisoires) qui dictent la forme au bordé ou si, au contraire, c'est le bordé qui détermine la forme des membrures, une anticipation des concepts de principe « sur membrure » ou « sur bordé » *Cf.* P. Paris, « Discussion et données complémentaires à propos de l'ouvrage de M. J. Hornell : Water Transport, origins and early evolution », *Mededelingen van het Rijksmuseum voor Volkenkunde*, 3, 1948, p. 27.

Dans le prolongement des concepts de membrures « actives » et « passives » doit être examiné celui de « gabarit immatériel » ou de « gabarit mental » dont l'élaboration est liée aux recherches sur l'architecture navale à clin nordique. À l'évocation de celle-ci, il est fréquent de lire que le bordé à clin était intégralement élevé sans le support de membrures « actives » ou de gabarits, selon un pur principe architectural « sur bordé » qui reposerait essentiellement sur « l'art et le coup d'œil » des charpentiers de marine. Des études récentes menées au Danemark ont quelque peu relativisée cette vision traditionnelle de la construction à clin.

L'analyse de l'épave du XIᵉ siècle du caboteur de Skuldelev 3 conduite par Ole Crumlin-Pedersen a mis en évidence un pré-façonnage de l'étrave antérieur à la mise en chantier du bateau[14]. Cette étrave est à rapprocher de la découverte dans un marais de l'île d'Eigg (Hébrides), d'une étrave morphologiquement similaire à celle de Skuldelev 3. Cette pièce de la charpente axiale de l'île d'Eigg ne possède aucune trace d'assemblage, indice archéologique évident qu'elle n'avait pas été utilisée et qu'elle avait été stockée et conservée en milieu humide dans l'attente d'une future construction. Selon l'interprétation de O. Crumlin-Pedersen, cette étrave pré-façonnée signifie, d'une part, que le charpentier/constructeur devait en toute logique connaître à l'avance le nombre de virures, leur forme, la façon dont elles se terminaient sur la pièce d'extrémité et, d'autre part, que la conception de principe « longitudinal sur bordé » du futur bateau à clin ne s'élaborait pas sur le chantier au fur et à mesure de la construction, mais répondait à ce que l'on pourrait assimiler à un « schéma géométrique directeur » pré-établi des formes et du plan du bordé à clin. Pour l'archéologue danois O. Crumlin-Pedersen, le meilleur spécialiste de l'archéologie navale scandinave, ce type d'étrave pré-façonnée implique que le maître-charpentier devait travailler à partir d'un gabarit immatériel/mental, « *a mental-template* » selon son expression, c'est-à-dire à partir d'une représentation purement mentale de la taille, de la structure mais aussi du détail des lignes et des formes du futur bateau[15]. En d'autres termes, l'étrave pré-façonnée semblerait révélatrice d'un processus de conception architecturale beaucoup plus global affectant l'ensemble de la coque.

---

14 O. Crumlin-Pedersen, O. Olsen (éd.), ouvr. cité, 2002, p. 235-239 plus particulièrement.
15 *Ibid.*, p. 231.

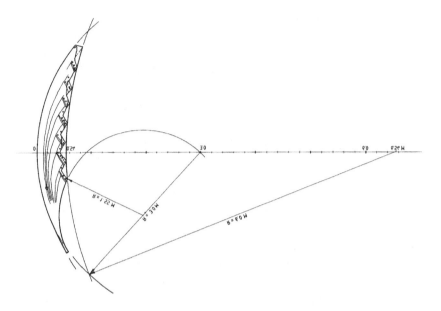

FIG. 55 – Restitution du gabarit « mental » de l'étrave
du caboteur viking du XIᵉ siècle de Skuldelev 3, Danemark,
basée sur trois arcs de cercle de rayon différent proportionnel
à la longueur de la quille (O. Crumlin-Pedersen, O. Olsen,
The Skuldelev Ships, I, Roskilde, The Viking Ship Museum, 2002
(*Ships and Boats of the North*, vol. 4.1), p. 237).

Dans ce « schéma géométrique directeur » préétabli des formes et du
plan du bordé à clin sous forme de « gabarit immatériel/mental », l'une
des questions qui se pose est celle du processus conduisant à passer de
l'ensemble de règles et de normes non écrites constitutif de la culture
technique du constructeur scandinave et participant à la construction
de ce « gabarit immatériel/mental » et à sa matérialisation sous la forme
d'un certain nombre de pièces de charpente dont l'étrave pré-façonnée.
Plusieurs hypothèses ont été formulées dont l'une des plus argumentées
est celle prenant appui sur l'étude de l'épave de Skuldelev 3. L'analyse
très précise de l'archéologue, mais aussi architecte naval de formation,
O. Crumlin-Pedersen, a montré que le contour général externe et interne
de l'étrave pourrait reposer sur une construction géométrique simple
basée sur trois arcs de cercle, l'un de 3 m de rayon définissant le contour

externe de l'étrave, l'autre de 6 m déterminant le tracé de l'arc interne passant par l'extrémité supérieure des sept entailles des faces latérales de l'étrave et un dernier arc de 1,55 m de rayon définissant la courbe interne de la partie supérieure de l'étrave. Il semblerait ainsi que, d'une part, les rayons des arcs de cercle suivraient une progression simple et que, d'autre part, les rayons correspondraient sensiblement aux 2/3, 1/3 et 1/6 de la longueur totale de la quille de 9 m qui représenterait, par conséquent, la référence dimensionnelle de base.

Suivant la logique d'une architecture à clin de principe « sur bordé », la charpente axiale formée par la quille, l'étrave et l'étambot, semblerait représenter l'assise de la conception d'ensemble de la coque et de ce supposé « schéma géométrique directeur ». À partir de la longueur de la quille servant d'étalon dimensionnel seraient donc déterminés, selon des règles de proportions élémentaires, les rayons des arcs de cercle et la position des centres définissant la figure externe et interne de l'étrave et, sans doute aussi, celle de l'étambot. Ces divers éléments, et d'autres qui échappent dans l'état actuel d'avancement des recherches aux données archéologiques, contribueraient à l'élaboration de ce « gabarit immatériel/mental » de la coque auquel fait référence O. Crumlin-Pedersen et qui représenterait la clef de voûte de la façon de « penser » un bateau à clin construit sur quille selon un principe longitudinal « sur bordé ».

Il n'est pas inintéressant d'observer que le concept de « gabarit immatériel/mental » ne semblerait pas seulement applicable au cas de l'architecture à clin de principe « sur bordé », mais aussi à d'autres types d'architecture navale. Un exemple particulièrement illustratif de ce concept est celui résultant d'une enquête ethnographique réalisée à Terre-Neuve en 1978-1979 par David Taylor[16]. Le contexte historique est très différent de celui auquel se réfère O. Crumlin-Pedersen. L'enquête ethnographique a été effectuée dans le cadre d'une architecture vernaculaire à franc-bord de principe « sur membrure » très différente donc de celle à clin de principe « sur bordé ». Pourtant, c'est une même notion de « gabarit immatériel/mental » qui est mise en avant en relation avec l'étrave, l'étambot, les membrures. En fonction d'un modèle architectural déterminé d'embarcation au niveau de ses formes, de sa structure, de ses dimensions, le charpentier va dans la forêt sélectionner sur pieds

---

16 D. A. Taylor, *Boat building in Winterton, Trinity Bay (Newfoundland)*, Ottawa, (Centre canadien d'études sur la culture traditionnelle, dossier n° 4), 1982.

les arbres susceptibles de fournir les principales pièces de charpente. Le choix des arbres à abattre est fonction d'une représentation purement mentale de la forme intégrale et particulière à chaque pièce de charpente. L'interprétation que donne D. Taylor à cette pratique technique observée dans ce village terre-neuvien de Winterton est intéressante par rapport à l'objet de l'enquête mais aussi comme modèle interprétatif pertinent de données archéologiques. D. Taylor écrit :

> *The mental patterns that boat builders use are contained in their cultural information : that inherited body of knowledge that provides them with the rules, reasons, methods and plans for living within their culture. In terms of boat building, over the years certain basic ideas concerning what is correct and what is incorrect have evolved in Winterton, just as similar, though distinctly different, ideas have developed in other communities. These localized cultural rules pertain to nearly all aspects of the design and construction of vessel, and it can be said that most builders endeavour to selects stems, sternposts, timbers and other boat parts that abide by the culturally prescribed ideals ; that fit the cultural context. During their life-times, builders obtain a sense of what is correct by observing the shapes of boats built in Winterton and by listening to the judgements as to their relative correctness which are handed down by other boat builders. Although it is very difficult to pin down precisely what shapes fit a particular cultural context, one way of studying what fit is... by looking at what does not fit*[17].

Ces propos de l'ethnologue D. Taylor fournissent de notre point de vue une remarquable leçon d'histoire sur la culture technique de ces charpentiers de marine terre-neuviens dont les différents repères culturels, par exemple la distinction entre « le correct » et « l'incorrect », sont en tous points applicables au cas des « anciens charpentiers de marine » de l'Antiquité ou du Moyen Age.

Pour clore ce chapitre consacré aux définitions et aux concepts, un dernier aspect est à examiner. Il concerne les notions de famille, modèle, unité dont les études d'ethno-histoire de François Beaudouin sur les batelleries fluviales vernaculaires fournissent des définitions. À propos des batelleries du bassin de la Garonne il note ainsi en référence à la distinction indispensable à faire entre les dimensions et les proportions d'un bateau :

> Étant donné que dans la plupart des 'familles' architecturales les 'unités' se déclinent en 'modèles' de tailles différentes, l'approche purement

---

17 *Ibid.*, p. 105.

dimensionnelle, pour utile qu'elle soit lorsqu'elle est accessible... reposant généralement sur une seule unité, n'est pertinente qu'à ce niveau secondaire. Le premier niveau, celui de la famille, qui englobe le second, se manifeste non pas dans des dimensions, mais dans une morphologie, c'est-à-dire dans des proportions et dans des formes communes au groupe qui constituent en quelque sorte le patrimoine 'générique' de la famille[18].

Les trois notions mentionnées d'unité, de modèle et de famille en relation avec des architectures navales vernaculaires du temps présent renvoient directement à la pensée archéologique en rapport avec des épaves, vestiges plus ou moins amputés d'architectures navales d'un passé plus ou moins lointain[19].

Niveau inférieur : celui de « l'unité architecturale », c'est-à-dire l'épave dont les caractéristiques enregistrées au cours de la fouille sont analysées et interprétées en termes d'architecture mais également en termes de mécanique, de complexe et de système techniques pour reprendre le vocabulaire décliné au début de cette septième partie.

Niveau intermédiaire : celui du « modèle » ou du « type architectural » composé d'un ensemble « d'unités architecturales » de fonctions similaires, comparables sur les plans du principe de conception et des méthodes de construction, relevant d'un même processus de production et associées à un même espace nautique. Au sein d'un « modèle » ou « type architectural », il peut exister des variables dont les plus sensibles sont d'ordre dimensionnel.

Niveau supérieur : celui de la « famille architecturale » qui, pour reprendre les mots de F. Beaudouin[20], renvoie à la « filiation historique » entre les différents « types architecturaux » apparentés sur les plans de la conception et de la construction par « la morphologie, la structure et les organes techniques ».

Un niveau supplémentaire semblerait pouvoir être pris en compte. C'est celui de la « tradition architecturale » dont l'archéologue Frederick Hocker a proposé une définition élargissant la profondeur historique en

---

18 F. Beaudouin, *Les bateaux garonnais. Essai de nautique fluviale (I)*, Conflans-Sainte-Honorine, 2000, (Les Cahiers du Musée de la Batellerie, 44), p. 37.
19 *Cf.* pour une première approche P. Pomey, É. Rieth, *L'archéologie navale*, Éditions Errance, Paris, 2005, p. 35.
20 F. Beaudouin, ouvr. cité, 2000, p. 14.

> *... implying a certain level of technological continuity and conservatism within a particular culture as well a substantial cultural or social component in the forces encouraging that continuity*[21].

Ces trois, voire quatre, niveaux de définition sont destinés avant tout à fournir un cadre méthodologique aux archéologues et sont à considérer comme des outils d'analyse et d'interprétation des données archéologiques susceptibles d'évolution ou même de remise en question au fil de l'avancée des recherches.

Considérons à titre d'illustration le cas de l'épave dite EP1-Canche localisée sur la commune de Beutin au fond du petit fleuve Canche à quelques kilomètres en amont du port d'Étaples-sur-Mer (Pas-de-Calais) et datée du milieu du XVe siècle[22]. L'épave EP1-Canche, conservée sur près de 10 m de long, constitue une « unité architecturale » dotée d'un ensemble de caractéristiques de forme, de structure, de matériaux déterminées et dont le principe architectural est de type « sur sole évolutive/partielle ». Le « modèle architectural » défini en fonction, notamment d'un espace nautique précis, en l'occurrence l'espace fluvio-maritime dit des « 3 baies » (Canche, Authie, Somme), est celui d'un caboteur fluvio-maritime inscrit dans une économie des transports par eau de caractère strictement régional. Au regard de « modèles architecturaux » de même nature localisés dans d'autres espaces nautiques régionaux de dimension fluvio-maritime (dont les Pays-Bas en particulier), celui de l'épave EP1-Cache se rattache à la « famille architecturale des cogues » dont elle constitue une lignée régionale. Remarquons que l'expression de « famille architecturale des cogues » se retrouve sous la forme anglaise de « *cog-like vessels* » que l'archéologue danois Ole Crumlin-Pedersen définit de la manière suivante :

> *When a vessel fulfils our criteria, it is a cog in our archaeological terminology, and those that only match some of the features may be cog-like vessels or vessels with isolated cog features, whatever the original terminology for such a vessel may have on been*[23].

---

21   F. M. Hocker, « Shipbuilding philosophy, practice and research », dans F. M. Hocker, C. A. Ward (éd.), *The Philosophy of Shipbuilding : Conceptual Approaches to the Study of Wooden Ships*, College Station, TX, Texas A&M University Press, 2004, p. 1-11, p. 8.

22   É. Rieth (dir.), *L'épave de la première moitié du XVe siècle de la Canche à Beutin (Pas-de-Calais). Archéologie nautique d'un caboteur fluvio-maritime et d'un territoire fluvial*, Revue du Nord. Hors Série. Collection Art et Archéologie, 20, Lille, 2013.

23   O. Crumlin-Pedersen, art. cité, 2000, p. 230-246, p. 239.

Enfin, cette « famille architecturale des cogues » se rattache plus globalement à la « tradition des cogues », expression architecturale privilégiée de l'organisation commerciale de la Hanse pendant les derniers siècles du Moyen-Age et dont l'épave de la cogue de Brême (Allemagne) datée des années 1380 par la dendrochronologie est l'archétype hauturier.

Une dernière remarque est à faire. La distinction opérée entre « unité architecturale », « modèle/type architectural », « famille architecturale », « tradition architecturale » fait partie d'un vocabulaire de spécialité relevant d'une discipline scientifique, l'archéologie navale. En toute logique, cette nécessité de recourir à un vocabulaire de spécialité est présente dans nombre de disciplines scientifiques, mais également techniques ou artistiques. À cet égard, il est intéressant de noter l'existence dans le domaine de l'architecture navale comme activité professionnelle de certaines analogies de mots et de notions avec celui de l'archéologie navale. C'est ainsi que l'on peut lire dans un traité technique d'architecture navale du milieu du XIXe siècle que « Les navires d'un même genre ou d'une même famille sont ensuite subdivisés en classes ou en espèces[24]... ». Seul le niveau inférieur, celui de « l'unité architecturale », n'est pas nommé même s'il est implicitement présent dans la double distinction opérée par Frémenville.

En un certain sens, l'archéologie navale a rejoint ici le champ de la pensée technique propre à l'architecture navale. Histoire et technique utilisent à ce niveau un même langage.

---

24   A. de Frémenville, *Traité pratique de construction navale*, Paris, Éditions Arthus Bertrand, 1864, p. 9.

DES QUESTIONS

Un livre ne suffirait pas à poser les questions contribuant à élaborer cette recherche d'une pensée technique du bateau. D'une façon qui semblera peut-être arbitraire, nous en avons sélectionné quatre qui sont aujourd'hui discutées par les archéologues, mais dont le contenu dépasse en réalité le cadre de l'archéologie navale pour recouper plus largement celui de l'histoire des techniques.

La première interrogation concerne le gabarit en tant qu'instrument « actif » de conception en relation avec une méthode de définition des formes de carène des navires qualifiable de « méthode du maître-gabarit, de la tablette et du trébuchet[1] ». Cette méthode d'origine méditerranéenne et associée à une architecture de principe « sur membrure », est basée, rappelons-le en quelques mots, sur la combinaison, au sens mécanique du terme, du maître-gabarit, premier et fondamental « instrument » en bois reproduisant en grandeur nature la figure géométrique du maître-couple, de la tablette d'acculement, deuxième « instrument » et, éventuellement, du trébuchet, troisième « instrument » de conception. Le constructeur Blaise Olivier définit dans son traité de construction daté des années 1736 cette méthode de la manière suivante :

> C'est la méthode par laquelle on détermine la figure de tous les gabarits du vaisseau compris entre la dernière varangue de l'avant et la dernière varangue de l'arrière, au moyen du maître-gabarit, de la tablette et du trébuchet[2].

Il ajoute que

---

1   É. Rieth, ouvr. cité, 1996.
2   B. Ollivier, *Traité de construction contenant par ordre alphabétique la description des vaisseaux de tout rang, galères, frégates*, 1736 (Vincennes, Service historique de la Marine, ms SH 310), Nice, Éditions Oméga, 1992, p. 319.

cette méthode est pratiquée dans tous les ports de la Méditerranée par la plupart des constructeurs et elle est la plus ancienne de toutes celles qui sont aujourd'hui en usage pour déterminer la figure des bâtiments de mer.

Pour prédéterminer la forme des membrures du corps de la coque comprise entre les deux couples de balancement, trois mouvements des « instruments » sont opérés. Le premier concerne le maître-gabarit et s'effectue en le déplaçant horizontalement de manière à réduire progressivement, suivant une règle de géométrie pratique, la longueur du « plat » de la varangue. Caractéristique importante : le tracé d'ensemble de la membrure n'est nullement modifié par ce déplacement horizontal du maître-gabarit. Le ou les arcs de cercle composant le tracé du maitre-couple à partir de l'extrémité du « plat » de la varangue sont stables. Le deuxième mouvement, synchronisé avec le précédent, est lié à la tablette d'acculement qui se présente comme une réglette en bois. Le mouvement est réalisé verticalement, de manière progressive en fonction d'une règle de géométrie pratique de principe analogue à la précédente. Il a pour effet d'élever le maître-gabarit et de donner une forme plus fermée et pincée à la varangue. Le troisième mouvement, également synchronisé avec les précédents, s'exécute avec le support d'une réglette en bois, le trébuchet, et se traduit par un basculement progressif, lui aussi défini par une règle de géométrie pratique, vers l'extérieur du maître-gabarit afin d'augmenter la largeur supérieure de la membrure affectée par ce mouvement.

L'une des premières mentions écrites de « l'instrument » maître-gabarit, sous la forme latine de « *sextis* », date des années 1273. Elle provient du devis de construction d'un navire huissier établi par un maître-charpentier napolitain[3]. Ce mot latin « *sextis* » est à rapprocher du terme vénitien « *sèsto* », encore orthographié « *sexto* », qui est défini comme « … un gabarit particulier qui permet au moyen de marques inscrites sur sa surface de tracer toute une série de membrures progressivement différentes l'une de l'autre[4] ». Ajoutons une dernière remarque

---

3   N. Fourquin, « Un devis de construction navale de c. 1273 », dans C. Villain-Gandossi, É. Rieth (dir.), *Pour une histoire du "fait maritime", Sources et champ de recherche*, Paris, Éditions du CTHS, 2001, p. 263-278.

4   Libre traduction de la définition donnée dans *La gondola. Storia, progettazione e costruzione della piu straordinaria imbarcazione tradizionale di Venezi*, Venise, Istituzione per la conservazione della gondola e la tutela del gondoliere, 1999, p. 250 : « *il sèsto è una*

relative à l'usage de la méthode du maître-gabarit, de la tablette et du trébuchet. La plus ancienne attestation archéologique chronologiquement très proche de celle fournie par les sources écrites est celle de l'épave de Culip VI, en Catalogne (Espagne), datée de la fin du XIIIe-tout début du XIVe siècle[5]. Il s'agit de l'épave d'un voilier de cabotage dont seul le fond de la coque était conservé. Une part importante des varangues correspondant aux membrures prédéterminées ou gabariées avait des marques (une marque centrale au niveau de la quille et une marque latérale au niveau de l'extrémité du « plat ») et des chiffres romains (le chiffre I marquant la position du maître-couple, le dernier chiffre – XXV pour la moitié la mieux préservée de la coque – correspondant au couple de balancement, le dernier à être prédéfini) gravés dans le bois. L'étude des marques et des chiffres a permis de démontrer que la méthode du maître-gabarit et de la tablette[6] avait été employée pour prédéfinir les membrures du « corps » du bateau de Culip VI.

Dans le prolongement direct de cette chronologie d'emploi de la méthode du maître-gabarit se dessine une deuxième question. Comment interpréter le décalage entre les plus anciennes attestations archéologiques de l'architecture méditerranéenne de principe « sur membrure » qui remontent à la fin du Ve-début du VIe siècle et celles beaucoup plus tardives (fin du XIIIe siècle) de l'emploi de la méthode du maître-gabarit. S'agit-il d'un problème de sources ou ce décalage pourrait-il traduire un phénomène d'ordre historique ? On en est réduit actuellement à des hypothèses. La plus pertinente résulte des travaux de l'historien de l'architecture navale J. R. Steffy relatifs à la restitution des formes de l'épave de la première moitié du XIe siècle de Serçe Limanı (Turquie)[7]. Deux aspects particulièrement révélateurs de la méthode utilisée pour

---

particolare sàgoma che permete – per mezzo di segni riportati nella sua superficie – ditracciare tutta una serie di pezzi progressivamenté differenti tra di loro ».

5   É. Rieth, « L'arquitectura naval », dans X. Nieto, X. Raurich (dir.), Excavacions arqueolo-giques subaquatiques a Cala Culip. 2. Culip VI, Girona, (Monografies del CASC 1), 1999, p. 115-117 et 137-201.

6   L'absence de conservation des allonges n'a pas permis de restituer, sauf à titre d'hypothèse de recherche, la partie supérieure de la coque et donc d'envisager un éventuel recours au trébuchet à titre de correction de la figure géométrique des membrures.

7   J. Richard Steffy, « Construction and Analysis of the Vessel », dans G. F. Bass, S. D. Matthews, J. R. Steffy, F. H. van Doorninck (éd.), Serçe Limanı. An Eleventh-Century Shipwreck. Volume I. The Ship and Its Anchorage, Crew and Passengers, College Station, TX, Texas A&M University Press, 2004, p. 153-169.

définir les formes de carène du caboteur de Serçe Limanı d'origine présumée byzantine sont à souligner. En premier lieu, le tracé géométrique
de la maîtresse-section (phase de conception), qui ne se confond pas en
l'occurrence avec la forme du maître-couple comme élément de charpente transversale (phase de construction), a été restitué sous la forme
géométrique de segments de droite : varangue plate, flancs rectilignes,
bouchain vif[8]. En deuxième lieu, le tracé géométrique des deux membrures identifiées comme des sections de balancement[9] a été obtenu par
deux modifications simples du contour du maître-couple au niveau de
la ligne droite de la varangue, le « plat » de la varangue, par réduction
de sa longueur d'une part, et par augmentation du relèvement de son
extrémité latérale, le point du bouchain, d'autre part.

---

8   Steffy écrit : « … *these frame shapes were predetermined by a very simple form of logic… The*
     bottom had no lateral curvature within the limits of the hold, and the lowest meter or so of the
     sides was also straight so that both bottom and lower sides could be represented by straight lines »
     (J. R. Steffy, « The Mediterranean shell to skeleton transition ; A Northwest European
     parallel ? », dans R. Reinders, K. Paul (éd.), *Carvel Construction Technique. Fifth Internatiional*
     Symposium on Boat and Ship Archaeology, Amsterdam, 1988, Oxford, (Oxbow Monograph
     12), Oxbow Books, 1991, p. 1-9, p. 4).
9   L'épave de Serçe Limanı serait la plus ancienne attestation archéologique d'un usage
     de couples de balancement situés aux deux extrémités du « corps » prédéterminé de la
     carène (J. R. Steffy, art. cité, 2004, p. 159). Steffy indique que jusqu'à la fouille de l'épave
     de Serçe Limanı, l'épave de Contarina 1 (Italie) datée, non sans quelques réserves, des
     années 1300, était la plus ancienne à être dotée de sections de balancement. Datée avec
     beaucoup plus de certitude de la fin du XIIIe-début du XIVe siècle, l'épave de Culip VI
     (Espagne) possède une charpente transversale dont une grande partie des membrures
     localisée entre les couples de balancement a été prédéterminée.

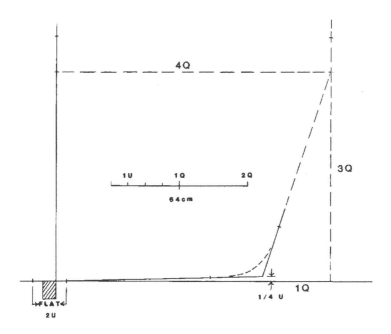

Fɪɢ. 56 – Restitution de la construction géométrique
de la maîtresse-section du caboteur de la première moitié du XIᵉ siècle
de Serge Limanı, Turquie. Elle se caractérise par une varangue rectiligne
et plate dotée d'un petit relèvement à son extrémité, d'un bouchain vif
et d'un flanc rectiligne légèrement ouvert (J. R. Steffy, « Construction
and Analysis of the Vessel », dans G. F. Bass, S. D. Matthews,
J. R. Steffy, F. H. van Doorninck (éd.), *Serçe Limanı. An Eleventh-Century
Shipwreck. Volume I. The Ship and Its Anchorage, Crew and Passengers,*
College Station, TX, Texas A&M University Press, 2004, p. 156).

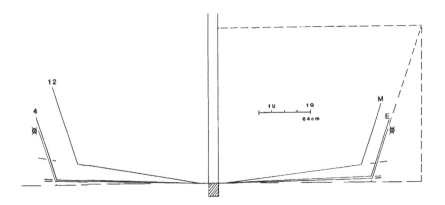

FIG. 57 – Restitution de la modification de la maîtresse-section,
du caboteur de Serge Limanı par réduction de la longueur du plat
de la varangue et augmentation de l'acculement. À noter que
la figure géométrique de la maîtresse-section et l'angle du bouchain
ne varient pas (J. R. Steffy, (J. R. Steffy, « Construction and Analysis
of the Vessel », dans G. F. Bass, S. D. Matthews, J. R. Steffy, F. H. van
Doorninck (éd.), *Serçe Limanı. An Eleventh-Century Shipwreck. Volume I.
The Ship and Its Anchorage, Crew and Passengers*, College Station, TX,
Texas A&M University Press, 2004, p. 158).

Dans sa restitution de la construction géométrique des membrures
gabariées du caboteur de Serçe Limanı, J. R. Steffy fait donc intervenir
une combinaison simplifiée de deux modifications qui sont parfaitement similaires dans leur principe à celles présentes dans la méthode
du maître-gabarit à savoir : une diminution de la longueur du « plat »
de la varangue suivant un déplacement horizontal et une augmentation
de la hauteur du point du bouchain selon un mouvement vertical analogue à celui affectant la tablette d'acculement. Dès lors, le caractère
en toute apparence plus développé de la méthode du maître-gabarit et
de la tablette par rapport à la « méthode Serçe Limanı » pourrait-il être
interprété comme une meilleure maîtrise du processus de conception
géométrique des formes ? En d'autres termes, celui-ci s'inscrirait-il dans
une phase de progrès technique de l'architecture navale méditerranéenne ? Les sources sont trop fragmentaires pour répondre à une telle
interrogation. Espérons que de nouveaux documents et, en particulier,
des épaves, fourniront des éléments de réponse.

Cet éventuel processus de progrès technique conduit à une troisième question. Les données ethnographiques ont mis en évidence un emploi en Méditerranée de la méthode de conception du maître-gabarit, de la tablette et du trébuchet dans les chantiers navals vernaculaires des deux rives Nord et Sud jusque dans les dernières décennies du XXe siècle et, dans certaines enclaves, jusqu'à maintenant en permettant de construire des unités de toutes les tailles, de la petite felouque tunisienne de pêche côtière de 5 à 6 m de long à la balancelle espagnole de 25 m de long. Ce temps long d'emploi apparaît comme la preuve évidente de la parfaite adéquation entre la méthode, en tant que technique, et son contexte fonctionnel d'emploi. Pourtant, dès le milieu du XVIIIe siècle, une critique de cette méthode voit le jour et soulève une question : celle de son caractère mécanique et réducteur pouvant conduire à un « blocage technique » et à un frein à tout progrès. C'est Duhamel du Monceau, dans l'édition première de 1752 de ses *Élémens de l'architecture navale*[10] qui s'interroge. Il écrit :

> Les Anciens Constructeurs ignorant la méthode dont nous parlerons dans la suite, avoient imaginé un moyen fort méchanique, mais assez ingénieux, pour (avec le seul maître couple) tracer sur les pièces qu'ils devoient employer pour la construction des Vaisseaux, un certain nombre de couples de l'avant et de l'arrière, sans faire de plan. Cette méthode a deux défauts : le premier, qu'elle ne fournit les moyens que pour tracer au plus les six premiers couples de l'arrière, et les six premiers de l'avant ; le second est que, ne faisant point de plan, on ne peut pas connoître d'avance les avantages et les défauts du Vaisseau qu'on construit.

---

10 H.-L. Duhamel du Monceau, *Élémens de l'architecture navale ou traité pratique de la construction des vaisseaux*, Paris, chez C. A. Jombert, 1752, p. 194-195. Dans le seconde édition de 1758, cette partie a été supprimée. Sur cette question, *cf.* É. Rieth, « Duhamel du Monceau et la méthode des anciens constructeurs », dans *État, Marine et Société. Hommage à Jean Meyer*, textes réunis et publiés par M. Acerra, J.-P. Poussou, M. Vergé-Franceschi, A. Zysberg, Paris, Presses de l'université de Paris-Sorbonne, 1995, p. 351-363.

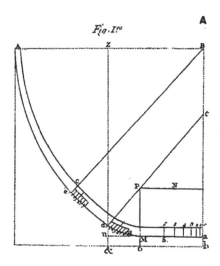

FIG. 58 – Construction du maître-gabarit selon la méthode
des « anciens constructeurs » décrite par Duhamel du Monceau (1752).
Les trois ensembles de traits inscrits sur le maître-gabarit servent
à en modifier les valeurs (celles de la longueur du plat par exemple)
sans en changer sa figure géométrique d'ensemble (d'après H.-L. Duhamel
du Monceau, *Élémens de l'architecture navale ou traité pratique de la construction
des vaisseaux*, Paris, chez C. A. Jombert, 1752, pl. XII, fig. 16)

Première critique : le caractère « mécanique » de la méthode. Il est
certain que la combinaison entre les trois « instruments » de conception,
le maître-gabarit, la tablette et le trébuchet, relève bien d'un procédé
mécanique. Tout changement ne respectant pas les règles du système
provoque effectivement son disfonctionnement. Il est clair que dans ce
contexte, le « blocage technique » du système semble bien présent. Au
surplus, les modalités d'acquisition et surtout de transmission des savoirs
liés à la méthode du maître-gabarit, de la tablette et du trébuchet ont
tendance à renforcer ce « blocage technique ». Deuxième critique : la
méthode ne permet de prédéfinir, à partir de la figure géométrique du
maître-couple, que les formes de la coque comprises entre les couples
de balancement. Au-delà, c'est en cours de construction que les formes
sont déterminées au moyen de lisses dites d'exécution selon une pratique de chantier qui n'est pas sans rappeler la méthode de construction
longitudinale « bordé premier ». À ce niveau, la critique de Duhamel

du Monceau est recevable. Troisième critique : la méthode ne permet pas de connaitre les avantages et défauts du navire en projet. Pour une part, Duhamel du Monceau a raison. Son point de vue est en accord avec son action de fondateur en 1741 de l'École de Paris ouvertes aux élèves-constructeurs de navires du roi dont la formation théorique en mathématiques, physique, dessin géométrique... était orientée vers une conception graphique, sur plans, des futurs bâtiments et une vérification de leurs caractéristiques hydrostatiques par le calcul avant leur mise en chantier. Pour une autre part, la critique de Duhamel du Monceau est à nuancer car les « Anciens constructeurs », pour reprendre son expression, qui utilisaient la méthode du maître-gabarit, de la tablette et du trébuchet avaient nécessairement une juste et complète représentation, certes purement mentale mais réelle, de leur future construction. Au surplus, le jeu de gabarits dont ils disposaient, constituait autant de « documents en grandeur d'exécution » comparables aux jeux de plans à échelle réduite des constructeurs des arsenaux, devenus ingénieurs-constructeurs à partir de 1765, leur permettant de percevoir mentalement les formes intégrales de la coque en volume.

Considérons à présent la quatrième question toujours associée à cette méthode des « Anciens constructeurs » : celle de l'acquisition et de la transmission des savoirs. Dans le contexte de la France, les sources médiévales apparaissent peu loquaces sur ce sujet. Il est certain que les corporations occupent une position centrale dans la formation des futurs charpentiers de marine. Faute de pouvoir présenter des statuts d'époque médiévale, ceux d'époque moderne peuvent permettre d'évaluer la formation conduisant à la maîtrise de charpentier de marine. C'est le cas du « Règlement en forme de statuts que doivent observer les maîtres du mestier de Charpentier, Calfadeur, et perceur de navires de la Ville de Honfleur » daté de 1704[11]. L'apprentissage du métier est basé, suivant une pédagogie classique et applicable en l'occurrence à tout métier technique, à l'observation des gestes, à leur imitation et à leur répétition en allant du plus simple au plus compliqué, jusqu'à leur maîtrise complète. Au terme de deux années d'apprentissage, les apprentis subissent alors une épreuve comportant, notamment, la réalisation d'un

---

11 A. Vintras, « La construction navale à Honfleur (de la fin du XVIe siècle au début du XIXe siècle) », dans A. Vintras, J. Banse, G. Decomble, P. Abbat, *Le corporatisme ancien de la construction navale en France*, Paris, Académie de Marine, 1939, p. 121-148.

chef d'œuvre dont le modèle peut être choisi parmi plusieurs options. Deux aspects essentiels de cette formation sont à souligner. D'une part, le rôle de l'acquisition orale des connaissances semble central. À deux reprises (articles 13 et 15), les statuts du « Règlement... » d'Honfleur indiquent ainsi que l'apprenti a le choix de « faire » le chef d'œuvre ou d'en « dire les proportions ». D'autre part, selon une stratégie classique de conservation du privilège familial, les statuts des corporations, et ceux d'Honfleur n'échappent pas à la règle, tendent à favoriser les enfants d'un maître-charpentier et à protéger de la sorte un patrimoine culturel et économique en le maintenant à l'intérieur d'un groupe social étroit. L'article 22 des statuts de Honfleur stipule de la sorte que « Les fils des maistres ne seront subjets de prester aucun interrogatoire ny de faire aucun chef d'œuvre que de faire dix-huit mois d'apprentissage seulement ». Cette connaissance conduit à créer des dynasties de maîtres-charpentiers et, au fil des générations, à fixer des traditions architecturales familiales.

Cet apprentissage du métier de charpentier de marine par « le geste et la parole » renvoie à une notion fondamentale qui est celle d'une culture technique articulée autour de la mémoire. Celle-ci est évoquée d'une manière pertinente dans un courrier que l'intendant de l'arsenal de Toulon, dans une lettre du 10 Janvier 1670, a adressé à Colbert :

> Si je n'avais qu'à prendre leurs sentiments [ceux des constructeurs]... je pourrais envoyer toutes les mesures [des vaisseaux]... vu que les charpentiers les ont toutes dans leur mémoire, mais ils n'ont aucun raisonnement et ne peuvent point dire de raisons pour lesquelles ils accordent une chose plutôt qu'une autre[12].

Ce jugement, un peu sévère sans doute, fait apparaître une dimension significative de ce savoir technique prenant appui sur la mémoire : celle de règles de proportions, ne relevant pas de l'ordre du démontrable et de l'explicatif, qui conduisent la conception de l'esquisse dimensionnelle de l'ensemble de la coque et de celle, centrale dans le cadre d'une architecture « sur membrure » faisant appel à la méthode du maître-gabarit, de la tablette et du trébuchet, de la maîtresse-section.

Faute d'attestations provenant du milieu professionnel des charpentiers de marine, un exemple de comparaison issu du milieu des pêcheurs permet de mesurer les capacités d'enregistrement de données complexes

---

12   J.-C. Lemineur, *Les vaisseaux du roi Soleil*, Nice, Éditions ANCRE, 1996, p. 52.

et multiples par la seule mémoire, en l'absence de tout support écrit et dessiné. On le doit à Duhamel du Monceau. Dans l'introduction de son monumental *Traité général des pesches*, il écrit :

> Les fonds de la mer sont de roche, de galet, de gravier, de sable, de fragments de coquille... Il est très-essentiel aux Pêcheurs de connoître toutes ces variétés, ainsi que la profondeur de l'eau, pour savoir si l'ancrage est bon... quelle route ils peuvent suivre la nuit, soit pour faire leur pêche, soit pour gagner la côte. Ce sont ces connoissances, qu'ils doivent à une longue et continuelle pratique, qui les ont mis en état de former des especes de Cartes qu'ils n'ont point tracées sur le papier, mais qu'ils ont dans la tête ; chaque endroit porte un nom connu de tous les Pêcheurs d'une côte.... Au moyen de ces Cartes qu'ils ont toujours présentes à la mémoire, les Pêcheurs connoissent dans le plus grand détail les fonds de leur côte[13]...

S'agissant dans le cas des pêcheurs côtiers du rôle d'une cartographie purement mentale des fonds de la mer ou, dans le contexte des charpentiers de marine d'une représentation, également purement mentale, de la forme et de la structure de bateaux, on dispose à travers le témoignage de Duhamel du Monceau d'une parfaite définition des capacités d'une mémoire technique.

Dans le cadre de ces savoirs « fermés », maintenus au sein d'une parenté, émerge le problème du supposé « secret » des savoirs dits traditionnels des charpentiers de navires, ceux des « Anciens constructeurs » que, selon Duhamel du Monceau, « chaque constructeur essayoit de conserver à sa famille[14] ». Une remarquable, et très rare, explication de ce « secret » est donnée à la fin du XVIIᵉ siècle par l'officier des galères de France, praticien et théoricien des galères, Jean Antoine Barras de la Penne, dans son traité manuscrit intitulé *La Science des Galères*. Le propos de Barras de la Penne porte sur les difficultés à comparer les gabarits de deux célèbres constructeurs de galères de Marseille, les frères Chabert, et à privilégier les gabarits de l'un ou de l'autre, Simon l'aîné ou Jean-Baptiste le cadet :

> Les sentiments sont partagez touchant les differents gabarys des maitres constructeurs, le plus grand nombre est déclaré pour celuy du jeune Chabert,

---

13 H.-L. Duhamel du Monceau, avec la collaboration de H.-L. de La Marre, *Traité général des pesches et Histoire des Poissons qu'elles fournissent*, Paris, chez Saillant et Noyon, 1769, t. 1, introduction, p. 2-3.

14 H.-L. Duhamel du Monceau, ouvr. cité, 1752, p. 323.

il y a pourtant des gens qui preferent celuy de laisné... il me paroitroit inutile et meme nuisible au service du Roy, de vouloir obliger l'un de ces constructeurs a se conformer au gabary de l'autre... car outre que rien ne pourroit obliger le jeune Chabert a donner son gabary, il est constant que laisné ne voudroit pas quitter le sien pour un autre, de sorte que puis qu'ils sont tous deux tres capables, il me semble plus expedient de laisser chacun libre dans sa maniere de construire pour veü qu'ils observent regulierement les proportions generales qui ont este reglées, c'est a dire les longueurs, largeurs et hauteurs ; d'ailleurs, il faut considérer que chaque constructeur fait mistere de son gabary et qu'on ne pourroit en justice obliger aucun a le rendre public qu'en faisant sa fortune d'une maniere qui établit toute sa famille, a laquelle après avoir bien travaillé il ne peut laisser que l'avantage du secret de son gabary ; je me serts du mot secret, quoy que proprement parler ce n'en soit pas un, car il n'y a point de trait dans la construction d'une galère qu'on ne sache, mais comme il y a des manieres differentes dans le projet et dans la pratique, et que chaque constructeur a la sienne particuliere, cest ce qu'on appelle le secret du gabary[15].

Ce texte éclaire parfaitement, nous semble-t-il, le sens à donner à ce supposé « secret » des constructeurs dont les gabarits, porteurs de savoirs, sont les témoins à protéger à transmettre en termes de patrimoine économique et culturel. Cette situation de protection et de transmission de savoirs dans un cadre familial renvoie de nouveau à une interrogation formulée à propos du caractère mécanique de la méthode du maître-gabarit, de la tablette et du trébuchet. La reproduction de mêmes savoirs « fermés » ne conduirait-elle pas, à plus ou moins long terme, à une situation de blocage technique ? C'est bien la question qui est posée au milieu du XVIIIᵉ siècle par le théoricien de l'architecture navale Pierre Bouguer, l'inventeur du métacentre, quand il regrette que

... [les constructeurs] disputent volontiers et avec chaleurs sur des choses de peu de conséquences ; pendant que l'essentiel de la construction reste enseveli sous d'epaisses ténèbres : au lieu que si chacun communiquait ce que lui a apris l'experience... on ne tarderait pas à éprouver le fruit considérable qui naîtrait de cette heureuse communication. Les constructeurs, au contraire, comme s'ils étaient plus touchés de leurs intérêts personnels, que de la perfection de leur art, sont continuellement sur leur garde de crainte qu'on ne les pénètre : ils observent même un secret si profond, que leurs pratiques

---

15   J. A. Barras de la Penne, *La Science des Galeres qui renferme tout ce qui Regarde la Construction, L'armement, la Manœuvre, le combat, Et la Navigation des Galeres*, Marseille, 1697, ms B 1125, Musée national de la Marine, Paris, p. 35.

particulières... constituent comme un héritage tout extraordinaire, qui se transmet presque jamais que de père en fils[16].

C'est à une conclusion similaire que semblerait aboutir Duhamel du Monceau :

> Un constructeur travailloit à trouver une méthode pour copier un vaisseau d'un autre gabari, il en est résulté des méthodes très-différentes ; chacun a tenu pour la sienne : il a prétendu qu'elle étoit la meilleure, et ne l'a révélée qu'à celui de ses enfants qu'il destinoit à la construction. Ce mystère, ce secret a formé un grand obstacle à l'avancement de la construction[17].

Ces quatre questions, parmi d'autres, touchant à l'histoire d'une méthode de conception prenant appui sur le maître-gabarit, instrument « actif » de détermination des formes de la coque, sont au cœur des problématiques de l'archéologie navale médiévale et de l'histoire de l'architecture navale de principe « sur membrure » et de méthode « membrure première ». Si les sources de ces questionnements historiques sont constituées par des vestiges plus ou moins bien conservés de membrures qui ont été observés, enregistrés en plans, en coupes... selon les techniques et les méthodes de l'archéologie subaquatique ou terrestre en fonction des milieux d'intervention, leur analyse et leur interprétation sont conduites en fonction d'un ensemble de concepts et de perspectives historiques dans lesquels, pour reprendre les paroles toujours actuelles de Bertrand Gille,

> Aucune science, aucune discipline ne mériteraient ces noms si elles ne disposaient pas des moyens conceptuels et méthodologiques nécessaires à toute analyse... Il convient d'analyser les techniques comme objet de science. Il n'était guère possible de le faire, même et surtout de façon globale, si l'on ne disposait pas préalablement, non seulement d'un langage approprié, mais aussi de modèles reposant sur des concepts précis[18].

C'est bien, en effet, à ces conditions que l'archéologie navale peut être considérée comme une authentique discipline des sciences humaines.

---

16 P. Bouguer, *Traité du navire, de sa construction et de ses mouvemens*, Paris, chez Jombert, 1746, p. XVI.

17 H.-L. Duhamel du Monceau, ouvr. cité, 1752, p. 54.

18 B. Gille, ouvr. cité, 1978, p. 10.

CONCLUSION

Un fait est certain. L'archéologie navale, que les anglo-saxons désignent sous l'expression de « *boat archaeology*[1] » ou encore de « *archaeology of water-transport*[2] », relève bien de nos jours du champ des sciences humaines avec parfois quelques différences d'approches liées notamment à un ancrage plus marqué dans la science historique en France tout particulièrement, et à une plus forte influence des sciences sociales dans le monde anglo-saxon en général, et nord-américain plus spécifiquement. En tout état de cause, cette dimension scientifique de l'archéologie navale, avec ces éventuelles « écoles », est donc désormais acquise au cours d'un long cheminement, débuté au XVIᵉ siècle, que nous avons essayé de restituer dans cet ouvrage. Pour autant, l'histoire de l'archéologie navale n'est pas terminée, ni figée. C'est ainsi qu'un débat sur l'élargissement du champ de l'étude archéologique des bateaux s'est développé depuis plusieurs décennies au sein de la communauté scientifique. Un révélateur très significatif de ces interrogations est celui des colloques intitulés *International Symposium on Boat and Ship Archaeology (ISBSA)*.

Le premier *ISBSA*, pensé comme une sorte de manifeste scientifique de l'archéologie navale, s'est tenu à Londres en 1976[3]. Le thème général du colloque portait sur « *Sources and Techniques in Boat Archaeology* » et comprenait sept sous-thèmes choisis pour leur représentativité au sein de cette discipline, l'archéologie navale, qu'il importait d'afficher au

---

1   L'expression de « *boat and ship archaeology* » est également utilisée pour mieux rendre compte de la distinction entre une embarcation (*boat*) de taille réduite (moins de 10 m de long), généralement non pontée et destinée à une navigation de proximité, et un navire (*ship*) à coque intégralement pontée, de dimension supérieure à celle d'une embarcation (jusqu'à 20-30 m et au-delà) et dont l'espace nautique s'étend à la haute mer et à des navigations au long-cours.

2   C'est le sous-titre d'un ouvrage de S. McGrail : *Ancient-Boats in North-West Europe. The archaeology of water transport to AD 1500*, Harlow, Longman, 1987 (seconde édition 1998).

3   S. McGrail (ed.), *Sources and Techniques in Boat Archaeology. Papers based on those presented to a Symposium at Greenwich in September 1976*, Oxford, British Archaeological Reports, Supplementary Series 29, 1977.

regard du milieu de la recherche archéologique : glossaire de l'archéologie navale, dégradation et conservation des bois archéologiques, ethnographie et « tradition vivante », méthodes quantitatives d'analyse des données, reconstructions hypothétiques, archéologie navale expérimentale, anciennes traditions de construction navale. À travers cette déclinaison thématique, un même objet était questionné : le bateau porteur d'une histoire technique multiple à travers le temps et l'espace.

S'interrogeant sur l'avenir des *ISBSA* lors du 14ᵉ colloque qui s'était tenu à Gdańsk en 2015 et dont le thème général était consacré à « *Change and continuity in shipbuilding* », S. McGrail notait, près de quarante ans après le colloque fondateur de Greenwich, que :

> *In 1976, the subject on which we were focused was known as 'Boat Archaeology'. During the subsequent decade, this was superseded by the term 'Maritime Archaeology'… Maritime Archaeology includes the study of how ancient rafts, boats and ships were built, propelled, steered and navigated ; the equipment, the people and the cargo that they carried ; and the harbours they used. Those themes are, moreover, clearly within the remit of ISBSA. Such a research aera has natural, but flexible, boundaries, and that flexibility facilitates the connection of the 'World of Ancient Boats' to other aspects of Archaeology. Thus, today, Maritime Archaeology is not only concerned with 'boats and ships', 'port and starboard', and 'rowlocks and futtocks'. We also deal with 'past climates' ; 'early sea levels and coastlines' ; 'landing places and harbours' ; 'navigation without instruments' ; 'early aspects of the night sky' ; 'overseas trade' ; 'maritime-place-names' ; 'the hydro-dynamics of different hull forms' ; 'the aero-dynamics of sail shapes' and such like*[4].

La position affirmée par S. McGrail est claire. Il considère qu'il est devenu nécessaire de passer d'une archéologie navale ayant pour objet principal d'étude le bateau, envisagé dans une perspective d'histoire des techniques et d'histoire de l'architecture navale, à une archéologie maritime prenant en compte l'ensemble des facteurs anthropiques et culturels externes au bateau lui-même et intervenant d'une façon déterminante dans son histoire. De la sorte, l'archéologie maritime apparaîtrait plus généralement, selon lui, comme l'un des domaines de recherche, parmi d'autres, voire une « sous-discipline » comme il la nomme explicitement[5], de l'archéologie. En d'autres termes, après avoir, non sans difficultés, réussi à imposer l'archéologie navale comme une

---

4   S. McGrail, art. cité, 2015, p. 21.
5   *Ibid.*, p. 24.

discipline des sciences humaines, avec ses thèmes spécifiques d'étude, ses problématiques historiques, ses méthodes et ses techniques opératoires, il semblerait maintenant nécessaire de devoir réintégrer le champ particulier de l'archéologie navale dans celui plus large de l'archéologie maritime en le conduisant ainsi à s'insérer dans celui plus global de l'archéologie prise dans une perspective générale d'étude des sociétés du passé. Il n'y aurait dès lors plus qu'une et même discipline, l'archéologie.

Une question que l'on peut se poser est la suivante. Cette position de S. McGrail est-elle le résultat d'une évolution personnelle ou traduit-elle un phénomène de pensée plus général conduisant à redéfinir une problématique, voire le champ même de la discipline ?

Une première réponse, un peu provocatrice il est vrai, a été exprimée par Christer Westerdahl dans la communication introductive au 13e *ISBSA* dont le thème principal était consacré à « *Ships and Maritime Landscapes* ». Selon les membres du comité scientifique de ce colloque organisé à Amsterdam en 2012,

> … *choosing a theme outside the direct scope of shipbuilding, the organisers… were well aware of the fact that ships and the technology of building ships are specialisms that deserve their own platform*[6].

Apparaît ainsi en filigrane le fait que l'archéologie des navires et des techniques de construction navale constituerait un domaine de recherche trop spécialisé et trop peu accessible à la plus grande partie de la communauté archéologique en raison de sa dimension technique. Dès lors, c'est l'avenir même de l'archéologie navale qui semblerait être en jeu. C. Westerdahl a développé dans sa communication cette position en se référant, notamment, à son concept de « *maritime cultural landscape* » à la construction duquel les bateaux participent d'une façon essentielle, mais pas exclusive. Pour C. Westerdahl, il semble fondamental de situer les thèmes, à dominante technique, de l'archéologie navale dans le cadre élargi des autres thèmes, relevant du matériel et de l'immatériel, structurant tout « paysage culturel maritime ». Cet horizon thématique est vaste et couvre aussi bien les sujets liés aux ports, aux zones de mouillage, aux routes maritimes qu'aux amers,

---

6   J. Gawronski, A. van Holk, J. Schokkenbroek (éd.), *Ships and Maritime Landscapes, Proceedings of the Thirteenth International Symposium on Boat and Ship Archaeology, Amsterdam 2012*, Eelde, Barkhuis Publishing, 2017, Preface, p. XVII.

aux savoirs techniques, aux pratiques religieuses ou aux mythes. Cet élargissement des thèmes répond pour C. Westerdahl à un choix scientifique et aussi à une nécessité politique : « *Except of course further to split into a minor sect of ship archaeologist and perhaps into a slighty larger sect of maritime archaeology*[7] ». Au-delà d'une terminologie volontairement un tant soit peu provocatrice, il parle de « secte », se perçoit une critique d'une archéologie navale qui aurait tendance à se limiter à des questionnements purement techniques et fermés au plan historique, sans réelle perspective scientifique, une situation pouvant conduire, à plus ou moins brève échéance, à une sorte de « blocage scientifique ».

Face à cette remise en cause ou, tout au moins face à une critique assez appuyée somme toute de l'archéologie navale, voire même de l'archéologie maritime, en tant que discipline, une deuxième proposition a été formulée par Ole Crumlin-Pedersen, sans aucun doute le meilleur spécialiste de l'archéologie navale scandinave et l'une des grandes personnalités internationalement reconnue de l'archéologie navale dont la formation première était, rappelons-le, celle, hautement technique, d'architecte naval. Dans sa communication présentée lors du 7e *ISBSA* qui s'était tenu en France sur l'île Tatihou (Manche) en 1994, il notait :

> *seeing the ships not only as singular elements of sophisticated technology but also as integrated elements of contemporary society, and indeed as very valuable and informative reflections of important aspects of life in the past. Ships are therefore too important to be left to ship archaeologists alone. The relative isolation which in some countries… has long been characteristic of ship archaeology in relation to modern mainstream archaeology is dangerous and should be broken*[8].

Il ajoutait cependant :« … *the 'pure' ship archaeology must remain a field of study in its own right*[9] ». On retrouve là en filigrane, d'une certaine manière, la double définition que l'on avait donnée du bateau comme objet d'histoire, celle d'un complexe technique, architectural et mécanique, et

---

7   C. Westerdahl, « Ships for ship's sake ? From ships and landscapes to landscapes and ships (1997-2012 », dans J. Gawronski, A. van Holk, J. Schokkenbroek (éd.), ouvr. cité, 2017, p. 3-10, p. 4.

8   O. Crumlin-Pedersen, « A New Centre for Maritime Archaeology in Denmark », dans P. Pomey, É. Rieth (dir.), *Construction navale maritime et fluviale. Approches archéologique, historique et ethnologique. Actes du Septième Colloque International d'Archéologie navale (7th ISBSA), Île Tatihou, 1994, Archaeonautica*, 14 (1998), Paris, CNRS Éditions, 1999, p. 327-338, p. 328.

9   *Ibid.*, p. 331.

celle d'un système technique inscrit dans un contexte environnemental et un cadre socio-économique. Au regard de ce choix scientifique, l'étude de l'architecture navale sous l'angle de l'archéologie et de l'histoire des techniques était indissociablement liée à celle d'un territoire et d'une société. Pour autant, cette perspective élargie d'étude de l'histoire de l'architecture navale ne conduisait nullement à effacer l'originalité de l'archéologie navale en tant que discipline à part entière des sciences humaines comme le rappelait en l'occurrence O. Crumlin-Pedersen.

Retour aux origines : cet affichage d'une archéologie navale possédant ses problématiques, ses sources et ses méthodes particulières, comme il en est de même pour l'archéologie portuaire ou l'archéologie du paysage maritime, a été explicitement affirmé au cours du 15e *ISBSA* qui s'est déroulé à Marseille en octobre 2018 et dont le thème principal était intitulé « *Local and inter-regional traditions in shipbuilding* ». Les cinq thèmes secondaires du colloque portaient eux aussi sur l'archéologie navale s'agissant des découvertes récentes d'épaves importantes du point de vue de l'histoire de l'architecture navale, des recherches sur la construction navale, des progrès méthodologiques toujours liés aux épaves, de l'archéologie navale expérimentale et de l'ethnographie nautique[10].

On le constate à travers ces points de vue, le riche lieu de discussions sur et autour de l'archéologie navale que constituent depuis plus de quarante ans les *ISBSA*, jouant d'une certaine manière le rôle de porte-parole scientifique, est révélateur, à notre avis, de la maturité et de la réalité de cette discipline des sciences humaines, une réalité et une maturité qui pour autant n'excluent pas, bien évidemment, les interrogations, les points de vue divergents, les critiques mêmes de certaines positions épistémologiques. Bref, ces débats sont bien le signe, nous semble-t-il,

---

10 À l'inverse de cette thématique du dernier *ISBSA*, la nouvelle (2016) programmation de la recherche archéologique en France élaborée par le Conseil National de la Recherche Archéologique (CNRA) chargé de définir les programmes prioritaires a totalement effacé de ses thèmes l'archéologie navale. L'expression même n'apparaît nulle part dans le document alors qu'en revanche, depuis 1985, l'archéologie navale, sous cet intitulé précis, constituait un programme de recherche à part entière appelé à l'origine H 8 puis P 29. Désormais, c'est dans l'axe 13 dénommé « Aménagements portuaires et commerce » que l'étude des épaves est mentionnée en rappelant « [qu'elles] apportent des données majeures sur l'architecture navale et sur les embarcations de transport », avec un renvoi à l'ancien programme P 29 (*Programmation nationale de la recherche archéologique, CNRA*, Ministère de la Culture et de la Communication, Direction générale des patrimoines, Sous-direction de l'Archéologie, Paris, 2016, p. 177).

de l'incarnation d'une discipline scientifique en devenir après plusieurs siècles d'une histoire commencée à Venise, au XVIe siècle, et portée alors par quelques humanistes fascinés par la technique de la rame à bord des galères antiques, une technique élevée au rang d'art ou de philosophie de la mécanique.

L'histoire de l'archéologie navale est bien loin d'être achevée.

GLOSSAIRE DES PRINCIPAUX TERMES
TECHNIQUES EMPLOYÉS[1]

About, n. m. : extrémité d'une planche et d'un bordage en particulier.

Accotar, s. m. : planchette disposée dans la maille entre les membrures, à la limite du vaigrage.

Acculement, s. m. : augmentation de la hauteur d'une varangue ; l'acculement augmente depuis la maîtresse-varangue vers les extrémités avant et arrière de la quille ; une varangue acculée prend la forme d'un V. Allonge, s. f. : élément vertical d'une membrure située, avec ou sans assemblage, dans le prolongement de l'extrémité d'une varangue ou d'un genou ; parfois l'allonge est disposée à côté de la varangue à laquelle elle peut être aussi assemblée latéralement.

Anguiller, s. m. : perforation de forme variable, quadrangulaire, triangulaire, demi-circulaire, aménagée dans une varangue pour permettre la circulation de l'eau accumulée dans les fonds de la coque.

Antenne, s. f. : longue pièce en bois de section circulaire disposée obliquement et sur laquelle est établie une voile latine de forme triangulaire.

Apparaux, s. m. : au pluriel, ensemble des équipements servant à la manœuvre du gréement et des ancres.

Banc (de nage), s. m. : banc sur lequel s'assoient les rameurs d'un même poste de nage.

Barrot, s. m. : synonyme de bau.

Barrotage, s. m. : structure transversale formé par l'ensemble des barrots.

Bau, s. m. : pièce de charpente transversale servant de renfort des flancs et de support éventuel à un pont.

Bauquière (serre bauquière), s. f. : forte pièce de charpente longitudinale interne servant à renforcer la structure interne de la coque et à soutenir les extrémités des barrots.

Bordage, s. m. : planche disposée sur la face externe (face de droit) des membrures.

Bordé, s. m. : ensemble des bordages constituant le revêtement externe des membrures.

Bordé à clin, s. m. : bordé dont les bordages se recouvrent partiellement et sont assemblés au niveau de leur surface de recouvrement de différentes manières (rivets avec contre-plaque interne, clous à pointe recourbée, gournable).

Bordé à franc-bord, s. m. : bordé dont les bordages sont disposés tranche contre tranche, sans liaison ni recouvrement entre eux ; synonyme : bordé à carvel.

Bouchain, s. m. : partie de la coque comprise entre le fond et le départ du flanc ; un bouchain est dit vif lorsqu'il

---

1 Les termes définis dans le cours du texte n'ont pas été repris dans le glossaire.

forme un angle plus ou moins ouvert et marqué entre le fond et le début du flanc ; il est dit en forme quand la liaison entre le fond et le début du flanc présente une courbure plus ou moins prononcée.

Brochetage, s. m. : opération destinée à adapter les cans inférieur et supérieur d'un bordage à ceux des bordages situés immédiatement au-dessus et en-dessous en fonction du développé d'ensemble du bordé.

Calcet, s. m. : pièce fixée au sommet d'un mât à travers laquelle passe le cordage (drisse) servant à hisser une antenne ou une vergue. Le calcet est associé à des gréements de tradition méditerranéenne.

Calfatage, s. m. : procédé d'étanchéité d'un joint, ou d'une couture, entre deux bordages par enfoncement forcé d'un matériau à partir de l'extérieur de la coque une fois le bordé élevé ; le calfatage est associée en règle générale à la construction à franc-bord de principe « sur membrure ».

Carlingue, s. f. : forte pièce de la charpente longitudinale interne disposée sur ou encastrée dans les varangues ; la carlingue renforce, suivant l'axe de la quille, la structure axiale de la coque.

Can, s. m. : tranche d'un bordage ou, plus généralement, d'une planche.

Carvelle, s. f. : type de clou dont la tige est de section quadrangulaire et la pointe biseautée.

Cheville, s. f. : tige de fer ou de bois assemblant deux pièces de bois ; lorsque la cheville en bois a une section supérieure à 1 ou 2 cm, le terme de gournable est privilégié.

Clin, s. m. : bordage associé à un bordé à clin.

Coefficient d'allongement, s. m. : rapport entre la longueur et la largeur d'un bateau.

Corps (de la coque) : partie centrale de la coque.

Couple, s. m. : synonyme de membrure ; s'agissant d'architecture navale médiévale ou vernaculaire européenne ou extra-européenne, le terme de membrure est préférable car celui de couple renvoie à une notion de membrure à double épaisseur caractéristique de l'architecture navale de l'époque post-médiévale.

Couple de balancement, s. m. : dans la construction « sur membrure » basée sur l'usage du maître-gabarit, désigne le dernier couple de l'avant ou le dernier couple de l'arrière qui est prédéterminé.

Couple de lof, s. m. : couple de balancement avant ; le couple de balancement arrière ne porte pas de nom particulier.

Couture, s. f. : intervalle (joint) séparant deux bordages.

Creux, s. m. : hauteur intérieure d'une coque correspondant, pour un navire de commerce, à la hauteur utile en cale pour la disposition de la cargaison.

Darse, s. f. : grand bassin artificiel aménagé à l'intérieur d'un port militaire en général et dans lequel sont amarrés des bateaux.

Demi-couple, s. m. : membrure formé de deux éléments qui se croisent au niveau de la quille.

Dévoyée (membrure) adj. : qualifie une membrure qui n'est pas disposée perpendiculairement à l'axe longitudinal de la coque mais avec une certaine obliquité.

Droit, s. m. : partie d'une pièce de charpente, une membrure tout particulièrement, correspondant à sa face plane supérieure ou inférieure.

Écart, s. m. : assemblage de forme et de longueur variées entre deux pièces de charpente ou deux éléments de bordé

Échantillonnage, s. m. : dimensions d'une pièce de charpente ou d'un bordage.

Élancement (de l'étrave), s. m. : inclinaison de l'étrave vers l'avant de la quille.

Empatture, s. f. : assemblage entre deux pièces de charpente par encastrement de l'une ou de l'autre.

Emplanture, s. f. : pièce de bois, de forme variable, disposée soit longitudinalement dans l'axe de la quille, soit transversalement dans l'axe des membrures, dans laquelle est creusée une cavité destinée à recevoir le pied d'un mât.

Épite, s. f. : petit coin de bois enfoncé dans l'extrémité d'une gournable pour la bloquer en élargissant son extrémité.

Équerrage, s. m. : angle formé par les deux faces planes d'une pièce de charpente (membrure principalement) ; une pièce équerrée a un angle inférieur ou supérieur à 90 degrés.

Étambot, s. m. : pièce de charpente droite ou courbe, plus ou moins inclinée, située à l'extrémité arrière de la coque.

Étrave, s. f. : pièce de charpente droite ou courbe, plus ou moins inclinée, située à l'extrémité avant de la coque.

Fargue, s. f. : petit pavois mobile en bois, en toile ou en matière végétale, disposé au-dessus des membrures pour augmenter la hauteur de franc-bord de la coque.

Flottaison (ligne de), s. f. : plan horizontal correspondant à la surface de l'eau séparant la partie immergée de la coque de la partie émergée ; la position de la ligne de flottaison varie selon que la coque est vide (flottaison lège) ou chargée (flottaison en charge).

Fort, s. m. : partie supérieure la plus large de la coque.

Fourcat, s. m. : varangue située vers les extrémités de la coque dont les deux branches forment une fourche.

Franc-bord, s. m. : hauteur extérieure de la coque située au-dessus de la flottaison ; le franc-bord de la coque ne doit pas être confondu avec l'expression de bordé à franc-bord.

Gabarit, s. m. : dans sa forme la plus simple, patron ou modèle en bois de faible épaisseur à échelle grandeur d'exécution servant à tracer sur un plateau de bois la forme d'une pièce de charpente (charpente longitudinale et surtout transversale, c'est-à-dire les membrures) préalablement à sa réalisation ; dans sa forme la plus développée, instrument de conception et de réalisation des membrures prédéterminées.

Galbord, s. m. : premier bordage inférieur des flancs ; le deuxième est appelé le ribord.

Genou, s. m. : élément d'une membrure situé au niveau du bouchain entre les varangues et les allonges.

Gréement, s. m. : ensemble de l'équipement (mât, cordage, voile) nécessaire à la propulsion à la voile.

Herminette, s. m. : outil de charpentier à fer tranchant disposé perpendiculairement à l'axe du manche en bois (à l'opposé d'un fer de hache) et qui sert à façonner les pièces courbes (membrures, étrave…) en particulier.

Hiloire, s. f. : pièce de renfort longitudinal d'un pont.

Interscalme, s. m. : intervalle séparant deux bancs de nage.

Jaumière, s. f. : orifice à travers lequel passe la mèche de gouvernail.

Lisse (d'exécution), s. f. : latte de bois fixée provisoirement sur la face externe des membrures prédéfinies et servant à déterminer en cours de construction la forme des membrures de remplissage.

Lutage, s. m. : procédé d'étanchéité d'un joint, ou d'une couture, entre deux bordages par mise en place non forcée d'un matériau en cours d'élévation du bordé ; le lutage est associé en règle générale à la construction à franc-bord de principe « sur bordé ».

Maille, s. f. : intervalle entre deux membrures.

Maître-bau, s. m. : bau le plus long et, par extension, désigne la plus grande largeur d'une coque.

Maître-couple, s. m. : plus grande section transversale d'une coque.

Maître-gabarit, s. m. : gabarit reproduisant en grandeur nature la demi-section du maître-couple et qui, en relation avec une planchette dite « tablette d'acculement », permet de prédéterminer la forme des membrures situées entre les deux couples de balancement avant et arrière.

Membrure, s. f. : structure de base de la charpente transversale composée principalement d'une varangue (au niveau du fond), de genoux (au niveau du bouchain) et d'allonges (au niveau des flancs) ; les différents éléments d'une membrure peuvent être disposées de façon diverse.

Nage, s. f. : mouvement en plusieurs temps effectué par un rameur.

Pavois, s. m. : structure légère de surélévation de la coque disposée au-dessus du pont.

Plat-bord, s. m. : pièce longitudinale disposée dans le haut des allonges.

Pont, s. m. : plancher disposé sur la face supérieure des barrots ; un pont peut être continu sur toute la longueur d'une coque ou partiel, limité aux extrémités d'une coque.

Porque, s. f. : pièce de la charpente transversale venant doubler intérieurement et renforcer une membrure.

Préceinte, s. f. : suite de bordages du flanc plus larges et plus épais que les autres et servant de ceinture et de renfort longitudinal externe de la coque.

Quête (de l'étambot), s. f. : inclinaison de l'étambot vers l'arrière de la quille.

Quille : pièce principale de la charpente axiale d'une coque prolongée sur l'avant par l'étrave et sur l'arrière par l'étambot ; la quille a une double fonction de renfort de la structure longitudinale de la coque et de plan anti-dérive.

Râblure : feuillure pratiquée le long de la quille et se prolongeant sur l'étrave et l'étambot ; elle sert à l'encastrement du can inférieur des galbords dans la quille et des extrémités des virures dans les pièces d'étrave et d'étambot.

Recalement, s. m. : dans la méthode de conception du maître-gabarit, glissement de la partie supérieure (niveau de l'allonge) du maître-gabarit sur la partie inférieure (niveau du genou) pour corriger le tracé d'une membrure.

Ribord, s. m. : deuxième bordage disposé au-dessus du galbord.

Serre, s. f. : pièce de renfort longitudinal disposée sur la face interne des membrures.

Sole, s. f. : ensemble des planches formant le fond plat, sans quille, d'une coque.

Tableau, s. m. : partie arrière (plus ou moins inclinée) d'une coque.

Tablette (d'acculement), s. f. : tablette en bois disposée sous le maître-gabarit et servant à définir l'acculement d'une varangue.

Talon, s. m. : extrémité arrière de la quille.

Tirant d'eau, s. m. : hauteur entre le fond d'une coque (dessous de la quille ou de la sole) et la ligne de flottaison ; le tirant d'eau varie selon que le bateau est vide ou chargé.

Tonture, s. f. : courbure longitudinale du pont ou du plat-bord.

Tour, s. m. : partie d'une pièce de charpente, une membrure tout particulièrement, correspondant à sa face latérale.

Trébuchement, s. m. : dans la méthode de conception du maître-gabarit, basculement vers l'extérieur de la partie supérieure (niveau de l'allonge) du maître-gabarit pour corriger (par élargissement) le tracé d'une membrure.

Vaigrage, s. m. : ensemble des vaigres.

Vaigre, s. f. : bordage disposé sur la face intérieure des membrures, au niveau du fond (sur les varangues) et des flancs (sur les genoux et les allonges).

Varangue, s. f. : pièce de base d'une membrure disposée sur la face supérieure de la quille ; sa forme détermine pour une large part les capacités nautiques d'un bateau.

Vergue, s. f. : longue pièce en bois de section circulaire disposée horizontalement et sur laquelle est établie une voile carrée.

Virure, s. f. : suite de bordages formant une ligne longitudinale d'un bout à l'autre de la coque.

Vogue, s. f. : mouvement en plusieurs temps et positions (assise, debout) effectué par un rameur à bord des galères ; chaque rameur se lève de son banc au début du mouvement de rame puis s'avance, part en arrière et s'assoit en fin de chaque mouvement.

SOURCES MANUSCRITES

Ars Nautica, ms. Codex Vossianus Latinus F. 41, Bibliotheek der Rijkuniversiteit, Leyde, Pays-Bas.

BARRAS DE LA PENNE, Jean-Antoine, *La Science des Galeres qui renferme tout ce qui Regarde la Construction, L'armement, la Manœuvre, le combat, Et la Navigation des Galeres*, Marseille, 1697, ms B 1125, Musée national de la Marine, Paris.

Fabrica di galere, Bibliothéque nationale, Florence, Magliabecchiano, ms D7, XIX.

LA MADELEINE, *Tablettes de Marine*, 1700-1710, Musée national de la Marine, ms R 711.

Libro de Zorzi Timbotta de Modon, British Library, Londres, Cotton, ms Titus A26.

MORINEAU, Pierre, *Répertoire de construction*, 1752-1762, Archives Nationales, fonds Marine, G 246.

Ragioni antique spettanti all'arte del mare et fabriche de vasselli, National Maritime Museum, Greenwich, ms NVT 19.

SOURCES IMPRIMÉES

BAÏF, Lazare de, *Lazari Baysii annotationnes in L. II de Captivis et postliminio reversis, in quibus tractatur de re navali. Ejusdem annotationes in tractatum de auro et argento leg. Quibus vestimentorum et vasculorum genera explicantur; Antonii Thylesii de coloribus libellus, à coloribus vestium non alienus*, Paris, chez Robert Estienne, 1536.

BOUGUER, Pierre, *Traité du navire, de sa construction et de ses mouvemens*, Paris, chez Jombert, 1746.

CHAMPLAIN, Samuel de, *Des Sauvages, ou voyage de Samuel Champlain de Brouage fait en la France Nouvelle, l'an mil six cens trois*, Paris, chez Claude de Monstr'œil, 1603.

CHAPMAN, Frederik H. af, *Tractat om Skepps-Byggeriet*, Stockholm, Johan Pfeiffer, 1775.

CHAPMAN, Fréderic-Henri de, *Traité de la construction des vaisseaux, traduit du suédois par M. Vial du Clairbois*, Brest, chez R. Malassis et Paris, chez Durand et Jombert, 1839, préface de l'auteur, p. IX-XVIII.

DASSIÉ, Charles, *L'architecture navale contenant la manière de construire les navires, galères et chaloupes et la définition de plusieurs autres espèces de vaisseaux*, Paris, chez Laurent d'Houry, 1677.

DUHAMEL DU MONCEAU, Hernri-Louis, *élémens de l'architecture navale ou traité pratique de la construction des vaisseaux*, Paris, chez C. A. Jombert, 1752.

DUHAMEL DU MONCEAU, Henri-Louis, avec la collaboration de H. L. de La Marre, *Traité général des pesches et Histoire des Poissons qu'elles fournissent*, Paris, chez Saillant et Noyon, 1769, t. 1.

FAUSTO, Vettor, *Aristotelis Mechanica*, Paris, Jodocius Badius, 1517.

LE ROY, Julien-David, *Les Navires des anciens considérés par rapport à leurs voiles et à l'usage qu'on pourroit en faire dans notre marine*, Paris, chez Nyon aîné, 1783.

LE ROY, Julien-David, *La Marine des Anciens peuples expliquée et considérée par rapport aux lumieres qu'on en peut tirer pour perfectionner la Marine moderne; avec des figures représentant les Vaisseaux de guerre de ces Peuples*, Paris, chez Nyon aîné et Stoupe, 1777.

MEIBOM, Marcus, *De fabrica trirerium liber*, Amsterdam, 1671.

NICERON, (Révérend Père) Jean-Pierre, *Mémoires pour servir à l'histoire des* *hommes illustres dans la république des lettres avec un catalogue raisonné de leurs ouvrage*s, t. **XXXIX**, Paris, chez Briasson, 1738.

Ragioni antique spettanti all'arte del mare et fabriche de vasselli, National Maritime Museum, Greenwich, ms NVT 19, manuscrit édité par G. Bonfiglio Dosio, P. van der Merwe, A. Chiggiato, D. A. Proctor, Venise, 1987.

Vossius, Isaac, *Variarum, Observationum Liber*, Londres, Robert Scott, 1685.

Witsen, Nicolaes, *Architectura navalis et regimen nauticum, ofte Aaloude en Hedendaagsche Scheeps-bouw en Bestier*, Amsterdam, Pieter en Jan Blaeu, 1690.

Witsen, Nicolaes, *Aeloude en hedendaegsche scheeps-bouw en bestier*, Amsterdam, C. Commelijn, J. Appelaer, 1671.

BIBLIOGRAPHIE

ADAMS, Jonathan, *A Maritime Archaeology of Ships. Innovation and Social Change in Medieval and Early Modern Europe*, Oxford, Oxbow Books, 2013.

ÅKERLUND, Harald, *Nydamskeppen*, Göteborg, Elander, 1963.

ANDERSEN, Magnus, Kristiana, *Vikingfaerden*, Eget Forlag, 1895.

ANDERSON, R. Charles, « Italian naval architecture about 1445 », *Mariner's Mirror*, 11, 1925, p. 135-163.

ARNOLD, Béat, *Pirogues monoxyles d'Europe centrale, construction, typologie, évolution* (Archéologie neuchâteloise, 20, 21), Musée d'archéologie, Neuchâtel, 1995, 2 t.

AUDEMARD, Louis, *Les jonques chinoises*, Rotterdam, Museum voor land-en Volken-Kunde & Maritiem Museum Prins Hendrik, 1957-1971, 10 t. (le dernier tome porte sur l'Indochine)

AYMARD, Maurice, « L'arsenal de Venise : science, expérience et technique dans la construction navale au XVIᵉ siècle », *Cultura, Scienze e Techniche Nella Venezia del Cinquecento, Atti del Convegno Internazionale di Studio Giovani Battista Benedetti e il su Tempo*, Venise, 1987, p. 408-418.

BABITS, Laurence E., TILBURG, Hans van (éd.), *Maritime archaeology. A reader of substantive and theorical contributions. The plenum series in underwater archaeology*, New-York, Plenum Press, 1998.

BARRON-FORTIER, Géraldine, *Entre tradition et innovation : itinéraire d'un marin, Edmond Pâris (1806-1893)*, thèse de doctorat d'histoire soutenue sous la direction de Marie-Noëlle Bourguet, Université de Paris-Diderot-Paris VII, 2015.

BASCH, Lucien, *Les navires et bateaux de la Vue de Venise de Jacopo de Barbari (1500)*, édition hors commerce, à Bruxelles chez l'auteur, 2000.

BASCH, Lucien, *Le Musée imaginaire de la marine antique*, Athènes, Institut Hellénique pour la Préservation de la Tradition Nautique, 1987.

BASCH, Lucien, « De la survivance des traditions navales phénicienne dans la Méditerranée de nos jours », *Mariner's Mirror*, 61, 1975, p. 229-253.

BASCH, Lucien, « Ancient wrecks and the archaeology of ships », *The International Journal of Nautical Archaeoloy*, 1, 1972, p. 1-58.

BASS, George, F., (ed.), *Beneath the Seven Seas. Adventures wih the Institute of Nautical Archaeology*, Londres, Thames & Hudson, 2005.

BASS, George F., DOORNINCK Jr., Frederick H. van, (éd.), *Yassi Ada Volume 1. A Seventh-century Byzantine Shipwreck*, College Station, TX, Texas A&M University Press, 1982.

BASS, George, F., *Archaeology Under Water, New York*, Washington, Frederick A. Praeger Publishers, 1975.

BASS, George F., (dir.), *Archéologie sous-marine. 4000 ans d'histoire maritime*, Paris, Éditions Tallandier, 1972.

BASS, George F., « Cape Gelidonya : A Bronze Age Shipwreck », *Transactions of the American Philosophical Society*, 1967, 57, 8.

BASTARD de PÉRÉ, René, « Navires méditerranéens du temps de Saint Louis », *Revue d'Histoire Économique et Sociale*, 50, 1972, p. 327-356.

BEAUDOUIN, François, *Les bateaux garonnais. Essai de nautique fluviale (I)*, Conflans-Sainte-Honorine, 2000, (Les Cahiers du Musée de la Batellerie, 44).

BEAUDOUIN, François, *Bateaux des fleuves de France*, Douarnenez, Éditions de l'Estran, 1985.

BEAUDOUIN, François, *Bateaux des côtes de France*, Grenoble, Éditions des 4 Seigneurs, 1975.

BEAUDOUIN, François, *Le bateau de Berck*, Paris, Institut d'Ethnologie, Musée de l'Homme, 1970.

BENOIT, Fernand, *L'épave du Grand Congloué à Marseille*, XIVe supplément, *Gallia*, Paris, Éditions du CNRS, 1961.

BENOIT, Fernand, « Naissance de l'archéologie sous-marine », *Neptunia*, 31, 1953, p. 59-62.

BISCHOFF, Vibeke, « Hull form of the Oseberg ship », *Maritime Archaeology Newsletter from Denmark*, 25, 2010, p. 4-9.

BLOT, Jean-Yves, *L'histoire engloutie ou l'archéologie sous-marine*, Paris, Collection Découvertes Gallimard, Éditions Gallimard, 1995.

BONDIOLI, Mauro, « Early Shipbuilding Records and the Book of Michael of Rhodes », dans P. O. Long, D. McGee, A. Stahl (éd.), *The Book of Michael of Rhodes. A fifteenth-century maritime manuscript*, Cambridge, MA, MIT Press, 2009, vol. 3, p. 243-280.

BOUDRIOT, Jean, avec la collaboration de H. Berti, *Modèles historiques au Musée de la Marine*, Paris, ANCRE, Collection Archéologie Navale Française, 1997.

BOUDRIOT, Jean, *Les vaisseaux de 50 et 64 canons. Historique 1650-1780*, Paris, ANCRE, Collection Archéologie Navale Française, 1994.

BOUDRIOT, Jean, « L'archéologie navale en France. Entretien avec Jean Boudriot », *Chasse-Marée*, 6, 1983, p 12-21.

BOUDRIOT, Jean, *Le vaisseau de 74 canons : traité pratique d'architecture navale*, Grenoble, Éditions des 4 Seigneurs, 4 t., 1973-1977 (réédition chez l'auteur, Paris, 1978, 1983, 1997, 2006).

BOYER, Régis, *La Saga d'Óláfr Tryggvason*, traduite de l'islandais ancien, présentée et annotée par Régis Boyer, Paris, Imprimerie nationale, 1992.

BRAUDEL, Fernand, MOLLAT du JOURDIN, Michel, (dir.), *Le monde de Jacques Cartier : l'aventure au XVIe siècle*, Paris, éditions Berger-Levrault, 1984.

BRØGGER, Anton Wilhelm, SHETELIG, Haakon, *The Viking Ships, their ancestry and evolution*, Oslon, Dreyers Forlag, 1951.

BRØGGER, Anton Wilhelm, SHETELIG, Haakon, *Vikinggeskipene. Deres forgjengere og etterføgere*, Oslo, Dreyers Forlag, 1950.

BRØGGER, Anton Wilhelm, FALK, Hajlmar, SHETELIG, Haakon, *Osebergfunnet*, I-III, Kristiana, Universitetets Oldsaksalming, 1917-1920.

BRØGGER, Anton Wilhelm, SHETELIG, Haakon, *Osebergfunnet*, II-IV, Oslo, Universitetets Oldsaksamling, 1927-1928.

BURLET, René, *Les galères au Musée de la Marine. Voyage à travers le monde particulier des galères*, Paris, Presses de l'université de Paris-Sorbonne, 2001.

BURLET, René, CARRIÈRE, Jean, ZYSBERG, André, « Mais comment ramait-on sur les galères du Roi-Soleil ? », *Histoire et Mesure*, I, 3/4, 1986, p. 147-208.

CAMPANA, Lilia, *The Immortal Fausto : The Life, Works and Ships of the Venitian Humanist and Naval Architect Vettore Fausto (1490-1546)*, Ph. D in Nautical Archaeology, College Station, TX, Texas A&M University, 2014.

CAMPANA, Lilia, *Vettor Fausto (1490-1546), professor of greek and a naval architect : a new light on the 16th century manuscript Misure di Vascelli… proto dell'Arsenale di Venetia*, M. A. in Nautical Archaeology, College Station, TX, Texas A&M University, 2010.

CARTAULT, Auguste, *La trière athénienne. Étude d'archéologie navale*, Paris, Ernest Thorin Éditeur, 1881 (réédition, préface de Patrice Pomey (p. 9-18) 2000).

CASSON, Lionel, « New Light on Ancient Rigging and Boatbuilding », *Amercan Neptune*, 24, 1964, p. 81-94.

CASSON, Lionel, « Ancient ship building. New Light on an Old Source », *Transactions and Proceedings of the American Philological Association*, XCIV, 1962, p. 28-33.

CEDERLUND, Carl-Olof, « The lodja and other bigger transport vessels », dans S. McGrail, E. Kentley (éd.), *Sewn Plank Boats*, Oxford, British Archaeological Reports, International Series, 276, 1985, p. 233-252.

CHIGGIATO, Alvise, « Contenuti delle architetture navali antiche », *Ateneo Veneto*, CLXXVIII, 1991, p. 141-211.

CHRISTENSEN, Arne Emil, « Proto-Viking, Viking and Norse Craft », dans R. Gardiner (ed.), *The Earliest ships. The Evolution of Boats and Ships*, Londres, Conway Maritime Press, 1996, p. 72-88.

CHRISTENSEN, Arne Emil, *Guide to the Viking Ship Museum*, Oslo, Universitetets Oldsaksmaling, 1987.

CHRISTENSEN, Arne Emil, « 'Viking', a Gokstad Ship Replica from 1893 », dans O. Crumlin-Pedersen, M. Vinner (éd.), *Sailing into the Past. The International Ship Replica seminar Roskilde 1984*, Roskilde, Viking Ship Museum, 1986, p. 68-77.

CHRISTENSEN, Arne Emil, « Boat Finds from Bryggen », *The Bryggen Papers*, Bergen, 1985, (Main Series, I), p. 47-278.

CHRISTENSEN, Arne émil, « Une tradition vivante. La construction navale scandinave », *Le Petit Perroquet*, 17, 1975, p. 10-23.

CHRISTENSEN, Arne Emil, « Boatbuilding Tools and the Process of Learning », dans O. Hasslöf, H. Henningsen, A., A. E. Christensen, (éd.), *Ships and Shipyards, Sailors and Fishermen. Introduction to maritime ethnology*, Copenhague, Copenhagen University Press 1972, p. 235-259.

CHRISTENSEN, Arne Emil (ed.), *Inshore craft of Norway, from a Manuscrpit by Bernhard and Øystein Færøyvik*. Edited by Arne Emil Christensen, Londres, Conway Maritime Press, 1970.

CHRISTENSEN, Arne Emil, *Boats of the North : A history of boatbuilding in Norway*, Oslo, Samlaget, 1968.

CLARK, J. D. G. « Archaeological theories and interpretation : Old World », dans A. L. Kroeber (ed.), *Anthropology Today*, Chicago University Press, Chicago.

COATES, John S., *et alii*, « Experimental Boat and Ship Archaeology : Principles and Methods », *The International Journal of Nautical Archaeoloy*, 24, 1995, p. 293-301

COATES, John S., « Hypothetical reconstructions and the Naval Architect », dans S. McGrail (ed.), *Sources and Techniques in Boat Archaeology*, Oxford, British Archaeological Reports 29, 1977, p. 215-226.

CONCINA, Ennio, *Navis : l'umanismo sul mare (1470-1740)*, Turin, Enaudi, 1990.

CONCINA, Ennio, « Les galères de Venise et de l'Arsenal », dans *Quand voguaient les galères*, catalogue de l'exposition 4 octobre 1990 – janvier 1991, Musée national de la Marine, Paris, Ouest France, 1990, p. 95-117.

CONCINA, Ennio, « Humanism and the Sea », *Mediterranean Historical Review*, III, 1988, p. 159-166.

CONCINA, Ennio, *L'arsenale della Republica di Venezia : techniche e istituzioni dal Medioevo all'eta moderna*, Milan, Mondadori Electa, 1984.

COUSTEAU, Jacques-Yves, DUMAS, Frédéric, *Le monde du silence*, Paris, Éditions de Paris, Le Livre de poche, 1967 (1re édition 1954).

COUSTEAU, Jacques-Yves, « Plongées sous-marines. La « Calypso » demande son secret à une épave vieille de plus de vingt siècles », *Neptunia*, 31, 1953, p. 32-34.

CRUMLIN-PEDERSEN, Ole, *Archaeology and the Sea in Scandinavia and Britain. A personal account*, Roskilde, (Maritime Culture of the North 3), 2010.

CRUMLIN-PEDERSEN, Ole, « Ten golden years for maritime archaeology in Denmark, 1993-2003. A brief history of the Centre for Maritime Archaeology in Roskilde », *Maritime Archaeology Newsletter from Roskilde*, 20, 2003, p. 4-43.

CRUMLIN-PEDERSEN, Ole, « To be or not to be a Cog : the Bremen cog in perspective », *The International Journal of Nautical Archaeoloy*, 29, 2, 2000, p. 230-246.

CRUMLIN-PEDERSEN, Ole, « A New Centre for Maritime Archaeology in Denmark », dans P. Pomey, E. Rieth (dir.), *Construction navale maritime et fluviale. Approches archéologique, historique et ethnologique. Actes du Septième Colloque International d'Archéologie navale (7th ISBSA), Île Tatihou, 1994 (Archaeonautica 14, 1998)*, CNRS Éditions, Paris, 1999, p. 327-338.

CRUMLIN-PEDERSEN, Ole, *Viking-Age Ships and Shipbuilding in Hedeby/Haithabu and Schlsewig*, Schleiswig, Roskide, Archäologisches Landesmuseum, The Viking Ship Museum, (Ships and Boats of the North, 2), 1997.

CRUMLIN-PEDERSEN, Ole, « Experimental archaeology and ships – bridging the arts and the sciences », *The International Journal of Nautical Archaeoloy*, 24, 1995, p. 303-330.

CRUMLIN-PEDERSEN, Ole, « Some principles for the recording and presentation of ancient boat structures », dans S. Mc Grail (ed.), *Sources and Techniques in Boat Archaeology. Papers based on those presented to a Symposium at Greenwich in September 1976*, Oxford, British Archaeological Reports, Supplementary Series 29, 1977, p. 163-177.

CRUMLIN-PEDERSEN, Ole, « Skin or wood ? A study of the Origin of the Scandinavian Plank-Boat », dans O. Hasslöf, H. Henningsen, A. E. Christensen (éd.), *Ships and Shipyards, Sailors and Fishermen. Introduction to maritime ethnology*, Copenhague, Copenhagen University Press, 1972, p. 208-234.

CRUMLIN-PEDERSEN, Ole, OLSEN, Olaf, (éd.), *The Skuldelev Ships, I*, Roskilde, The Viking Ship Museum, (Ships and Boats of the North, vol. 4. 1), 2002.

DAMMAN, Werner, *Das Gokstadschiff und Seine Boote, Das Logbuch*, Arbeitskreis Historischer Schifbau e.V, Heidesheim, 1983.

DARS, Jacques, « Les jonques chinoises de haute mer sous les Song et les Yuan », *Archipel*, 18, 1, 1979, p. 41-56.

DESTREM, Jean, CLERC-RAMPAL, Georges, *Catalogue raisonnée du Musée de Marine*, Paris, Imprimerie française, 1909.

DHOOP, Thomas, OLABERRIA, Juan Pablo, « Pratical Knowledge in the Viking Age : the use of mental templates in clinker shipbuilding », *The International Journal of Nautical Archaeoloy*, 44, 1, 2016, p. 95-110.

DIOLÉ, Philippe, *Promenades d'archéologie sous-marine*, Paris, Éditions Albin Michel, 1952.

DOTSON, John, E., « Jal's nef X and Genoese naval architecture in the Thirteenth Century », *Mariner's Mirror*, 50, 1973, p. 327-356.

DOORNINCK Jr., Frederick H. van, « The Hull Remains », dans G. F. Bass, F. H. van Doorninck Jr. (éd.), *Yassi Ada Volume 1. A Seventh-century Byzantine Shipwreck*, College Station, TX, Texas A&M University Press, 1982, p. 32-64.

DOORNINCK Jr, Frederick H. van, « Byzance, maîtresse des mers », dans G. F. Bass, *Archéologie sous-marine, 4000 ans d'histoire maritime*, Paris, Éditions Taillandier, 1972, p. 133-158.

DUMAS, Frédéric, *La mer antique*, Paris, Éditions France-Empire, 1980.

DUMAS, Frédéric, « Les épaves antiques », dans *L'archéologie subaquatique : une discipline naissante*, Paris, UNESCO, 1973, p. 25-32 et « Problèmes de la fouille », p. 157-161.

DUMAS, Frédéric, *Trente siècles sous la mer*, Paris, Éditions France-Empire, 1972.

DUMAS, Frédéric, *Épaves antiques. Introduction à l'archéologie sous-marine méditerranéenne*, Paris, Maisonneuve et Larose, 1964.

ENGELHARDT, Conrad, *Nydam Mosefund 1859-1863*, I Commission G. E. C. Gad, Copenhague, 1865.

Étonnants voyageurs. Saint-Malo. L'album, photographies de Daniel Mordzinski, préface de Michel Le Bris, Paris, Éditions Arthaud, 1999.

FENNIS, Jan, *L'œuvre de Barras de la Penne*, Ubergen (Pays-Bas), Tandem Felix Publishers, t. I. *Les galères en campagne*, 1998, II. *La lexicographie des galères*, 1999, III. *L'apologie des galères*, 2000, IV. *La description des galères*, 1, 2001, V. *La description des galères*, 2, 2002, VI. *Les galères des Anciens*, 1, 2003, VII. *Les galères des Anciens*, 2, 2004, VIII. *Les phénomènes et le Portulan*, 2006, IX. *Sujets divers*, 2009, X. *L'homme et ses écrits*, 2010.

FOURQUIN, Noël, « Un devis de construction navale de c. 1273 », dans C. Villain-Gandossi, É. Rieth (dir.), *Pour une histoire du « fait maritime », Sources et champ de recherche*, Paris, Éditions du CTHS, 2001, p. 263-278.

FOURQUIN, Noël, « Navires marseillais au Moyen Age », dans J.-L. Miège (dir.), *Navigations et migrations en Méditerranée de la Préhistoire à nos jours*, Paris, Éditions du CNRS, 1990, p. 181-250.

FOURQUIN, Noël, « Les galères du Moyen Age », dans *Quand voguaient les galères*, catalogue de l'exposition 4 octobre 1990 – janvier 1991, Musée national de la Marine, Paris, Ouest France, 1990, p. 66-87

FRÉMENVILLE, Antoine de, *Traité pratique de construction navale*, Paris, Éditions Arthus Bertrand, 1864.

FROST, Honor *et alii*, « Lilybaeum (Marsala). The Punic Ship : Final Report », *Notizie degli scavi di antichità*, 30 (1976), Rome, 1981.

FROST, Honor, « Ports et mouillages protohistoriques dans la Méditerranée orientale », dans *L'archéologie subaquatique : une discipline naissante*, Paris, UNESCO, 1973, p. 93-115.

FROST, Honor, *Under the Mediterranean. Marine Antiquities*, Londres, Routledge and Kegan Paul, 1963.

GARÇON, Anne-Françoise, *L'imaginaire et la pensée technique. Une approche historique, XVIᵉ-XXᵉ siècle*, Paris, Classiques Garnier, 2012.

GAWRONSKI, Jerzy, HOLK, André van, SCHOKKENBROEK, Joost (éd.), *Ships and Maritime Landscapes, Proceedings of the Thirteenth International Symposium on Boat and Ship Archaeology, Amsterdam 2012*, Eelde, Barkhuis Publishing, 2017.

GIANFROTTA, Piero A., POMEY, Patrice, *Archeologia subacquea*, Milan, Arnoldo Mondadori Editore, 1980 (version française : GIANFROTTA, Piero A. POMEY, Patrice, *L'archéologie sous la mer*, paris, Fernand Nathan Éditeur, 1981).

GIGUÈRE, Georges-émile, *Œuvres de Champlain*, Montréal, Édition du Jour, 1973, 3 t.

GILLE, Bertrand (dir.), *Histoire des techniques*, Paris, Encyclopédie de la Pléiade, Éditions Gallimard, 1978.

GILLE, Paul, « La construction navale » dans « Archéologie sous-marine [Fernand Benoit : Fouilles sous-marines. L'épave du Grand Congloué à Marseille] compte rendu », *Journal des Savants*, 1,2, 1962, p. 161-168.

Giovanni et Girolami Verrazano, navigateurs de François 1ᵉʳ. Dossiers de voyage établis et commentés par Michel Mollat du Jourdin et Jacques Habert, Paris, Imprimerie nationale, 1982.

GLOTIN, Pierre-Joseph, *éssai sur les navires à rangs de rames des anciens*, Bordeaux, Imprimerie et librairie maison Lafargue, 1862.

GOULD, Richard A., *Archaeology and the social history of ships*, Cambridge, Cambridge University Press, 2011.

GOULD, Richard A. (ed.), *Shipwreck Anthropology*, Albuquerque, The University of New Mexico Press, 1983.

GOULD, Richard A., « Looking below the surface : shipwreck archaeology as anthropology », dans R. A. Gould (ed.), *Shipwreck Anthropology*, Albuquerque, The University of New Mexico Press, 1983, p. 3-22.

GREENHILL, Basil, *Archaeology of the Boat*, Adam and Charles Black, Londres, 1976.

GUFSTAFSON, Gabriel, « La trouvaille d'Oseberg (Norvège) », *Comptes rendus des séances de l'Académie des Inscriptions et Belles-Lettres*, vol. 52, nᵒ 6, 1908, p. 389-394.

HARPSTER, Matthew, « Keith Muckelroy : Methods, Ideas and Maritime Archaeology », *Journal of Maritime Archaeology*, 4, 2009, p. 67-82.

HASSLÖF, Olof, « The Concept of Living Tradition », dans O. Hasslöf, H. Henningsen, A. E. Christensen (éd.), *Ships and Shipyards, Sailors and Fishermen. Introduction to maritime ethnology*, Copenhague, Copenhagen University Press, 1972, p. 20-26.

HASSLÖF, Olof, « Main Principle in the Technology of Shipbuilding », dans O. Hasslöf, H. Henningsen, A. E. Christensen (éd.), *Ships and Shipyards, Sailors and Fishermen. Introduction to maritime ethnology*, Copenhague, Copenhagen University Press, 1972, p. 27-72.

HASSLÖF, Olof, « Sources of maritime history and methods of research », *Mariner's Mirror*, 52, 1966, p. 129-144.

HASSLÖF, Olof, « Wrecks, archives and living tradition. Topical problems on marine historical research », *Mariner's Mirror*, 49, 1963, p. 163-177.

HASSLÖF, Olof, « Carvel construction technique. Nature and origin », *Folkliv*, 1957-1958, Stockholm, 1958, p. 49-60.

HEINSIUS, Paul, *Das Schiff der hansischen Frühzeit*, Weimar, Verlag Hermann Böhlaus Nachfolger, 1956.

HELMER HANSEN, Kari, « Growth of a Fishing Village. The Economy of the Community in Utgårdskilen on Hvaler 1900-1965 », dans O. Hasslöf, H. Henningsen, A. E. Christensen (éd.), *Ships and Shipyards, Sailors and Fishermen. Introduction to maritime ethnology*, Copenhague, Copenhagen University Press, 1972, p. 189-207.

HENNIQUE, P. A., *Les caboteurs et pêcheurs de la côte de Tunisie*, Paris, Éditions Gauthier-Villars et Fils, 1888 (réédition Oméga, Nice, 1999).

HOCKER, Frederick, M., « Shipbuilding philosophy, practice and research », dans F. M. Hocker, C. A. Ward (éd.), *The Philosophy of Shipbuilding : Conceptual Approaches to the Study of Wooden Ships*, College Station, TX, Texas A&M University Press, 2004, p. 1-11.

HOVING, Ab J., *Nicolaes Witsen and Shipbuilding in the Dutch Golden Age*, College Station, TX, Texas A&M University Press, 2012.

HOVING, Ab J., « A 17th-Century Dutch 134-Foot Pinas : *A reconstruction after Aeloude en hedendaegsche scheeps-bouw en bestier* by Nicolaes Witsen, 1671 », *The International Journal of Nautical Archaeoloy*, 17, 4, 1988, p. 331-338.

JAL, Augustin, *Archéologie navale*, Paris, Arthus Bertrand, 1840, 2 t.

JAL, Augustin, « Sur une prétendue galère de S. Louis trouvée à Aigues-mortes », *France Maritime*, II, 1852, p. 120-125.

JAL, Augustin, *La flotte de César ; le Xuston naumachon d'Homère ; "Virgilius Nauticus" études sur la marine antique*, Paris, Firmin Didot Frères, Fils et Cie, 1861.

JONCHERAY, Jean-Pierre, « Juin 1955, à Cannes : le premier Congrès international d'archéologie sous-marine », *Cahiers d'Archéologie Subaquatique*, XXIII, 2016, p. 159-175.

JURIEN de LA GRAVIÈRE, Edmond, *La marine des Ptolémées et la Marine des Romains*, Paris, Éditions Plon Nourrit et Cie, 1885.

KOCABAŞ, Ufuk, « The Yenikapı Byzantine-Era Shipwrecks, Istanbul, Turkey :

a preliminary report and inventory of the 27 wrecks studied by Istanbul University », *The International Journal of Nautical Archaeoloy*, 2015, 44, 1, p. 5-38.

KOCABAŞ, Ufuk (ed.), *The 'Old Ships' of the 'New Gate' – Yenikapı'nın eski gemileri, Yenikapı Shipwrecks*, vol. 1, Istanbul, Ege Yayinlari, 2008.

KREUTZ, Barbara M., « Ships, Shipping, and the Implications of Change in the Early Medieval Mediterranean », *Viator, Medieval and Renaissance Studies*, 7, 1976, p. 79–109.

LANE, Fréderic C., *Navires et constructeurs à Venise pendant la Renaissance*, Paris, SEVPEN, 1965.

LAURENT, Charles, « Le commissaire général de la Marine, André François Boureau-Deslandes », dans J. Balcou (dir.), *La mer au siècle des Encyclopédistes*, Paris-Genève, 1987, Champion-Slatkine, p. 195-207.

LEHMANN, Louis Th., *The polyeric quest. Renaissance and baroque theories about ancient men-of-war*, Amsterdam, 1995,

LEHMANN, Louis Th., *Baldiserra Quinto Drachio, la Visione del Drachio*, Amsterdam, 1992.

LEHMANN, Louis Th., « A trireme's tragedy », *The International Journal of Nautical Archaeoloy*, 11, 1982, p. 145-151.

LEMINEUR, Jean-Claude, *Les vaisseaux du roi Soleil*, Nice, Éditions ANCRE, 1996.

LE ROY, Julien-David, *Les Navires des anciens considérés par rapport à leurs voiles et à l'usage qu'on pourroit en faire dans notre marine*, Paris, chez Nyon aîné, 1783.

Le voyage de la Favorite. Amiral Pâris. Collection de bateaux dessinés d'après nature, 1830, 1831, 1832, é. Rieth, Introduction (p. 12-51), Paris, Éditions Anthèse, 1992.

LESTRINGANT, Franck, « Huguenots et Amérindiens : le laboratoire de la Floride (1562-1565) », dans M. Augeron, J. de Bry, A. Notter (dir.), *Floride, un rêve français (1562-1565)*, Musée du Nouveau Monde, La Rochelle, 2012, p. 73-85.

L'HOUR, Michel, *De l'Archéonaute à l'André Malraux. Portraits intimes et histoires secrètes de l'archéologie *des mondes engloutis*, Arles, Actes Sud, DRASSM, 2012.

L'HOUR, Michel, VEYRAT, Élisabeth, *Mémoire à la mer. Plongée au cœur de l'archéologie sous-marine*, Arles, Actes Sud / DRASSM, 2016.

LLINARES, Sylviane, « Marine et anticomanie au XVIIIe siècle : les avatars de l'archéologie expérimentale en vraie grandeur », *Annales de Bretagne et des Pays de l'Ouest*, 115, 2, 2008, p. 67-84.

LONG, Pamela O., McGEE, David, STAHL, Alan (éd.), *The Book of Michael of Rhodes. A fifteenth-century maritime manuscript*, Cambridge, MA, MIT Press, 2009, 3 t.

LONG, Luc, « Les épaves du Grand Congloué : étude du journal de fouille de Fernand Benoit », *Archaeonautica*, 7, Paris, CNRS Éditions, 1987, p. 9-36.

MACHU, Franck, *Frédéric Dumas fils de Poséidon*, Villeneuve-en-Retz, Éditions de l'Homme Sans Poids, 2017.

MATTEI, Daniella, « La plongée à travers les âges », dans J.-P. Malamas (dir.), *Encyclopédie de la plongée*, Paris, Vigot, 1993, p. 1-18.

McGRAIL, Seàn, « Nautical Ethnography as an Aid to Understanding the Maritime Past », *Studies of Underwater Archaeology*, National Center of Underwater Cultural Heritage of China (Beijing), 2, 2016, p. 288-305.

McGRAIL, Seàn, « Experimental Archaeology : Replicas and Reconstructions », dans J. Bennet. (ed.), *Sailing into the Past. Learning from Replicas Ships*, Barnsley, Seaforth Publishing, 2009, p. 16-23.

McGRAIL, Seàn, « Replicas, reconstructions and floating hypothesis », *The International Journal of Nautical Archaeoloy*, 22, 1992, p. 353-355.

McGRAIL, Seàn, *Ancient-Boats in North-West Europe. The archaeology of water transport to AD 1500*, Harlow, Longman, 1987 (seconde édition 1998).

McGRAIL, Seàn (ed.), *Sources and Techniques in Boat Archaeology. Papers based on those presented to a Symposium at Greenwich in September 1976*, Oxford, British Archaeological Reports, Supplementary Series 29, 1977.

MOLL, Friedrich, *Das Schiff in der bildenden Kunst vom Altertum bis zum Ausgang des Mittelalters*, Bonn, K. Schroeder, 1929.

MOLLAT du JOURDIN, Michel, « L'altérité, découverte des découvertes », *Voyager à la Renaissance (colloque de Tours, 1983)*, Paris, 1987.

MOLLAT du JOURDIN, Michel, *Les explorateurs du XIIIe au XVIe siècle. Premiers regards sur les mondes nouveaux*, Paris, édition J.-Cl. Lattès, 1984.

MOLLAT du JOURDIN, Michel, « Introduction », *Nouveau glossaire nautique d'A. Jal. Lettre A*, Paris-La Haye, Mouton, 1970.

MORRISON, John S., COATES, John, RANKOV, N. Boris, *The Athenian Trireme : The History and Reconstruction of the Ancient Greek Warship*, Cambridge, Cambridge University Press, 2000 (2d edition).

MORRISON, John, S., WILLIAMS, R. T., *Greek Oared Ships, 900-322 BC*, Cambridge, Cambridge University Press, 1968.

MUCKELROY, Keith, *Maritime Archaeology*, Cambridge, Cambridge University Press, 1978.

NICOLAYSEN, Nicolay, *Langskibet fra Gokstad ved Sandefjord*, Kristiana, Cammermeyer, 1882.

NINGLER, L. *Voyages en Virginie et en Floride*, Paris, Duchartre et Van Buggenhoudt, 1927.

OLLIVIER, Blaise, *Traité de construction contenant par ordre alphabétique la description des vaisseaux de tout rang, galères, frégates, 1736* (Vincennes, Service historique de la Marine, ms SH 310), Nice, Éditions Oméga, 1992.

OLSEN, Olaf, CRUMLIN-PEDERSEN, Ole, « The Skuldelev ships. II. A Report on the Final Underwater Excavation in 1959 and the Salvaging Operation in 1962 », *Acta Archaeologica*, 38, 1968, p. 95-170.

OLSEN, Olaf, CRUMLIN-PEDERSEN, Ole, « The Skuldelev ships. I. A preliminary report on an underwater excavation in Roskilde fjord, Zealand », *Acta Archaeologica*, 29, 1958, p. 161-175

OSSOWSKI, Waldemar, (ed.), *The Copper Ship. A Medieval Shipwreck and Its Cargo*, Gdańsk, National Maritime Museum in Gdańsk, 2014.

PAASCH, Heinrich, *De la quille à la pomme du mât. Dictionnaire marine*, Paris, Augustin Challamel, 2e édition, 1894.

PÂRIS, François-Edmond, *éssai sur la construction navale des peuples extra-européens*, Paris, Arthus Bertrand, 1843, 2 t.

PÂRIS, François-Edmond, « Le Musée de marine », *Revue Maritime et Coloniale*, octobre 1872, p. 974-983.

PÂRIS, François-Edmond, *Souvenirs de marine conservés. Collection de plans ou dessins de navires et de bateaux anciens et modernes existants ou disparus, avec les éléments numériques nécessaires à leur construction*, Paris, Éditions Gauthier-Villars, 6 t., 1882-1908.

PÂRIS, François-Edmond, *Le Musée de la Marine du Louvre. Histoire, description, construction, représentation, statistique des navires à rames, d'après les modèles et les dessins des galeries du Musée du Louvre*, Paris, Éditions J. Rothschild, 1883.

PARIS, Pierre, « Discussion et données complémentaires à propos de l'ouvrage de M. J. Hornell : Water Transport, origins and early evolution », *Mededelingen van het Rijksmuseum voor Volkenkunde*, 3, 1948, p. 27.

PAVIOT, Jacques, « La diffusion de la caravelle en Europe, XVe-début XVIe siècle », dans Sanchez J.-P. (éd.), *Dans le sillage de Colomb. L'Europe du Ponant et la découverte du Nouveau Monde (1450-1560)*, Rennes, Presses universitaires de Rennes, 1995, p. 145-150.

PENZO, Gilberto, *La gondola. Storia, progettazione e costruzione della piu straordinaria imbarcazione tradizionale di Venezi*, Venise, Istituzione per la conservazione della gondola e la tutela del gondoliere, 1999.

PÉTREQUIN, Pierre, « Préhistoire lacustre et modèles ethno-archéologiques », *Le Courrier du CNRS. Dossiers scientifiques. Archéologie en France métropolitaine*, 1989, 73, p. 22-23.

PINVERT, Lucien, *Lazare de Baïf (1496 ?-1547)*, Paris, Éditions Fontemoing, 1900.

POMEY, Patrice, « Honor Frost : une vie *under the Mediterranean* », (*Archaeonautica* 17, 2012), Paris, CNRS Éditions, 2012, p. 7-9.

POMEY, Patrice, « Principles and Methods of Construction in Ancient Naval Architecture », dans F. M. Hocker, C. A. Ward (éd.), *The Philosophy of*

Shipbuilding : Conceptual Approaches to the Study of Wooden Ship, College Station, TX, Texas A&M university Press, 2004, p. 25-36.

POMEY, Patrice, « Le renouveau d'une discipline : historiographie de l'archéologie navale antique », dans J.-P. Brun, Ph. Jockey (éd.), *Τέχναι. Techniques et Sociétés en Méditerranée. Hommages à M.-Cl. Amouretti*, Paris-Aix-en-Provence, Éditions Maisonneuve et Larose, Maison Méditerranéenne des Sciences de l'Homme, 2001, p. 613-623.

POMEY, Patrice, « Préface » de la réédition de l'ouvrage de A. Cartault, *La trière athénienne. Étude d'archéologie navale*, Paris, Claude Tchou, Bibliothèque des Introuvables, 2000, p. 9-18.

POMEY, Patrice, « Conception et réalisation des navires dans l'Antiquité méditerranéenne », dans É. Rieth (dir.), *Concevoir et construire les navires*, Ramonville Saint-Agne, 1998 (*Technologies, Idéologies, Pratiques*, 13, 1), p. 49-72.

POMEY, Patrice, « Shell Conception and Skeleton Process in Ancient Mediterranean Shipbuilding », dans C. Westerdahl (ed.), *Crossroads in Ancient Shipbuilding. Proceedings of the Sixth International Symposium on Boat and Ship Archaeology, Roskilde 1991*, Oxford, Oxbow Books (Oxbow Monograph 40), 1994, p. 125–130.

POMEY, Patrice, « Archéologie sous-marine », dans J.-P. Malamas (dir.), *Encyclopédie de la plongée*, Paris, Vigot, 1993, p. 57-74.

POMEY, Patrice, « Principes et méthodes de construction en architecture navale antique », dans *Navires et commerces de la Méditerranée antique, Hommage à Jean Rougé*, Cahiers d'Histoire, XXXIII, 3,4, 1988, p. 397–412.

POMEY, Patrice, RIETH, Éric, *L'archéologie navale*, Paris, Éditions Errance, 2005.

POMEY, Patrice, RIETH, Éric, « La trirème antique de Napoléon III : un essai d'archéologie navale expérimentale sous le Second Empire », *Napoléon III et l'archéologie, Actes du colloque de Compiègne, 14-15 oct. 2000, Bulletin de la Société Historique de Compiègne*, 37, 2001, p. 239-266.

POMEY, Patrice, KAHANOV, Yaacov, RIETH, Éric, « On the Transition from Shell to Skeleton », *The International Journal of Nautical Archaeoloy*, 42. 2, 2013, p. 434-437.

POMEY, Patrice, KAHANOV, Yaacov, RIETH, Éric, « Transition from Shell to Skeleton in Ancient Mediterranean Ship Construction : Analyses, problems and future research », *The International Journal of Nautical Archaeoloy*, 41. 2, 2012, p. 235-314.

POUJADE, Jean, *Collection de documents d'ethnographie navale, d'archéologie navale, d'ethnographie terrestre, d'archéologie terrestre*. Fascicule introductif, Paris, Gauthier-Villars, 1948.

POUJADE, Jean, *La route des Indes et ses navires*, Paris, Éditions Payot, 1946.

PRYOR, John, H., « The Naval Architecture of Crusader Transport's Ships : A Reconstruction of some Archetypes for Round-hulled Sailing Ships », *Mariner's Mirror*, 70, 1984, p. 171-219, 275-292, 368-386.

PULAK, Cemal, INGRAM, C Rebecca, JONES, Michael, « Eight Byzantine Shipwrecks from the Theodosian Harbour Excavations at Yenikapı in Istanbul, Turkey : an introduction », *The International Journal of Nautical Archaeoloy*, 2015, 44, 1, p. 39-73.

RICHON, Louis, « En marge d'un anniversaire : les nefs des croisades », *Neptunia*, 101, 1971, p. 1-4.

RIECK, Flemming, « The ships from Nydam bog », dans L. Jorgensen, B. Storgaard, L. G. Thomsen (éd.), *The Spoils of Victory. The North in the shadow of the Roman Empire*, Copenhague, Nationalmuseet, 2003, p. 296-309.

RIECK, Flemming, « Die Schiffsfunde aus dem Nydam-moor. Alte funde und Neue Untersuchungen », dans G. Bemmann, J. Bemmann, *Der Opferplatz von Nydam : die Fune aus den älteren grabungen Nydam- I und Nydam II*, Neumünster, Wachholtz, 1998, p. 267-292.

RIECK, Flemming, « Institute of Maritime Archaeology. – the beginning of maritime research in Denmark », dans O. Olsen, J Skamby Madsen, F. Rieck (éd.), *Shipshape. Essays for Ole Crumlin-Pedersen*, Roskilde, The Viking Ship Museum, 1995, p. 19-36.

RIECK, Flemming, « The Iron Age Boats from Hjortspring and Nydam-New Investigations », dans C. Westerdahl (ed.), *Crossroads in Ancient Shipbuilding. Proceedings of the Sixth International Symposium on Boat and S) hip Archaeology Roskilde 1991*, Oxford, Oxbow Books, (Oxbow Monograh 40), 1994, p. 45-54.

RIETH, Éric, *Navires et construction navale au Moyen Age. Archéologie nautique de la Baltique à la Méditerranée*, Paris, Éditions Picard, 2016.

RIETH, Éric (dir.), *L'épave de la première moitié du XVe siècle de la Canche à Beutin (Pas-de-Calais). Archéologie nautique d'un caboteur fluvio-maritime et d'un territoire fluvial*, Revue du Nord. Hors Série. Collection Art et Archéologie. 20, Lille, 2013.

RIETH, Éric, (dir.), *Tous les bateaux du monde*, Grenoble, Éditions Glénat / Musée national de la Marine, 2010.

RIETH, Éric, « Les bateaux-tombes vikings d'Oseberg et de Gokstad. Maquettes du Musée de Fécamp », *Annales du Patrimoine de Fécamp*, 2010, 17, p. 64-75.

RIETH, Éric, « François-Edmond Pâris : homme de mer, de science et de musée », introduction, *Souvenirs de marine conservés de Pâris* (réédition), Éditions Le Chasse-Marée, Ar Men, Musée national de la Marine, 1999, 2 t., t. 1, p. 6-20.

RIETH, Éric, « L'arquitectura naval », dans X. Nieto, X. Raurich (dir.),

Excavacions arqueologiques subaquatiques a Cala Culip. 2. Culip VI, Girona (Monografies del CASC 1), 1999, p. 115-117 et 137-201.

RIETH, Éric, « À propos de l'archéologie nautique », dans E. Rieth, V. Serna (dir.), *Du manuscrit à l'épave. Archéologie fluviale*, Conflans-Sainte-Honorine, (Les Cahiers du Musée de la Batellerie, 39), 1998, p. 4-7.

RIETH, Éric, « Construction navale à franc-bord en Méditerranée et Atlantique (XIVᵉ-XVIIᵉ siècle) et "signatures architecturales" : une première approche archéologique », dans E. Rieth (dir.), Méditerranée antique. Pêche, navigation, commerce, Paris, Éditions du CTHS, 1998, p. 177-188.

RIETH, Éric, *Le maître-gabarit, la tablette et le trébuchet. Essai sur la conception non graphique des carènes du Moyen Age au XXᵉ siècle*, Paris, Éditions du CTHS, 1996.

RIETH, Éric, « Duhamel du Monceau et la méthode des anciens constructeurs », dans *État, Marine et Société. Hommage à Jean Meyer*, textes réunis et publiés par M. Acerra, J.-P. Poussou, M. Vergé-Franceschi, A. Zysberg, Paris, Presses de l'université de Paris-Sorbonne, 1995, p. 351-363.

RIETH, Éric, *Voiliers et pirogues du monde au début du XIXᵉ siècle. Essai sur la construction navale des peuples extra-européens de l'amiral Pâris (1843)*, introduction p. 9-30, Paris, Éditions Du May, 1993 (deuxième édition sous le titre de *Atlas des voiliers et pirogues du monde au début du XIXᵉ siècle*, Paris, Éditions du Layeur, 2000).

RIETH, Éric, « Le commandant Hennique, mémoire des bateaux des côtes de Tunisie », *Neptunia*, 187, 1992, p. 32-43.

RIETH, Éric, « Augustin Jal : un "archéologue" du mot et de l'image », dans *Actes du 112ᵉ Congrès National des Sociétés Savantes, (Lyon, 1987), Histoire des Sciences et des Techniques*, 1, Paris, CTHS, 1988, p. 251-258.

RIETH, Éric, « Remarques sur une série d'illustrations de l'*Ars Nautica* (1570) de Fernando Oliveira », *Neptunia*, 169, 1988, p. 36-43.

RIETH, Éric, « Les écrits de Fernando Oliveira », *Neptunia*, 165, 1987, p. 18-27

RIETH, Éric, « Un système de conception de la seconde moitié du XVIᵉ siècle », *Neptunia*, 166, 1987, p. 16-31.

RIETH, Éric, « À propos de la découverte en 1835 d'une prétendue galère de Saint Louis à Aigues-Mortes et de sa publication par A. Jal », *Neptunia*, 168, 1987, p. 34-41.

RIETH, Éric, « Principe de construction charpente première et procédés de construction bordé premier au XVIIᵉ siècle », *Neptunia*, 153, 1984, p. 21-31.

RIETH, Éric, « Archéologie de la navigation intérieure », *Archéologie de la navigation intérieure*, Conflans-Sainte-Honorine, (Les Cahiers du Musée de la Batellerie, 7), 1983, 7, p. 4-1.

RIETH, Éric, « L'archéologie navale : des ouvrages de la Renaissance à l'archéologie expérimentale », *Neptunia*, 148, 1982, p. 5-16.

RUDOLPH, Wolfgang, *Bateaux, radeaux, navires*, Zurich, éditions Stauffacher, 1975.

SERRE, Paul, *Les marines de guerre de l'Antiquité et du Moyen Age*, Paris, Librairie militaire de L. Baudoin et Cie, t. 1, 1885.

SERRE, Paul, *Les marines de guerre de l'Antiquité et du Moyen Age*, Paris, Librairie militaire de L. Baudoin et Cie, t. 2, 1891.

SJØVOLD, Thorleif, *The Viking Ships in Oslo*, Oslo, Universitetets Oldsaksmaling, 1985.

SKAMBY MADSEN, Jan, « The Viking Ship Museum », dans O. Olsen, J Skamby Madsen, F. Rieck (éd.), *Shipshape. Essays for Ole Crumlin-Pedersen*, Roskilde, The Viking Ship Museum, 1995, p. 37-64.

SMOLAREK, Przemyław, « The genesis, present state and prospects of Polish underwater archaological investigations in the Baltic », *Acta Universitatis Niclolai Copernica, Underwater Archaeology*, 1, 1983, p. 5-38.

SMOLAREK, Przemyław, « Underwater Archaeological Investigations in Gdańsk Bay », *Transport Museums*, 6, 1979, p. 48-66.

STEFFY, J. Richard, « Construction and Analysis of the Vessel », dans G. F. Bass, S. D. Matthews, J. R. Steffy, F. H. van Doorninck (éd.), *Serce Limani. An Eleventh-Century Shipwreck. Volume I. The Ship and Its Anchorage, Crew and Passengers*, College Station, TX, Texas A&M University Press, 2004, p. 153-169.

STEFFY, J. Richard, « The Mediterranean shell to skeleton transition ; A Northwest European parallel ? », dans R. Reinders, K. Paul (éd.), *Carvel Construction Technique. Fifth Internatiional Symposium on Boat and Ship Archaeology, Amsterdam, 1988*, Oxford, (Oxbow Monograph 12), Oxbow Books, 1991, p. 1-9.

STEFFY, J. Richard, « Ancient scantling. The Protection and Control of Mediterranean Hull Shapes », *Tropis*, III, 1995, Hellenic Institute for the Preservation of Nautical Tradition, Athènes, p. 417-428.

STEFFY, J. Richard, *Wooden Ship Building and the Interpretation of Shipwrecks*. College Station, TX, Texas A&M University Press, 1994.

STEFFY, J. Richard, « Reconstructing the Hull », dans G. F. Bass, F. H. van Doorninck Jr. (éd.), *Yassi Ada Volume 1. A Seventh-century Byzantine Shipwreck*, College Station, TX, Texas A&M University Press, 1982, p. 65-86.

STÉNUIT, Robert, *Les épaves de l'or*, Paris, Éditions Gallimard, 1976.

TAILLIEZ, Philippe, *Nouvelles plongées sans câble*, Arthaud, Paris, 1967.

TAILLIEZ, Philippe, « Travaux de l'été 1957 sur l'épave du "Titan" à l'île du Levant (Toulon) », *Actes du IIᵉ Congrès International d'Archéologie Sous-Marine*, Bordighera, Institut International d'Études Ligures, 1961, p. 175-198

TAYLOR, David A., *Boat building in Winterton, Trinity Bay (Newfoundland)*,

Ottawa, (Centre Canadien d'études sur la culture traditionnelle, dossier n° 4), 1982.

TCHERNIA, André, POMEY, Patrice, HESNARD, Antoinette, *L'épave romaine de la Madrague de Giens (Var)*, XXIVe supplément, *Gallia*, Éditions du CNRS, Paris, 1978.

THIERRY, Augustin, *Recueil des monuments inédits de l'histoire du Tiers État. Première série. Région du nord*, t. 4, Paris, Didot, 1870.

THROCKMORTON, Peter, (ed.), *History from the sea, Shipwrecks and Archaeology*, Londres, Mitchell Beazley Publishers, 1987.

TROMPARENT-DE-SEYNES, Hélène, « Du plan à la maquette. Note sur les bateaux du monde dans le fonds amiral Pâris au Musée national de la Marine », *La Revue Maritime*, 488, 2010, p. 28-31, p. 30.

Un flibustier français dans la mer des Antilles, manuscrit inédit du début du XVIIe siècle publié par Jean-Pierre Moreau, Éditions Jean-Pierre Moreau, Clamart, 1987.

VILLAIN-GANDOSSI, Christiane, RIETH, Éric, (dir.), Pour une histoire du « fait maritime », Sources et champ de recherche, Paris, Éditions du CTHS, 2001

VINTRAS, Albert, « La construction navale à Honfleur (de la fin du XVIe siècle au début du XIXe siècle) », dans A. Vintras, J. Banse, G. Decomble, P. Abbat, *Le corporatisme ancien de la construction navale en France*, Paris, Académie de Marine, 1939, p. 121-148.

WEINREICH, Caspar, *Danziker Chronik*, Scriptores Rerum Prussicarum, Th. Hirsch ed., Leipzig, t. 4, VIII, 1861, p. 725-810.

WESTERDAHL, Christer, « Ships for ship's sake ? From ships and landscapes to landscapes and ships (1997-2012 », dans J. Gawronski, A. van Holk, J. Schokkenbroek (éd.), *Ships and Maritime Landscapes, Proceedings of the Thirteenth International Symposium on Boat and Ship Archaeology, Amsterdam 2012*, Eelde, Barkhuis Publishing, 2017, p. 3-10.

INDEX DES NOMS

INDEX DES INSTITUTIONS, LIEUX, SITES

INDEX DES TYPES DE BATEAUX, ÉPAVES

TABLE DES FIGURES

suivie d'autres) et des expéditions polaires à bord du *Fram*
construit en 1892 pour Fridtjof Nansen (1893-1896) (d'après
Th. Sjøvold, *The Viking Ships in Oslo*, Oslo, Universitetets
Oldsaksmaling, 1985, p. 16, 64)........................ 220

Fig. 37 – Le *Viking*, réplique du bateau de Gokstad, en cours
de construction. On peut discerner au-dessus de la dernière
virure à clin du flanc du voilier les branches verticales de deux
gabarits transversaux disposés à l'intérieur de la coque, en
contradiction avec la méthode traditionnelle de la construction
à clin « bordé premier ». Mais le choix des constructeurs de
la réplique n'était pas d'expérimenter cette méthode, mais de
construire une coque aux formes aussi proches que possible
de celles du bateau d'origine (A.E.Christensen, « 'Viking',
a Gokstad Ship Replica from 1893 », dans O. Crumlin-
Pedersen, M. Vinner (éd.), *Sailinginto the Past. The International
Ship Replica seminar Roskilde 1984*, Roskilde, Viking Ship
Museum, 1986, p. 68-77, p. 70....................... 223

Fig. 38 – Relevé par le norvégien Bernhard Færøyvik d'un *« jekt »*
construit en 1800. Ce voilier traditionnel norvégien de cabotage
de 9,90 m de long sur 3,08 m de large représente un remarquable
modèle architectural fossile de l'architecture navale à clin
d'époque viking. C'est à partir de tels modèles architecturaux
de comparaison que les archéologues danois du Musée du
Bateau Viking de Roskilde se sont inspirés pour, par exemple,
déterminer la forme de la voile carrée des répliques de Skuldelev
(A. E. Christensen (éd.), *Inshorecraft of Norway, from a Manuscrpit
by Bernhard and Øystein Færøyvik*. Edited by A. E. Christensen,
Londres, Conway Maritime Press, 1970, p. 62)............. 235

Fig. 39 – *« Skin or wood ? »* : les racines de l'architecture à clin
de tradition scandinave selon Ole Crumlin-Pedersen. En 1 :
les deux étapes de la réalisation d'une pirogue monoxyle
expansée et surélevée suivant les données ethnographiques ;
la pirogue monoxyle d'origine très étroite et aux parois
amincies est élargie ; l'ouverture forcée de la coque se traduit
par un relèvement mécanique des extrémités en pointe,
un abaissement de la hauteur des flancs au centre et la
création d'une tonture (courbure longitudinale) ; une virure

TABLE DES MATIÈRES

DEUXIÈME PARTIE

ENCORE ET TOUJOURS
LES GALÈRES ANTIQUES

TROISIÈME PARTIE

LE MOYEN ÂGE

QUATRIÈME PARTIE

LA DÉCOUVERTE DES BATEAUX
DES AUTRES CULTURES NAUTIQUES EUROPÉENNES ET EXTRA-EUROPÉENNES

CINQUIÈME PARTIE

L'APPORT DE L'ARCHÉOLOGIE NAVALE SCANDINAVE

SIXIÈME PARTIE

L'ARCHÉOLOGIE SOUS-MARINE
DES TECHNIQUES ET DES MÉTHODES NOUVELLES

SEPTIÈME PARTIE

À LA RECHERCHE D'UNE PENSÉE TECHNIQUE
DU BATEAU

Achevé d'imprimer par Corlet Numéric,
Z.A. Charles Tellier, Condé-en-Normandie (Calvados). N° d'impression : 156522
Imprimé en France